U0341704

纳米工质传热过程强化

翟玉玲 著

北 京

冶 金 工 业 出 版 社

2021

内 容 提 要

本书围绕纳米工质稳定性、热物性参数变化规律及强化机理研究等方面进行阐述，详细介绍了单一、二元及三元混合纳米工质热物性参数、定量评价、微观能量传递机理及相关应用。本书结合了作者多年来的科研成果和技术实践，并查阅了国内外大量参考文献，结合微纳尺度传热领域的新发展撰写了此书。本书研究选题新颖，切入当前相关研究领域的前沿问题和热点问题，具有显著的创新性；全书内容系统性强，著述规范，数据翔实，结果可靠。书中所报道的研究成果对设计高效换热性能的纳米工质具有现实意义，可供能源动力、冶金、化工及材料等相关领域感兴趣的研究人员参考。

图书在版编目（CIP）数据

纳米工质传热过程强化/翟玉玲著. —北京：冶金工业
出版社，2021.2
ISBN 978-7-5024-8743-0

Ⅰ.①纳…　Ⅱ.①翟…　Ⅲ.①纳米材料—工质热力性质
—传热过程　Ⅳ.①TK121

中国版本图书馆 CIP 数据核字（2021）第 032336 号

出 版 人　苏长永
地　　址　北京市东城区嵩祝院北巷 39 号　邮编　100009　电话　(010)64027926
网　　址　www.cnmip.com.cn　电子信箱　yjcbs@cnmip.com.cn
责任编辑　李培禄　张　丹　美术编辑　彭子赫　版式设计　禹　蕊
责任校对　郑　娟　责任印制　李玉山
ISBN 978-7-5024-8743-0
冶金工业出版社出版发行；各地新华书店经销；三河市双峰印刷装订有限公司印刷
2021 年 2 月第 1 版，2021 年 2 月第 1 次印刷
787mm×1092mm　1/16；20.75 印张；511 千字；321 页
110.00 元
冶金工业出版社　投稿电话　(010)64027932　投稿信箱　tougao@cnmip.com.cn
冶金工业出版社营销中心　电话　(010)64044283　传真　(010)64027893
冶金工业出版社天猫旗舰店　yjgycbs.tmall.com
（本书如有印装质量问题，本社营销中心负责退换）

前　言

　　常规换热设备的强化传热技术主要是从传热表面着手，研发各类低热阻强化传热的壁面材料和增大设备的有效传热面积、优化传热面形状结构等。然而，随着换热设备结构的不断改进，此类被动式强化传热技术发展已面临瓶颈，同时也难以满足在高传热强度和设备紧凑细微等特殊条件下的换热要求。传统的换热工质（如水、油、有机工质、制冷剂等），由于其低导热能力已成为影响换热系统效率的主要障碍。因此，需要从换热工质着手，研发具有高传热性能的新一代工质。纳米工质强化传热及能量传递作为一个新兴研究方向，有别于纯工质，需从宏观和微观角度共同探究能量传递的现象和基本规律，亟需解决制约其应用的一些瓶颈问题，如稳定性、宏观输运参数变化规律及纳米颗粒微观能量传递规律等。

　　本书对国内外纳米工质在传热领域的研究现状进行了综述，介绍了自己大量的研究成果，并对纳米工质的应用提供了详实的数据。本书主要分为两部分。第一部分分别介绍单一纳米流体、二元混合纳米流体、三元混合纳米流体的制备、稳定性评价、热物性参数变化规律及性能评价方式。对于混合纳米流体，关注纳米粒子和基液的组合方式及混合比例对黏度和导热系数的影响。基于人工神经网络模型和线性回归模型预测纳米流体的热物性变化规律。第二部分为微纳尺度流动与传热的应用。分别研究了纳米流体应用于微通道传热、基于数字统计图像提出的多场均匀性评价模型、微通道散热器的结构设计等方面。

　　本书中的大量研究内容为作者多年来的科研积累成果，在编写过程中得到昆明理工大学王华教授、李法社教授、祝星教授、李舟航教授及肖清泰老师的大力支持；研究生马明琰、姚沛滔、轩梓灏、李彦桦、钟桂健、王江及李龙在文字润色和图表修正方面做了大量卓有成效的工作，并向他们表示衷心的感谢！

　　限于水平，书中内容或有不当之处，敬请读者斧正。

作　者

2021 年 1 月

目　录

1 绪 论

随着中国能源问题的日益突出、国民经济的快速发展和能源消耗的逐年增加，我国对如何提高能源利用率和节能减排提出了更高的要求。能源问题是国家现阶段迫切需要解决的问题，而能源利用效率较低是导致我国每年工业耗能不断增长的主要原因之一。在工业生产过程中，各类热能转换设备的使用会伴随着大量烟气、废渣和废水等余热资源的产生。目前工业耗能中至少有50%的能源以各种形式的余热被直接废弃[1,2]。随着国家节能减排政策的大力推进，各工业、企业已经对较高温度（300℃以上）的余热资源进行了较大程度的回收利用，但对于中、低温余热资源的回收利用力度还不够，特别是300℃以下的中、低温余热，因其品位低、分布散，大量低品位的余热资源未被充分利用。目前，有机朗肯循环（Organic Rankine cycle，简称ORC）是回收中、低温余热资源的有效途径之一，能够对低品位余热资源进行高效回收用于发电，回收系统具有效率高、环境友好及设备简单等优点。

常规换热设备的强化传热技术主要是从传热表面着手，研发各类低热阻强化传热的壁面材料、增大设备的有效传热面积和优化传热面形状结构等。然而，随着换热设备不断改进，此类被动式强化传热技术发展已面临瓶颈，同时也难以满足在高传热强度和设备紧凑等特殊条件下的换热要求。传统的换热工质（如水、油、有机工质、制冷剂等），由于其低导热能力已成为影响换热系统效率的主要障碍。因此，需要从换热工质着手，研发具有高传热性能的新一代工质。

ORC系统中一般使用纯有机工质，其工作原理与常规水蒸气朗肯循环相似，传统的纯有机工质（R123、R134a、R141b及乙二醇等），由于导热系数较低，约为水的十分之一甚至更低，同等条件下它的换热量相对较小、换热性能较差，影响余热利用效率，制约了传热技术发展。因此，为了提高ORC系统效率、提高经济效益，重点在于增强换热器的换热性能，可对传统有机工质采取强化换热措施。

近年来，伴随着纳米科学和技术的快速发展，纳米技术应用在传热领域已成熟。早在1995年，Choi等[3]正式提出了纳米流体（nanofluids）的概念，它是以一定的形式和比例在液体工质（如水、醇类等）中添加纳米级的金属（金属氧化物）或非金属（非金属氧化物）颗粒，获得均匀、稳定的固-液悬浮混合液。传统的固-液两相混合物（一般将毫米、微米级的固体颗粒加入液体工质中组成）尽管能够提高工质的导热性能，但较大的固体粒子使混合物容易产生沉淀、堵塞管道等现象。纳米流体则具有传统两相混合物的优点，同时能有效改善沉淀、堵塞及腐蚀等问题。大量研究表明，此类新型的换热工质（纳米流体）比传统工质有着更高的导热系数，可以有效提高换热设备效率，从而达到节能减排目的。纳米流体呈现出众多优点，在传热领域的应用具有非常广阔的前景。

纳米有机工质是特殊的纳米流体，在基液有机工质中添加纳米级的颗粒制备而成，其物理特性与其他纳米流体相似，为了简化需要，后文将纳米有机工质统称为纳米流体。许多文献已经从理论和实验两方面对纳米流体进行了大量的研究，主要侧重于：纳米流体导热、对流传热和沸腾换热等。因为实验过程中不同研究人员所用材料、实验设备与环境等存在差别，导致研究结果有所区别，需要进一步研究其稳定性、导热系数和传热特性。另外，针对纳米流体黏度的研究较少，与导热系数一样，黏度也是主要运输参数，它在流动和传热过程起着重要作用，因而还需要对黏度进一步研究。

1.1 纳米流体制备研究现状

从根本上说，纳米流体可以视为纳米颗粒与纯有机工质两种物质混合组成。然而纳米颗粒与基液两者并不相溶，这为制备纳米流体和其稳定性问题带来了诸多不便，因此通过合理的方法制备稳定的纳米流体显得十分重要。获取稳定性优良的纳米流体，是研究纳米流体热物性和传热特性的前提。比较传统的微米、毫米级的固-液两相混合物，纳米流体因颗粒表面活性和表面能很高，它们极易碰撞、团聚，形成尺寸较大的纳米簇团聚体并可能发生沉降，从而使其失去高导热能力和换热性能等的优越特性。因此，如何将纳米颗粒均匀分散在基液中，形成长久悬浮、稳定的纳米流体，是将其应用在传热领域的关键技术[4]。纳米流体制备方法按制备流程通常分为两类：一步法和两步法[5]。

1.1.1 一步法

一步法是指制备纳米颗粒的同时将其分散在基液中获得纳米流体，主要包括化学合成、气相沉积等方法。目前使用较多的一步法为美国 Argonne 国家实验室 Eastman 和 Choi 提出的气相沉积法[3]。它是通过在旋转圆盘的离心力作用下，容器的内壁面形成很薄的基液液膜，同时在坩埚中加热原料使其蒸发，蒸汽遇到冷的液相，在液相中结合形成纳米颗粒，最后用收集器将它们收集获得纳米流体。利用气相沉积法制备的纳米流体，无需加入活性剂处理，其颗粒均匀分散、悬浮稳定性好。但是，此方法仅适用于制备金属纳米流体，同时设备要求高、制备成本高、产生量低，不易于大规模生产。

目前有许多制备纳米流体的一步法技术，例如物理气相沉积（PVD）技术或液体化学的方法，VEROS（在运行的油基上真空蒸发）技术，直接蒸发系统和真空-SANSS（埋弧纳米颗粒合成系统）。这种方法避免了干燥、储存、运输和分散这些会导致金属纳米颗粒氧化的阶段，从而减少了纳米颗粒的团聚，提高了纳米流体的稳定性[6]。然而，这种方法的缺点是生产成本相对较高，并且仅适用于低蒸汽压的基液[7,8]；另一个缺点是该方法在批处理模式下工作，对包括粒度在内的几个重要参数控制有限。

Eastman 等[9]实现了一种制备纳米流体的一步物理方法，其中铜蒸汽通过与流动的低蒸汽压液体（EG）接触，直接凝聚成纳米颗粒。然而，一步物理法由于成本过高，无法大规模合成纳米流体，因此开发了一步化学法。Kumar 等[10]利用一种新的一步化学方法制备了稳定的、无团聚的铜纳米流体，该方法以次磷酸钠为还原剂，在乙二醇（EG）基液中，通过常规加热还原五水合硫酸铜。他们指出了一种原位一步法，可大量生产产品且耗时更少。Zhu 等[11]提出了一种新的制备铜纳米流体的一步化学法，该方法是在微波辐射下，以 EG 为基液，将 $CuSO_4 \cdot 5H_2O$ 与 $NaH_2O \cdot H_2O$ 缩合，制得铜纳米流体。Deshmukh 和 Sangawar[12]采用化学路线一步法制备聚乙烯微球。他们指出，扫描电子显微镜的图像表明：聚乙醇酸的浓度降低了聚乙二醇微球的团聚程度，并增加了聚乙二醇微球的球形度。在一步法中，将碳同时在腔室内加热和汽化，产生碳蒸气和碳颗粒并分散在水（基液）中，形成所需的碳/水纳米流体。Teng 等[13]利用等离子弧系统一步法制备了碳/水纳米流体，该方法通过磁力搅拌器和不锈钢网将所生成的纳米流体充分混合，然后将其诱导形成稳定的纳米流体。Aberoumand 和 Jafarimoghaddam[14]使用了一种称为"电线电爆炸（E.E.W）"的一步法。纳米流体将通过在一个由基液和细金属丝组成的容器中爆炸产生。高电流和高电压是引起爆炸的主要因素。然后，将制备的氧化钨（WO_3）/变压器油（基液）纳米流体作为基液，再次将银（Ag）纳米颗粒分散到其中，制备 Ag-WO_3/变压器油复合纳米流体。Lo 等[15]通过一种称为埋弧纳米颗粒合成系统（SANSS）的一步法制备了二氧化铜纳米流体，可以证明已建立的 SANSS 在减少颗粒聚集和产生均匀分布方面是有效的，同时可良好控制水悬浮液中分散的 CuO 纳米颗粒尺寸。Munkhbayar 等[16]提出了一种通过利用脉冲线蒸发（PWE）方法制备纳米流体的一步物理技术，该装置由四个主要部件组成：高压直流电源、电容器组、高压间隙开关和蒸发/冷凝室。MWCNTs 经过化学处理进行极化，以实现更好的分散效果。为了改善 MWCNTs 的疏水性（优化 MWCNTs 的表征），设计了一种用硝酸（HNO_3）和硫酸（H_2SO_4）纯化 MWCNTs 的简便方法，采用一步 PWE 法和控制线爆数，可制备出一定浓度的水基 Ag 纳米流体。Bönnemann 等采用一步法制备了粒径分布较窄的含银纳米颗粒的矿物油基纳米流体，并通过紫外分光光度法和瞬态热丝法对纳米流体的分散速率和导热系数进行评价[17]。Singh 等[18]提出粒子是可以稳定的，通过两个氧原子在粒子周围形成致密层排列在银表面。银纳米颗粒悬浮液可以稳定 1 个月。Angayarkanni 和 Philip[19]回顾了激光烧蚀是另一种直接在基液中产生和分散纳米颗粒的一步法。Kim 等[20]提出，悬浮在水中的金纳米颗粒（Au-NPs）是由于在液体中通过脉冲激光烧蚀造成的。在这种方法下，Au-NPs 的平均尺寸为 7.1~12.1nm，在激光诱导破碎的作用下，Au-NPs 的尺寸分布趋于变窄。因此，即使在未使用表面活性剂的情况下，Au-NPs 纳米流体在 1 个月后仍表现出显著的胶体稳定性。

然而，在一步法中，纳米颗粒由于反应速率高而具有沉淀的倾向，导致反应不完全或分散，残余的反应物留在纳米流体中。因此，需采用表面活性剂或稳定剂作为稳定剂，防止颗粒聚集，进而沉淀、失去纳米流体效应。

1.1.2 两步法

比较一步法获得的纳米流体，两步法是分步制备纳米流体，即先制备出纳米颗粒，然后将纳米颗粒分散到基液中制备而成，也称为分散法[21]。两步法获得的纳米流体稳定性较差，通常还需要采取其他辅助手段（如添加表面活性剂、超声振荡处理等）来改善颗粒的悬浮稳定性。此方法制备工艺简单、成本低、易于批量生产。对于纳米颗粒，因其具有高表面能，在运输和存储过程中颗粒易聚集成团聚体，而制备纳米流体时这些团聚体通常难以打碎，因而既减弱了纳米流体的稳定性，又降低纳米流体强化传热的效果。它具有强烈的热力学不稳定性及聚集不稳定性，严重制约其在实际生产中的应用。因此，如何保持纳米颗粒在流体中均匀、稳定地分散是纳米流体制备的关键。

两步法是目前研究人员广泛采用的制备纳米流体的方法。首先通过物理或化学方法制备出纳米颗粒、碳纳米管、纳米纤维及其他纳米材料[22~25]。然后，在磁力搅拌器（强磁搅拌）、超声、高剪切混合和均质的辅助下，将它们与基液混合[26,27]。两步法被广泛应用于非金属纳米粒子的纳米流体研究中，两步法的优点是生产能力高、成本低。因此，该方法是最经济的纳米流体制备方法，尤适用于是大规模的纳米粉末制备。

由于纳米颗粒的体表面积比高（取决于颗粒的大小）和其他表面作用力强，纳米颗粒有沉积的倾向，影响纳米流体的热性能。Afrand 等[28]指出当体积分数大于 1% 时，纳米流体没有分散，会出现聚集现象，导致纳米颗粒的沉积和沉降。在流体中加入表面活性剂可以提高纳米颗粒的稳定性，避免纳米颗粒的聚集。稳定性是纳米流体重要的性质之一，表 1-1 列举几种制备纳米流体的方法及其稳定性能。在流体中加入表面活性剂可以提高纳米粒子分散的稳定性，但在高温传热应用下，表面活性剂的效果会变差。此外，纳米颗粒的沉降不仅会导致纳米流体的沉降或堵塞，还会降低纳米流体的导热系数。Jana 等[29]在水中添加了具有不同体积分数的碳纳米管（CNTs），制备了 CNTs 悬浮液。将金纳米颗粒（Au-NPs）胶体加入去离子水（DI）中以制备 Au-NPs 悬浮液。将 Au-NPs 添加到具有不同体积分数的 CNTs 悬浮液中，以获得 CNTs-Au-NPs 悬浮液。在铜纳米颗粒（Cu-NPs）悬浮液中，月桂酸盐和 DI 为基液。添加月桂酸盐的目的是提高悬浮液中 Cu-NPs 的稳定性。采用低功率超声波振动器将纳米粒子分散到水中。在 Cu-NPs 纳米流体中添加 CNTs 降低了 Cu-NPs 的沉降。混合纳米粒子的悬浮液需要超声处理 1h。

表 1-1　几种两步法制备纳米流体的方法步骤及其稳定性

研究者	纳米流体	表面活性剂	磁力搅拌/h	超声时间/h	稳定性/天
Sundar 等[30]	MWCNTs-Fe$_2$O$_3$/W	NanoSperse AQ	—	1	60
Allahyar 等[31]	Al$_2$O$_3$-Ag/W	—	—	0.5	2
Parsian 和 Akbari[32]	Al$_2$O$_3$-Cu/EG	—	—	7	3
Qing 等[33]	SiO$_2$-graphene/环烷矿物油	—	—	4	14
Asadi 等[34]	Al$_2$O$_3$-MWCNT/原油	—	2	1	7
Wei 等[35]	SiC-TiO$_2$/导热油	油酸	0.5	2	10
Mechiri 等[36]	Cu-Zn/植物油	—	—	3	3
Esfe 等[37]	Cu-TiO$_2$/W-EG	—	3	6	7
Nabil 等[38]	SiO$_2$-TiO$_2$/W-EG	—	—	1.5	14
Hamid 等[39]	TiO$_2$-SiO$_2$/W-EG	—	1	2	14
Hussein[40]	氮化铝/EG	—	—	2.5	60
Esfe 等[41]	MWCNTs-ZnO/W-EG	—	2	3	10

注：W、EG 分别表示水和乙二醇。

Suresh 等[42]采用两步法生产体积分数为 0.1% 的 Al$_2$O$_3$-Cu/水混合纳米流体，以硫酸十二烷基钠（SLS）作为表面活性剂。在此之前，采用热化学合成法制备纳米 Al$_2$O$_3$-Cu 混合粉末，经过喷雾干燥、前驱体粉体氧化、氢气氛还原、均质等步骤。Moghadassi 等[43]采用两步法生产类似 Suresh 等[42]制备的混合纳米流体。用等体积混合物制备了干燥的氟化多壁碳纳米管（f-MWCNTs）和 Fe$_3$O$_4$ 纳米颗粒。采用两步法制备了混合纳米颗粒（f-MWCNTs-Fe$_3$O$_4$）并将其分散在乙二醇（EG）中[44]。Aravind 和 Ramaprabhu[45] 以氧化石墨烯和混合稀土金属基合金氢化物催化剂（MmNi$_3$）为前驱体，采用化学气相沉积技术制备了石墨烯包裹的多壁碳纳米管（MWNTs）纳米复合材料。将 MmNi$_3$ 和氧化石墨烯以 1∶1 的比例混合后，在砂浆中研磨几分钟，然后将其装入水平石英管式反应器的中心。将样品在 500℃ 的氩气（Ar）气氛中加热近 30min 后，允许氢气进入。样品在 Ar 流中进一步加热至 700℃，然后引入乙炔（C$_2$H$_2$）作为含碳前驱体。将培养的样品在恒温箱中回流。HNO$_3$ 在 60℃ 下放置 6h，以去除金属催化剂颗粒。酸处理过的样品用去离子水洗涤以去除杂质，然后使用 0.2μm 的聚四氟乙烯膜过滤，并在 60℃ 的真空中干燥。最后制备了纯化的石墨烯-MWNTs，并且无需进一步的酸处理和功能化，就可以将其用于纳米流体的合成。所制备的混合纳米流体可以稳定 6 个月以上。

Esfe 等[46] 采用两步法制备了 MWCNTs-ZnO（10% 体积分数的 MWCNTs 和 90% 体积分数的 ZnO）混合纳米颗粒，并分散在 SAE40 油中。Esfe 等[47] 采用两步法合成了 Cu-TiO$_2$ 混合纳米颗粒，并将其添加到 EG 中，并且流体中未添加表面活性剂。在此之前，他们通过机械方式合成了纳米颗粒，将纳米颗粒制备成为 7 种不同的固体浓度（0.1%、0.2%、0.4%、0.8%、1.0%、1.5% 和 2%，体积分数）的纳米流体，在每种浓度的基液中加入对应量的 Cu 和 TiO$_2$ 纳米颗粒。Par 等分别以 15% 和 85% 的比例制备了 MWCNTs-ZnO 纳米流体。采用两步法制备纳米颗粒，然后将其添加到油中，在不使用任何表面活性剂的情况下形成混合纳米流体[48]。Jena 等[49] 解释了用氢还原技术从化学制备的 CuO-Al$_2$O$_3$ 混合物中合成 Cu-Al$_2$O$_3$ 纳米复合材料的原理。Niihara[50] 和 Oh 等[51,52] 展示了由纳米尺寸的 Al$_2$O$_3$ 和 CuO 粉末混合制备 Al$_2$O$_3$-CuO 纳米复合材料的过程。他们提出的纳米复合材料具有新的材料设计理念，并显著改善了流体的力学和热性能。Ho 等[53,54] 利用界面聚缩合和乳液技术制备了相变材料（PCM）悬浮液。微囊化的 PCM 颗粒中的核心 PCM 是正二十烷，可在无需刻意添加乳化剂的情况下，在水溶性脲甲醛聚合物溶液中进行乳化。通过添加适量的微囊化 PCM 颗粒与超纯水在烧瓶中混合，然后在超声振动浴中分散至少两个小时，来配制 PCM 悬浮液。接下来，通过使用磁力搅拌器将不同质量分数的 Al$_2$O$_3$ 纳米颗粒分散在超纯水中，制得水基纳米流体。最后，通过将纳米流体与 PCM 悬浮液在超声振动浴中混合至少两个小时来配制混合水基悬浮液。Paul 等[55] 用机械合金化法合成了 Al-Zn 纳米颗粒。他们在室温下，使用高能行星式球磨机将铝（95%）和锌（5%）的元素粉末进行了机械合金化混合，并将粉末混合物研磨了所需的时间以达到稳态（当粉末混合物的成分变得均匀时）。最后通过两步法制备混合纳米流体，方法是在 EG（基液）中添加适量的超细 Al-Zn 纳米颗粒，然后将所得混合物进行超声振动及磁力搅拌。

Afrand[56] 制备了由功能化多壁碳纳米管（f-MWCNTs）和 MgO 纳米颗粒组成的纳米添加剂，分散在纯乙二醇基液中，采用两步法制备了不同固相体积分数的混合纳米颗粒。Ahammed[57] 采用两步法，制备了体积浓度为 0.1% Al$_2$O$_3$ 纳米颗粒和石墨烯纳米片来制备混合纳米流体，无表面活性剂添加。Abbasi 等[58] 使用溶剂热法在乙醇中制备了混合 γ-Al$_2$O$_3$/MWCNTs，将乙酸铝粉末溶解在乙醇基液中，然后将纯的 MWCNTs 和功能化的 MWCNTs（采用两种不同方法制备）加入到该悬浮液中，并使用超声水浴进行分散。由此制备出 γ-Al$_2$O$_3$/MWCNTs 混合纳米材料。将阿拉伯树胶添加到去离子水中，然后放入超声水浴中，再将混合纳米材料加入到该悬浮液中，用超声水浴进行分散。

Nine 等[59]介绍了一种简单、经济、高效的混合纳米颗粒合成方法，采用湿法球磨工艺制备 Cu/Cu₂O-水混合纳米流体。铜和氧化亚铜（Cu_2O）的平均尺寸小于 30nm。在去离子水存在的情况下，球磨的作用加速了 Cu 颗粒的水解，并且 Cu 颗粒在略高于环境的温度下迅速转化为数个 Cu_2O 纳米颗粒。铜合成 Cu_2O 纳米颗粒的过程包括以下三个步骤：将铜氧化成 Cu_2O，在 Cu 颗粒上形成 Cu_2O 层，将 Cu_2O 层破碎成粒径约为 $20\mu m$ 的较小颗粒。

Sundar 等[60]按照不同质量比的 EG-水混合比例：20%：80%、40%：60%、60%：40%制备了混合基液，然后通过将纳米金刚石和镍（ND-Ni）纳米复合磁性材料分散到不同的基液中，制备了 ND-Ni 纳米复合磁性纳米流体。将质量分别为 0.25g、0.5g、0.75g、1.00g、1.25g 的 ND-Ni 干粉分散在 40mL 基液中，得到质量分数分别为 0.62%、1.23%、1.84%、2.43% 和 3.03% 的混合纳米流体。为了获得 ND-Ni 纳米复合材料在 40mL 水中的均匀分散体，他们使用了 0.1mL 的水性分散剂（Nanosperse AQ），随后将混合物放在超声浴中静置 1h，然后取 0.25g 的 ND-Ni 纳米复合溶液放在超声浴中静置 90min，在不同的基础液中制备其他重量浓度的溶液时，重复同样的步骤。

1.1.3　其他新颖的方法

上述的纳米流体制备方法中已经涉及很多纳米流体的制备方法，这里将混合纳米流体单独列为一节，是因为混合纳米流体出现较晚，其制备方法中有一些新颖的方法在一元的纳米流体制备过程中不曾涉及。制备混合纳米流体的主要目的是获得各组成材料的性质，单独一种材料可能具有良好的热性能或流变性能，它却不具备某一特定应用所需的所有有利特性。但在许多实际应用中，需要在几种特性之间进行权衡，在这种情况下，混合纳米流体由于其粒子协同作用，有望产生比一元纳米流体更好的导热性能。

Hwang 等[61]提出了一种用聚乙二醇对改性后的羧基功能化碳纳米管（f-CNTs）进行表面修饰的制备方法，并将所合成的 CNTs 复合纳米流体与 EG 基液进行混合制备。他们用 CNTs 和由硝酸和硫酸组成的混合酸制备了 f-CNTs。然后，通过合成的 f-CNTs 与聚乙二醇的酯化反应合成了复合碳纳米管。因此，在机械搅拌和超声混合的辅助下，在 EG 基液中分散制备了五种不同体积分数的 f-CNTs 纳米流体。Yarmand 等[62]制备了以水为基液的石墨烯微片/银的混合纳米流体。由于石墨烯微片（GNPs）具有疏水性，不能直接分散于水中。因此，通过酸处理使 GNPs 功能化是其具有亲水特性的合适方法，这一功能化过程有助于在 GNPs 的表面引入羟基和羧基等官能团，然后通过化学反应过程用银修饰功能化的 GNPs。将功能化的 GNPs（30mg）分散到 10mL 蒸馏水中，将 $Ag(NH_3)_2OH$ 添加到分散的功能化 GNPs 悬浮液中，连续搅拌 2h，后将硼氢化钠添加到溶液中，继续该过程。所得的纳米流体是稳定的，并且在 22 天后，GNPs-Pt 混合纳米流体的沉降量小于 5.7%。相转移法是一个解决纳米流体制备过程中纳米颗粒不溶性问题的有效方法。Feng 等[63]利用含水有机物改变相来制备金、银和铂纳米颗粒，该方法相对于常规相转移方法，在高稳定度的纳米颗粒的转移效率方面具有卓越的表现。纳米颗粒的形状和大小可以通过改变反应条件来控制，同时该方法也可用于制备大量的煤油基 Fe_3O_4 纳米流体[64]，通过化学吸附方式将油酸化学处理在 Fe_3O_4 纳米颗粒的表面上，从而使油酸与煤油的相容性更好。

Baby 等[65]通过氢诱导氧化石墨（GO）的剥离和化学还原，合成了 CuO 修饰的石墨烯（CuO/HEG）。合成的 HEG 经过酸处理后功能化，并进一步用于包覆 CuO 纳米颗粒，通过超声处理将 CuO/HEG 分散到基础液（DI 或 EG）中，持续时间为 45min 至 1h。Botha 等[66]采用一步法制备了 Ag 和 SiO_2 的混合纳米流体，并在 SiO_2 负载下合成了粒径分布为（5.5±2.4）nm 的纳米流体，纳米油是变压器油和 Ag-SiO_2 纳米颗粒的混合物。结果表明，CuO 修饰的石墨烯具有高导热性和优异的电气绝缘性能，是理想的纳米油，通过磁搅拌将 SiO_2 与基液混合，并在 130℃ 下搅拌。由于高温会导致油被氧化，因此通过电子转移反应使 Ag^+ 离子还原为 Ag。

Ramaprabhu 等[67]利用一种新的合成方法制备了银饰功能化氢诱导的剥离石墨烯（Ag/HEG），并通过分散该材料制备纳米流体。使用超声搅拌在去离子水和 EG 中的 Ag/HEG，可以使其在没有表面活性剂添加的情况下实现适当的分散，并且合成的纳米流体可以稳定三个月以上。合成的 HEG 无法分散在极性溶剂中，羧基和羟基官能团的存在有助于适当分散。因此，将合成后的 HEG 功能化，以进行适当的 Ag 包覆和分散。合成的 HEG 在 H_2SO_4：HNO_3 的比例为 3：1 的酸介质中功能化，将 HEG 在酸介质中超声处理 3h 后，对样品进行洗涤、过滤和真空干燥，将功能化的石墨烯（f-HEG）用于银的修饰。相对于其他碳基纳米流体，HEG 分散纳米流体成本效益更低。

Chen 等[68]使用以下程序制备了 Ag/MWNTs 复合材料。将 MWNTs 和 NH_4HCO_3 在圆柱形球磨容器中轧制，然后在真空中干燥，获得了具有功能化表面的 MWNTs，利用银镜反应制备 Ag/MWNTs 复合材料。将含有功能化 MWNTs 的十二烷基硫酸钠（SDS）水溶液引入到 Tollens 试剂（$[Ag(NH_3)_2]^+$）溶液中，可在温和搅拌下溶解。将甲醛作为还原剂滴入上述体系中，并搅拌一段时间，离心收集最终的 Ag/MWNTs 产物，用水和乙醇洗涤[69]。Bhosale 和 Borse[70]研究了 Al_2O_3-CuO/H_2O 混合纳米流体对 Ni-Cr 丝在池沸腾中临界热流密度（CHF）提高的影响。根据实验要求，他们将 2.5mg CuO 和 2.5mg Al_2O_3 混合在 2L 蒸馏水中，制备了混合纳米流体，然后把纳米流体加入水中，将浓度调整至体积分数分别为 0.25%、0.5% 和 1%。Parameshwaran 等[71]制备了用于掺杂到 PCM 中的 Ag-TiO_2 混合纳米粉末，以便在充电和放电过程中获得快速成核以及导热系数的提高。首先将 1g TiO_2 粉末分散在 EG 基液中，使用高频超声仪超声 0.5h，在获得白色 TiO_2 沉淀后，在连续搅拌的同时滴加适量溶解在去离子化双蒸馏水（DDW）中的硝酸银。1h 后，将溶解于 DDW 中的 0.05g 抗坏血酸添加到上述溶液中，得到含 Ag-TiO_2 混合纳米复合颗粒的浅灰色胶体溶液，然后将混合物洗涤、过滤，并在 90℃ 真空干燥，得到所需的 Ag-TiO_2 混合纳米复合粉体。利用电子质量平衡法，得到了质量分数分别为 0.1% 和 1.5% 的 Ag-TiO_2 混合纳米复合材料（HyNC）。

通过上述关于纳米流体制备的综述可知，一般采用了这些方法制备纳米流体：溶胶-凝胶法，涉及氢还原技术的热化学路线，一步法如脉冲线蒸发法、湿化学法、机械球磨技术、化学还原法、湿磨法。通过对关于混合纳米流体制备的文献综述中发现，与两步法制备纳米流体相比，一步法制备纳米流体时纳米颗粒在基液中的悬浮稳定性更好。同样的观察结果也适用于单一纳米流体，但是与两步法相比，一步法制备纳米流体难度大且成本高。从文献中还观察到，不含表面活性剂或基于纳米复合纳米的纳米流体具有很大的强化传热潜力，非常适合在实际的传热过程中应用。因此，大多数研究人员通常诉诸后一种制备纳米流体的方法。

1.2　纳米流体稳定性研究现状

纳米颗粒在基液中容易发生团聚、沉降现象，难以长期使颗粒保持均匀分散，从而降低纳米流体的稳定性。因纳米颗粒具有小尺寸效应，质量力不再是起主导粒子运动的作用力，此时引起纳米颗粒的碰撞、团聚的主要作用力可以分为两类：一类是由化学键作用引起的颗粒间相互作用力；另一类是由范德华力和静电力形成的颗粒间相互作用力。前者可以采取特殊方法对颗粒进行控制[72]，如表面包覆改性法，即通过改变颗粒表面能来增加颗粒间斥力，从而提高纳米流体的稳定性。后者则可以利用物理分散方法和化学分散方法来降低作用力，即通过磁力搅拌、超声振荡和表面活性剂等方法来提高纳米颗粒在基液中的稳定性。

因而，寻找合适的方法在基液中均匀分散纳米颗粒并形成低团聚、分散性好和稳定性高的纳米流体，是研究纳米流体热物性的前提和解决其实际应用的关键性问题。目前，国内外许多学者在纳米流体的稳定性方面做了相关的研究，同时其稳定性得到有效改善，但如何改善纳米颗粒在流体中均匀分散及保持长期稳定的难题依然还未完全解决。

1.2.1　纳米颗粒对稳定性的影响

从悬浮且分散良好的纳米颗粒来看，纳米流体可以近似看成胶体，因此研究人员通过胶体理论对纳米流体的稳定性进行分析[73]。胶体溶液是一种均匀混合物，由分散质（微小粒子或高分子化合物）在介质中形成高度分散的溶液体系，分散质和介质间有相界面，界面有界面能。胶体稳定性的含义可以概括为三类：动力学稳定、热力学稳定和聚集稳定[74]。纳米流体是多相分散体系，具有很高的界面能，粒子间有强烈团聚趋势，所以是热力学不稳定；而较小质点纳米颗粒由强烈的布朗运动抵消重力等因素引起的沉降，具有一定动力学稳定性；聚集稳定性是纳米流体的分散度能否随时间的改变而变化。如随时间的增加，纳米颗粒因界面能和表面能的作用发生团聚，会降低分散度，从而使纳米流体的聚集稳定性变差。若质点聚集增大，动力学稳定性也随之消失。因此，聚集稳定性是胶体（即纳米流体）稳定与否的关键。

在纳米流体中，因纳米颗粒具有小尺寸效应和较高的比表面能关系，纳米颗粒很容易团聚形成纳米簇团聚体，且纳米簇的尺寸大于单个纳米颗粒，容易使纳米流体逐渐失去高热导率特性，退化成不含纳米颗粒的普通流体。按照纳米颗粒在液相介质中作用力的不同，纳米流体稳定理论通常分为以下三种：静电稳定理论、空间位阻稳定理论和静电位阻稳定理论[75]。

（1）静电稳定理论：DLVO 理论认为，纳米流体中的带电粒子间存在范德华吸引势能（范德华引力）和双电层排斥势能（静电斥力）[76]。纳米流体的稳定与否，取决于粒子间的静电斥力与范德华力相对大小。当静电斥力大于范德华引力时，能阻碍颗粒因布朗运动而引起的团聚，具有较好的悬浮稳定性，即分散体系稳定，反之则分散体系不稳定。影响胶体静电斥力大小有电解质种类、浓度和 pH 值等因素。因此，可以通过调节分散体系的 pH 值、电介质、分散剂或加入其他分散条件，从而增加颗粒表面电荷，提高静电斥力，最终实现分散体系（纳米流体）的稳定[77,78]。

（2）空间位阻稳定理论：它是通过在胶体中加入一定量的不带电的高分子聚合物，

高分子聚合物吸附于纳米颗粒表面，使高分子聚合物在介质溶液中形成空间位阻层，阻止颗粒之间的碰撞、聚集和沉降，因此形成空间位阻稳定作用[79]。当纳米颗粒靠近时，高聚物吸层被压缩，高聚物分子链构型数目减少，构型熵降低，并形成斥力势能，颗粒稳定分散于液相介质[80]。需要注意的是，加入纳米流体的聚合物量要适宜，加入量过少，不能起到稳定作用，可能降低纳米流体稳定性，而加入量过大，则不能使其达到更好的稳定效果。

（3）静电位阻稳定理论：也称电空间稳定理论，是前两种稳定机理的结合。加入聚合物电解质，纳米颗粒外表面吸附了可电离的聚合物电解质，形成空间位阻层，防止因无规则布朗运动的纳米颗粒产生团聚[81]。同时，颗粒本身所带的电荷和外加聚合电荷也会排斥周边的纳米颗粒即利用聚合物电解质形成静电及空间位阻复合稳定作用。当颗粒间距离较近时，空间位阻防止颗粒接近和聚集，空间位阻稳定机理占主要作用，当颗粒间距离较远时，双电层产生排斥力，此时静电稳定机理为主要作用[82]。

纳米流体中颗粒的浓度也是影响稳定性的重要因素。Kumar 等[83]研究了 Al_2O_3-SiO_2／W 纳米流体的浓度对稳定性的影响。发现低浓度纳米流体中，因纳米颗粒含量低不能产生足够的排斥力，使其稳定性变差。研究表明，质量浓度最高为 0.6% 时，纳米流体稳定性最佳。纳米流体浓度对稳定性的影响，Zhang 等[84]进行了更加细致的观察，可将纳米流体的沉积过程分为 3 个阶段："低稳定性""中稳定性"及"高稳定性"，并研究了颗粒浓度对 SiO_2 纳米流体稳定性的影响。研究表明，SiO_2 颗粒浓度影响纳米流体稳定性的变化规律，对每个阶段发生的时刻与持续时间产生不同影响。纳米流体体系的稳定性随着时间的推移而发生变化，最终趋于平衡状态。在 0～8 天的时间内，纳米流体系统表现出颗粒浓度越高越不稳定的特点（沉淀情况与吸光度对比见图 1-1 和图 1-2）。而且，随着粒子浓度的增加，系统稳定所需的时间也越短。Chakraborty 等[85]观察到，40ppm（1ppm = 10^{-6}）纳米颗粒浓度下的 Cu-Zn-Al LDH 纳米流体仍然稳定，而 240ppm 的纳米流体悬浊

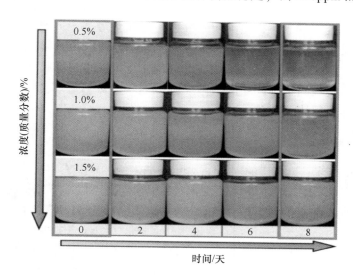

图 1-1　3 种不同浓度的 SiO_2 纳米流体沉淀情况[84]

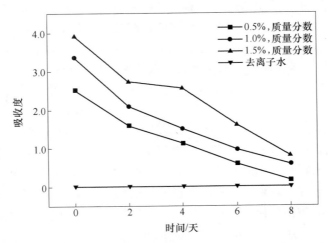

图 1-2　三种不同浓度的纳米流体在 400nm 波长处的吸光度随时间变化[84]

液则显示出沉积的迹象。颗粒浓度的增加会增大团簇体的大小，因为颗粒间距离减小，范德华引力增强，直接影响沉降速度。Hong 等[86]指出 Fe/EG 纳米流体的平均团簇大小随着浓度的增加从 $1.2\mu m$ 增大到 $2.3\mu m$。随着纳米颗粒聚集度的增加，纳米流体的团聚倾向增加。Chakraborty 等[87]观察到，随着纳米颗粒浓度的增加，团簇大小从 86nm 增加到 126nm。

　　对于混合纳米流体，不同颗粒的混合比也是影响其稳定性的关键因素。Wanatasanapan 等[88]研究了混合比对粒径分别为 21nm 和 13nm 的 $TiO_2-Al_2O_3/W$ 混合纳米流体稳性的影响，沉淀情况如图 1-3 所示。Zeta 电位测量结果显示，当混合比为 50∶50 时纳米流体的稳定性及综合热物性最佳。Siddiqui 等[89]研究发现，粒径分别为 13nm 和 25nm，混合比为 50∶50 的 $Cu-Al_2O_3/W$ 的纳米流体稳定性及热物性最佳。此外，Siddiqui 还对 Zeta 电位与稳定性的关系提出了新的看法。在 30∶70 和 50∶50 混合比下混合纳米流体粒子沉降主要是由于沉降速度影响而非粒子表面净电荷，70∶30 混合比下沉积的原因主要是沉降速度，Zeta 电位的变化只是其附加现象。因此，不能将 Zeta 电位单独作为评价混合纳米流体稳定性的指标，还需要考虑其他因素（如粒径、密度、沉降速度等）来评价混合纳米流体的整体稳定性。

1.2.2　超声振荡对稳定性的影响

　　相较于传统的毫米、微米级的固-液混合物，纳米级的粒子有着更大的比表面积和更高的表面能，粒子容易发生碰撞、聚集现象引发热力学不稳定性，随着团聚现象持续，在重力场作用下聚结的纳米簇会发生沉降引起动力学的不稳定性。上述不稳定性因素会使纳米流体出现分层现象，一部分纳米颗粒沉淀在底部，从而降低了纳米流体的稳定性和导热性能。因此，制备纳米流体时需要利用一定方法（如物理作用和化学作用）来改善流体的稳定性。物理分散方法是利用磁力搅拌、超声振荡等方式使纳米颗粒在基液中均匀分散并抑制粒子间二次聚结来提高稳定性。机械搅拌是改善纳米流体稳定性的最简单方法，但由于效果不明显，通常需要搭配其他方法如超声振荡。机械搅拌要借助外界的剪切力等机械能来破坏粒子

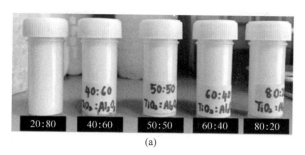

(a)

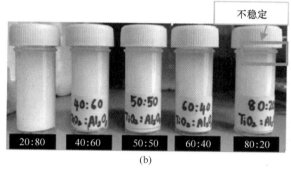

(b)

图 1-3　混合纳米流体第 1 天（a）和 30 天后（b）的情况[88]

间聚集，改变流体内部微对流，从而达到改善粒子在基液中均匀分散的目的。

超声振荡主要利用超声频振产生的机械波和空穴效应等，实现破坏纳米簇中粒子间相互作用力（范德华力），减少粒子聚集，从而提高纳米流体分散效果和稳定性。超声技术是一种物理手段，影响纳米颗粒的表面和结构，防止颗粒聚集，得到稳定的纳米流体。Ruan 等[90]阐述了超声是一种常见的分解凝聚和促进纳米颗粒分散到基液中的方法，以获得更稳定的纳米流体。超声振荡是用适当的功率和频率的超声波直接将纳米流体加以振动，打破颗粒与颗粒、颗粒与基液分子之间的势平衡，克服纳米颗粒间的范德华力，使纳米颗粒均匀地分散在基液中。李小可等[91]通过两步法制备了不同超声时间（$t = 0.5 \sim 3.0h$）下的纳米 SiC-EG 纳米流体。通过扫描电镜图（SEM）、粒度分析仪、Zeta 电位仪测定了超声时间对 SiC-EG 纳米流体稳定性的影响，发现随着超声时间的增长，纳米颗粒的平均粒径变小，团聚现象减轻，当超声时间为 2.5h 时 SiC-EG 纳米流体稳定性最好。

刘春玲等[92]研究了超声时间对 SiO_2 纳米流体稳定性的影响，并通过空化作用将 SiO_2-水纳米流体进行超声振荡。随着超声振荡功率的增大，SiO_2-水纳米流体的吸光度随之增大，当超声振荡功率达到 180W 时，纳米流体的吸光度值达到最大值。通过超声振荡可以明显提高 SiO_2-水纳米流体的稳定性。当超声功率为 180W 时，超声时间为 30min 时，纳米流体的稳定性最好。杨文亮等[93]研究了 TiO_2-水纳米流体的稳定性，当超声时间为 5min 时，TiO_2 团聚体的平均尺寸从 1620nm 降低到 518nm，纳米流体的浊度从 25.1NTU 增大到 95.3NTU。经过一定的超声时间，TiO_2-水纳米流体的稳定性得到一定的改善。当超声时间超过 15min 时，TiO_2-水纳米流体的粒径没有发生明显变化，当继续超声振荡时，团聚体的尺寸开始变大，纳米流体的浊度开始降低。因此 TiO_2-水纳米流体的最佳超声时间为 15min，当超声时间过长时会影响纳米流体的稳定性。李新芳[94]等制备了 Cu-H_2O 纳米流体，发现超声振荡并不能影响纳米流体的稳定性。当超声振荡停止时，纳米流体迅速出现颗粒沉淀，出现分层现象。超声时间控制不合理将会出现团聚体尺寸过大的现象。李艳娇等[95]制备了体积分数为 0.5% 的氮化铝-乙二醇（AlN-EG）纳米流体，通过实验研究了超声振动时间（5~120min）对其稳定性的影响，分析静置 30 天后的沉降图发现超声时间 5min 的 AlN-EG 纳米流体液面下 5mL 流体浓度最低，之后随超声时间的增加，液面下 5mL 纳米流体浓度开始升高，超声时间在 30min 时达到最大，超过 30min 时出又出现不同程度的下降。王宏宇等[96]进行 Al_2O_3-水和 SiO_2-水纳米流体的稳定性实验，并利用悬浮物测试仪分析其稳定性，发现不同种类的纳米颗粒对应的最佳超声时间不同，Al_2O_3-水纳米流体在超声 3h 时其稳定性优于 1h 和 2h 的稳定性，对 SiO_2-水纳米流体而言，其稳定效果最好的超声时间为 5h。彭小飞等[97]对 CuO-DW（蒸馏水）、Al_2O_3-DW、Cu-DW 和 Al-DW 四种纳米流体进行了稳定性的实验研究，结果表明超声时间对纳米流体的分散效果有显著影响，超声振荡产生的机械波能有效减少粒子的团聚。超声振荡时间不足，则不能完全抑制因团聚引起的沉降，而超声时间过长，又会引起已经分散的粒子发生二次聚集，从而影响纳米颗粒的分散效果。Ma 等[98]采用超声振荡处理制备了稳定的纳米流体，发现超声振荡过程存在一个最佳时间值。在最佳超声时间范围内，粒子分散效果随时间的增加效果更好，但超过最佳时间时，较长的振荡时间会使流体的温度升高，粒子的碰撞、团聚几率增大，不利于流体的稳定。Li 等[99]实验发现超声振荡不能提高 Cu 纳米流体的稳定性，当停止超声振荡时纳米颗粒会迅速出现沉淀，流体发生分层现象，造成这现象的原因可能是颗粒的粒径过大或者是超声振荡时间选择不恰当。

纳米流体在制备过程中因为颗粒间的相互作用力容易发生团簇，形成沉积。而采用超声处理可以有效打破团簇，减小粒径，使纳米流体的分散性显著提高，同时，超声处理方法简单，功率、时间可控，已成为纳米流体制备过程中必不可少的一环。

对于超声作用时间长短对纳米流体稳定性的影响，研究人员有不同的看法。Ruan 等[100]分别用 5min、40min、140min、520min 和 1355min 对 MWCNTs/EG 纳米流体进行超声处理，分别采用连续超声和脉冲超声两种方式制备纳米流体。TEM 图像表明，碳纳米管的平均团簇大小、纳米管长度和宽高比随着超声时间或能量的增加而减小。Sadeghi 等[101]使用超声波振动器对 Al_2O_3/W 纳米流体进行 180min 超声处理，分析了 Zeta 电位、团簇大小和多分散性指数（PDI）。观察到 Zeta 电位值随着超声作用的增加而增加。他们还发现 PDI 和团簇大小随着超声持续时间的增加而减小，并发现在前 30min PDI 和团簇大小迅速减小，之后逐渐减小。Mahbubul 等[102]研究超声处理对 Al_2O_3/W 纳米流体稳定性研究时发现，超声前纳米流体 pH = 5.4，超声 1~5 天后，pH 值为 5.1~5.2。得出结论：超声时间越久稳定性越好。但部分研究人员得出了相反的结论。Zheng 等[103]研究了超声波处理对 Fe_3O_4 液体石蜡纳米流体稳定性的影响。发现延长超声作用时间一方面打破了纳米粒子团簇，使纳米粒子分布更加均匀；另一方面，超声时间的过度延长会损害纳米流体的稳定性。实验结果表明，超声降解的最佳时间为 3h。Asadi 等[104]发现 MWCNTs/W 纳米流体最佳超声时间为 60min，此时得到的导热系数最高和稳定性最好。Li 等[105]发现 Cu/EG 纳米流体在质量分数为 1.0% 和 2.0% 时最佳超声时间为 45min，当浓度提升到质量分数为 3.8% 时，最佳超声时间为 60min。Mahbubul 等[106]研究超声处理对 TiO_2/W 纳米流体稳定性时发现，在超声前期，团簇尺寸急剧减小，前 30min 大尺寸比率下降极快，

150min 为最佳超声时间。Kwak 等[107]对 CuO/EG 纳米流体进行 1~30h 的超声处理，发现 CuO/EG 纳米流体最佳超声时间为 9h。Lee 等[108]通过超声波振动来稳定 Al_2O_3/W 纳米流体。超声振动持续时间分别为 5h、20h 和 30h。超声处理 5h 后纳米流体最稳定。Chen 等[109]对 TiO_2/EG 纳米流体进行了长达 40h 的超声处理，通过 DLS 对其进行表征，发现超声处理 20h 时团簇尺寸最小，为 140nm。超声时间超过 20h，团簇尺寸不会继续缩小。

Garg 等[110]研究了纳米流体的超声时间对分散行为的影响。他们对 MWCNTs/W 分别进行了 40min、60min、80min 的超声处理，通过 TEM 分析，发现最佳超声时间是 40min。Zhu 等[111]研究了超声时间对平均团簇大小的影响。他们对 $CaCO_3$/W 纳米流体进行 1~45min 的超声处理，发现超声时间在 20min 内团簇尺寸迅速减小，然后随着超声时间的延长，团簇尺寸略有增加。Nguyen 等[112]研究了超声时间、功率和脉冲模式对 Al_2O_3/W 纳米流体稳定性的影响。作者分别采用了 10%、30% 和 60% 的超声振幅，对比不同的脉冲模式，最优振幅为 30%。在振幅为 60% 的情况下，超声 300s 后团簇尺寸再次增大。他们指出，较高的超声振幅会使颗粒发生团聚。然而，在 10% 和 30% 的振幅下，团簇尺寸随着超声时间的增加而不断减小。对比不同的超声模式（连续模式和脉冲模式），没有观察到不同或相似的结果。Chakraborty 等[113]分析了超声时间对 TiO_2 纳米流体的影响。他们添加了质量分数为 0.1%、0.2% 和 0.4% 的银（Ag）纳米粒子，并对其进行了 10min、20min 和 30min 的超声处理。研究发现，对于较低浓度的 Ag 纳米流体，超声处理作用不显著。Rashmi 等[114]利用 UV-vis 分析了超声时间对质量分数为 0.01% 和 0.1% CNT/W 纳米流体稳定性的影响。他们使用超声浴将混合物振动 1h、4h、8h、16h 和 20h，得出结论 4h 是 2 种浓度的最佳持续时间。作者着重指出，CNTs 的结构受到弯曲、屈曲和位错等破坏，这是长时间超声作用后稳定性降低的原因。LotfizadehDehkordi 等[115]采用 Box-Behnken 分析了 TiO_2-水纳米流体的有效超声周期，研究了超声功率（20%~80%）、超声时间（2~20min）和体积浓度（0.1%~1.0%，体积分数）的影响；通过方差分析（ANOVA）检验各模型，使用 UV-vis 进行分析。结果表明，较长的超声时间和较高的功率降低了纳米流体的稳定性。

此外，同一项研究还可能观察到两种不同的现象。Chung 等[116]在水中添加了 A 和 B 两种 ZnO 纳米颗粒，并对其进行了 60min 的超声处理。通过透射电镜（TEM）和光子相关光谱（PCS）对不同超声次数的影响进行了表征。PCS 结果显示，A、B 粉分别在 60min 及 20min 内，超声将团簇的平均尺寸降低到 100nm，而进一步的 60min 超声并没有降低团簇的大小。但 TEM 结果表明，悬浮液中仍然存在团聚体。

从以上研究中没有得出明确的结论。一些研究人员建议超声时间越长越好。然而，还有研究发现最小团簇尺寸是在一定的超声时间后出现。然而，研究人员并没有提出一个具体的或常见的超声时间。

综上所述，通过机械搅拌和超声振荡等方法处理可以使基液中纳米颗粒在短时间内均匀分散。超声振荡时间在一定范围内，有助于粒子均匀分散，减少粒子的团聚，降低分散的粒子重新发生聚集的机率。但是，当超声振荡时间大于最佳时间，超声振荡产生的机械波会继续给粒子施加能量，打破颗粒动力稳定性，使粒子产生团聚，发生沉降。不同的纳米流体超声振荡时间的最佳值不同。因此，针对不同种类的纳米流体还需要进一步完善实验。

1.2.3 表面活性剂对稳定性的影响

为保证纳米颗粒在基液中的悬浮稳定性，除了采用物理方法外，还应加以其他辅助方法实现纳米颗粒长时间的稳定状态。机械搅拌和超声振荡等物理方法可以使纳米流体在短时间内维持稳定性，随着时间的持续，纳米流体中的粒子会在范德华力和静电力的相互作用下发生团聚，形成纳米簇。此时，重力作用下会引起粒子大量沉降，失去其高导热能力。而化学分散法，即添加表面活性剂或分散剂可以有效防止粒子的二次碰撞，有助于纳米颗粒的均匀分散和保持长时间稳定的效果，同时也具有高表面能、小尺寸效应等特性。

化学分散法是一种有效改善纳米流体稳定性方法，添加表面活性能够改善纳米颗粒之间的吸附形式[117]。表面活性剂在纳米颗粒表面形成吸附层，重叠的吸附层会产生新的斥力势能阻碍纳米颗粒团聚，有效提高了纳米颗粒的空间位阻效应和静电稳定。表面活性剂是指加入少量能使溶液体系的界面状态发生明显变化的物质，其分子结构由极性亲水基和非极性憎水基组成。根据其在水溶液中是否能电离可分为离子型、非离子和两性等表面活性剂，而离子型表面活性剂又可以分为阴离子和阳离子表面活性剂。常用表面活性如表1-2所示。

表 1-2 常用表面活性剂

中文名称	简称	化学分子式	分子量	属性
十二烷基磺酸钠	SDS	$C_{12}H_{25}NaSO_4$	288.8	阴离子型
十二烷基苯磺酸钠	SDBS	$C_{18}H_{29}NaO_3S$	348.48	阴离子型
十六烷基三甲基溴化铵	CTAB	$C_{19}H_{42}NaBr$	364.45	阳离子型
聚乙烯吡咯烷酮	PVP	$(C_6H_9NO)_n$	10000	非离子型

近年来，国内外研究人员针对表面活性剂对纳米流体的影响作用进行了大量研究。Li等[118]研究了表面活性剂 CTAB、SDBS、OPE 对质量分数为 0.1% 的 Cu-H$_2$O 纳米流体的稳定性影响，基于沉降观察法，得到其对应的最佳质量浓度依次为 0.43%、0.05% 和 0.07%。彭小飞等[119]在制备纳米流体过程中加入表面活性剂，并对纳米流体的稳定性进行分析。结果表明，超声振动作用和活性剂对于提高纳米流体的稳定性具有显著效果。Yang 等[120]实验研究了表面活性剂 SDBS、OP-10 对炭黑、Al$_2$O$_3$-氨水纳米流体得稳定性影响，发现纳米流体稳定性随着表面活性剂添加量的增加呈先增加后减小的趋势。Li等[121]配制了 Cu-水纳米流体，并对稳定性进行了分析研究。他们发现没有添加表面活性剂时，纳米流体中的 Cu 颗粒的沉淀速率很快，但当添加了一定量的表面活性剂后，Cu-水纳米流体的稳定性明显提高。宋晓岚等[122]在水基 CeO$_2$ 纳米流体中添加不同种类的表面活性剂并研究其稳定性。结果显示，混合表面活性剂能明显提高 CeO$_2$-H$_2$O 纳米流体的稳定性，并且 SDS 和 Tween 80 两者混合更能提高纳米流体的稳定性。因此混合表面活性剂是表面活性剂对纳米流体稳定性影响的一个新的方向。郝素菊等[123]研究了不同种类及质量分数的表面活性剂对稳定性的作用，他们发现表面活性剂 OP 对于改善碳纳米管纳米流体的稳定性最好。其中当 OP 表面活性剂为某一质量分数时效果最佳，当质量分数大于或者小于这个最佳值时，不能提高纳米流体的稳定性。谭强强等[124]对表面活性剂对纳米

四方晶氧化锆纳米流体的稳定性进行了研究。结果表明最佳的表面活性剂添加量为质量分数 1%，当高于最佳值时会降低纳米流体的稳定性。

加入表面活性剂是提高纳米流体稳定性的常用方法之一。表面活性剂的加入可以提高纳米粒子在溶液中的稳定性。这是因为纳米粒子/纳米管的疏水表面被修饰成亲水表面，提高悬浮性，对非水液体的情况也是如此。悬浮粒子之间的斥力是由悬浮在基液中的粒子的表面电荷引起的 Zeta 电位上升。然而，应注意表面活性剂应添加充足，因为表面活性剂不足时粒子表面电子层提供的静电排斥力不足以和范德华力抵消。文献中常用的表面活性剂有十二烷基硫酸钠（SDS）、十二烷基苯磺酸钠（SDBS）、盐和油酸、十六烷基三甲基溴化铵（CTAB）、十二烷基三甲基溴化铵（DTAB）和辛酸钠（SOCT）、十六烷基三甲基溴化铵（HCTAB）、聚乙烯吡啶酮（PVP）。选择合适的表面活性剂是制备稳定性优良的纳米流体最重要的步骤。它可以是阴离子的，阳离子的，或非离子的。表面活性剂的缺点是：如果在 60℃ 以上的高温下应用，表面活性剂与纳米颗粒之间的结合可能会被破坏，从而纳米流体会失去稳定性，纳米颗粒发生沉降。Shahrul 等[125]对表面活性剂能否提高纳米流体稳定性进行了实验研究。首先，制备了不含表面活性剂的 ZnO/W 纳米流体，观察了纳米颗粒的沉降，如图 1-4 所示。随后，在超声处理前，将不同类型的表面活性剂混合在 ZnO/W 纳米流体混合物中，寻找合适的表面活性剂。首先，在 ZnO/W 纳米流体中使用 HCTAB 表面活性剂。结果发现，它比不添加表面活性剂时更稳定。将 SDS 表面活性剂应用于 ZnO/W 中，发现 SDS 表

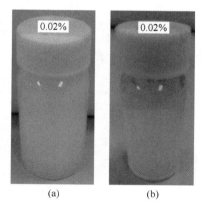

图 1-4 不含表面活性剂的
ZnO/W 纳米流体
（a）制备第一天，（b）制备 1 周后

面活性剂比 HCTAB 制备的纳米流体更稳定。最后，用 PVP 表面活性剂制备了 ZnO/W 纳米流体，结果表明，PVP 表面活性剂的 ZnO/W 纳米流体比其他表面活性剂更稳定。PVP 表面活性剂的稳定性结果见图 1-5。静置 2 周后，沉降量很少，如图 1-5 所示[126]。因此，Shahrul 最终使用 PVP 制备了用于热交换器的 ZnO/W 纳米流体。Shahrul 等通过 90min 的超声处理制备了 Fe_3O_4/W 纳米流体，发现其完全不稳定。纳米粒子在制备后几分钟内沉积下来。因此，在对 Fe_3O_4/W 纳米流体进行超声处理前，分别使用 HCTAB、SDS 和 PVP 表面活性剂。然而，三种表面活性剂仍未能使 Fe_3O_4/W 纳米流体稳定，如图 1-6 所示，即使使用表面活性剂，纳米流体制备后几分钟内依然会完全沉淀。因此，适当的表面活性剂对保持纳米流体悬浮液稳定非常重要。Ghadimi 等[126]分析了表面活性剂和或超声处理对 TiO_2/W 纳米流体的影响。他们制备了 4 个样品：（1）添加表面活性剂、无超声处理；（2）添加表面活性剂、超声处理 15min；（3）无表面活性剂、超声处理 15min；（4）无表面活性剂、无超声处理，静置 5 天后观察效果。在（1）和（4）的情况下，可以清楚地观察到纳米颗粒的沉降，在（2）和（3）的情况下可以看到纳米颗粒更好的分散，（2）中可以观察到表面活性剂的发泡效果，（3）中尽管没有添加 SDS 表面活性剂但分散性最好。制备纳米流体的实验中常用到的表面活性剂主要是离子型和非离子型，离子表面活性剂（阳离子和阴离子）用于静电稳定，非离子表面活性剂用于空间稳定。Morsi 等[127]研

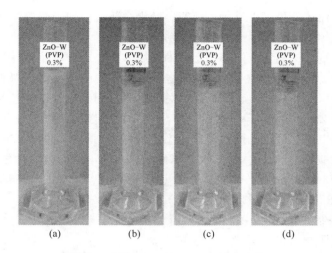

图 1-5 添加 PVP 的 ZnO/W 纳米流体

（a）制备第一天；（b）第 1 周；（c）第 2 周；（d）第 3 周

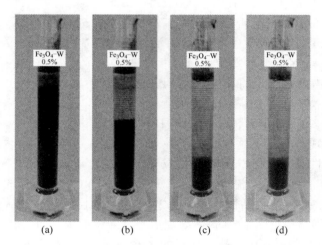

图 1-6 添加 PVP 的 Fe_3O_4/W 纳米流体[126]

（a）制备完成；（b）1min；（c）2min；（d）3min

究了这 2 种表面活性剂的作用机理。使用不同表面活性剂（阴离子、阳离子和非离子）制备了 Y_2O_3 纳米流体，并比较了不同表面活性剂对稳定性的影响。结果表明，对于带电荷的表面活性剂（阳离子 CTAB、阴离子 SDS），Y_2O_3 纳米粒子分布在表面活性剂的胶束中，从而减少了它们的布朗运动，并对所制备的纳米流体的稳定性产生了积极的影响；对于非离子型表面活性剂（Tween 80），表面活性剂分子包围纳米粒子形成包裹多个粒子的外壳，从而提高了纳米流体的稳定性。在制备过程中，不同表面活性剂对纳米颗粒悬浮性的影响不同。Choi 等[128]对 SDBS、CTAB、SDS、TX-100 四种表面活性剂在不同条件下对 MWCNTs 纳米流体稳定性的影响进行了研究。结果表明 SDBS、CTAB、TX-100 的短期稳定性优于 SDS；SDBS 和 TX-100 的长期稳定性优于 CATB、SDS；TX-100 在 85℃时会形成沉淀；CATB、SDS 在低于 10℃沉淀。总结得出 SDBS 是最适合 MWCNTs 的表面活性剂。

Zhai 等[129]研究了添加 PVP、SDS 与未添加表面活性剂的 Al_2O_3/EG 三种纳米流体的沉降情况，发现 PVP 明显提高了纳米流体的稳定性，而添加 SDS 的纳米流体稳定性比未添加表面活性剂的纳米流体更差，表明 SDS 不适用于 Al_2O_3/EG 纳米流体。Xia 等[130]在分别研究表面活性剂 PVP 和 SDS 对 Al_2O_3/W 纳米流体稳定性影响时发现，添加 PVP 的纳米流体稳定性要优于 SDS，并且 SDS 在到一定浓度后继续增大，其稳定性会恶化甚至完全沉淀，这可能与凝絮作用有关。Ma 等[131]研究了 PVP、CTAB 和 SDS 三种表面活性剂对 Al_2O_3-TiO_2/W 混合纳米流体的稳定性影响。结果表明添加 PVP 的纳米流体稳定性最好，团簇尺寸最小。当表面活性剂浓度在质量分数 0.005%～0.05% 范围内的分布时，表面活性剂浓度越高，纳米流体体系越稳定。Khairul 等[132]研究了不同浓度的表面活性剂 SDBS分别对水基 Al_2O_3 和 CuO 纳米流体稳定性的影响，发现 Al_2O_3 和 CuO 纳米流体稳定性最好时对应的表面活性剂的最佳质量分数分别为 0.1% 和 0.15%。Das 等[133]比较了表面活性剂 SDS 和 CATB 分别对 TiO_2 稳定性的影响，结果显示 SDS 和 CATB 分别能使 TiO_2 纳米流体稳定 12h 和 24h 以上，表现出优异的稳定性。Kumar 等[134]研究发现 SDS 的添加可以显著提高 SiO_2 纳米流体的稳定性，使其在复杂盐度环境下也能保持稳定。

表面活性剂的浓度同样会影响纳米流体的稳定性。Askar 等[135]发现，纳米流体的沉降时间与纳米流体的质量浓度成正比，同时，随着 SDS 浓度的增加，纳米颗粒的悬浮性能显著提高。Almanassra 等[136]研究了表面活性剂 GA、PVP 和 SDS 对 CNT/W 纳米流体稳定性的影响。研究发现，使用 GA 和 PVP 的 CNTs 纳米流体稳定性较好；当纳米颗粒与表面活性剂比例为 1∶1 和 1∶0.5 时纳米流体能稳定 6 个月以上；当二者比例为 1∶0.5 时 Zeta 电位值最高。

虽然表面活性剂可以提高相应粒子的悬浮性，但同样也可能会对制备纳米流体的物性参数产生影响。Kaggwa 等[137]发现 ARB 作为表面活性剂可显著提高 C/W 纳米流体稳定性，但同时也会提高流体的黏度。因此，选择适合的表面活性剂十分重要。

1.2.4　pH 值对稳定性的影响

Zhang 等[138]研究了 pH 值在 2～12 范围内 TiO_2/W 纳米流体的稳定性变化。图 1-7 所示为其一个月内不同 pH 值条件下沉淀情况。结果表明 TiO_2/W 纳米流体在 pH 值在 4.5～8.5 之间相对不稳定，离 IEP（pH = 6.5）越远，纳米流体越稳定。Xie 等[139]测量了 Al_2O_3 纳米粒子的 IEP，发现其 9.2。研究发现，如果悬浮液的 pH 值远离这个 IEP，纳米颗粒间的排斥力增加，纳米颗粒将很好的分散于基液中；当 pH 值接近 9.2 时，纳米粒子之间的排斥力减小，导致纳米粒子发生混凝和聚集。

Chakraborty[140]研究了 TiO_2 纳米流体 Zeta 电位与 pH 值的关系。结果表明，随着 pH 值的增加，Zeta 电位增加，TiO_2 纳米流体的悬浮性能得到了改善。高 Zeta 电位表明纳米颗粒具有较高的悬浮性和稳定性，因此观察到 pH 值的增加对 TiO_2 纳米流体稳定性的改善。为了研究稳定性与 pH 值和 Zeta 电位的关系，Cacua 等[141]研究了 pH 值在 2～12 范围内 Al_2O_3/W 纳米流体的稳定性变化。实验结果表明，pH 值的变化会影响 Zeta 电位的变化。当 Zeta 电位值接近 IEP 时，团簇的尺寸显著增加。相反，粒径约为 123nm，Zeta 电位值接近或高于 +/−30mV。这一发现证实了 Zeta 电位值是评价纳米流体稳定性的一个很好的指标。

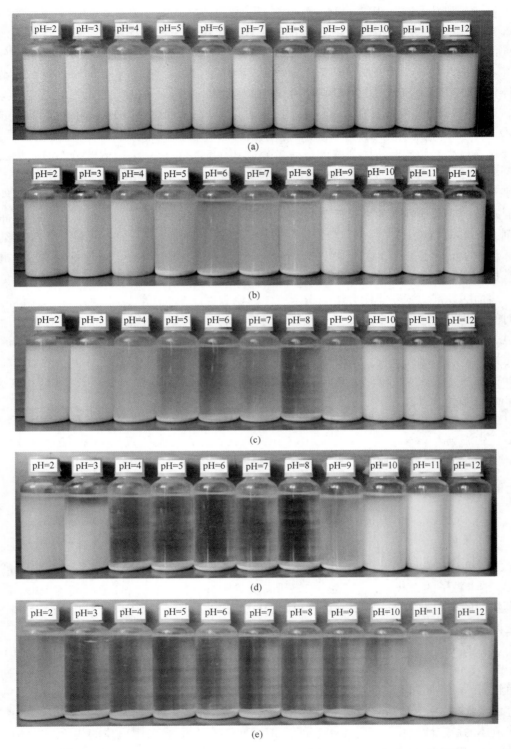

图 1-7 不同 pH 值条件下体积分数为 0.25% TiO_2/W 纳米流体的沉降图像[138]

(a) 初始状态；(b) 1 天后；(c) 1 周后；(d) 2 周后；(e) 30 天后

粒子周围的液体层包含两个不同的区域：一个内部区域（固定层）和一个外部区域（扩散区）。在内部区域，离子被牢牢地束缚在一起，而在外部区域，它们的联系不那么紧密。在外层内部有一个概念上的边界，在边界附近粒子和离子形成一个稳定的实体。这个边界上的势称为 Zeta 电位。胶体悬浮液的 Zeta 电位高度依赖于溶液的 pH 值。这是因为改变 pH 值会改变颗粒表面的电荷密度，导致颗粒间的排斥力增大或减小。这种表面电力的影响可以用 IEP 来表述，在这一点上，给定的表面不携带净电荷（即正电荷和负电荷相等）。在 IEP 时或接近 IEP 时，粒子之间的静电排斥力不再足以使粒子彼此分开。因此，颗粒聚集并达到最大尺寸。另一方面，在远离 IEP 的 pH 值下，颗粒的聚集和团聚较弱，远离 IEP 处的聚集倾向接近于零。因此，Zeta 电势大小提供了一个关于悬浮液系统的稳定性的宝贵信息。如果悬浮液中所有粒子的 Zeta 电位都有较高的正负值，那么这些粒子就会相互排斥，没有聚集的倾向。然而，没有相反的力来阻止粒子在低的 Zeta 电位值粘在一起。不稳定悬浮液和稳定悬浮液的临界值通常是在 +30mV 或 -30mV，即认为 Zeta 电位大于 +30mV 或小于 -30mV 的粒子为稳定悬浮液[142]。

悬浮液中粒子与粒子间存在一定相互作用力，这种相互作用取决于粒子之间的距离和界面总能量 E_{tot}，即它们之间的范德华引力 E_A 和静电斥力 E_{el} 的总和。E_{el} 位于两个带电粒子之间，表面电位为 ψ_{d1} 和 ψ_{d2}，可以用 DLVO 理论近似表示[143]：

$$E_{el} = \frac{\varepsilon_0 \varepsilon_1 r_1 r_2}{r_1 + r_2} \left\{ 2\psi_{d1}\psi_{d2} \ln\left[\frac{1 + \exp(-kx)}{1 - \exp(-kx)} \right] + (\psi_{d1}^2 + \psi_{d2}^2) \ln\left[1 - \exp(-2kx) \right] \right\}$$

(1-1)

式中，r 为粒子的半径；x 为粒子间面到面的距离；其他符号为其常规意义。

值得注意的是，较高的电势（ψ_d 或 ζ）能阻碍粒子发生团聚。在体积分数为 0.3% 的 CuO/W 纳米流体中，零电荷点（PZC）为 8.5~9.5，对于等效运动的球形粒子，颗粒间距离约为 100nm。在这种情况下，与第一项相比，上式括号中的第二项可以忽略。因此，相同大小的粒子的斥力大约成比例地增加 ζ^2。同一粒子间的引力能量由 Hamaker 方程给出：$E_A = -A_{132} r / (12x)$。金属氧化物的 Hamaker 常数 A_{132} 通常在 10^{-20}J 左右。利用上面的方程和估算的 ψ_d、E_{tot} 可计算出距离为 x 在不同 pH 值下的函数值[144]。在这种情况下，当 pH 值远离 PZC 时，斥力大于引力，这使得胶体更加稳定。当 pH 值为 8 或 10 时，斥力消失，粒子只受引力的影响。在这种情况下，会出现强烈的颗粒团聚现象。在这里，我们需要量化悬浮稳定性的综合效率 α，它会影响胶体粒子的增长。α 是稳定系数 W 的倒数值，与集结的速率常数有关，即 $k = \alpha k_{diff} = k_{diff}/W$。

k_{diff} 表示不带电粒子之间凝聚的速率常数。然后导出了稳定系数 W 与总相互作用能 E_{tot} 的一般关系[144]：

$$W = 2r \int_0^\infty \exp\left(\frac{E_{tot}}{K_b T} \right) \frac{dx}{(2r + x)^2}$$

(1-2)

例如，当纳米流体的 pH 值远离 IEP 时，在 Cu/W 纳米流体中添加 SDBS 表面活性剂，表面电荷会增加。由于电位测定离子（H^+、OH^-、苯磺酸基）频繁地撞击表面的羟基和苯磺酸基，导致 Zeta 电位和胶体粒子增加。因此，悬浮体变得更加稳定，最终改变了流体的热导率[145]。很多关于 pH 值对纳米流体稳定性影响的研究报告均表明[146~149]，在

pH 值接近 7 时，粒子容易发生团聚，而在 pH 值较高或较低时，团聚较少。但从换热角度来看，pH 值过高或过低都可能导致换热面加速腐蚀[150]。因此，在实际应用中，选择一个合适的 pH 值非常重要。同时，通过调节 pH 值来强化纳米流体的稳定性存在许多局限：（1）该方法只能用于稀释的纳米颗粒悬浮液。（2）此方法不适用于电解质敏感系统，即系统有钙、钠、镁离子。该方法在盐水环境中也是无效的。（3）已经团聚的颗粒不能再分散。（4）该方法不适用于非水悬浮液。

1.2.5　其他因素的影响

　　表面改性方法与添加表面活性剂来改变纳米颗粒悬浮性的作用机理类似，是通过化学方法改变颗粒-颗粒或颗粒-流体之间的作用力大小来提高纳米流体的稳定性。Zhang 等[151]采用聚乙二醇对羧基功能化碳纳米管（f-CNTs）进行表面改性，制备了复合碳纳米管基纳米流体（CCNTs-based nanofluids），其结构如图 1-8 所示，大大提高了 CNTs 纳米流体的悬浮稳定性，且使纳米流体的导热系数进一步提高。Wang 等[152]使用（3-氨基丙基）三乙氧基硅烷对 TiO_2 进行表面改性得到氨基丙基-TiO_2 复合颗粒，再与超分子 B-CD 偶联合成 CD-TiO_2。改性后的纳米颗粒制备的 CD-TiO_2/EG 纳米流体稳定性有了极大提高，可稳定 50 天以上。Stankovich 等[153]用异氰酸酯修饰氧化石墨烯表面，通过形成酰胺或氨基甲酸酯，可与边缘羧基和表面羟基官能团反应，改善氧化石墨烯在极性溶剂中的分散。

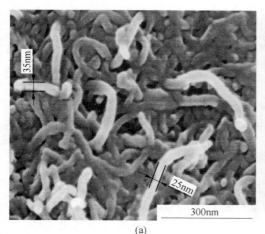
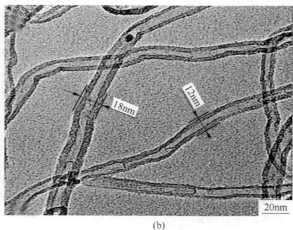

图 1-8　CCNTs 的 SEM 图像（a）和原始 CNTs 的 TEM 图像（b）[151]

　　一些学者[154,155]研究了 MWCNT 纳米流体在水、乙二醇、丙二醇和 Therminol VP-1 等不同基液在高温（高达 220℃）条件下的稳定性。研究发现，除了基于 Therminol VP-1 的 MWCNT 纳米流体外，其他所有的基液均表现出长达 8 个月的长期稳定性。图 1-8（a）为三种不同初始浓度（(6.5 ± 0.5) mg/L、(16 ± 1) mg/L 和 (33 ± 2.4) mg/L）下，加热循环对基于 Therminol VP-1 的 MWCNT 纳米流体稳定性的影响。观察到，在每一个加热周期结束后，三个初始浓度的纳米颗粒浓度都在不断降低，这可能解释为纳米流体在 Therminol VP-1 介质的高温（220℃）下稳定性较差。值得注意的是，除了

Therminol VP-1 之外，其他基液都是极性的，这在 MWCNT 纳米流体的长期稳定性方面起着至关重要的作用。采用等离子体对 MWCNT 进行处理，等离子体在颗粒表面接枝氧合官能团（羧基和羟基）。MWCNT 纳米颗粒更适合极性溶剂（水、乙二醇、聚乙二醇）由于等离子体诱导功能化。

Li 等[156]研究了温度对正庚烷油酸包覆银纳米流体稳定性的影响。结果表明，银纳米流体在室温下可以稳定数月，热稳定时间从 120℃ 的 23h 缩短到 160℃ 的 2h。图 1-8（b）为温度对正庚烷基银纳米流体稳定性影响的样品结果。

1.2.6　常用稳定性评价方法

（1）沉积观测法：根据纳米流体沉积速度快慢判断稳定性；

（2）X 射线衍射法 XRD（X-ray powder diffraction）：可以用来确定晶体结构；

（3）动态光散射法 DLS（Dynamic light scattering）：可量化纳米悬浮液中纳米颗粒和团簇的尺寸；

（4）傅里叶变换红外光谱法 FTIR（Fourier transform infrared）：可提供纳米颗粒形貌相关信息，有助于识别颗粒大小、形状、延展性和强度；

（5）场发射扫描电子显微镜，FESEM（Field emission scanning electron microscopy）、扫描电子显微镜 SEM（Scanning electron microscopy）、透射电子显微镜 TEM（Transmission electron microscopy）：可用来拍摄微观结构，确定颗粒结构、尺寸；

（6）紫外可见分光分度法、UV-vis（Ultraviolet-visible spectropotometry）：根据对比样品吸光度与基液吸光度，测定样品的浓度；

（7）光子相关谱法 PCS（Photon correlation spectroscopy）：用来测量分散于液体中的颗粒的平均粒径和粒径分布宽度。

颗粒-颗粒和颗粒-流体的相互作用力决定了纳米流体的稳定性。当粒子间范德华引力大于其他斥力时，分散介质中的纳米粒子开始团聚。双层静电斥力、水化力和空间力，导致团聚颗粒迅速沉降（甚至达到微米级），随后堵塞热交换器通道，降低纳米流体的导热系数。纳米流体的长期稳定性是应用的基本要求。化学方法（表面活性剂添加、pH 值调整和表面改性）和物理方法（超声搅拌，均质化）被用来提高纳米流体的长期稳定性和热性能。

综上所述，表面活性剂的种类和质量分数均对纳米流体的稳定性有一定影响。但是不同实验条件及制备时操作方法的不同，各种分散剂最优的质量分数无法准确地下定论。因此，可以借鉴其他学者的研究经验，在不同表面活性剂对纳米流体稳定性研究基础上探索最佳的表面活性剂类型与质量分数。

1.3　纳米流体热物性研究现状

相比于传统的换热工质，纳米流体作为一种新型的换热工质，拥有良好的导热性能和传热性能，可满足传热等领域的应用要求，近年来纳米流体的换热特性成为国内外学者研究的重点。然而，在换热工质中加入纳米颗粒，会改变基液工质的特性，如提高其导热能力和传热性能的同时，也会增大流体工质的黏度。要使纳米流体在实际工程领域中被广泛应用，仅研究传热特性还远远不够。黏度和导热系数一样，是研究流体流动和传热规律的重要参数之一，因为流体的黏度还与换热系统的泵功和压降息息相关，流体的黏度值越小所需泵功越少。目前，国内外学者对纳米流体的研究大多数在强化换热的研究上，而纳米流体黏度的研究相对缺乏。

从工程应用方面来看，纳米流体应具有导热系数高和换热性能强的特点，同时黏度尽量小。因为纳米流体的黏度增加会使其流动压降增大，进而使系统的泵功增加，降低系统的工作效率，还会造成流体的对流换热能力下降。因此，对纳米流体的黏度研究有着同样重要的意义。

影响纳米流体黏度的因素有很多，如颗粒种类、温度、浓度等方面。目前，国内外学者主要研究浓度和温度对纳米流体黏度的影响，针对超声时间对黏度的影响研究还比较缺乏。超声振荡是制备稳定纳米流体的有效途径之一，它能够有效地分散溶液里的纳米颗粒，不仅会改变流体的稳定性还会对流体的黏度产生影响。超声振荡时间不同，流体的黏度也会不同。研究表明，超声振荡时间决定溶液中纳米颗粒分布均匀程度，且颗粒分布均匀程度与流体黏度密切相关。因此，超声时间对纳米流体的黏度有重要影响。Yang 等[157]通过不同超声振荡时间制备了质量分数为 $0.3\% \sim 8\%$ 的 MCNT-PAO_6（多壁碳纳米管-氢化聚癸烯），并研究其流动特性，结果发现随着超声时间增加流体中纳米颗粒团聚的尺寸和黏度均变小。Mahbubul 等[158]研究超声振荡时间对体积分数为 0.5% 的 Al_2O_3-水纳米流体的热物性影响，发现纳米流体的黏度随超声时间增加而减小。

此外，温度、浓度和表面活性剂也是影响纳米流体黏度的重要因素。周登青等[159]对不同质量分数乙二醇基纳米流体（Al_2O_3-EG、ZnO-EG、CuO-EG）的相对黏度进行了研究，发现乙二醇基纳米流体的相对黏度均随颗粒浓度的增大而增大，质量分数较高时相对黏度随温度的变化出现波动。凌智勇等[160]研究了温度、表面活性剂对 Cu-水、ZrO_2-水纳米流体的黏度的影响，结果发现纳米流体的黏度随温度的升高而降低。Esfe 等[161]研究了体积分数及温度对平均粒径为 18nm 的 ZnO-EG 纳米流体黏度的影响，发现纳米流体的黏度与温度和体积分数有关，黏度随温度升高而减小，随颗粒浓度的增加而线性增大，体积分数为 5.0% 的 ZnO 纳米流体黏度比基液黏度提高了 30%。Nguyen 等[162]进行了不同温度和粒径对 Al_2O_3-水纳米流体和 CuO-水纳米流体黏度的影响的实验。结果发现，不同粒径的纳米流体黏度都随温度的升高而下降。Nguyen 等[163]研究粒径为 36nm 和 47nm 的 Al_2O_3-水纳米流体的黏度与温度和浓度之间关系，发现高浓度 Al_2O_3-水纳米流体黏度在一临界温度下随温度的升高而减小，但温度高于临界温度时，黏度随温度的升高而增大。周登青[164]等配制了三种不同质量分数 ZnO-EG、Al_2O_3-EG、CuO-EG 纳米流体，观察了温度和质量分数对纳米流体黏度的影响关系。他们发现三种纳米流体的相对黏度随质量分数的增加而增加，在较高质量分数时，三种纳米流体的黏度会随温度的变化出现波动。李新芳等[165]研究了表面活性剂的添加量、pH 值和纳米流体的质量分数对 $Cu-H_2O$ 纳米流体黏度的影响。结果发现当 pH 值为 $8.5 \sim 9.5$，表面活性剂 SDBS 加入质量分数为 0.07% 左右时，纳米流体的黏度最小。存在一个最佳 pH 值和表面活性剂的最佳浓度，在这个条件下黏度值最小。Ruan 等[166]研究表明碳纳米管-乙二醇纳米流体超声 40min 时流体的黏度增加到最大，然后减少，最终在超声 1335min 时接近纯基液的黏度。彭小飞等[167]研究了表面活性剂、温度、纳米颗粒种类和 pH 值对低浓度 CuO-DW 纳米流体黏度的影响。结果表明纳米流体的黏度会受到径粒尺寸、纳米颗粒的种类、体积分数等的影响，且变化规律是黏度会随粒径增大而减小，随体积分数增大而增大。由上述分析可知，纳米颗粒种类、粒径、浓度和温度等都会对纳米流的黏度产生影响。而近年来，关于超声振荡和表面活性剂对纳米流体黏度影响的研究较少，多数集中在对颗粒浓度及温度等的研究。经过超声振荡处理和加入表面活性剂能够改善纳米流体种颗粒的悬浮稳定性，而流体黏度又与颗粒的含量和悬浮性有关。因此，还需要进一步研究超声振动和表面活性剂对纳米流体黏度的影响。

　　热传导又称导热，是物体内大量微观粒子热运动相互碰撞，使能量从物体较高温部分传递到较低温部分或传递至与之接触的温度较低的另一物体的过程。导热系数是表征物质导热能力的量度，同时也是研究纳米流体对流换热的重要参数。热导率即导热系数，是影响流体换热性能的重要因素，在其他条件不变时，提高纳米流体的导热系数，有助于流体强化对流换热。纳米流体作为特殊的两相混合物，其导热机理极为复杂，研究人员普遍认为纳米颗粒的加入会提高流体的导热系数，强化导热。纳米流体的提出旨在工质中添加纳米颗粒以提高其导热系数。纳米流体中的纳米颗粒热运动大大提高了纳米流体的导热系数，因此纳米流体比传统纯纳米有机工质有更好的传热性能。导热系数是表征传热物质传热性能的主要量度，具有重要的应用意义。Eastman 等[168]通过向乙二醇中加入粒径小于10nm 的 Cu 纳米颗粒，对 Cu-EG 纳米流体的导热系数进行了研究，结果表明当体积分数为 0.3%时，Cu-EG 纳米流体较纯乙二醇的导热系数升高了 40%，因此添加纳米颗粒可以明显提高纯有机工质的导热系数。Choi 和 Lee 等[169]分别配制了 CuO-EG、Al_2O_3-EG、CuO-水和 Al_2O_3-水纳米流体，分别测定了其导热系数，发现基液、纳米粒子的尺寸和纳米颗粒的种类都影响纳米流体的导热系数。在条件相同的情况下，添加 CuO 纳米颗粒的纳米流体导热系数比添加 Al_2O_3 的纳米流体导热系数高。水基纳米流体较之乙二醇基纳米流体的导热系数会更大。Brolossy 等[170]研究了体积分数为 0.1% ~ 1.0%的 TiO_2 和 Al_2O_3 纳米流体，对其导热系数进行了测量。结果表明，当体积分数增大时，TiO_2 和 Al_2O_3 纳米流体的导热系数也增大。并且，TiO_2 纳米颗粒的导热系数会明显低于 Al_2O_3 纳米颗粒，但是 TiO_2 纳米流体的导热系数却大于 Al_2O_3 纳米流体的导热系数。产生这种情况的原因可能是由于两种纳米粒子的粒径大小不一样。Das 等[171]研究了用各种表面活性剂如 CTAB、SDS、SDBS 和乙酸对 TiO_2 水基纳米流体导热系数的影响。结果表明添加 SDBS 的 TiO_2 水基纳米流体导热系数增加最大，增幅为 5.8%。夏国栋等[172]采用"两步法"制备了 Al_2O_3-EG 和 Al_2O_3-水纳米流体，研究了表面活性剂、体积分数、基液种类和温度对纳米流体导热系数的影响。结果表明体积分数为 0.5%的 Al_2O_3-水纳米流体在 50℃时，添加质量分数为 0.2%的 PVP 表面活性剂，其导热系数较基液提高了 20%。李金凯等[173]制备了体积分数为 0.1% ~ 0.5%的 Al_2O_3（40nm）-水纳米流体，研究了温度和体积分数对其导热系数的影响。结果表明：Al_2O_3 纳米颗粒的添加可以明显提高基液的导热系数。Al_2O_3-水纳米流体的导热系数随温度和体积分数的增大呈现非线性增大的趋势。1993 年，Masuda 等[174]通过两步法制备了粒径为 13nm 的 Al_2O_3-水纳米流体和 27nm 的 TiO_2-水纳米流体，对其导热系数进行了探究。实验发现：当体积分数为 4.3%的 Al_2O_3-水纳米流体和 TiO_2-水纳米流体的导热系数较基液提高了 11%和 32%。相比于其他纳米流体，乙二醇-水混合溶液具有十分优越的低温防冻的性能。由于其优越的低温防冻性能使得传热工质可以在严寒地区工作，可以防止换热设备不工作时出现冻结现象发生。乙二醇和水溶液作为传热介质比水蒸气作为传热介质更有广泛的使用范围。使用乙二醇水溶液作为基液，添加纳米颗粒制备出纳米流体可以用在我国东北地区、冰岛、俄罗斯、蒙古等国家和地区的换热装备中，肯定会给这些地方带来很大的便利。最近几年，很多学者对像乙二醇、水混合的混合纳米流体进行了关于导热系数的研究。Vajjha 和 Das 等[175]制备了体积比为 60：40 的 Al_2O_3-CuO/W-EG 混合纳米流体，并研究了其导热系数随体积分数的变化关系。发现 Al_2O_3 和 CuO 混合纳米流体的导热系数随体积分数的增大而增加。

Sundar 等[176]研究了基液比例（EG：W）为 20：80、50：50、40：60 的 Al_2O_3 混合纳米流体，发现其导热系数随体积分数和温度的增大而增大。Esfe 等[177]进行了 MWCNT-W（水基多壁碳纳米管）纳米流体热物性的实验研究，结果表明纳米流体的导热系数与颗粒浓度和温度有关，随浓度的增大和温度的升高而增大。同时还发现，在低浓度下，温度对纳米流体的导热系数影响较小，而在高浓度下，温度影响较大。Lee 等[178]通过 Al_2O_3、TiO_2 和 SiC 氨水纳米流体的导热系数实验，发现表面活性剂可以提高纳米流体的稳定性。此外还发现，相较于颗粒浓度和温度，低浓度的表面活性剂对纳米流体的导热系数的影响要小。Sang 等[179]实验研究 Al_2O_3-水、TiO_2-水和 ZnO-乙二醇纳米流体，发现在无表面活性剂条件下，纳米流体的导热系数随流体放置时间越长下降速度越明显，添加了 SDS 表面活性剂的纳米流体，5 天后其导热系数与无表面活性剂的纳米流体导热系数相对比，没有明显的变化。Li 等[180]对 36nm 和 47nm 两种粒径不同浓度的 Al_2O_3-水纳米流体进行了研究，结果发现在 27~37℃ 温度范围内，体积分数为 6.0% 和粒径为 36nm、47nm 的 Al_2O_3-水纳米流体的导热系数比基液分别增大了 28% 和 26%。宣益民等研究纳米粒子范德华力里及基液分子对纳米粒子布朗力的影响，建立了纳米流体的玻尔兹曼模型。通过数值模拟发现纳米粒子形态受布朗运动和粒子间作用力影响，布朗运动可有效抑制粒子的集聚及沉降，使粒子分布更加均匀，有利于纳米流体的能量传输。顾雪婷等[181]测试了石墨-水和 Fe_3O_4-水纳米流体的导热系数。实验表明，随石墨纳米颗粒、Fe_3O_4 纳米颗粒的增加，纳米流体导热系数均近似线性增大。当粒子体积分数为 1.0% 时，石墨-水和 Fe_3O_4-水纳米流体导热系数分别提高了 12% 和 48%。

综上可知，国内外研究人员均对纳米流体导热系数进行了相关研究，但对其的影响因素分析不全面。纳米颗粒与基液分子的相互作用、颗粒的小尺寸效应、粒子的布朗运动及团聚、粒子的浓度和表面活性剂的种类及浓度等因素均会在不同程度上影响纳米流体的导热系数大小和能量传递机理。因此，仍需对纳米流体导热系数的影响因素进行深入探讨。

1.4　输运参数建模及相关评价研究现状

纳米颗粒的布朗运动、团聚以及颗粒周围的液体分层对纳米流体导热系数和黏度等影响机制不同，因此根据精确的实验确定混合纳米流体的导热系数或黏度是一项复杂且费时的工作任务，很难用精确的数学建模预测模型。人工神经网络（ANN）是模拟人脑生物过程的智能系统，并不需要解释系统内部的复杂关系，可用来建立纳米流体热物性参数的预测模型。ANN 通过对样本的训练就可以建立输入与输出的模型，在研究比较复杂的系统上具有独特的优越性。ANN 由处理单元和称为连接的无向信号通道互连而成，是并行分布处理的结构。人工神经网络是受到启发的非线性的有向图，根据人们对生物神经网络的研究成果而设计出来的。它们的复杂过程建模的能力使它们成为应用于机械工程等多个领域的有前景的工具，包括热力学和流体动力学这2个学科[182]。

Esfe 等[183]将5~10nm 的 MWCNT 分散到水中配制成纳米流体，并测量了体积分数为0.05%~1%的纳米流体在25~50℃下的导热系数随温度的变化大小。用导热系数的数据进行 ANN 建模，结果表明 MWCNT-水纳米流体的导热系数较水提高了45%。他们设计的人工神经网络采用多层感知的方法，温度和体积分数为 ANN 模型的输入，导热系数是 ANN 模型的输出，ANN 模型的均方误差（MSE）为 4.04×10^{-6}。Yousefi 等[184]采用人工神经网络对各种纳米流体的导热系数进行计算。他们使用 BP 算法进行建模，温度、体积分数和纳米颗粒粒径作为输入，输出为导热系数。他们对 Al_2O_3/（60：40）EG-water 纳米流体、Al_2O_3/W 纳米流体、Al_2O_3/（20：80）EG：W 纳米流体、Al_2O_3/（50：50）EG：W 纳米流体、ZnO/（60：40）EG：W 纳米流体、CuO/（60：40）EG：W 纳米流体、CuO/W 纳米流体、CuO/（50：50）EG：W 纳米流体、TiO_2/W 纳米流体、TiO_2/（20：80）EG：W 纳米流体、Fe_3O_4/（20：80）EG：W 纳米流体、Fe_3O_4/（60：40）EG：W 纳米流体、Fe_3O_4/（40：60）EG：W 纳米流体和 Fe_3O_4/W 纳米流体进行了建模研究。结果表明 ANN 模型与实验数据有很好的一致性，均方差和相关系数为1.47%和0.9942。Heidari 等[185]提出了一种前馈反向传播多层感知器人工神经网络来模拟各种纳米流体的黏度。收集文献中提出的1490个不同纳米流体相对黏度的实验数据点并建立预测模型。ANN 模型输入参数是温度、纳米粒子的尺寸、密度、体积分数和基液黏度，输出参数为纳米流体的黏度。他们的模型的回归统计分析结果显示与测试的实验数据有良好一致性，相关系数 $R^2 = 0.99998$。R^2 值越接近1表示模型与实验数据良好的一致性。

Afrand 等[186]开发一个可在给定的体积分数和温度下预测 Fe_3O_4 磁性纳米流体的导热系数 MLP 模型，使用 KD2 Pro 热物性分析仪测量了温度范围为20~55℃之间导热系数，结果表明，其实验值与 ANN 预测结果的误差为1.5%左右。Ahmadloo 和 Azizi[187]引入了五输入 MLP 神经网络模型来预测各种纳米流体的导热系数。利用776个数据点作为神经网络的训练，文献中获得的21个实验数据点作为验证，结果表明，采用人工神经网络模型预测导热系数与实验测量的结果具有一致性，对于训练集和测试集，平均绝对误差分别为1.26%和1.44%；Esfe 等[188]评估人工神经网络模型在预测 Al_2O_3/EG-W 纳米流体导热系数方面的精确性，以体积分数0%~1.5%和温度变化范围为20~60℃为输入数据，测量的导热系数为输出数据，对具有不同传递函数的神经元数量进行评估，确定隐含层有6个神经元数的最优模型，结果表明，该人工神经网络结构具有很高的仿真精度。Vafaei等[189]通过实验测量 MWCNTs-MgO/EG 混合纳米流体的导热系数，即在体积分数为0.6%，温度为25℃，导热系数是1.22W/（m·K）。使用 ANN 预测36组导热系数实验数据，为了使精确度提高，人工神经网络的隐含层神经元数目分别设置为6、8、10、12，通过试算，隐含层具有12个神经元数目情况下，预测的精确度达到最高。Xiang 等[190]使用 BPNN 模型预测并优化 Galny 液体在微通道散热器中的热物理性质。然而，由于其串行搜索，BP 算法容易陷入局部最小值，并且在训练阶段收敛速度慢。另一个缺点是，当有少量实验数据作为训练时，可能会表现出过拟合现象[191]。为了实现全局收敛并避免局部最小值，有许多智能算法与人工神经网络（ANN）结合进行更好的预测。Selimefendigil等[192]结合人工神经网络与模糊逻辑，以准确地预测 CNT-水纳米流体充满分支环的平均

Nusselt 数。Ahmadi 等[193]首先提出了最小二乘支持向量机遗传算法（LSSVM-GA），以预测 Al_2O_3/EG 纳米流体的导热系数。

综上所述，学者通过不同的建模方法，输入参数为不同的影响因素对纳米流体的导热系数和热物性进行了分析预测。然而，受纳米流体的制备方法和实验条件等因素影响，目前有关对纳米流体热物性的 ANN 建模模型并不统一。

参 考 文 献

［1］ 王维兴. 钢铁工业的节能潜力分析 ［J］. 冶金能源，2002，21：5~6.

［2］ 李洪福，温燕明，孙德民. 钢铁企业用电自给可行性探讨 ［J］. 钢铁，2010，1：99~103.

［3］ Choi S U S, Eastman J A. Enhancing thermal conductivity of fluids withnanoparticles ［J］. ASME-Publications, 1995, 231: 99~106.

［4］ 张国龙. 纳米流体强化传热机理及数学模型的研究 ［D］. 青海：青海大学，2015.

［5］ 彭泉贵. 氧化石墨烯纳米流体在声悬浮条件下的过冷度抑制及成核规律研究 ［D］. 重庆：重庆大学，2016.

［6］ Li Y, Tung S, Schneider E, et al. A review on development of nanofluid preparation and characterization ［J］. Powder Technol, 2009, 196: 89~101.

［7］ Wang X Q, Mujumdar A S, Heat transfer characteristics of nanofluids: a review ［J］. Therm. Sci. , 2007, 46 (1): 1~19.

［8］ EblinskiP K, Eastman J A, Cahill D G, Nanofluids for thermal transport ［J］. Mater. Today, 2005, 8 (6): 36~44.

［9］ Eastman JA, Choi SUS, Li S, et al. Anomalously increased effective thermal conductivities of ethylene glycol-based nanofluids containing copper nanoparticles ［J］. Appl. Phys. Lett, 2001, 78 (6): 718~720.

［10］ Kumar S A, Meenakshi K S, Narashimhan B, et al. Synthesis and characterization of copper nanofluid by a novel one-step method ［J］. Mater Chem Phys, 2009, 113: 57~62.

［11］ Zhu H, Lin Y, Yin Y S, et al. A novel one-step chemical method for preparation of copper nanofluids ［J］. Colloid Interface Sci, 2004, 277 (1): 100~103.

［12］ Sangawar V, Deshmukh S, One-step synthesis of polyethylene microspheres using a modified chemical route for pulmonary drug delivery ［J］. Journal of Taibah University for Science, 2016, 10: 485~489.

［13］ Teng T P, Cheng C M, Pai F Y. Preparation and characterization of carbon nanofluid by a plasma arc nanoparticles synthesis system ［J］. Nanoscale Res Lett, 2011, 6: 293.

［14］ Aberoumand S, Jafarimoghaddam A. Tungsten (Ⅲ) oxide (WO₃)-Silver/transformer oil hybrid nanofluid: preparation, stability, thermal conductivity and dielectric strength ［J］. Alexandria Eng, 2016, 57: 169~174.

［15］ Lo C H, Tsung T T, Chen C, et al. Fabrication of copper oxide nanofluid using submerged arc nanoparticle synthesis system (SANSS) ［J］. Nanoparticle Res, 2005, 7: 313~320.

［16］ Munkhbayar B, Tanshen M R, Jeoun J, et al. Surfactant-free dispersion of silver nanoparticles into MWC-NT-aqueous nanofluids prepared by one-step technique and their thermal characteristics ［J］. Ceramics International, 2013, 39: 6415~6425.

［17］ Bönnemann H, Botha S, Bladergroen B, et al. Monodisperse copper-and silver-nanocolloids suitable for heat-conductive fluids ［J］, Appl. Organomet. Chem, 2015, 19: 768~773.

［18］ Singh A K, Raykar V S, Microwave synthesis of silver nanofluids with polyvinylpyrrolidone (PVP) and their transport properties [J]. Colloid Polym. Sci, 2008, 286: 1667~1673.

[19] Angayarkanni S, Philip J, Review on thermal properties of nanofluids: recent developments [J]. Adv. Colloid Interf. Sci, 2005 , 225: 146~176.

[20] Kim H J, Bang I C, Onoe J. Characteristic stability of bare Au-water nanofluids fabricated by pulsed laser ablation in liquids [J]. Opt. Lasers Eng, 2009 , 47: 532~538.

[21] 宋玲利. 铝纳米流体集热工质的制备与性能研究 [D]. 广东: 广东工业大学, 2011.

[22] Goharshadi E K, Samiee S, Nancarrow P. Fabrication of cerium oxide nanoparticles: characterization and optical properties [J]. Colloid Interface Sci, 2011, 356 (2): 473~480.

[23] Goharshadi E K, Sajjadi S H, Mehrkhah R, et al. Sonochemical synthesis and measurement of optical properties of zinc sulfide quantum dots [J]. Chem. Eng, 2012, 209: 113~117.

[24] Yazdanbakhsh M, Khosravi I, Goharshadi E K , et al. Fabrication of nanospinel $ZnCr_2O_4$ using sol-gel method and its application on removal of azo dye from aqueous solution [J]. Hazard. Mater, 2010, 184 (1-3): 684~689.

[25] Yu W, Xie H. A review on nanofluids: preparation, stability mechanisms, and applications [J]. Journal of Nanomaterials, 2011, 2012: 1687~4110.

[26] Yu W, Xie H, Chen L. Experimental investigation on thermal conductivity and viscosity of aluminum nitride nanofluid [J]. Particuology, 2011, 9 (2): 187~191.

[27] Paul G, Philip J, Raj B, et al. Synthesis, characterization, and thermal property measurement of nano-$Al_{95}Zn_{05}$ dispersed nanofluid prepared by a two-step process [J]. Heat Mass Transf, 2011, 54 (15-16): 3783~3788.

[28] Dardan E, Afrand M, Isfahani A M. Effect of suspending hybrid nanoadditives on rheological behavior of engine oil and pumping power [J]. Therm. Eng, 2016, 109: 524~534.

[29] Jana S, A Khojin S, Zhong W H. Enhancement of fluid thermal conductivity by the addition of single and hybrid nano-additives [J]. Thermochim Acta, 2007, 462: 45~55.

[30] Sundar L S, Singh M K, Sousa A C M. Enhanced heat transfer and friction factor of MWCNT-Fe_3O_4/water hybrid nanofluids [J]. Heat Mass Transf, 2014, 52: 73~83.

[31] Allahyar H R, Hormozi F, ZareNezhad B. Experimental investigation on the thermal performance of a coiled heat exchanger using a new hybrid nanofluid [J]. Thermal Fluid Sci, 2016, 76: 324~329.

[32] Parsian A, Akbari M. New experimental correlation for the thermal conductivity of ethylene glycol containing Al_2O_3-Cu hybrid nanoparticles [J]. Therm. Anal. Calorim, 2018, 131: 1605~1613.

[33] Qing S H, Rashmi W, Khalid M, et al. Thermal conductivity and electrical properties of hybrid SiO_2-graphene naphthenic mineral oil nanofluid as potential transformer oil [J]. Mater. Res. Express, 2017, 4: 015504.

[34] Asadi A, Asadi M, Rezaniakolaei A, et al. Heat transfer efficiency of Al_2O_3-MWCNT/thermal oil hybrid nanofluid as a cooling fluid in thermal and energy management applications: an experimental and theoretical investigation [J]. Heat Mass Transf, 2018, 117: 474~486.

[35] Wei B, Zou C, Yuan X, et al. Thermo-physical property evaluation of diathermic oil basedhybrid nanofluids for heat transfer applications [J]. Heat Mass Transf, 2017, 107: 281~287.

[36] Mechiri S K, Vasu V, Gopal A V. Investigation of thermal conductivity and rheological properties of vegetable oil based hybrid nanofluids containing Cu-Zn hybrid nanoparticles [J]. Exp. Heat Transf, 2017, 30: 205~217.

[37] Esfe M H, Wongwises S, Naderi A, et al. Thermal conductivity of Cu/TiO_2-water/EG hybrid nanofluid: experimental data and modeling using artificial neural network and correlation [J]. Heat Mass Transf,

2015, 66: 100~104.

[38] Nabil M F, Azmi W H, Hamid K A, et al. An experimental study on the thermal conductivity and dynamic viscosity of TiO_2-SiO_2 nanofluids in water: ethylene glycol mixture [J]. Heat Mass Transf, 2017, 86: 181~189.

[39] Hamid K A, Azmi W H, Nabil M F, et al. Experimental investigation of nanoparticle mixture ratios on TiO_2-SiO_2 nanofluids heat transfer performance under turbulent flow [J]. Heat Mass Transf, 2018, 118: 617~627.

[40] Hussein A M. Thermal performance and thermal properties of hybrid nanofluid laminar flow in a double pipe heat exchanger [J]. Exp. Thermal Fluid Sci, 2017, 88: 37~45.

[41] Esfe M H, Wongwises S, Naderi A, et al. Thermal conductivity of Cu/TiO_2-water/EG hybrid nanofluid: experimental data and modeling using artificial neural network and correlation [J]. Int. Commun. Heat Mass Transf, 2015 66: 100~104.

[42] Suresh S, Venkitaraj K, Selvakumar P, et al. Effect of Al_2O_3-Cu/water hybrid nanofluid in heat transfer [J]. Exp. Therm. Fluid Sci, 2012, 38: 54~60.

[43] Moghadassi A, Ghomi E, Parvizian F. A numerical study of water based Al_2O_3 and Al_2O_3-Cu hybrid nanofluid effect on forced convective heat transfer [J]. Therm. Sci, 2015, 92: 50~57.

[44] Harandi S S, Karimipour A, Afrand M, et al. An experimental study on thermal conductivity of F-MWCNTs-Fe_3O_4/EG hybrid nanofluid: effects of temperature and concentration [J]. Heat Mass Transf, 2016, 76: 171~177.

[45] Aravind S, Ramaprabhu S. Graphene wrapped multiwalled carbon nanotubes dispersed nanofluids for heat transfer applications [J]. Appl Phys, 2012, 112: 797.

[46] Esfe M H, Afrand M, Rostamian S H, et al. Examination of rheological behavior of MWCNTs/ZnO-SAE40 hybrid nano-lubricants under various temperatures and solid volume fractions [J]. Exp. Therm. Fluid Sci, 2017, 80: 384~390.

[47] Esfe M H, Wongwises S, Naderi A, et al. Thermal conductivity of Cu/TiO_2-water/EG hybrid nanofluid: experimental data and modeling using artificial neural network and correlation [J]. Int. Commun. Heat Mass Transf, 2015, 66: 100~104.

[48] Pak B C, Cho Y I. Hydrodynamic and heat transfer study of dispersed fluids with submicron metallic oxide particles [J]. Exp. Heat Transf, 1998, 11: 151~170.

[49] Jena P K, Brocchi E A, Motta M S. In-situ formation of Cu-Al_2O_3 nano-scale composites by chemical routes and studies on their microstructures [J]. Mater Sci Eng A, 2001, 313: 180~186.

[50] Niihara K. New design concept of structural ceramic. Ceramic nanocomposites [J]. Centen Meml Issue Ceram Soc Jpn, 1991, 99 (10): 974~982.

[51] Oh S T, Sekino T, Niihara K. Effect of particle size distribution and mixing homogeneity on microstructure and strength of alumina/copper composites [J]. Nanostruct Mater, 1998, 10 (2): 327~332.

[52] Oh S T, Sekino T, Niihara K. Fabrication and mechanical properties of 5 vol% copper dispersed alumina nanocomposite [J]. Eur Ceram Soc, 1998, 18 (1): 31~37.

[53] Ho C J, Huang J B, Tsai P S, et al. Preparation and properties of hybrid water based suspension of Al_2O_3 nanoparticles and MEPCM particles as functional forced convection fluid [J]. Int Commun Heat Mass Transf, 2010, 37: 490~494.

[54] Ho C J, Huang J B, Tsai P S, et al. On laminar convective cooling performance of hybrid water-based suspensions of Al_2O_3 nanoparticles and MEPCM particles in a circular tube [J]. Heat Mass Transf, 2011, 54: 2397~2407.

[55] Paul G, Philip J, Raj B, et al. Synthesis, characterization, and thermal property measurement of nano-Al95Zn05 dispersed nanofluid prepared by a two-step process [J]. Heat Mass Transf, 2011, 54 (15~16): 3783~3788.

[56] Afrand M. Experimental study on thermal conductivity of ethylene glycol containing hybrid nano-additives and development of a new correlation [J]. Therm. Eng, 2017, 110: 1111~1119.

[57] Ahammed N, Asirvatham L G, Wongwises S. Entropy generation analysis of graphene-alumina hybrid nanofluid in multiport minichannel heat exchanger coupled with thermoelectric cooler [J]. Heat Mass Transf, 2016, 103: 1084~1097.

[58] Abbasi S M, Rashidi A, Nemati A, et al. The effect of functionalization method on the stability and the thermal conductivity of nanofluid hybrids of carbon nanotubes/gamma alumina [J]. Ceram. Int, 2013, 39: 3885~3891.

[59] Nine M J, Munkhbayar B, Rahman M S, et al. Highly productive synthesis process of well dispersed Cu_2O and Cu/Cu_2O nanoparticles and its thermal characterization [J]. Mater Chem Phys, 2013, 141: 636~42.

[60] Sundar L S, Singh M K, Ramana E V, et al. Enhanced thermal conductivity and viscosity of nanodiamond-nickel nanocomposite nanofluids [J]. Sci Rep, 2014, 4: 4039.

[61] Hwang Y J, Lee J, Lee C, et al. Stability and thermal conductivity characteristics of nanofluids [J]. Thermochim. Acta, 2007, 455: 70~74.

[62] Yarmand H, Gharehkhani S, Ahmadi G, et al. Graphene nanoplatelets-silver hybrid nanofluids for enhanced heat transfer [J], Energy Convers. Manage, 2015, 100: 419~428.

[63] Feng X, Ma H, Huang S, et al. Aqueous-organic phase-transfer of highly stable gold, silver, and platinum nanoparticles and new route for fabrication of gold nanofilms at the oil/water interface and on solid supports [J]. Phys. Chem. B, 2006 , 110: 12311~12317.

[64] Yu W, Xie H, Chen L, et al. Enhancement of thermal conductivity of kerosene-based Fe_3O_4 nanofluids prepared via phase-transfer method [J]. Colloids Surf. A: Physicochem. Eng. Aspects, 2010, 355: 109~113.

[65] Baby T T, Ramaprabhu S. Synthesis and transport properties of metal oxide decorated graphene dispersed nanofluids [J]. Phys Chem C, 2011, 115: 8527~8533.

[66] Botha S S, Ndungu P, Bladergroen B J. Physicochemical properties of oil-based nanofluids containing hybrid structures of silver nanoparticles supported on silica [J]. Ind Eng Chem Res, 2011, 50: 3071~3077.

[67] Baby T T, Ramaprabhu S. Synthesis and nanofluid application of silver nanoparticles decorated graphene [J]. Mater Chem, 2011, 21: 9702~9709.

[68] Chen L, Yu W, Xie H. Enhanced thermal conductivity of nanofluids containing Ag/MWNT composites [J]. Powder Technol, 2012, 231: 18~20.

[69] Chopkar M, Kumar S, Bhandari D, et al. Development and characterization of Al_2Cu and Ag_2Al nanoparticle dispersed water and ethylene glycol based nanofluid [J]. Mater. Sci. Eng B, 2007, 139: 141~148.

[70] Bhosale G H, Borse S L. Pool boiling CHF enhancement with Al_2O_3-CuO/H_2O hybrid nanofluid [J]. Eng Res Technol, 2013, 2 (10): 946~950.

[71] Parameshwaran R, Deepak K, Saravanan R, et al. Thermal and rheological properties of hybrid nanocomposite phase change material for thermal energy storage [J]. Appl Energy, 2014, 115: 320~330.

[72] 张振华, 郭忠诚. 复合镀中纳米粉体分散的研究 [J]. 精细与专用化学品, 2007, 15 (2): 9~13.

[73] 胡卫峰. 纳米结构与能量传输机理研究 [D]. 南京: 南京理工大学硕士论文, 2002.

[74] 高濂, 孙静, 刘阳桥. 纳米粉体的分散及表面改性 [M]. 北京: 化学工业出版社材料科学与工程出版中心, 2003.

[75] 辛利鹏. 碳化硅一维纳米结构的制备与性能研究 [D]. 浙江: 浙江理工大学, 2012.

[76] 王良虎, 向军, 李菊香. 纳米流体的稳定性研究 [J]. 材料导报, 2011 (s1): 17~20.

[77] Ren J, Song S, Lopez-Valdivieso A, et al. Dispersion of silica fines in water-ethanol suspensions [J]. Journal of Colloid & Interface Science, 2001, 238 (2): 279.

[78] Horn R G. ChemInform abstract: surface forces and their action in ceramic materials [J]. Cheminform, 1990, 21 (33).

[79] 李晓燕. 常规空调工况用相变材料的研制与应用基础研究 [D]. 哈尔滨: 哈尔滨工业大学, 2008.

[80] Lewis J A. Colloidal processing of ceramics [J]. Journal of the American Ceramic Society, 2000, 83 (10): 2341~2359.

[81] 赵海洋. 纳米氧化物对纯棉织物抗皱整理效果影响规律的研究 [D]. 天津: 天津工业大学, 2007.

[82] Jiang L, Gao L. Effect of Tiron adsorption on the colloidal stability of nano-sized alumina suspension [J]. Materials Chemistry & Physics, 2003, 80 (1): 157~161.

[83] Mukesh Kumar P C, Palanisamy K, et al. Stability analysis of heat transfer hybrid/water nanofluids [J]. Mater. Today, 2020, 21: 708~712.

[84] Zhang T, Zou Q, Cheng Z, et al. Effect of particle concentration on the stability of water-based SiO_2 nanofluid [J]. Powder Technol, 2020.

[85] Chakraborty S, Sarkar I, Ashok A, et al. Thermophysical properties of Cu-Zn-Al LDH nanofluid and its application in spray cooling [J]. Therm. Eng, 2018, 141: 339~351.

[86] Hong K S, Hong T K, Yang H S. Thermal conductivity of Fe nanofluids depending on the cluster size of nanoparticles [J]. Phys. Lett, 2006, 88: 031901.

[87] Chakraborty S, Sarkar I, Haldar K, et al. Synthesis of Cu-Al layered double hydroxide nanofluid and characterization of its thermal properties [J]. Appl. Clay Sci, 2015, 107: 98~108.

[88] Wanatasanapan V V, Abdullah M Z, Gunnasegaran P. Effect of TiO_2-Al_2O_3 nanoparticle mixing ratio on the thermal conductivity, rheological properties, and dynamic viscosity of water-based hybrid nanofluid, [J]. Mater. Res. Technol, 2020, 9: 13781~13792.

[89] Siddiqui F R, Tso C Y, Chan K C, et al. On trade-off for dispersion stability and thermal transport of Cu-Al_2O_3 hybrid nanofluid for various mixing ratios [J]. Heat Mass Transf, 2019: 1200~1216.

[90] Ruan B, Jacobi A M. Ultrasonication effects on thermal and rheological properties of carbon nanotube suspensions [J]. Nanoscale Research Letters, 2012, 7 (1): 1~14.

[91] 李小可, 雷鑫宇, 邹长军. 超声振荡对 SiC-EG 纳米流体稳定性的影响 [J]. 精细石油化工进展, 17 (4).

[92] 刘春玲, 严芬英, 赵春英. 超声预处理对纳米 SiO_2 的分散稳定性影响 [J]. Plating and Finishing, 2015, 37 (8): 269.

[93] 杨文亮, 李友明, 李滨. 超声预处理对纳米二氧化钛改性效果的影响 [J]. 无机盐工业 2008, 40 (8).

[94] Li X F, Zhu D, Wang X. Evaluation on dispersion behavior of the aqueous copper nano-suspensions [J]. Journal of Colloid & Interface Science, 2007, 310 (2): 456~463.

[95] 李艳娇, 孙崇锋, 郭剑锋, 等. AlN/EG 纳米流体的制备及稳定性研究 [J]. 功能材料, 2015, 46 (8): 8018~8022.

[96] 王宏宇, 王助良, 杜敏, 等. 纳米流体的制备及稳定性分析 [J]. 河南科技大学学报: 自然科学版, 2016 (1): 5~8.

[97] 彭小飞, 俞小莉, 夏立峰, 等. 低浓度纳米流体黏度变化规律试验 [J]. 农业机械学报, 2007, 38 (4): 138~141.

［98］ Ma X, Su F, Chen J, et al. Heat and mass transfer enhancement of the bubble absorption for a binary nanofluid ［J］. Journal of Mechanical Science & Technology, 2007, 21 (11): 1813~1818.

［99］ Li X, Zhu D, Wang X. Evaluation on dispersion behavior of the aqueous copper nano-suspensions. ［J］. Journal of Colloid & Interface Science, 2007, 310 (2): 456~463.

［100］ Ruan B, Jacobi A M. Ultrasonication effects on thermal and rheological properties of carbon nanotube suspensions ［J］. Nanoscale Research Letters, 2012, 7: 127.

［101］ Sadeghi R, Etemad S G, Keshavarzi, et al. Investigation of alumina nanofluid stability by UV-vis spectrum ［J］. Microfluidics and Nanofluidics, 18: 1023~1030.

［102］ Mahbubul I M, Elcioglu E B, Amalina M A, et al. Stability, thermophysical properties and performance assessment of alumina-water nanofluid with emphasis on ultrasonication and storage period ［J］. Powder Technol, 2019, 345: 668~675.

［103］ Zheng Y, Shahsavar A, Afrand M. Sonication time efficacy on Fe_3O_4-liquid paraffin magnetic nanofluid thermal conductivity: An experimental evaluation ［J］. Ultrason. Sonochem, 2019, 64: 105004.

［104］ Asadi A, Alarifi I M, Ali V, et al. An experimental investigation on the effects of ultrasonication time on stability and thermal conductivity of MWCNT-water nanofluid: Finding the optimum ultrasonication time ［J］. Ultrason. Sonochem, 2019, 58: 104639.

［105］ Li F, Li L, Zhong G, et al. Effects of ultrasonic time, size of aggregates and temperature on the stability and viscosity of Cu-ethylene glycol (EG) nanofluids ［J］. Heat Mass Transf, 2018, 129: 278~286.

［106］ Mahbubul I M, Elcioglu E B, Saidur R, et al. Optimization of ultrasonication period for better dispersion and stability of TiO_2-water nanofluid ［J］. Ultrason. Sonochem, 2017, 37: 360~367.

［107］ Kwak K, Kim C. Viscosity and thermal conductivity ofcopper oxide nanofluid dispersed in ethylene glycol ［J］. Korea-Australia Rheol, 2005, 17: 35~40.

［108］ Lee J H, Elcioglu E B, Saidur R, et al. Effective viscosities and thermal conductivities of aqueous nanofluids containing low volume concentrations of Al_2O_3 nanoparticles ［J］. Heat Mass Transf, 2008, 51 (11~12): 2651~2656.

［109］ Chen H, Ding Y, Tan C. Rheological behaviour of nanofluids ［J］. New Journal of Physics, 2007, 9: 367.

［110］ Garg P, Alvarado J L, et al. An experimental study on the effect of ultrasonication on viscosity and heat transfer performance of multi-wall carbon nanotube-based aqueous nanofluids ［J］. International Journal of Heat and Mass Transfer, 2009, 52: 5090~5101.

［111］ Zhu H, Li C, Wu D, et al. Preparation, characterization, viscosity and thermal conductivity of $CaCO_3$ aqueous nanofluids ［J］. Science China Technological Sciences, 2010, 53: 360~368.

［112］ Nguyen V S, Rouxel D, Hadji R, et al. Effect of ultrasonication and dispersion stability on the cluster size of alumina nanoscale particles in aqueous solutions ［J］. Ultrasonics Sonochemistry, 2011, 18: 382~388.

［113］ Chakraborty S, Mukherjee J, Manna M, et al. Effect of Ag nanoparticle addition and ultrasonic treatment on a stable TiO_2 nanofluid ［J］. Ultrasonics Sonochemistry, 2012, 19: 1044~1050.

［114］ Rashmi W, Ismail A, Sopyan I, et al. Stability and thermal conductivity enhancement of carbon nanotube nanofluid using gum Arabic ［J］. Journal of Experimental Nanoscience, 2011, 6: 567~579.

［115］ LotfizadehDehkordi B, Ghadimi A, Metselaar H S. Box-Behnken experimental design for investigation of stability and thermal conductivity of TiO_2 nanofluids ［J］. Journal of Nanoparticle Research, 2013, 15: 1369.

［116］ Chung S J, Leonard J P, Nettleship I, et al. Characterization of ZnO nanoparticle suspension in water: Effectiveness of ultrasonic dispersion ［J］. Powder Technology, 2009, 194: 75~80.

［117］ 张亚楠, 刘妮, 由龙涛, 等. 表面活性剂对水基纳米流体特性影响的研究进展 ［J］. 化工进展,
       2015, 34 (4)：903～910.

［118］ Li X, Zhu D, Wang X. Evaluation on dispersion behavior of the aqueous copper nano-suspensions. ［J］.
       Journal of Colloid & Interface Science, 2007, 310 (2)：456～463.

［119］ 彭小飞, 俞小莉, 夏立峰, 等. 低浓度纳米流体黏度变化规律试验 ［J］. 农业机械学报, 2007, 38
       (4)：138～141.

［120］ Yang Y, Grulke E A, Zhang Z G, et al. Thermal and rheological properties of carbon nanotube-in-oil dis-
       persions ［J］. Journal of Applied Physics, 2006, 99 (11)：2252.

［121］ Li X, Zhu D, Wang X. Evaluation on dispersion behavior of the aqueous copper nano-suspensions ［J］.
       Journal of Colloid & Interface Science, 2007, 310 (2)：456～463.

［122］ 宋晓岚, 邱冠周, 史训达, 等. 混合表面活性剂分散纳米 CeO_2 颗粒的协同效应 ［J］. 湖南大学学
       报：自然科学版, 2005, 32 (5)：95～99.

［123］ 郝素菊, 张玉柱, 蒋武锋, 等. 含碳纳米管悬浮液的稳定性 ［J］. 东北大学学报：自然科学版,
       2007, 28 (10)：1438～1441.

［124］ 谭强强, 唐子龙, 张中太, 等. 分散剂用量对纳米四方多晶氧化锆悬浮体流变性能的影响 ［J］.
       稀有金属材料与工程, 2003, 3 (9)：744～747.

［125］ Shahrul I M, Mahbubul I M, Saidur R, et al. Experimental investigation on Al_2O_3-W, SiO_2-W and ZnO-
       W nanofluids and their application in a shell and tube heat exchanger ［J］. International Journal of Heat
       and Mass Transfer, 2016, 97：547～558.

［126］ Ghadimi A, Metselaar I H. The influence of surfactant and ultrasonic processing on improvement of stabili-
       ty, thermal conductivity and viscosity of titania nanofluid ［J］. Experimental Thermal and Fluid Science,
       2013, 51：1～9.

［127］ Morsi R E , El-Salamony R A. Effect of cationic, anionic and non-ionic polymeric surfactants on the sta-
       bility, photo-catalytic and antimicrobial activities of yttrium oxide nanofluids ［J］. Journal of Membrane
       Science, 2007, 296 (1～2)：110～121.

［128］ Choi T J, Jang S P, Kedzierski M A. Effect of surfactants on the stability and solar thermal absorption
       characteristics of water-based nanofluids with multi-walled carbon nanotubes ［J］. Heat Mass Transf,
       2018, 122：483～490.

［129］ Zhai Y L, Li L, Wang J, et al. Evaluation of surfactant on stability and thermal performance of Al_2O_3-
       ethylene glycol (EG) nanofluids ［J］. Powder Technol, 2019, 343：215～224.

［130］ Xia G D, Jiang H, Liu R, Zhai Y L. Effects of surfactant on the stability and thermal conductivity of
       Al_2O_3/de-ionized water nanofluids ［J］. Therm. Sci, 2014, 84：118～124.

［131］ Ma M Y, Zhai Y L, Yao P T, et al. Effect of surfactant on the rheological behavior and thermophysical
       properties of hybrid nanofluids ［J］. Powder Technol, 2020.

［132］ Khairul M. A, Shah K, Doroodchi E, et al. Effects of surfactant on stability and thermo-physical proper-
       ties of metal oxide nanofluids ［J］. Heat Mass Transf, 2016, 98：778～787.

［133］ Das P K, Mallik A K, Ganguly R, et al. Stability and thermophysical measurements of TiO_2 (anatase)
       nanofluids with different surfactants ［J］. Mol. Liq, 2018, 254：98～107.

［134］ Kumar R S, Chaturvedi K R, Iglauer S, et al. Impact of anionic surfactant on stability, viscoelastic modu-
       li, and oil recovery of silica nanofluid in saline environment ［J］. Pet. Sci. Eng, 2020, 195：107634.

［135］ Askar A H, Kadham S A, Mshehid S H. The surfactants effect on the heat transfer enhancement and sta-
       bility of nanofluid at constant wall temperature ［J］. Heliyon, 2020, 6.

［136］ Almanassra I W, Manasrah A D, Al-Mubaiyedh U A, et al. An experimental study on stability and thermal conductivity of water/CNTs nanofluids using different surfactants: A comparison study [J]. Mol. Liq, 2020, 304.

[137] Kaggwa A, Carson J K, Atkins M, et al. The effect of surfactants on viscosity and stability of activated carbon, alumina and copper oxide nanofluids [J]. Mater. Today Proc, 2019, 18: 510~519.

[138] Zhang H, Qing S, Zhai Y, et al. The changes induced by pH in TiO$_2$/water nanofluids: stability, thermophysical properties and thermal performance [J]. Powder Technol, 2020, 377: 748~759.

[139] Xie H, Chen L, Wu Q. Measurements of the viscosity of suspensions (nanofluids) containing nanosized Al$_2$O$_3$ particles [J]. High Temperatures High pressures, 2008, 37: 127~135.

[140] Chakraborty S. An investigation on the long-term stability of TiO$_2$ nanofluid [J]. Mater. Today Proc, 2019, 11: 714~718.

[141] Cacua K, Ordoñez F, Zapata C, et al. Surfactant concentration and pH effects on the zeta potential values of alumina nanofluids to inspect stability [J]. Colloids Surfaces A Physicochem. Eng. Asp, 2019, 583.

[142] Venkataraman M. The effect of colloidal stability on the heat transfer characteristics of nanosilica dispersed Fluids [D]. University of Central Florida Orlando, Florida, 2005.

[143] Mahbubul I M. Stability and dispersion characterization of nanofluid [J]. Preparation, Characterization, Properties and Nanofluid, 2019: 47~112.

[144] Lee D, Kim J W, Kim B G. A new parameter to control heat transport in nanofluids: Surface charge state of the particle in suspension [J]. The Journal of Physical Chemistry B, 2006, 110: 4323-4328.

[145] Liu Z Q, Ma J, Cui, et al. Carbon nanotube supported platinum catalysts for the ozonation of oxalic acid in aqueous solutions [J]. Carbon, 2008, 46: 890~897.

[146] Wang X J, Zhu D S, Yang S. Investigation of pH and SDBS on enhancement of thermal conductivity in nanofluids [J]. Chem. Phys. Lett, 2009, 470: 107~111.

[147] Soares P I P, Laia C A T, Carvalho A, et al. Iron oxide nanoparticles stabilized with a bilayer of oleic acid for magnetic hyperthermia and MRI applications [J]. Appl. Surf. Sci, 2016, 383: 240~247.

[148] Umar S, Sulaiman F, Abdullah N, et al. Investigation of the effect of pH adjustment on the stability of nanofluid [J]. AIP Conf. Proc, 2018, 2031.

[149] Li X F, Zhu D S, Wang X J, et al. Thermal conductivity enhancement dependent pH and chemical surfactant for Cu-H$_2$O nanofluids [J]. Thermochim Acta, 2008, 469: 98~103.

[150] Wen D, Ding Y. Experimental investigation into the pool boiling heat transfer of aqueous based γ-alumina nanofluids [J]. Nanopart. Res, 2005, 7: 265~274.

[151] Zhang P, Hong W, Wu J F, et al. Effects of surface modificationon the suspension stability and thermal conductivity of carbon nanotubes nanofluids [J]. Energy Procedia, 2015, 69: 699-705.

[152] Wang Y, Zou C, Li W, et al. Improving stability and thermal properties of TiO$_2$ nanofluids by supramolecular modification: high energy efficiency heat transfer medium for data center cooling system [J]. Heat Mass Transf, 2020, 156.

[153] Stankovich S, Piner R D, Nguyen S T, et al. Synthesis and exfoliation of isocyanate-treated graphene oxide nanoplatelets [J]. Carbon, 2006, 44: 3342~3347.

[154] Zhang P, Hong W, Wu J F, et al. Effects of surface modificationon the suspension stability and thermal conductivity of carbon nanotubes nanofluids [J]. Energy Procedia, 2015, 69: 699~705.

[155] Chang H, Hung Lo C, Tshih Tsung T, et al. Temperature effect on the stability of CuO nanofluids based on measured particle distribution [J]. Key Eng. Mater, 2005, 295~296: 51~56.

[156] Li D, Hong B, Fang W, et al. Preparation of well-dispersed silver nanoparticles for oil-based nanofluids [J]. Ind. Eng. Chem. Res, 2010, 49: 1697~1702.

[157] Yang Y, Grulke E A, Zhang Z G, et al. Thermal and rheological properties of carbon nanotube-in-oil dispersions [J]. Journal of Applied Physics, 2006, 99 (11): 2252.

[158] Mahbubul I M, Shahrul I M, Khaleduzzaman S S, et al. Experimental investigation on effect of ultrasonication duration on colloidal dispersion and thermophysical properties of alumina-water nanofluid [J]. International Journal of Heat & Mass Transfer, 2015, 88: 73~81.

[159] 周登青, 吴慧英. 乙二醇基纳米流体黏度的实验研究 [J]. 化工学报, 2014, 65 (6): 2021~2026.

[160] 凌智勇, 张睿, 张忠强, 等. 纳米流体黏度与温度的关系研究 [J]. 化工新型材料, 2014 (8): 79~81.

[161] Esfe M H, Saedodin S. An experimental investigation and new correlation of viscosity of ZnO-EG nanofluid at various temperatures and different solid volume fractions [J]. Experimental Thermal & Fluid Science, 2014, 55: 1~5.

[162] Nguyen C T, Desgranges F, Roy G, et al. Temperature and particle-size dependent viscosity data for water-based nanofluids - Hysteresis phenomenon [J]. International Journal of Heat & Fluid Flow, 2007, 28 (6): 1492~1506.

[163] Nguyen C T, Desgranges F, Galanis N, et al. Viscosity data for AlO-water nanofluid—hysteresis: is heat transfer enhancement using nanofluids reliable [J]? International Journal of Thermal Sciences, 2008, 47 (2): 103~111.

[164] 周登青, 吴慧英. 乙二醇基纳米流体黏度的实验研究 [J]. 化工学报, 2014, 65 (6): 2021~2026.

[165] 李新芳, 朱冬生. Cu-H20 纳米流体的黏度研究 [J]. 湖南工程学院学报, 2009, 19 (2).

[166] Ruan B, Jacobi A M. Ultrasonication effects on thermal and rheological properties of carbon nanotube suspensions [J]. Nanoscale Research Letters, 2012, 7 (1): 1~14.

[167] 彭小飞, 俞小莉, 夏立峰, 等. 低浓度纳米流体黏度变化规律试验 [J]. 农业机械学报, 2007, 38 (4).

[168] Eastman J A, Choi S U S, Li S, et al. Anomalously increased effective thermal conductivities of ethylene glycol-based nanofluids containing copper nanoparticles [J]. Applied Physics Letters, 2001, 78 (6): 718~720.

[169] Lee S, Choi U S, Li S, et al. Measuring thermal conductivity of fluids containing oxide nanoparticles [J]. Journal of Heat Transfer. 1999, 121 (2).

[170] El-Brolossy T A, Saber O. Non-intrusive method for thermal properties measurement of nanofluids [J]. Experimental Thermal and Fluid Science, 2013, (44): 498~503.

[171] Das P K, Mallik A K, Ganguly R, et al. Stability and thermophysical measurements of TiO_2 (anatase) nanofluids with different surfactants [J]. Journal of Molecular Liquids 2018, 254 (15): 98~107.

[172] 夏国栋, 刘冉, 杜墨. 纳米流体导热系数影响因素分析 [J]. 北京工业大学学报. 2016. 42 (8).

[173] 李金凯, 赵蔚琳, 刘宗明. 低浓度 Al_2O_3-水纳米流体制备及导热性能测试 [J]. 硅酸盐通报, 2019, 29 (1).

[174] Masuda H, Ebata A, Teramae K, et al. Alteration of thermal conductivity and viscosity of liquid by dispersing ultra-fine particles. dispersion of Al_2O_3, SiO_2 and TiO_2 ultra-fine particles: dispersion of Al_2O_3, SiO_2 and TiO_2 ultra-fine particles [J]. Jpn. j. thermophys. prop, 1993, 7 (4): 227~233.

[175] Vajjha R S, Das D K. Experimental determination of thermal conductivity of three nanofluids and development of new correlations [J]. International Journal of Heat and Mass Transfer, 2009, 52 (21~22): 4675~4682.

[176] Sundar L S, Venkata R E, Singh M K, et al. Thermal conductivity and viscosity of stabilized ethylene glycol and water mixture Al_2O_3 nanofluids for heat transfer applications: an experimental study [J]. Interna-

tional Communications in Heat and Mass Transfer, 2014, 56: 86~95.

[177] Esfe M H, Saedodin S, Mahian O, et al. Thermophysical properties, heat transfer and pressure drop of COOH-functionalized multi walled carbon nanotubes/water nanofluids [J]. International Communications in Heat & Mass Transfer, 2014, 58 (58): 176~183.

[178] Lee S, Choi S U S, Li S, et al. Measuring thermal conductivity of fluids containing oxide nanoparticles [J]. Journal of Heat Transfer, 1999, 121 (2).

[179] Sang H K, Sun R C, Kim D. Thermal conductivity of Metal-oxide nanofluids: particle size dependence and effect of laser irradiation [J]. Journal of Heat Transfer, 2007, 129 (3): 298.

[180] Li C H, Peterson G P. The effect of particle size on the effective thermal conductivity of Al_2O_3-water nanofluids [J]. Journal of Applied Physics, 2007, 101 (4): 3~11.

[181] 顾雪婷, 李茂德. 纳米流体强化传热研究分析 [J]. 能源研究与利用, 2008 (1): 25~28.

[182] Barroso-Maldonadoa J M, Montañez-Barreraa J A, Belman-Flores J M, et al. ANN- based correlation for frictional pressure drop of non-azeotropic mixtures during cryogenic forced boiling [J]. Applied Thermal Engineering, 2019 (149) 492~501.

[183] Esfe M H, Arani A A A, Firouzi M. Empirical study and model development of thermal conductivity improvement and assessment of cost and sensitivity of EG-water based SWCNT-ZnO (30% : 70%) hybrid nanofluid [J]. Journal of Molecular Liquids, 2017 (244) 252~261.

[184] Yousefi F, Mohammadiyan S, Karimi H. Application of artificial neural network and PCA to predict the thermal conductivities of nanofluids [J]. Heat Mass Transf, 2015.

[185] Heidari E, Sobati M A, Movahedirad S. Accurate prediction of nanofluid viscosity using a multilayer perceptron artificial neural network (MLP-ANN) [R]. Chemom. Intell. Lab. Syst. 2016.

[186] Afrand M, Toghraie D, Sina N. Experimental study on thermal conductivity of water-based Fe_3O_4 nanofluid: development of a new correlation and modeled by artificial neural network [J]. International Communications in Heat and Mass Transfer, 2016, 75: 262~269.

[187] Ahmadloo E, Azizi S. Prediction of thermal conductivity of various nanofluids using artificial neural network [J]. International Communications in Heat and Mass Transfer, 2016, 74: 69~75.

[188] Esfe M H, Naderi A, Akbari M, et al. Evaluation of thermal conductivity of COOH-functionalized MWC-NTs/water via temperature and solid volume fraction by using experimental data and ANN methods [J]. Journal of Thermal Analysis and Calorimetry, 2015, 121 (3): 1273~1278.

[189] Vafaei M, Afrand M, Sina N, et al. Evaluation of thermal conductivity of MgO-MWCNTs/EG hybrid nanofluids based on experimental data by selecting optimal artificial neural networks [J]. Physica E Low Dimensional Systems and Nanostructures, 2017, 85: 90~96.

[190] Xiang X, Fan Y, Fan A, et al. Cooling performance optimization of liquid alloys GaIny in microchannel heat sinks based on back-propagation article neural network [J]. Applied Thermal Engineering, 2017, 127: 1143~1151.

[191] Maddah H, Ghazvini M, Ahmadi M H. Predicting the efficiency of CuO/Water nanofluid in heat pipe heat exchanger using neural network [J]. Int. Commun. Heat Mass Transf, 2019, 104: 33~40.

[192] Selimefendigil F, Öztop H F. Numerical analysis and ANFIS modeling for mixed convectionof CNT-water nanofluid filled branching channel with an annulus and a rotating inner surface at the junction [J]. International Journal of Heat and Mass Transfer, 2018, 127: 583~599.

[193] Ahmadi M H, Ahmadi M A, Nazari M A, et al. A proposed model to predict thermal conductivity ratio of Al_2O_3/EG nanofluid by applying least squares support vector machine (LSSVM) and genetic algorithm as a connectionist approach [J]. Journal of Thermal Analysis and Calorimetry, 2019, 135: 271~281.

2 单一纳米流体热物性参数研究及机理分析

2.1 Al₂O₃/EG 纳米流体稳定性及热物性参数的基础研究

本节以 Al₂O₃/乙二醇（EG）为研究对象，分别从制备、稳定性及热物性参数（黏度和导热系数）等方面进行研究。采用两步法制备出体积分数为 0.1%、0.3%、0.5%、0.7% 和 1.0% 的 Al₂O₃/EG 纳米流体。研究超声振荡处理对纳米流体稳定性的影响，在超声振荡时间为 0~90min 内，探讨 Al₂O₃/EG 纳米流体稳定性最佳时对应的超声时间；研究添加表面活性剂处理对纳米流体稳定性的影响，寻找改善其稳定性的活性剂；研究不同超声振荡时间（0~90min）、温度、颗粒种类、粒径和体积浓度等因素对纳米流体黏度的影响。基于实验数据对已有的纳米流体黏度公式进行修正，并提出新的半经验计算公式。利用热物性分析仪对制备出的 Al₂O₃/EG 纳米流体导热系数进行测试，研究颗粒种类及粒径、温度和浓度等因素对导热系数的影响。

2.1.1 Al₂O₃/EG 纳米流体两步法制备

在选择纳米颗粒时，理论上要求其导热系数越高越好。但是从实际应用角度考虑，一般要求成本低、能够大批量生产和有着较好的抗氧化性能的纳米颗粒。针对目前文献中常用的纳米颗粒有铜（Cu）、二氧化硅（SiO₂）、二氧化钛（TiO₂）、氧化铝（Al₂O₃）等纳米颗粒。对铜 Cu 粒子而言，其导热系数较高，但其密度较大（8900kg/m³），且纳米粒子 Cu 比其他状态的 Cu 活性高，极易容易发生氧化变质。对 SiO₂ 和 TiO₂ 纳米颗粒而言，导热系数比 Cu 粒子低。因此，在综合考虑纳米颗粒的抗氧性能、密度和纳米颗粒的导热性能等因素，选用由北京德科岛金科技有限公司提供的平均粒径为 20nm 的 Al₂O₃ 纳米颗粒，如图 2-1 所示。图 2-2 为粒径 20nm 的 Al₂O₃ 纳米颗粒的透射电镜图，粒径大小基本一致。Al₂O₃ 颗粒的导热系数、密度和比热容分别为 36W/（m·K）、3680kg/m³ 和 0.7977kJ/（kg·K）。选择乙二醇为工质主要因为水的沸点为 99.97℃，熔点为 0℃，而乙二醇沸点是 197.4℃，熔点是 -12.9℃。因此，在回收中、低温余热方面，乙二醇的适用范围更广。

改善纳米流体内部颗粒的分散性和悬浮稳定性，目前最常用的方法有：物理分散法和化学分散法。而物理分散方法获得的纳米流体的在短时间内能维持颗粒的悬浮稳定性，但随着时间的推移，纳米流体中的粒子会在范德华力和静电力的相互作用下发生团聚、沉降，不能长时间保持纳米流体的稳定性。因此，在制备过程中，利用物理分散法和化学分散法相结合的方式获得分散性较高，能够长时间保持稳定的 Al₂O₃/EG 纳米流体。根据文献［1］对分散剂的研究，选用由北京德科岛金科技有限公司提供的非离子型聚乙烯吡咯烷酮 PVP 表面活性和阴离子型十二烷基硫酸 SDS，如图 2-3 所示。

图 2-1　粒径为 20nm 的 Al$_2$O$_3$ 纳米颗粒粉体

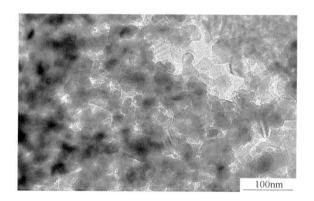

图 2-2　粒径为 20nm 的 Al$_2$O$_3$ 纳米颗粒透射电镜（TEM）图

图 2-3　表面活性剂

实验中用到的仪器设备及参数如下。选用梅特勒托利多 ML304T 型号专业天平如图 2-4 所示，对纳米颗粒、基液和表面活性剂等进行称量。设备详情见表 2-1。实验过程中为了准确测量纳米流体的体积分数，制备纳米流体时均采用质量分数 ω_{np} 测量，纳米流体的体积分数可以利用质量分数计算而得[2]，由公式（2-1）表示。

$$\varphi_{np} = \frac{V_{np}}{V_{bf} + V_{np}} = \frac{\rho_{bf}\omega_{np}}{\rho_f\omega_{np} + \rho_{np}(1 - \omega_{np})}$$

（2-1）

式中，ρ_f 和 ρ_{np} 分别表示基液和纳米颗粒的密度，kg/m³；ω_{np} 表示纳米流体颗粒的质量分数，%；φ_{np} 表示纳米流体颗粒体积分数，%。

图 2-4　梅特勒-托利多 ML304T 型号专业天平

表 2-1　专业型精密天平梅特勒-托利多 ML304T 设备参数

参　　数	数　　值
天平尺寸	290mm×193mm×331mm
准确度等级	①
最大称量	320g
最小称量	10mg
实际分度值	0.1mg
检定分度值	1mg
线性误差	0.2mg
稳定时间	3s

选用由上海精学科学仪器有限公司生产的 JKI 数显磁力加热搅拌器，其型号为 JK-MSH-HS，如图 2-5 所示。采用优质永磁直流电机和不锈钢加热底盘，具有静音、电子恒温、调速平稳和搅拌效果显著等特点，设备详情见表 2-2。

图 2-5　JKI 数显磁力加热搅拌器

表 2-2　JKI 数显磁力加热搅拌器设备参数

参　数	数　值
平台尺寸	155mm×155mm
转速范围	200～1500r/min
温度	环境 5～380℃
加热功率	500W
电机功率	20W

选用由中土和泰（北京）科技有限公司生产的希尔宝静音型智能超声波清洗机，型号为：CP-3010GTS，如图 2-6 所示。其产品特点，采用业内首创休眠模式，一键唤醒，智能人性化控制电路，独有脱气模功能，超声波双功率、双频率交互工作等。设备详情见表 2-3。

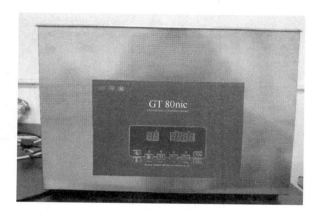

图 2-6　希尔宝静音型智能超声波清洗机

表 2-3　希尔宝静音 CP-3010GTS 型智能超声波清洗机设备参数

参　数	数　值
外形尺寸	550mm×330mm×3600mm
内槽尺寸	500mm×300mm×200mm
容量	27L
超声功率	500W
频率	33/40KHz
加热功率	500W
时间	1～99min
加热温度	0～80℃

一步法制备工艺复杂，对设备的要求较高、设备昂贵、产量小，不具备大批量生产的能力。所以，现阶段主要采用两步法制备纳米流体。两步法获得的纳米流体其制备工艺简单、工序少、易于批量化生产，几乎能制备所有种类的纳米流体。随着纳米科学和技术的发展，在市场上可以购买到不同类型的纳米颗粒，进而使两步法制备纳米流体更适用于实

际应用。因此，本节采用两步法制备纳米流体。

采用如图 2-7 所示的两步法制备体积分数分别为 0.1%、0.3%、0.5%、0.7% 和 1.0% 的 Al_2O_3/乙二醇纳米流体，具体制备过程如下：

（1）使用梅特勒-托利多 ML304T 型号专业电子天平称量一定质量的乙二醇基液、Al_2O_3 纳米颗粒与表面活性剂。可根据公式（2-1）把质量分数转换成体积分数。

（2）然后把称量好的纳米粒子和表面活性剂混入一定比例的乙二醇基液中，先用玻璃棒均匀搅拌 2min，并放入 JKI 数显磁力加热搅拌器进行磁力搅拌约 15min。

（3）由于纳米粒子具有高表面能，因此容易团聚，需放入希尔宝静音型智能超声清洗器振荡相应时间，最后得到 Al_2O_3/乙二醇纳米流体，使其均匀分布，防止沉淀。

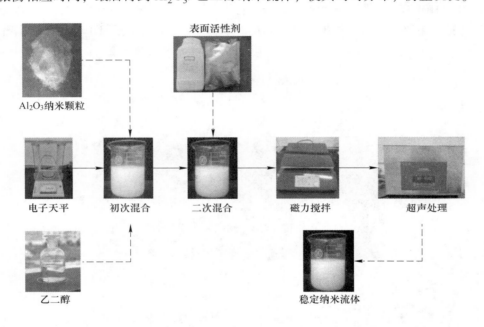

图 2-7　基于两步法的 Al_2O_3/乙二醇纳米流体制备流程

2.1.2　超声时间及表面活性剂对稳定性的影响

没经过特殊处理的两步法制备的纳米流体，因纳米颗粒具有极高的表面能和小尺寸效应，且固体颗粒密度大于基液密度，而凝聚的纳米颗粒没有分散开，受重力场影响，极易沉淀。机械搅拌可以让纳米颗粒短暂的均匀分散在基液内，但不能打碎聚集的纳米簇团聚体，在重力场作用下纳米流体的浓度由上到下梯度递增，并有可能形成明显的固液分层现象，颗粒悬浮稳定性差。超声振荡是提高纳米流体稳定性有效方法之一，它是利用超声波产生的微小空化气泡，并不断地猛烈爆破，产生强大的冲击力和负压吸力，足以打碎聚集的纳米簇团聚体，达到原有的粒径尺寸，使颗粒分散均匀，提高纳米流体的稳定性。但较长的超声振荡时间会使流体的温度升高，粒子的无规则热运动增加碰撞的机率，同时额外的冲击力及负压吸力又会在一定程度上使分散的颗粒发生聚集，致使沉淀现象发生。因此，还需要进一步研究超声振荡时间对纳米流体稳定性的影响。

一般而言，可以采用宏观方法（如静置观察等）和微观方法（如电镜观察等）来评价纳米流体的静态稳定性。图 2-8 是体积分数为 1.0%的 Al$_2$O$_3$/乙二醇纳米流体的经过不同超声振荡时间处理后的静置图，从左到右分别为 0min、15min、30min、45min、60min、75min、90min。

图 2-8（a）所示 Al$_2$O$_3$/乙二醇纳米流体初始制备状态，溶液没有出现分层，超声振荡 0min 即没用经过超声处理时，底部出现少量沉淀物，而经过超声振荡处理的 Al$_2$O$_3$/乙二醇纳米流体稳定性较好，没有出现沉淀物。经过静置 3 天后如图 2-8（b），超声振荡 0min 的纳米流体浮物溶液颜色变浅，底部有较多的沉淀物，稳定性最差，15min 和 30min 的样品有少量沉淀物出现。静置 10 天后如图 2-8（c）所示，0min 的样品已变成澄清溶液且有大量沉淀物，15min 的样品溶液颜色变浅，沉淀物较多，30min 和 45min 的样品溶液出现分层，60min、75min 和 90min 的样品溶液没有分层，但有少量沉淀物。静置 20 天后如图 2-8（d）所示，0~30min 的溶液呈澄清液、且出现大量沉淀物，稳定性较差，45min 的溶液还是分层，但沉淀物明显增多，60~90min 的沉淀物少，溶液颜色稍微变浅。因此可知超声振荡处理会改变纳米流体的稳定性，没经过超声振荡处理的样品稳定性最差，纳米流体随着超声振荡时间增加其颗粒分散越均匀，悬浮稳定性越好。

（a）　　　　　　　　　　　　　　　　（b）

（c）　　　　　　　　　　　　　　　　（d）

图 2-8　超声振荡处理体积分数为 1.0%的 Al$_2$O$_3$/乙二醇纳米流体稳定性的影响

（a）初始制备；（b）静置 3 天；（c）静置 10 天；（d）静置 20 天

图 2-9 是经过不同超声振荡时间处理后颗粒体积分数为 1.0%的 Al$_2$O$_3$/乙二醇纳米流体放大 30000 倍的透射电镜（transmission electron microscope，简称 TEM）图像。由 TEM 图可知，没经过超声振荡处理（0min）的纳米流体，出现大量纳米簇团聚体，均匀分散的颗粒很少，说明稳定性最差。经过超声振荡 15min 处理后的纳米流体，颗粒聚集程度较少，形成的纳米簇团聚体有所减少，均匀分散的颗粒比增多，说明稳定性较 0min 的好。

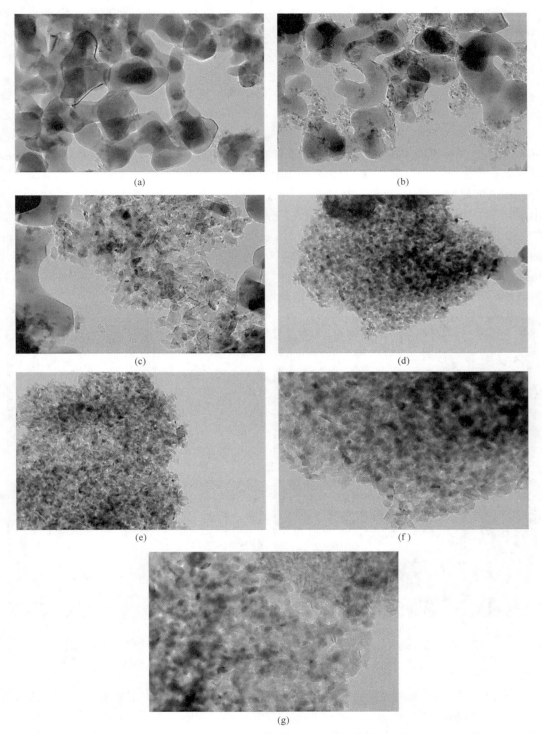

图 2-9　体积分数为 1.0% 的 Al_2O_3/乙二醇纳米流体不同超声振荡时间下的 TEM 图（约 100nm）

(a) 超声 0min；(b) 超声 15min；(c) 超声 30min；(d) 超声 45min；

(e) 超声 60min；(f) 超声 75min；(g) 超声 90min

经过超声振荡 30min 后的纳米流体形成的团聚体进一步减少，均匀分散的颗粒较多。经过超声振荡 45min 后的纳米流体团聚体较少，颗粒逐步均匀分散。经过超声振荡 60~90min 后的纳米流体，其颗粒分散更均匀，而且 60min 处理后的样品没发现有团聚体，75min 和 90min 的样品分散的颗粒较 60min 的略大。

结合图 2-8 分析，可知超声振荡处理可以有效改善纳米颗粒的悬浮稳定性，阻碍纳米颗粒的团聚，使颗粒均匀分散，保持纳米流体的长期稳定性。同时可知，超声振荡 60min 的 Al$_2$O$_3$/乙二醇纳米流体已经达到最稳定状态，纳米颗粒均匀分散在流体中。因此，对于颗粒体积浓度为 1.0vol.% 的 Al$_2$O$_3$/乙二醇纳米流体，最佳超声振荡时间为 60min。

由上述分析可知，Al$_2$O$_3$/乙二醇纳米流体的稳定性随超声振荡时间的增加，逐渐趋于稳定，表现为纳米颗粒均匀分散在基液中；但随着超声振荡时间的进一步增加，其稳定性逐渐变差，表现为纳米颗粒出现一定程度的团聚，样品溶液出现沉淀物。这是因为超声振荡刚开始时，随超声能量加入，减弱分子间的范德华力（即引力），破坏纳米簇，使粒子更好分散到溶液中；而随着超声振荡时间推移，额外的输入能量又使分散的粒子发生新聚集，而且流体逐渐升温，粒子间的布朗运动加剧，团聚程度加剧。由此可见，存在一个合适的超声振荡时间，使纳米流体的稳定性最好。不同浓度的纳米流体对应不同的超声振荡时间。

两步法制备的纳米流体，尽管经过物理分散法（机械搅拌和超声振荡等方法）处理，因纳米颗粒极高的表面能和小尺寸效应，颗粒间会发生碰撞、团聚，随着时间的推移，形成的团聚体逐渐增多，在重力场作用下发生沉淀现象，因此，不能长时间维持纳米颗粒悬浮稳定性。提高两步法制备的纳米流体稳定性，还需要加入其他辅助方法，目前效果较好的是化学分散法，即添加表面活性剂。表面活性剂主要从三个方面影响纳米流体的稳定性：表面活性剂吸附在纳米颗粒的表面，增加了粒子之间的距离，降低了纳米颗粒之间的范德华引力势能；非离子型表面活性剂吸附在纳米颗粒表面形成吸附层，吸附层之间产生斥力势能阻止颗粒发生团聚；离子型表面活性剂会在带电粒子间形成双电层，粒子间双电层处于静电平衡状态，粒子间双电层发生重叠时，双电层斥力增加，阻碍颗粒团聚。不同表面活性剂对纳米流体稳定性的影响效果不同，因此，还需要进一步研究表面活性剂对纳米流体的影响。

图 2-10 所示为经过超声振荡 60min 和表面活性剂处理的体积分数为 1.0% 的 Al$_2$O$_3$/乙二醇纳米流体的静置图，图中三瓶样品溶液从左到右分别为不加表面活性剂、加入 PVP 表面活性剂、加入 SDS 表面活性剂的纳米流体。初始制备状态形成的纳米流体没有出现沉淀物如图 2-10（a）所示。静置 3 天后 Al$_2$O$_3$/EG 和 PVP-Al$_2$O$_3$/EG 纳米流体溶液稳定效果较好，但 SDS-Al$_2$O$_3$/EG 纳米流体溶液出现分层现象，样品底部有少量沉淀物出现，见图 2-10（b）。静置 10 天和 20 天后，如图 2-10（c）和图 2-10（d）所示，SDS-Al$_2$O$_3$/乙二醇纳米流体溶液的颜色由较浅变为无色透明状态，样品底部有大量沉淀出现，而 Al$_2$O$_3$/乙二醇纳米流体有较少的沉淀物出现，PVP-Al$_2$O$_3$/乙二醇纳米流体没有出现明显沉淀物。

图 2-11 是上述 3 种纳米流体的放大 100000 倍的透射电镜 TEM 图。分析图 2-11（a）~（c）发现加入 PVP 活性剂的纳米流体的 TEM 图显示纳米颗粒分散状态比无活性剂的要均

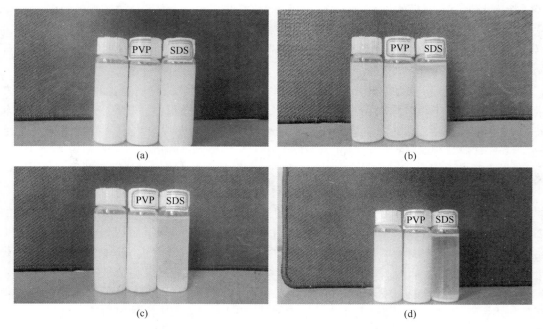

图 2-10　活性剂与超声振荡处理对纳米流体稳定性的影响
（a）初始制备；（b）静置 3 天；（c）静置 10 天；（d）静置 20 天

匀，然而加入 SDS 表面活性剂的 TEM 显示纳米颗粒分散效果差，还有少量的纳米簇团聚体存在。分析图 2-10 和图 2-11 可知，加入 PVP 表面活性剂有助于提高纳米流体的稳定性，保持其长期悬浮稳定状态。这是因为在 Al_2O_3/乙二醇纳米流体内添加非离子型 PVP 表面活性剂，因极性基团作用，PVP 表面活性剂吸附在纳米颗粒表面形成吸附层，吸附层的重叠会产生一种新的斥力势能阻止 Al_2O_3 纳米颗粒发生团聚，形成空间位阻稳定作用。因此，说明添加 PVP 表面活性剂可以有效防止流体内纳米颗粒碰撞团聚，使纳米流体长时间保持悬浮稳定性。而加入 SDS 表面活性剂反而在一定程度上降低纳米流体的稳定性，这是因为 Al_2O_3 离子化合物不能在基液乙二醇内电离，而加入阴离子型的 SDS 表面活性剂不能吸附在颗粒表面形成静电位阻作用。SDS 分子间排斥作用反而在一定程度上促使 Al_2O_3 纳米颗粒发生碰撞团聚，降低了 Al_2O_3/乙二醇纳米流体的稳定性。从而说明静置 20 天后 SDS-Al_2O_3/乙二醇纳纳米流体中颗粒几乎全部沉淀，变为澄清溶液，稳定性比无表面活性剂的要差。

2.1.3　黏度特性研究

2.1.3.1　黏度基础理论及模型

黏度是表现流体流动体系运输性质的一个重要物理量，纳米流体作为一种新型的换热工质，要求拥有良好的换热性能来满足各领域对纳米流体在传热和冷却等方面的特殊要求。要使纳米流体在实际的工程领域得到广泛的应用，在研究其高换热性能同时还要对其黏度进行研究。纳米颗粒的加入会改变原来流体的流变性能，并随基液类型、纳米颗粒种

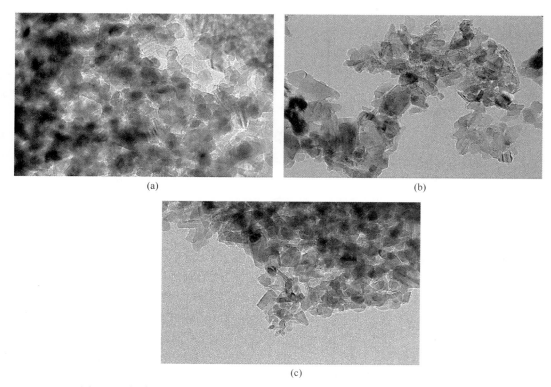

图 2-11 超声振荡 60min、加入表面活性剂的纳米流体 TEM 图（约 100nm）

（a）添加 PVP；（b）添加 SDS；（c）无表面活性剂

类及浓度等因素的不同表现出多样性。从实际应用的角度来看，理想的纳米流体不仅要有较高的导热系数，还必须保证其黏度处于较低水平。因为纳米流体黏度的增加会导致对流传热能力的下降，同时也增大了层流状态下的压力损失以及增大系统泵功，会降低系统效率。

流体在外力作用下有流动趋势或流动时，因流体内部各微团或流层之间相对运动原因而产生内摩擦力或切应力以阻止流体做相对运动的性质，这种性质称为流体的黏性。流体的黏性能够阻滞、抵抗流体内部流层相对运动，反映的是流体的固有属性和抵抗剪切流动的能力，度量流体黏性大小的物理量称为黏度。

流体流动时，由于液体的黏性以及液体和固体壁间的附着力，使液体内部各液层间的流动速度大小不同。如图 2-12 所示，假设上下两平行平板间充满液体，今对上板施加一推力 F 使上平板以 u_0 的速度向右运动，紧贴上平板的液体层在附着力的作用下以速度 u_0 向右运动，下平板固定不动，紧贴下平板的液体层保持静止不动，其速度为零，由于液体的黏性将此力层层传递，各层液体也相应运动，形成一速度梯度 du/dy，称剪切速率。其中速度较快的液体层带动速度慢的液体层，而速度慢的液体层对速度较快的液体层起阻滞作用。不同速度的液体层之间相对滑动时会产生内部摩擦力，这种摩擦力作为液体内力，且大小相等、方向相反地作用在相邻两液层上。

流体流动时，相邻流层间的内摩擦力 F_f 与液层间的速度梯度 du/dy 和接触面积 A 成

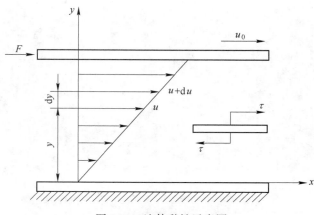

图 2-12　流体黏性示意图

正比，此理论称为牛顿内摩擦定律，即：

$$F_{f} = \mu A \frac{du}{dy} \tag{2-2}$$

或

$$\tau = F_{f} = \pm \mu A \frac{du}{dy} \tag{2-3}$$

式中　F_{f}——相邻流体层间内摩擦力，N；

　　　A——流层接触面积，m^2；

　　　τ——单位面积上的内摩擦力，也叫剪切力，Pa 或 N/m^2；

　du/dy——速度梯度，也称剪切速率，即在速度垂直方向上的液体流动速度的变化率，s^{-1}，u 随 y 增大取 "+" 号，反之取 "–" 号；

　　　μ——流体性质相关的比例系数，或称动力黏度，$Pa \cdot s$ 或 $kg/(m \cdot s)$。黏度可以表示为：

$$\mu = \frac{\tau}{du/dy} \tag{2-4}$$

　　黏度同导热系数一样是纳米流体的重要热物性参数之一，由于纳米颗粒的加入，会影响流体的热量传递，同时也对流体分散体系的黏性产生影响。目前关于纳米流体黏度模型的研究较少，也没有能准确计算各类纳米流体的黏度计算公式。因纳米颗粒的影响，经典的流体分散体系黏度理论对纳米流体并不适用。国内外许多学者都是基于经典的固-液两相悬浮液黏度理论模型，即 Einstein 公式，结合实际研究，提出了不同纳米流体的黏度预测模型。

　　1906 年，Einstein 提出了关于体积分数的黏度模型，适用于较小的浓度（$\varphi < 0.02\%$，体积分数）两相流体，其黏度模型如下：

$$\mu_{nf} = \mu_{f}(1 + 2.5\varphi) \tag{2-5}$$

式中，μ_{nf} 和 μ_{f} 分别为纳米流体与基液的黏度。

　　Brinkman[3] 在修正 Einstein 黏度模型基础上，提出了适用范围更广、体积浓度更高（$\varphi < 4\%$，体积分数）的黏度公式，其模型如下：

$$\frac{\mu_{nf}}{\mu_f} = \frac{1}{(1-\varphi)^{2.5}} \tag{2-6}$$

Wang 等[4]考虑了纳米颗粒的布朗运动对流体黏度的影响，对 Einstein 模型进行了修正，提出新的计算纳米流体黏度公式，其模型如下：

$$\frac{\mu_{nf}}{\mu_f} = 1 + 7.3\varphi + 123\varphi^2 \tag{2-7}$$

Tiwari 和 Das 等[5]考虑纳米颗粒的布朗运动、纳米颗粒粒径及基液分子对流体黏度的影响，提出了新的黏度计算公式，其模型如下：

$$\frac{\mu_{nf}}{\mu_f} = \frac{1}{1 - 34.87\left(\dfrac{d_p}{d_f}\right) - 0.3\varphi^{1.03}} \tag{2-8}$$

$$d_f = \left(\frac{6M}{N\pi\rho_{f0}}\right)^{1/3} \tag{2-9}$$

式中，d_p 为纳米颗粒的粒径；d_f 分别为基液分子等效直径；M 为基液分子的摩尔质量；N 为阿伏伽德罗常数；ρ_{f0} 为 20℃时基液的密度。

2.1.3.2 黏度测量过程

实验系统主要由加热棒、搅拌器、热电偶及平氏黏度计等组成，如图 2-13 所示，黏度计示意图如图 2-14 所示。使用方法：（1）用移液管取一定量（10mL）待测液放入黏度计中，黏度计中调整成为垂直状态；（2）打开电源和设定试验温度，插入专用温度计，检验恒温浴内实际温度；（3）设定温度，进行恒温；（4）准备开始检测，将橡皮管套在黏度计管身 1 上，将黏度计内的试样吸入扩张部分 3，稍高于标线 a；（5）记录测定时间，当试样液面正好到过标线 a 时，开动秒表，当试样液面正好到过标线 b 时，停止秒表，利用秒表测定液体流经两刻度间所需的时间；（6）重复测定 3 次，取平均值；（7）将黏度计中的待测液倾入回收瓶中，清洗黏度计并用热风吹干。

图 2-13 SCYN1302 型黏度测定仪实验系统

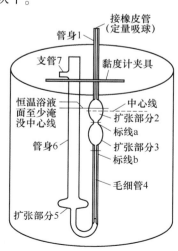

图 2-14 黏度计示意图

在测量纳米流体前，用去离子水的黏度和标准值来验证 SYD285D 型黏度测定仪的可靠性。图 2-15 所示，在不同温度下去离子水的黏度测量值与标准值进行对比，去离子水的黏度值均略高于标准值，两者之间的最大偏差仅为 2.35%，表明仪器精度满足实验要求。

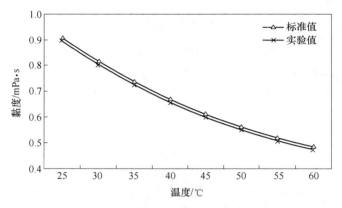

图 2-15　去离子水的黏度测量值与标准值比

实验中所测试的纳米流体的粒径为 20nm 的 Al_2O_3/乙二醇纳米流体，其体积分数依次为 0.1%、0.3%、0.5%、0.7% 和 1.0%。此外，实验测量对比 50nm 的 Cu/乙二醇纳米流体、30nm 的 Al_2O_3/乙二醇纳米流体以及 30nm 的 TiO_2/乙二醇纳米流体黏度。实验研究超声振荡时间对乙二醇基纳米流体黏度的影响；不同粒径和颗粒体积浓度对 Al_2O_3 纳米流体黏度的影响；温度对 Al_2O_3/乙二醇纳米流体黏度的影响；PVP 表明活性剂添加量对 Al_2O_3/乙二醇纳米流体黏度的影响。

2.1.3.3　超声时间对黏度的影响

往基液里添加纳米颗粒，在提高流体导热系数的同时，也会改变流体内剪切效应，增大单位面积上的内摩擦力，从而使流体的黏度增加。研究表明[6~8]，单位面积上的颗粒均匀程度及含量与纳米流体黏度息息相关，其黏度随颗粒均匀程度和含量的增加而增大。两步法制备的纳米流体，在经过超声振荡处理时，会打碎团聚的纳米颗粒，使颗粒更均匀分散在流体内。超声振荡处理决定着纳米流体内的颗粒均匀分散程度和含量，从而说明了超声振荡过程，会影响纳米流体的黏度。因此，还需要深入研究超声振荡时间与纳米流体黏度的关系。

为研究超声振荡对纳米流体黏度的影响，实验用两步法获得纳米流体，且经过不同超声振荡时间处理后进行黏度测定。图 2-16 所示，是温度为 25℃ 时，体积分数为 1.0% 的 Al_2O_3/乙二醇、TiO_2/乙二醇和 Cu/乙二醇纳米流体黏度随超声振荡时间的变化曲线图。

由图 2-16 可知，经过超声振荡分散的纳米流体的黏度要高于没有超声分散的黏度，振荡分散时间为 0min 时，粒径为 20nmAl_2O_3/乙二醇、30nmAl_2O_3/乙二醇、30nmTiO_2/乙二醇和 50nmCu/乙二醇纳米流体的黏度分别为 16.2577mPa·s、16.1233mPa·s、16.0013mPa·s 和 16.4218mPa·s。在一定振荡分散时间内，纳米流体的黏度随着振荡分散时间的增加而增加。当振荡分散达到一定时间时，不同种类的纳米流体都存在一个黏度

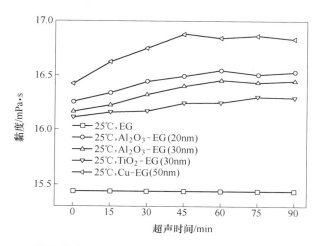

图 2-16 体积分数为 1.0% 的纳米流体黏度随超声时间的变化关系

最大值，随着振荡时间继续，其黏度在最大值范围内有微小变化。20nm Al₂O₃/乙二醇（30nmAl₂O₃/乙二醇）、TiO₂/乙二醇和 Cu/乙二醇纳米流体的超声振荡时间分别在 60min、75min 和 45min 时，其黏度达到最大，为 16.5488mPa·s（16.4591mPa·s）、16.3051mPa·s 和 16.8803mP·as，比基液乙二醇黏度提高了 7.03%（6.61%）、5.61% 和 9.33%。

这是因为纳米颗粒的小尺寸效应、较高的比表面能等因素，没有经过超声振荡处理的纳米流体内颗粒极易发生聚集和沉降，颗粒均匀程度差、单位面积上粒子数减少，从而使流体单位面积上内摩擦力减小。由牛顿内摩擦定律可知，单位面积上内摩擦力越小其黏度越小。经过超声振荡处理的纳米流体，流体中的纳米颗粒团聚较少，粒子分散性较好，颗粒均匀程度有所改善、单位体积内的粒子数增多，单位面积上内摩擦力增大从而黏度增大。随着超声振荡时间增加，纳米颗粒分散越来越均匀，流体越来越稳定，其黏度就越大，结合透射电镜（TEM）图对纳米流体稳定性分析，发现超声振荡 60min 是 Al₂O₃/乙二醇纳米流体为最稳定状态，对应的黏度值最大。同时可知在 90min 内，TiO₂/乙二醇和 Cu/乙二醇纳米流体稳定超声时间分别为 75min 和 45min。

相对黏度（relative viscosity，简称 R，$R = \mu n_f / \mu_f$），是纳米流体黏度与基液黏度的比值，可以明显反映纳米流体黏度的提高程度。由图 2-17 发现，相对黏度随超声振荡时间的曲线变化规律与黏度的曲线变化规律趋势基本一致，且相对黏度 $R \geqslant 1$，纳米颗粒的加入会改变基液特性，增大流体的内摩擦力，从而使黏度增加。20nmAl₂O₃/乙二醇 30nmAl₂O₃/乙二醇、TiO₂/乙二醇和 Cu/乙二醇纳米流体对应的相对黏度 R 分别为 1.0703、1.0661、1.0519 和 1.0908。由图 2-16 也发现，20nmAl₂O₃/乙二醇纳米流体的黏度比 30nm 大，同浓度下颗粒粒径越小，对应的纳米颗粒数就越多，影响流体剪切效应越明显，单位面积上的流体内摩擦力越大，从而使纳米流体黏度增大。Cu/乙二醇纳米流体的黏度最大，TiO₂/乙二醇流体的黏度最小，原因是纳米颗粒的物性不同，如密度，颗粒密度大小顺序为 Cu>Al₂O₃>TiO₂。

在相同条件下，研究不同颗粒的体积浓度对纳米流体黏度的影响。图 2-18 所示为超声振荡 60min 时，不同温度条件下，Al₂O₃/乙二醇纳米流体的黏度随体积分数的变化曲线

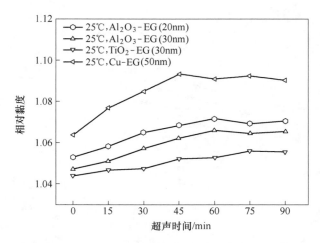

图 2-17   体积分数为 1.0% 的纳米流体相对黏度随超声时间的变化

图。由图 2-18 可知，添加纳米颗粒会提高基液的黏度，颗粒体积分数越大，Al_2O_3/乙二醇纳米流体的黏度越大；同条件下，温度越高其黏度越低。温度为 20℃ 时，体积分数为 0.1%、0.3%、0.5%、0.7% 和 1.0% 的 Al_2O_3/乙二醇纳米流体的黏度分别为 19.5630mPa·s、19.6764mPa·s、20.0436mPa·s、20.4242mPa·s 和 20.7109mPa·s，比基液分别提高了 0.84%、1.42%、3.32%、5.28% 和 7.18%。温度为 25℃，对应的 Al_2O_3/乙二醇纳米流体的黏度为 15.5650mPa·s、15.6398mPa·s、15.9473mPa·s、16.2670mPa·s 和 116.5511mPa·s，比基液分别提高了 0.81%、1.30%、3.29%、5.38% 和 7.03%。由图可知，Al_2O_3/乙二醇纳米流体的黏度随着颗粒体积分数增大呈线性增大。

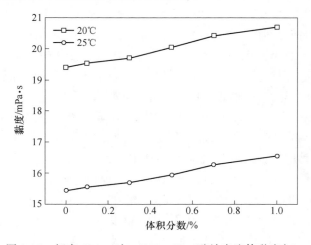

图 2-18   超声 60min 时，Al_2O_3/乙二醇纳米流体黏度与
颗粒体积分数变化关系

这是因为，随着纳米颗粒浓度增加，流体内颗粒数目含量增多，颗粒对流体的剪切效应越显著，单位面积上内摩擦力就越大。同温度下颗粒的平均运动速率近似不变，即流体速度梯度不变，由牛顿内摩擦定律可知，表现为纳米流体的黏度越大。因此说明，纳米流

体的黏度随颗粒浓度的增加而增大。

　　图 2-19 是超声振荡时间 60min 时，基液乙二醇和不同体积浓度的 Al$_2$O$_3$/乙二醇纳米流体黏度随温度的变化曲线图。由图 2-19 可发现基液乙二醇溶液的黏度随温度的升高而下降，呈指数递减关系。体积分数为 0.1%～1.0% 的 Al$_2$O$_3$/乙二醇的黏度与基液乙二醇的黏度表现相似均随温度的升高而减小，分别减小了 76.67%、76.95%、77.14%、77.20% 和 77.45%。这是因为，颗粒和基液分子的无规则热运动与温度有关，随着温度升高，流体中基液分子和纳米颗粒的布朗运动越剧烈，它们的平均速率（速度梯度）也随温度的升高而增大。同浓度下颗粒均匀程度和数目不变，内摩擦力近似不变，由牛顿内摩擦定律可知，温度越高，速度梯度就越大，黏度表现为越小。从而说明 Al$_2$O$_3$/乙二醇纳米流体和基液均随温度的升高而下降。

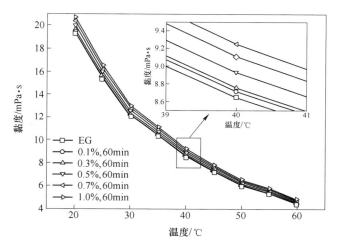

图 2-19　不同体积分数下 Al$_2$O$_3$/乙二醇纳米流体黏度随温度的变化关系

　　此外，图 2-20 所示，为不同体积浓度的 Al$_2$O$_3$/乙二醇纳米流体相对黏度随温度的变

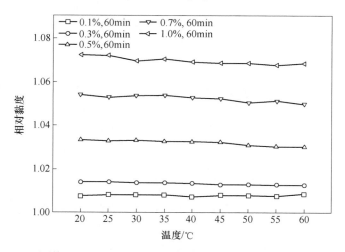

图 2-20　不同体积分数下 Al$_2$O$_3$/乙二醇纳米流体相对黏度随温度变化关系

化曲线图。由图可知，相对黏度 $R>1$，Al_2O_3/乙二醇纳米流体相对黏度变化趋势随着温度变化的影响较小，随温度升高略减小。但温度对较高颗粒体积分数的纳米流体相对黏度比低浓度的影响要大。就体积分数为 0.1% 的 Al_2O_3/乙二醇纳米流体而言，其相对黏度变化幅度为 0.27%，体积分数为 1.0% 时，其相对黏度的变化幅度为 1.52%。说明纳米流体相对黏度主要影响因素为颗粒体积分数，从另一角度反映了基液黏度随温度的变化趋势决定纳米流体黏度随温度的变化关系。

相对黏度随温度升高略减小的原因，是因为温度越高，颗粒的布朗运动越剧烈，颗粒发生碰撞团聚的几率增加。同时，单位面积上颗粒含量减小，内摩擦力减小，纳米流体黏度随温度下降幅度比基液乙二醇的要大，表现为相对黏度随温度升高呈现下降趋势。

2.1.3.4　表面活性剂对黏度的影响

为分析表面活性剂添加量对纳米流体黏度的影响，由稳定性的研究可知，选用非离子型 PVP 作为表面活性剂配制了体积分数为 1.0% 的 Al_2O_3/乙二醇纳米流体，超声振荡时间均为 60min，结果如图 2-21 所示。

图 2-21 所示为体积分数为 1.0% 的 Al_2O_3/乙二醇纳米流体黏度随加入不同质量的表面活性剂 PVP 变化曲线图。以 PVP 质量分数（ω_{pvp}）与 Al_2O_3 纳米颗粒体积分数（φ_{np}）之比（$\omega_{pvp}/\varphi_{np}$）为横坐标，$Al_2O_3$ 纳米颗粒体积分数为 1.0%，通过改变表面活性剂不同添加量来研究对纳米流体粘度的关系。由图 2-1-21 可知，添加表面活性剂 PVP 会提高 Al_2O_3/乙二醇纳米流体的黏度，当添加量较低（$\omega_{pvp}/\varphi_{np} \leqslant 0.15$，即 PVP 添加量 $\omega_{pvp} \leqslant 0.15\%$）时，对纳米流体的黏度影响较小，但添加量较高（$\omega_{pvp}/\varphi_{np} > 0.15$）时，对黏度影响显著。温度为 20℃ 和 25℃ 的 Al_2O_3/乙二醇纳米流体，随 PVP 添加量增加其黏度增大且呈指数趋势递增。$\omega_{pvp}/\varphi_{np}$ 值为 0.05、0.1、0.15、0.2、0.25、0.35 和 0.5 时（即 PVP 质量分数分别为 0.05%、0.10%、0.15%、0.20%、0.25%、0.35% 和 0.5%），温度为 20℃ 时纳米流体黏度分别为 20.8247mPa·s、20.9458mPa·s、21.1284mPa·s、21.5073mPa·s、21.8620mPa·s、22.4798mPa·s 和 24.2013mPa·s，比无表面活性剂的纳米流体黏度分别提高了 0.548%、1.13%、2.01%、3.84%、5.56%、8.54% 和 16.85%。这是因为，添加非离子型的 PVP 表面活性剂，表面活性剂吸附在纳米颗粒表面形成吸附层，在提高纳米颗粒悬浮稳定性、阻碍颗粒团聚和沉降的同时，单位面积上粒子数增多，从而使黏度增大。非离子型的 PVP 表面活性剂吸附在 Al_2O_3 纳米颗粒表面，其碳氢链相互作用并延伸到乙二醇中产生空间位阻稳定作用。随着 PVP 添加量不断增加，纳米流体内表面活性剂开始凝聚成胶团，阻碍纳米颗粒和基液分子的布朗运动，降低它们的平均速率，由牛顿内摩擦定律可知，纳米流体的黏度显著增大。从而反映了 Al_2O_3/乙二醇纳米流体黏度随 PVP 添加量增加呈现指数趋势增大。

2.1.3.5　黏度预测模型与公式的修正

目前为止，有许多文献提出了关于纳米流体黏度预测模型和计算公式，但对不同种类的纳米流体黏度还没有统一、准确的计算公式。现有的纳米流体黏度模型大部分由经典的 Einstein 黏度模型演变而成，只考虑纳米颗粒的体积分数对固-液两相混合流体（纳米流体）的黏度影响，鲜有考虑温度对纳米流体的黏度影响。

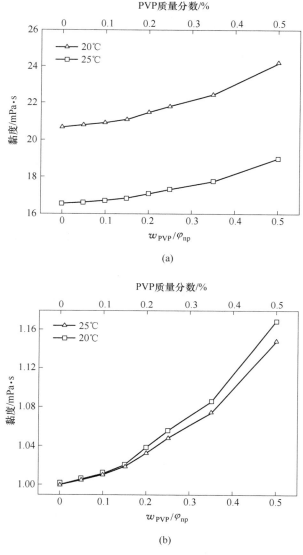

图 2-21 体积分数为 1.0% 的 Al$_2$O$_3$/乙二醇纳米流体黏度与
表面活性剂 PVP 添加量变化关系
（a）黏度；（b）相对黏度

图 2-22 所示是基于实验测量值与经典黏度模型的预测值随颗粒体积浓度变化关系图。由图可知，温度为 20℃时，通过对比 Einstein 和 Brinkman 模型的预测值发现均比实验测量值低，说明除了考虑颗粒浓度以外，还应考虑其他因素对黏度的影响。而 Wang 模型预测值严重偏大的原因可能是不适用于 Al$_2$O$_3$/乙二醇纳米流体。Tiwari and Das 模型的预测值较接近于实验值，说明此模型可以适用于较低浓度的 Al$_2$O$_3$/乙二醇纳米流体，高浓度时预测值会偏高。

图 2-23 所示为，对实验数据并对其拟合和修正的曲线，得出适用于 Al$_2$O$_3$/乙二醇纳

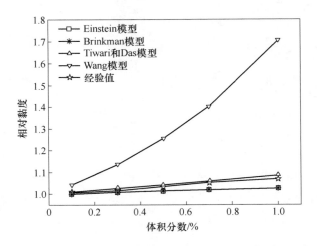

图 2-22　温度 20℃时纳米流体实验测量值与理论模型预测值

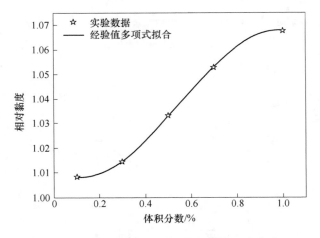

图 2-23　温度 20℃时纳米流体实验值拟合曲线

米流体黏度与体积浓度的关系式（2-10），相关系数 $R^2 = 0.9930$，说明实验值和曲线预测值拟合良好。

$$\frac{\mu_{\mathrm{nf}}}{\mu_{\mathrm{bf}}} = 1.01254 - 0.07234\varphi + 0.32330\varphi^2 - 0.19593\varphi^3 \quad R^2 = 0.9930 \quad (2\text{-}10)$$

式（2-10）是在经典黏度理论模型基础上修正拟合而来，适用于温度为 20℃时，体积分数在 0~1.0%的 Al_2O_3/乙二醇纳米流体。

由前文对纳米流体黏度测量和分析可知，温度是影响 Al_2O_3/乙二醇纳米流体黏度的重要因素之一，流体流动过程通常会伴随着温度变化，纳米流体的黏度随体积浓度的增大而增大，随温度的升高呈对数或指数形式下降趋势。目前，少有文献提出同时涉及温度和体积浓度的黏度公式和模型。观察以上黏度模型可发现，所有的黏度模型都是考虑体积浓度在 Einstein 基础上进行修正，目前只有很少一部分黏度模型考虑了温度因素对黏度影响。White 等[9]提出了纯工质的黏度随温度的变化关系式：

$$\ln \frac{\mu_{\text{f}}}{\mu_0} \approx a + b\left(\frac{T_0}{T}\right) + c\left(\frac{T_0}{T}\right)^2 \tag{2-11}$$

式中，μ_0、T_0和a、b、c参数值均可在其文章中查得。Kulkarni 等[33]对温度范围为 5 ~ 50℃内的 CuO-水纳米流体提出了纳米流体黏度与温度的关系式：

$$\ln\mu_{\text{nf}} = A\left(\frac{1}{T}\right) - B \tag{2-12}$$

式中，A 和 B 是关于体积分数 φ 的函数。Namburu 等[10]在温度范围为−35℃ ~ 50℃内，进行了不同浓度的 CuO-水乙二醇基（水和乙二醇比例为 40∶60）纳米流体黏度实验，提出了纳米流体黏度与温度的关系式：

$$\ln\mu_{\text{nf}} = Ae^{-BT} \tag{2-13}$$

式中，A、B 均为体积分数 φ 的函数，详见有关文献；T 为温度,℃。

通过结合实验数据和对已有的黏度预测公式（2-11）~式（2-13）进行修正，得出了关于 Al$_2$O$_3$/乙二醇纳米流体黏度与温度及体积分数的计算公式：

$$\mu_{\text{nf}} = Ae^{-BT} + C \tag{2-14}$$

式中，T 为温度（℃）；A、B 和 C 为关于体积浓度 φ 的函数。图 2-24 为不同体积分数（0%、0.1%、0.3%、0.5%、0.7%和1.0%）下，Al$_2$O$_3$/乙二醇纳米流体黏度测量值及相关拟合曲线随温度的变化图。由图中可发现黏度的拟合曲线与实验室值相吻合，且相关系数 $R^2 \geqslant 0.9980$，说明曲线拟合效果良好，公式（2-14）可以精确计算温度在 20 ~ 60℃范围内的 Al$_2$O$_3$/乙二醇纳米流体黏度。

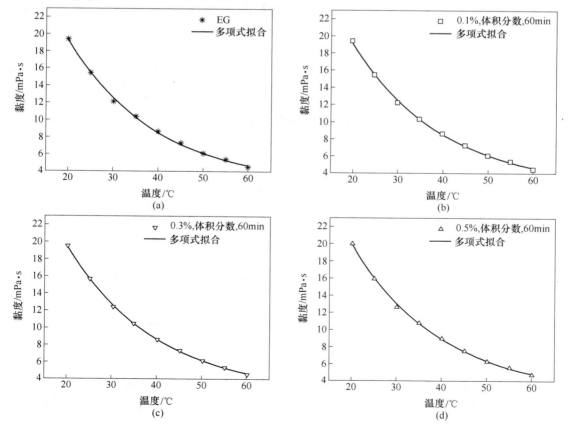

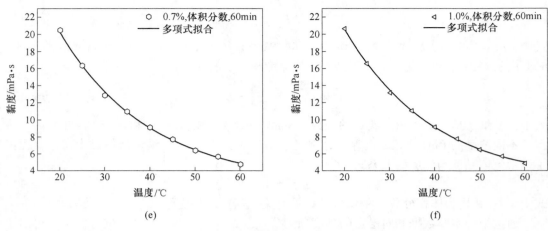

图 2-24 不同浓度的 Al_2O_3-乙二醇纳米流体黏度随温度变化的拟合曲线

（a）0%Al_2O_3，体积分数；（b）0.1%Al_2O_3，体积分数；（c）0.3%Al_2O_3，体积分数；（d）0.5%Al_2O_3，体积分数；

（e）0.7%Al_2O_3，体积分数；（f）1.0%Al_2O_3，体积分数

公式（2-14）中相应的 A、B 和 C 值详见表 2-4，并对其进行拟合得出关于纳米颗粒体积分数关系式如下：

$$A = 47.11901 + 6.55951\varphi - 5.59607\varphi^2 + 6.79346\varphi^3$$
$$R^2 = 0.99754 \tag{2-15}$$
$$B = 0.05188 + 0.0019\varphi - 0.0101\varphi^2 + 0.00937\varphi^3$$
$$R^2 = 0.97907 \tag{2-16}$$
$$C = 2.6193 + 0.2623\varphi - 0.2990\varphi^2 + 0.5744\varphi^2$$
$$R^2 = 0.9886 \tag{2-17}$$

表 2-4 参数 A、B 和 C 的取值及对应的相关系数 R^2

颗粒体积分数/%	A	B	C	R^2
0	47.04916	0.05184	2.60706	0.99889
0.1	47.53220	0.05196	2.6402	0.99824
0.3	47.75175	0.05175	2.62216	0.99854
0.5	48.50006	0.05163	2.65425	0.99887
0.7	49.48159	0.05168	2.71357	0.99893
1.0	50.05856	0.05151	2.74760	0.99846

2.1.4 导热系数特性研究

2.1.4.1 导热系数基础及预测模型

传统导热理论无法准确预测纳米流体强化导热系数的现象，因此促使了许多学者通过更多的实验研究纳米流动导热系数影响因素和变化规律，并试图解释纳米颗粒对强化基液

的热传导机理，建立了很多经典导热理论模型。现有的对纳米流体导热机理研究主要分为两类：静态模型和动态模型。静态模型主要是粒子-液体界面的吸附层（也称液膜层或界面层）和颗粒团聚形成的热导通路。动态模型主要是粒子的布朗运动以及粒子布朗运动造成的微对流。

自 19 世纪以来，就有学者尝试通过有效介质理论对固-液两相混合物的导热系数进行研究。早期使用的固体颗粒为毫米、微米级，忽略固体颗粒之间的团聚。假设混合物里粒子能够均匀悬浮在基液中，且为静止状态，即粒子间、粒子与基液分子间没有相对运动，固-液混合物导热系数的提高根本原因是固体颗粒的具有相对较高的导热性能，其导热系数是基液的几个数量级以上。

早在 1881 年，Maxwell 考虑了固体颗粒和基液的导热系数，率先提出计算较小体积浓度的固-液混合物的有效导热系数模型[11]：

$$\frac{k_{eff}}{k_f} = \frac{k_p + 2k_f + 2\varphi_p(k_p - k_f)}{k_p + 2k_f - \varphi(k_p - k_f)} \tag{2-18}$$

式中，φ_p 为固体颗粒的体积分数；k_p、k_f 和 k_{eff} 分别为固体颗粒、基液和固-液混合物的导热系数，$W/(m \cdot K)$。

在 Maxwell 基础上，人们考虑各种因素对固-液两相混合物导热系数的影响，各自都建立对固-液两相混合物的有效导热系数预测模型。Hamilton 与 Crosser[12] 考虑粒子形状的影响，引入形状因子 n 提出了悬浮混合物导热系数修正模型，即 H-C 导热系数预测模型：

$$\frac{k_{eff}}{k_f} = \frac{k_p + (n-1)k_f + (n-1)\varphi_p(k_p - k_f)}{k_p + (n-1)k_f - \varphi_p(k_p - k_f)} \tag{2-19}$$

式中，n 为形状因子，定义如下：

$$n = 3/\psi \tag{2-20}$$

式中，Ψ 为球形度，定义为与粒子（实际的）相同体积的球形状粒子（假想的）的表面积与粒子（实际的）的表面积之比，当粒子为球形时，$\Psi = 1$，$n = 3$，此时 H-C 模型转化为 Maxwell 模型，Ψ 的计算式如下：

$$\psi = \frac{S_t}{S_p} \tag{2-21}$$

式中，S_t 为与实际的粒子相等体积的球形壮粒子的表面积；S_p 为粒子的实际表面积。

Lordrayleigh[13] 假想粒子在固-液两相悬浮混合液中是均匀排列，提出新的两相悬浮混合液的有效导热系数预测模型：

$$\frac{k_{eff}}{k_f} = 1 + \frac{3\gamma\varphi_p}{1 - \gamma\varphi_p - 0.525\left(\frac{k_p - k_f}{k_p + \frac{4}{3}k_f}\right)\gamma\varphi_p\frac{10}{3}} \tag{2-22}$$

式中，$\gamma = (k_p - k_f)/(k_p + k_f)$。

Jeffery[14] 在 Rayleigh 模型基础上，考虑悬浮粒子间的相互作用，提出适用于球形颗粒自由随机分布状体下的导热系数预测模型：

$$\frac{k_{\mathrm{eff}}}{k_{\mathrm{f}}} = 1 + 3\eta\varphi_{\mathrm{p}} + \varphi_{\mathrm{p}}^2\left(3\eta^2 + \frac{3\eta^2}{4} + \frac{9\eta^2}{16}\frac{k+2}{2k+3} + \cdots\right) \tag{2-23}$$

式中，$k = k_{\mathrm{p}}/k_{\mathrm{f}}$，$\eta = (k-1)/(k+2)$。

因纳米颗粒的微小尺寸效应以及较高的比表面能等因素，纳米颗粒强化流体内部热量传递过程机理非常复杂。Keblinski 等[15]通过对纳米流体热传导的影响因素分析，认为除了纳米颗粒的自然热传递（即经典的固-液两相悬浮混合物热传导理论）之外，还有吸附层的存在、粒子的团聚以及粒子布朗运动引起的微对流也是纳米流体强化导热的重要因素。Xuan 等[16]认为纳米流体的导热系数由静态机制与动态机制两部分组成，其中静态机制的导热系数部分由经典的 Maxwell 模型计算，而动态机制的导热系数部分由纳米颗粒和颗粒团聚体的布朗运动对纳米流体导热系数的影响。

因纳米颗粒具有较高的比表面积和表面能，基液分子会在粒子周围形成一层厚度大小为纳米尺度级的界面，研究人员称这种规律分布链接固液间的"桥梁"为界面层（interfacial layer）（吸附层），如图 2-25 所示。吸附层其热物性（导热系数）介于颗粒与液体之间，且粒子间吸附层的接触可看作是在纳米颗粒间形成一座"桥梁"，具有较高的导热系数，增加了二者间的热量传递。

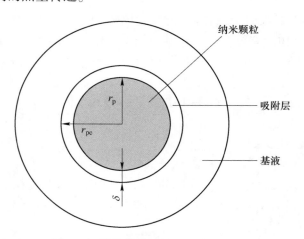

图 2-25　单个纳米颗粒的吸附层示意图

纳米流体的中粒子总伴随着一层薄薄的液膜层，其厚度为 δ，可以把粒子半径 r_{p} 和液面层近似看成为以半径为 r_{pe}（$r_{\mathrm{pe}} = r_{\mathrm{p}} + \delta$）的"等效纳米粒子（equivalent particles）"，此时纳米流体中的等效纳米颗粒的有效体积分数 φ_{pe} 为：

$$\varphi_{\mathrm{pe}} = \frac{4}{3}\pi(r+\delta)^3 n = \frac{4}{3}\pi r_{\mathrm{p}}^3 n\left(1 + \frac{\delta}{r_{\mathrm{p}}}\right)^3 = \varphi\left(1 + \frac{\delta}{r_{\mathrm{p}}}\right)^3 \tag{2-24}$$

式中，n 为单位体积浓度的纳米颗粒数量。

Yu 和 Chio[17]在考虑粒子间存在液膜层的基础上，通过修正 Maxmall 模型研究了液膜层对纳米流体导热系数的影响机理，提出等效纳米颗粒的有效导热系数模型：

$$k_{\mathrm{pe}} = \frac{[2(1-\gamma)+(1+\beta)^3(1+2\gamma)]\gamma}{-(1-\gamma)+(1+\beta)^3(1+2\gamma)}k_{\mathrm{p}} \tag{2-25}$$

式中，$\gamma = k_{\text{layer}}/k_{\text{p}}$，为液膜层的导热系数与纳米颗粒的导热系数之比。研究表明，在特殊情况下即液膜层厚度为 2nm 且 $k_{\text{layer}} = k_{\text{p}}$（即 $\gamma = 1$），则 $k_{\text{pe}} = k_{\text{p}}$，修正后的模型分析结果与实验分析结果较一致。基于上述讨论，提出了 Maxwell 的修正模型：

$$\frac{k_{\text{eff}}}{k_{\text{f}}} = \frac{k_{\text{pe}} + 2k_{\text{f}} + 2\varphi_{\text{p}}(1+\beta)^3(k_{\text{pe}} - k_{\text{f}})}{k_{\text{pe}} + 2k_{\text{f}} - \varphi_{\text{p}}(1+\beta)^3(k_{\text{pe}} - k_{\text{f}})} \tag{2-26}$$

式中，$\beta = \delta/r_{\text{p}}$，$\delta$ 和 r_{p} 分别为液膜层厚度和粒子半径；k_{pe} 为等效纳米颗粒的有效导热系数。

近年来，研究人员针对纳米颗粒液膜层强化纳米流体导热系数问题进行建模，Xue 等[18]通过结合 Bruggeman 理论，建立了一个考虑液膜层的纳米流体等效导热系数模型，通过 CuO 纳米流体研究了模型的有效性。Xie 等[19]假设液膜层的厚度为 2nm，认为液膜层的导热系数呈线性变化规律时，基于 Fourier 定律，对纳米流体导热系数进行建模。Leong 等[20]忽略纳米颗粒之间的相互作用，重点分析了界面层导热系数的强化特性。上述研究人员对考虑液膜层的纳米流体导热系数预测建模详情见表 2-5。

表 2-5　考虑液膜层的纳米流体导热系数预测模型统计

年份	作者	模　　型	描述
2005	Xue 等[18]	$\left(1 - \dfrac{\varphi_{\text{p}}}{\alpha}\right)\dfrac{k_{\text{nf}} - k_{\text{f}}}{2k_{\text{nf}} + k_{\text{f}}} + \dfrac{\varphi_{\text{p}}}{\alpha}\dfrac{k_{\text{nf}} - k_{\text{pl}}}{2k_{\text{nf}} + k_{\text{pl}}} = 0$ $\alpha = \left[1/(1+\beta)\right]^3$	基于 Bruggeman 的有效渗流理论，适用于球形纳米流体
2005	Xie 等[19]	$\dfrac{k_{\text{nf}}}{k_{\text{f}}} = 1 + 3\Theta\varphi_{\text{p}}(1+\beta)^3 + \dfrac{3\Theta^2\left[\varphi_{\text{p}}(1+\beta)^3\right]^2}{1 - \Theta\varphi_{\text{p}}(1+\beta)^3}$ $\Theta = \dfrac{\beta_{\text{lf}}\left[(1+\beta)^3 - \left(\dfrac{\beta_{\text{pl}}}{\beta_{\text{fl}}}\right)\right]}{(1+\beta)^3 + 2\beta_{\text{lf}}\beta_{\text{pl}}}$ $\beta_{\text{lf}} = \dfrac{k_{\text{l}} - k_{\text{f}}}{k_{\text{l}} + 2k_{\text{f}}}$ $\beta_{\text{pl}} = \dfrac{k_{\text{p}} - k_{\text{l}}}{k_{\text{p}} + 2k_{\text{l}}}, \ \beta_{\text{fl}} = \dfrac{k_{\text{f}} - k_{\text{l}}}{k_{\text{f}} + 2k_{\text{l}}}$ $k_{\text{l}} = \dfrac{\sigma}{r_{\text{p}}(r_{\text{p}} + h)\displaystyle\int_{r_{\text{p}}}^{r_{\text{p}}+h} \dfrac{\mathrm{d}r}{r^2 k(r)}}$	基于 Fourier 传热定律，适用于低体积分数的纳米流体
2006	Leong 等[20]	$k_{\text{nf}} = \dfrac{(k_{\text{p}} - k_{\text{lr}})\varphi_{\text{p}}k_{\text{lr}}(2\beta_2^3 - \beta_1^3 + 1)}{\beta_2^3(k_{\text{p}} + 2k_{\text{lr}}) - (k_{\text{p}} - k_{\text{lr}})\varphi_{\text{p}}(2\beta_2^3 - \beta_1^3 + 1)}$ $+ \dfrac{(k_{\text{p}} + 2k_{\text{lr}})\beta_2^3\left[\varphi_{\text{p}}k_{\text{lr}}\beta_1^3(k_{\text{p}} - k_{\text{lr}}) + k_{\text{lr}}\right]}{\beta_2^3(k_{\text{p}} + 2k_{\text{lr}}) - (k_{\text{p}} - k_{\text{lr}})\varphi_{\text{p}}(2\beta_2^3 - \beta_1^3 + 1)}$ $\beta_1 = 1 + \beta, \ \beta_2 = 1 + 0.5, \ \beta = \sigma/r_{\text{p}}$	忽略了纳米颗粒之间的相互作用

注：σ 为液膜层厚度；k_{lr} 为液膜层导热系数；r_{p} 为纳米颗粒半径。

纳米颗粒在流体中时刻做无规则布朗运动，颗粒间与基液分子间的位置时刻发生变化，有学者认为，纳米颗粒的布朗运动不仅引起热扩散强化颗粒间的热量传递，同时纳米颗粒的布朗运动会使周边基液产生微对，进而强化了纳米颗粒与基液之间的热量传递，进而有效提高纳米流体的导热系数和强化热传导，如图 2-26 所示。

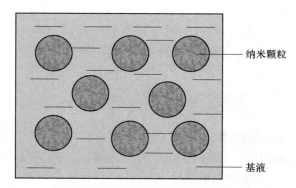

纳米颗粒

基液

图 2-26　基液绕纳米颗粒发生微对流换热的简单示意图

Jang 和 Choi[21]提出了纳米颗粒随机运动产生的微纳尺度下对流效果，建立纳米流体有效导热系数预测模型：

$$k_{\mathrm{eff}} = k_{\mathrm{f}}(1-\varphi) + k_{\mathrm{p}}\varphi + 3C\frac{d_{\mathrm{f}}}{d_{\mathrm{p}}}k_{\mathrm{f}}Re_{d_{\mathrm{p}}}^2\mathrm{Pr}\varphi \tag{2-27}$$

式中，C 为经验常数；d_{f} 为基液分子直径，m；d_{p} 为纳米颗粒的直径，m；$Re_{d_{\mathrm{p}}}$ 为纳米颗粒直径的雷诺数，其定义为：

$$Re_{d_{\mathrm{p}}} = \frac{v_{\mathrm{p}}d_{\mathrm{p}}}{\eta_{\mathrm{f}}} \tag{2-28}$$

式中，η_{f} 为基液的运动黏度，m²/s；v_{p} 为纳米颗粒的随机运动速度，m/s，其定义为：

$$v_{\mathrm{p}} = \frac{D}{\lambda_{\mathrm{f}}} = \frac{k_{\mathrm{B}}T}{3\pi\eta_{\mathrm{f}}d_{\mathrm{p}}} \tag{2-29}$$

式中，D 为纳米颗粒扩散系数；k_{B} 为玻耳兹曼常数，$k_{\mathrm{B}} = 1.3807 \times 10^{-23}\mathrm{J/K}$；$T$ 为颗粒的温度，K；λ_{f} 为基液分子平均自由程，m。

纳米颗粒的无规则运动，会使颗粒间发生碰撞，而碰撞时因吸引力大于斥力作用会发生不同程度的聚集，因此形成不同尺寸大小的纳米簇（团聚体）。同时，基于胶体理论，因悬浮于纳米流体分散系中纳米颗粒之间范德华力的影响，颗粒间容易发生碰撞团聚，形成的纳米簇团聚体，其高导热系数特性将提高纳米流体的导热系数[22]。纳米簇团聚体作为一种多孔介质，有两部分组成：（1）颗粒团聚形成链式结构的固体枝干，且贯穿整个纳米簇；（2）分散于纳米簇单元，但不属于枝干的纳米颗粒，称为非枝干颗粒，如图2-27所示。图中 r_{a} 为容纳纳米簇团聚体的最小球体半径。

考虑纳米颗粒团聚作用和纳米簇团聚体的存在时，将单个纳米簇团聚体看成是一个新的纳米粒子，纳米簇尺寸与颗粒尺寸不同，导致纳米流体中粒子尺寸、浓度等参数发生改变，假设继续采用纳米颗粒在分体状态下的参数如粒径等已经不能反映悬浮于基液的纳米粒子的真实情况。因此，在计算纳米流体的导热系数时，应考虑纳米簇团聚体对其影响。根据 Nan 等[24]的研究，计算单个纳米簇团聚体导热系数时，将非枝干颗粒与基液组成的混合液称为"混合基液"，其导热系数为 $k_{\mathrm{bf,de}}$；固体枝干为作为分散系，悬浮于"混合基液"的颗粒，纳米簇导热系数为 k_{nc} 为：

$$k_{nc} = k_{bf, de} \frac{3 + \varphi_{ba}[2\beta_{11}(1 - L_{11}) + \beta_{33}(1 - L_{11})]}{3 - \varphi_{ba}(2\beta_{11}L_{11} + \beta_{33}L_{11})} \tag{2-30}$$

式中，

$$L_{11} = \frac{p^2}{2(p^2 - 1)} - \frac{p}{2(p^2 - 1)^{1.5}} \tag{2-31}$$

$$L_{33} = 1 - 2L_{11} \tag{2-32}$$

$$\beta_{ii} = \frac{k_{ii}^c - k_{bf, de}}{k_{bf, de} + L_{ii}(k_{ii}^c - k_{bf, de})} \tag{2-33}$$

$$k_{ii}^c = \frac{k_p}{1 + \gamma L_{ii} k_{np}/k_f} \tag{2-34}$$

$$\gamma = (2 + 1/r_a)R_a k_f/r_a \tag{2-35}$$

式中，φ_{ba} 为纳米簇团聚体的体积浓度；r_a 为纳米簇团聚体回转半径；R_a 为接触热阻，数值为 $0.77 \times 10^{-8} \sim 20 \times 10^{-8} \mathrm{K \cdot m^2/W}$。

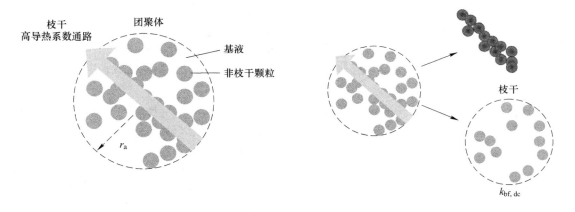

图 2-27 纳米颗粒团聚结构示意图[23]

纳米颗粒的布朗运动不仅引起与基液的微对流，同时也会是颗粒间发生碰撞团聚形成纳米簇团聚体，最终强化纳米流体的热传导。近年来，还有许多研究人员针对纳米颗粒布朗运动对纳米流体导热系数的影响问题，从不同角度提出纳米流体导热系数预测模型，见表 2-6。除上述理论分析，人们还根据实验数据建立许多纳米流体导热系数经验模型。受实验条件和数据影响，目前通过实验数据修正得到的纳米流体导热系数经验模型只适用于一定条件下的纳米流体，适用性不强。此外，大部分经验模型只反映了纳米颗粒体积浓度与导热系数关系，不能体现纳米颗粒尺寸、温度对导热系数的影响规律。因此，本文通过测试 Al$_2$O$_3$/乙二醇纳米流体导热系数，再考虑粒径、浓度和温度等因素的影响，最后分析实验数据和现有机理模型，提出适合 Al$_2$O$_3$/乙二醇纳米流体的导热系数预测模型，可为纳米流体的选择提供参考。

表 2-6　考虑布朗运动影响纳米流体导热系数经验模型

年份	作者	模　　　型	描述
1995	Gupte[25]	$$k_{nf} = k_f[1 + 0.0556Pe + 0.1649Pe^2 - 0.0391Pe^3 + 0.0034Pe^4]$$ $$Pe = \frac{UL\rho_f c_{pf}\varphi_p^{0.75}}{k_f}, \quad L = \frac{r_p}{\varphi_p^{3-1}}(0.75\pi)^{3^{-1}}$$	考虑固体颗粒热扩散影响
2004	Jang 等[21]	$$k_{nf} = k_f(1-\varphi_p) + k_p\varphi_p + 3C\frac{d_f}{d_p}k_f Re^2 Pr\varphi_p$$ $$Re = \frac{K_b T}{3\pi\mu_f l_f v_f}, \quad Pr = \mu_f\frac{c_{pf}}{k_f}$$	考虑单个球形纳米颗粒布朗运动引起的局部微对流影响
2005	Prasher 等[26]	$$\frac{k_{nf}}{k_f} = (1 + 0.25RePr) \times$$ $$\frac{[(1+2\alpha)k_p + 2k_m] + 2\varphi_p[k_p(1-\alpha) - k_m]}{[(1+2\alpha)k_p + 2k_m] - \varphi_p[k_p(1-\alpha) - k_m]}$$ $$Re = \frac{1}{v_f}\sqrt{\frac{18K_f T}{\pi\rho_p d_p}}, \quad Pr = \frac{\mu_f c_{pf}}{k_f}$$ $$\alpha = \frac{2R_b k_m}{d_p}$$	SGBM 模型
2008	Feng 等[27]	$$\frac{k_{nf}}{k_f} = \frac{k_p + 2k_f - 2\varphi_p(k_f - k_p)}{k_p + 2k_f + \varphi_p(k_f - k_p)} +$$ $$\frac{Cd_f\sum_{i=1}^{j}d_{pi}\left[\left(2 + 0.5\frac{\rho_f}{C_{pf}k_f}\right)\sqrt{\frac{18K_b T}{\pi\rho_d d_{pl}}}\right]}{Pr\sum_{i}^{j}d_{pi}}$$ $$d_{pi} = (d_{min}/d_{max})[d_{max}/(1-R_i)^{1/D}]$$ $$D = 2 - \ln\varphi_p/\ln K$$	考虑纳米颗粒布朗运动几分形分布
2009	Murshed 等[28]	$$k_{nf} = \frac{(k_p - k_{lr})\varphi_p k_{lr}(2\beta_2^3 - \beta_1^3 + 1)}{\beta_2^3(k_p + 2k_{lr}) - (k_p - k_{lr})\varphi_p(2\beta_2^3 - \beta_1^3 + 1)} +$$ $$\frac{(k_p + 2k_{lr})\beta_2^3[\varphi_p k_{lr}\beta_1^3(k_p - k_{lr}) + k_{lr}]}{\beta_2^3(k_p + 2k_{lr}) - (k_p - k_{lr})\varphi_p(2\beta_2^3 - \beta_1^3 + 1)} +$$ $$\left[\frac{1}{2}\rho_{cp}C_{p-cp}d_s\sqrt{\frac{3K_b T(1 - 1.5\beta_1^3\varphi_\beta)}{2\pi\rho_{cp}\beta_1^3\varphi_\beta r_p^3}}\right]$$ $$\beta_1 = 1 + \beta, \quad \beta_2 = 1 + 0.5, \quad \beta = \frac{\sigma}{r_p}$$	考虑液膜层及布朗运动的影响

年份	作者	模　型	描述
2013	Xiao 等[29]	$$\frac{k_{\mathrm{nf}}}{k_{\mathrm{f}}} = \frac{k_{\mathrm{p}} - 2\varphi_{\mathrm{p}}(k_{\mathrm{f}} - k_{\mathrm{p}}) + 2k_{\mathrm{f}}}{k_{\mathrm{p}} + \varphi_{\mathrm{p}}(k_{\mathrm{f}} - k_{\mathrm{p}}) + 2k_{\mathrm{f}}} +$$ $$2\frac{Cd_{\mathrm{f}}\left[\dfrac{3}{\alpha}\sqrt{\dfrac{2K_{\mathrm{b}}}{\pi\rho_{\mathrm{p}}}}\dfrac{(K^{\frac{1}{2}-D}-1)\,d_{\mathrm{f}}}{2D-1}\right]}{Pr(1-K^{2-D})(4-D)^{\frac{3}{8}}(2D-1)^{-1}D^{\frac{1}{4}}D_{\mathrm{av}}^{\frac{3}{2}}} +$$ $$\frac{Cd_{\mathrm{f}}\left[\dfrac{2(K^{1-D}-1)(4-D)^{\frac{1}{8}}D_{\mathrm{av}}^{\frac{3}{2}}}{D-1}\right]}{Pr(1-K^{2-D})(4-D)^{\frac{3}{8}}(2D-1)^{-1}D^{\frac{1}{4}}D_{\mathrm{av}}^{\frac{3}{2}}}$$ $$D = 2 - \frac{l_n\varphi_{\mathrm{p}}}{l_nK}$$	考虑纳米颗粒布朗运动几分形分布

2.1.4.2　导热系数测量过程

目前，测量纳米流体导热系数的方法有三种：瞬态平面热源法、热波法和平板法。瞬态平面热源法是测量物体热物性最常用的方法。其原理是通过将一热源插入被测液体，然后通电加热。因热源温度高于周围液体，液体温度会上升，而液体的温升与液体的导热系数存在函数关系，通过测试液体温升即可得到液体的导热系数。该方法具有系统误差小（包括端部热辐射误差和损误差）、设备简单和操作方便等特点，是测试液体（纳米流体）的导热系数的主要测试方法。热波法是通过测量物体中温度波的衰减来测试物体导热系数的方法，该方法最适合测试非均匀物体，如粉末的导热系数。因纳米流体中存在悬浮纳米颗粒粉体，故可以利用该方法测试纳米流体的导热系数[30]。此方法的实验装置较为复杂，因此较少使用该方法来测试纳米流体的导热系数。纳米颗粒悬浮液热物性及颗粒比热容尺寸效应。平板法是测试固体或薄膜导热系数的方法，改进该方法后可以测试液体的导热系数[31,32]。其原理是通过将液体置于两平行板间，测试获得两平行板的温差和流过液体的热流密度，再根据傅立叶定律得到液体的导热系数。该方法误差较大，且需要准确控制两平板间的温差。

采用瞬态平面热源法来测 Al$_2$O$_3$/乙二醇纳米流体导热系数。实验装置选用瑞典 Hot Disk 公司生产的 TPS2500S 型热物性分析仪来测试纳米流体的导热系数。如图 2-28 所示，实验系统主要包括：计算机、热物性分析仪主机、不锈钢夹套、传感探头以及恒温油浴。Hot Disk TPS-2500 型热物性分析仪利用瞬变平面热源法测试液体的导热系数，设备详情见表 2-7。Hot Disk 分析仪配有可导电的双螺旋结构绕线镍丝，镍丝由聚亚酰胺绝缘薄膜覆盖，如图 2-29 所示。TPS2500S 型热物性分析仪设备详情见表 2-7。

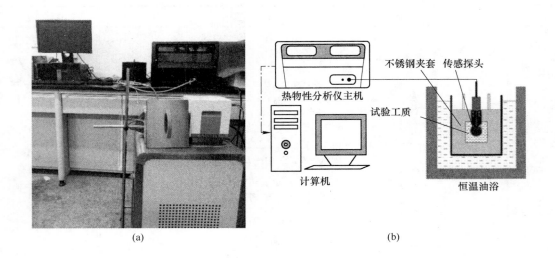

(a)　　　　　　　　　　　　　　　　　　　　　(b)

图 2-28　Hot Disk 热物性分析仪实物图（a）和示意图（b）

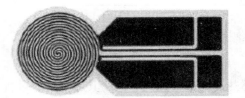

图 2-29　TPS 传感探头示意图

表 2-7　TPS2500S 型热物性分析仪设备参数

参　　　数	数　　　值
测量范围	0.005 ~ 500W/(m · K)
测量温度	10 ~ 1000K(- 196 ~ 700℃)
精密度	≤1.5%
测试时间	1~2min 内完成测试
样品种类	固体，液体，粉末

假设包裹传感探头的样品足够大，测试过程中热量只在样品内部传递。首先，对传感探头施加电流，探头温度上升，产生热量传递到样品内部，传递速度取决于样品的热传导特性。然后，记录镍丝电阻（温度）与时间的关系。最后，通过数学模型可以计算样品的热扩散率、比热容和导热系数。

在测量纳米流体的导热系数前，先测量了去离子水的导热系数，验证了 Hot Disk 热常数分析仪的实验误差，测试结果如表 2-8 所示。温度为 20℃时，去离子水的导热系数平均值为 0.6040W/(m · K)，与理论值 0.5980W/(m · K)的误差为 1.0%，测量值与理论值的最大误差为 1.3%，结果表明设备精度满足实验要求。

表 2-8 去离子水的导热系数测量值

次 数	1	2	3
导热系数/W·(m·K)$^{-1}$	0.6024	0.6059	0.6036

2.1.4.3 颗粒种类、浓度、温度对导热系数的影响

为了研究颗粒种类及粒径与纳米流体导热系数的关系，两步法制备了体积分数为 1.0%、粒径为 20nm 的 Al$_2$O$_3$/乙二醇、30nm 的 Al$_2$O$_3$/乙二醇、30nm 的 TiO$_2$/乙二醇和 50nm 的 Cu/乙二醇纳米流体，超声振荡时间均为 60min，不添加表面活性剂，如图 2-30 所示。四种纳米流体的导热系数明显比基液乙二醇大，导热系数提高比率（k_{nf}/k_f 为纳米流体导热系数与基液导热系数之比）随温度的升高而增大，这是因为纳米颗粒的导热系数比基液乙二醇的大，加入纳米颗粒可以有效提高流体导热系数，即强化导热。

由图 2-30 可知，四种纳米流体的导热比率各不同，Cu/乙二醇纳米流体导热比率最大，远大于其他三种纳米流体，其次是 Al$_2$O$_3$/乙二醇纳米流体，最小导热比率为 TiO$_2$/乙二醇的纳米流体，同时反映出 Cu 纳米颗粒强化导热效果最显著，TiO$_2$ 纳米颗粒强化导热效果最弱。三种纳米颗粒的导热系数由大到小，分别为 Cu>Al$_2$O$_3$>TiO$_2$。因此，同体积分数下的 Cu/乙二醇纳米流体导热系数最大，导热系数最小为 TiO$_2$ 纳米流体。温度 20℃时，四种纳米流体的导热比率分别为 1.0951、1.0734、1.0638 和 1.1207。温度 60℃ 时为 1.1050、1.0901、1.0831 和 1.1311。

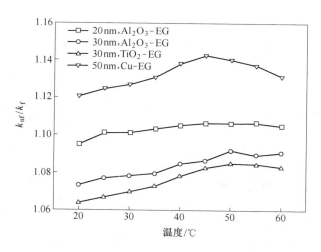

图 2-30 颗粒种类及粒径对纳米流体导热系数的影响

同时还发现，体积分数相同、粒径不同的 Al$_2$O$_3$/乙二醇纳米流体的导热比率有差异，20nm 的导热比率大于 30nm 的比率，即同种纳米颗粒粒径越小其强化导热效果越好。浓度相同的 Al$_2$O$_3$ 纳米流体，粒径越小，纳米颗粒数越多，做无规则热运动的颗粒与基液间微对流就越强，从而强化颗粒与基液间的能量传递。

图 2-31 所示为超声振荡 60min 的不同浓度粒径为 20nm 的 Al$_2$O$_3$/乙二醇纳米流体导热

系数随温度变化的曲线图。由图可知，加入纳米颗粒显著提高流体的导热系数，低体积浓度比高体积浓度的纳米流体导热系数随温度的升高而变化明显。体积分数为 0.1%、0.3%、0.5%、0.7% 和 1.0%Al$_2$O$_3$/乙二醇纳米流体，温度 60℃ 较 20℃ 时，其导热系数提高了 5.60%、6.86%、6.97%、5.94% 和 4.91%。温度是分子平均动能的标志，温度越高分子的无规则热运动越剧烈。随温度的升高，纳米流体中分散均匀的粒子做无规则布朗运动更剧烈，同时增加粒子与基液乙二醇的微对流，加速粒子与基液的能量传递，从而使纳米流体的导热系数大于较低温度时的导热系数。粒子的无规则热运动，会引起粒子的碰撞团聚，形成纳米簇团聚体，少量且尺寸较小的团聚体，其高导热系数特性，也会提高纳米流体的导热系数。

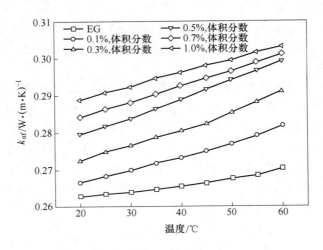

图 2-31 纳米流体导热系数与温度变化关系

图 2-32 为不同浓度粒径为 20nm 的 Al$_2$O$_3$/乙二醇纳米流体导热系数提高比率随温度变化的曲线图。从图中可知，在温度为 20～60℃ 时，体积分数为 0.1%、0.3%、0.5%、0.7% 和 1.0% 的 Al$_2$O$_3$/乙二醇纳米流体导热提高比率随温度变化幅度分别为 2.53%、2.42%、2.21%、1.54% 和 0.55%。同时可以看出，低浓度 Al$_2$O$_3$ 纳米流体的导热提高比率随温度的升高而增大，高浓度纳米流体的导热提高比率随温度影响变化较小，温度越高提高比率近乎不变，甚至有下降趋势。这是因为，较低浓度（如 0.1% 和 0.3%，体积分数）Al$_2$O$_3$ 纳米流体单位体积内纳米颗粒数较少，随着温度升高，颗粒热运动增加，颗粒的碰撞团聚几率较高浓度的纳米流体少，少量的纳米簇团聚体有利于与基液的能量传递，从而温度的升高时其导热提高比率增大。较高浓度（如 0.7% 和 1.0%，体积分数）Al$_2$O$_3$ 的纳米流体，颗粒数增加，颗粒间的距离短，在高温条件下，纳米颗粒会产生大量的团聚和沉降从而恶化纳米流体的导热性能，从而使导热提高率随温度变化小。纳米流体内颗粒体积浓度越大，单位体积内纳米颗粒含量越高，比表面积就越大，参与能量传递的换热面积就大，同时强化与基液间微对流作用，能够改善流体工质的导热性能，大幅度地提高了工质的热交换速率。纳米颗粒与基液间形成的界面层是两者间的传热桥梁，其导热性能介于颗粒与基液之间，随着浓度的增加，形成的界面层就越多，从而增加纳米流体的导热性能。

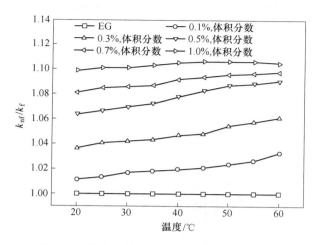

图 2-32 纳米流体导热比率与温度变化关系

图 2-33 为不同温度条件下 Al$_2$O$_3$/EG 纳米流体导热比率随温度的变化曲线图。图 2-34 为不同温度条件下 Al$_2$O$_3$/EG 纳米流体导热比率随体积分数的变化曲线图。从图可以看出，纳米流体的导热系数随颗粒浓度增加而增大，但随着浓度（$\varphi \geqslant 0.5\%$）的进一步增大，流体的导热系数增幅变小，温度越高，变化趋势越明显。温度 20℃时，体积分数为 0.1%、0.3%、0.5%、0.7% 和 1.0% 的 Al$_2$O$_3$/乙二醇纳米流体，其导热系数为 0.26675W/(m·K)、0.27251W/(m·K)、0.27968W/(m·K)、0.28421W/(m·K) 和 0.28891W/(m·K)，比基液分别提高了 1.46%、3.65%、6.38%、8.10% 和 9.89%。温度为 40℃时，比基液提高了 2.88%、5.61%、8.78%、10.20% 和 11.52%。温度为 60℃时，比基液分别提高了 4.22%、7.73%、10.69%、11.40% 和 12.13%。

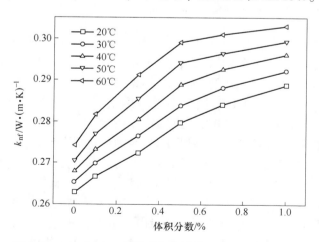

图 2-33 Al$_2$O$_3$/乙二醇纳米流体导热比率与温度的关系

可以看出，温度和颗粒浓度相互作用影响着纳米流体的导热系数，导热系数（提高比率）随着颗粒浓度的增加和温度的升高而增大。这是由于纳米颗粒的导热系数远大于基液导热系数，加入纳米颗粒可以提高流体的导热。在较低浓度范围内，随浓度增加，单

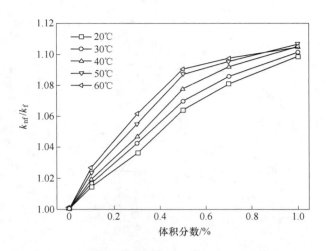

图 2-34　Al_2O_3/乙二醇纳米流体导热比率与体积分数的关系

位体积内颗粒含量增多，强化颗粒与基液的传热，颗粒布朗运动引起的微对流增强，少量的团聚也有助于加速颗粒与基液的传热，温度的升高，颗粒的布朗运动加剧，促进与基液的微对流，进而低浓度时随着温度的升高，纳米流体的导热系数显著提高。但随着颗粒浓度的增加即较高浓度时，尽管单位体积内颗粒含量增加，由于颗粒数目较多，其发生碰撞团聚形成纳米簇团聚体也增多，随着颗粒做无规则运动纳米簇团聚体尺寸变大，受重力场的影响，发生沉降，纳米流体导热系数提高不明显。同时，随着温度的升高，高浓度纳米流体内，颗粒的无规则热运动影响，进一步促进颗粒的团聚和沉降，影响流体的导热。因此，温度越高，高浓度的纳米流体导热系数增幅越小。

2.1.4.4　表面活性剂对导热系数的影响

图 2-35 为体积分数为 1.0% 的 Al_2O_3/乙二醇纳米流体的导热系数提高比率 k_{nf}/k_f 随表面活性剂添加量（PVP 质量分数（w_{PVP}）与 Al_2O_3 纳米颗粒体积分数（φ_{np}）的比值（w_{PVP}/φ_{np}））的变化曲线图。由图可知，加入表面活性剂会影响纳米流体的导热系数，在一定范围内（$w_{PVP}/\varphi_{np} \leqslant 0.1$），随着添加了表面活性剂的添加量增加，纳米流体的导热提高比率大。当 $w_{PVP}/\varphi_{np} > 0.15$ 时，导热提高比率随着 PVP 的量增加而减小。当 $w_{PVP}/\varphi_{np} > 0.25$ 时，流体的导热提高比率小于无 PVP 时的导热提高比率。

这是因为添加少量的表面活性剂使纳米颗粒在流体中均已分散，提高颗粒的悬浮稳定性，同时阻碍纳米颗粒的团聚和沉降，溶液中的粒子数也多于无活性剂时的粒子数，更多的粒子做无规则热运动，粒子微对流，从而提高了纳米流体的导热系数。但过量的表面活性剂，虽然有助于纳米颗粒的悬浮稳定，同时出现过饱和吸附，高分子聚合物溶液中形成过多空间位阻层，改变了流体的黏性，使流体的黏度增加，也抑制了纳米颗粒的无规则热运动，降低了颗粒与溶液的热量传递，削弱微对流，纳米颗粒的热运动是影响纳米流体热传递的关键因素。因此，适量的表面活性剂有益提高纳米流体的导热系数，过多时降低纳米流体的导热系数，抑制流体的热传导。

对 Al_2O_3/乙二醇纳米流体而言，PVP 表面活性剂质量分数与颗粒体积浓度比值 $w_{PVP}/$

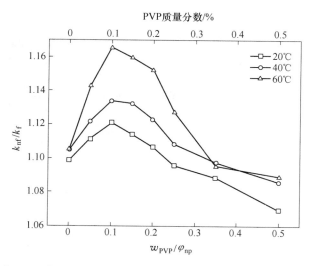

图 2-35 体积分数为 1.0% 的纳米流体导热系数提高比率与
PVP 添加量的变化关系

$\varphi_{np} \leqslant 0.2$ 时为宜。体积分数为 1.0% 的 Al₂O₃/乙二醇纳米流体最佳加入 PVP 量 $w_{PVP} = 0.1\%$，此时 Al₂O₃/乙二醇纳米流体导热系数提高比率达到最大。

2.2 Al₂O₃/EG 纳米流体综合传热性能评价

2.2.1 温度和质量分数对导热系数和黏度的影响分析

纳米流体的传热特性较之传统换热工质更加优异，其主要原因是在于纳米颗粒的存在，这些微小的固体颗粒悬浮在液体中，通过各种作用机理有效增大了纳米流体的导热系数。但其具体内部机理较为复杂，根据目前的研究其主要作用如下：（1）固体颗粒的导热系数远大于液体分子，加入一定固体颗粒会改变混合物内分子运动，增强了混合物内部的能量传递过程，基液分子在纳米颗粒周围形成一层纳米界面，界面层可以看作一个"热桥"，增加纳米颗粒与基液分子间的热量传递，使得导热系数增大；（2）纳米流体中纳米颗粒会受到布朗力的作用做无规则的扩散运动，纳米颗粒与液体分子之间也有运动存在，固体颗粒会与液体分子之间通过微对流传递能量。且随着温度的上升这些颗粒与固体、颗粒与分子间的热运动也会加剧，对悬浮粒子的作用加强，粒子的布朗运动加剧。悬浮液中的水分子振动速率加快，分子碰撞频率增加，热量传递加快，导热系数增高。纳米粒子与液体分子之间也会通过微对流增强能量的传递，从而增大了纳米流体的导热系数。图 2-36 为导热系数影响因素分析示意图。纳米流体的导热系数的影响因素众多，纳米颗粒的基液比例、纳米颗粒种类、纳米颗粒形状和纳米流体的质量分数，以及测试导热系数的方法和温度的变化都会引起纳米流体导热系数的改变。

首先介绍单一纳米流体的制备流程，阐述定性和定量对单一纳米流体稳定性的影响，测量单一纳米流体的导热系数，并分析分温度和质量分数对混合纳米流体导热系数的影响。实验中采用纯度为 99.99%，平均粒径约为 20nm 的 Al₂O₃ 纳米粒子，其微观结构如

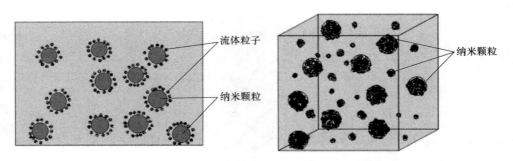

图 2-36　导热系数影响因素分析图

图 2-37 所示，近似球状颗粒。基液采用纯度为 99% 的乙二醇。采用经典"两步法"制备质量分数为 0.5%、1.0%、2.0% 的 Al_2O_3/乙二醇纳米流体。将纳米颗粒和乙二醇混合磁力搅拌 15min 后放入超声振动器中分别振荡 15min、30min、45min、60min、75min、90min 得到纳米流体。

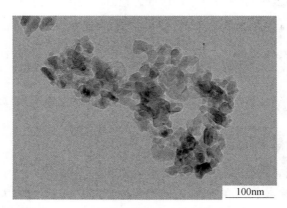

图 2-37　Al_2O_3 纳米颗粒的透射电镜图（TEM）

　　图 2-38 所示为在 25℃ 的室温下导热系数和黏度随超声时间的变化关系。从图 2-38 可以看出，Al_2O_3/EG 纳米流体的导热系数随着质量分数的增大而增加，特别是在高质量分数时更加明显。主要原因是粒子碰撞的频率随质量分数的增加而增加，从而导致纳米粒子运动和能量传递速率的增强[33]。然而，当导热系数增加到最大值时，然后随着超声波时间的增加导热系数没有明显的变化。Garg 等[34] 也得到了类似的观察结果。在超声时间为 60min 时，对于质量分数为 0.5%，1.0% 和 2.0% 的 Al_2O_3/EG 纳米流体，其最大导热系数分别为 0.2755W/（m·K），0.2779W/（m·K）和 0.2799W/（m·K）。如图 2-38 所示，超声波时间对黏度的影响不显著。结果表明，超声时间对 Al_2O_3-EG 纳米流体导热系数的影响比黏度更复杂。Kumar 等[35] 指出具有较好分散性的纳米流体与导热系数的提高具有良好的对应关系。因此，也应考虑纳米流体中纳米粒子的分布。

　　为了研究超声时间对稳定性的影响，研究纳米流体中的纳米粒子分布，因此拍摄了 Al_2O_3/EG 纳米流体的 TEM 图像。图 2-39 为在超声时间 0~90min 后质量分数为 0.5% 和

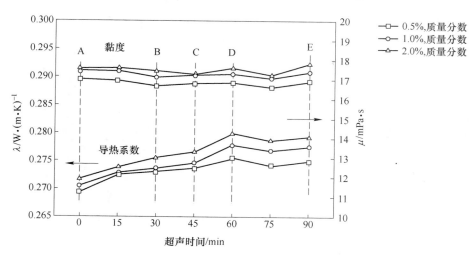

图 2-38 导热系数和黏度随超声时间的变化关系

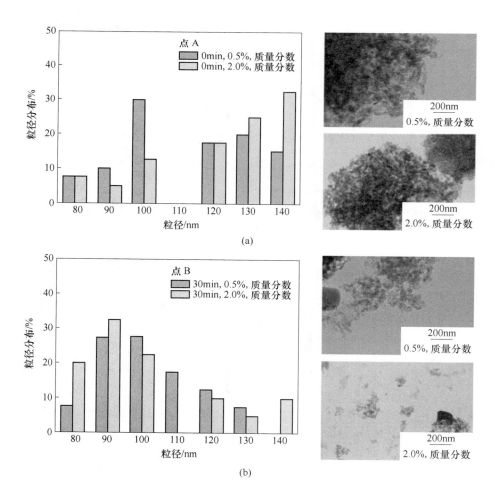

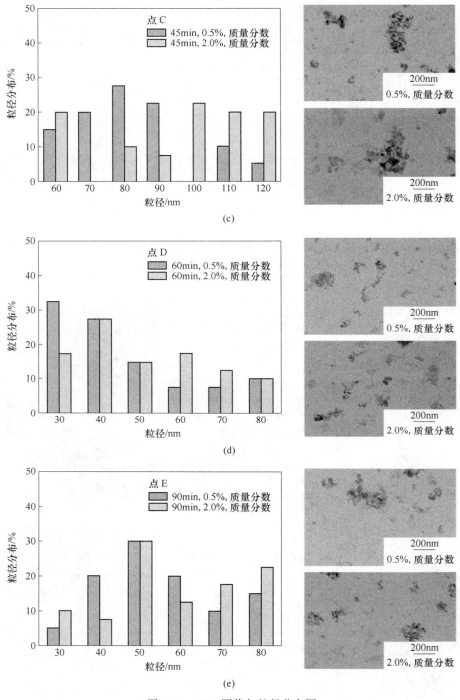

图 2-39　TEM 图像与粒径分布图

2.0% 的 Al_2O_3/EG 纳米流体的 TEM 图像与粒径分布图（放大尺寸 200nm）。图 2-39 表明，没有经过超声振荡的 Al_2O_3/EG 纳米流体，其纳米颗粒出现较多纳米团聚族，颗粒处于团聚状态，稳定性较差。随着超声时间的延长，纳米流体变得更均匀和稳定。可以明显看出，质量分数为 0.5% 和 2.0% Al$_2$O$_3$/EG 纳米流体在超声时间为 60min 时，基液中的 Al$_2$O$_3$ 纳米颗粒分散最均匀，并且附聚物的存在显著减少。在超声时间超过 60min 时，纳米颗粒簇开始分裂成更小的簇，并产生更大的流动阻力。图 2-39（e）为纳米颗粒再次聚结。

通过速度比 u_B/u_t，即布朗粒子速度 u_B 与纳米粒子的重力沉降速度 u_t 的比，定量估算 Al$_2$O$_3$/EG 纳米流体的稳定性[36]。布朗粒子速度是粒子温度和直径的函数，而固-液分散体中纳米粒子的重力沉降速度可以通过浮力和黏性力的平衡来计算，如下所示：

$$u_B = \frac{2k_B T}{\pi \mu_{nf} d_{np}^2} \qquad (2\text{-}36)$$

$$u_t = \frac{g d_{np}^2 (\rho_{np} - \rho_{nf})}{18\mu_{nf}} \qquad (2\text{-}37)$$

式中，k_B 为玻耳兹曼常数，1.3807×10^{-23} J/K；T 和 μ 分别为纳米流体的温度（℃）和黏度（mPa·s）；d_{np} 是纳米颗粒的平均直径，nm。较高的速度比 u_B/u_t 表明纳米颗粒的布朗速度更强，这表明纳米流体的稳定性更高。

图 2-40 是质量分数 0.5% 和 2.0% 的 Al$_2$O$_3$/EG 纳米流体，Al$_2$O$_3$ 纳米颗粒的平均直径和包含 5 种典型纳米流体的速度比。由图 2-40 可以看出，最小的平均直径和最高的速度比均在 60min 的超声时间获得。结果表明，较小的平均直径有助于提高纳米流体的速度比和更均匀的稳定性。也就是说，布朗运动更加密集。平均直径和速度比之间的关系可以解释如下：与经过超声处理的纳米流体相比，没有经过一定时间超声处理的基液中的纳米颗粒更容易聚集（点 A）。超声振荡是一种有效地提高纳米流体稳定性的分散方法，因其在震荡时温度快速升高，局部压力也增大，对颗粒及液体分子产生冲击力，纳米粒子间表面能被削弱，团聚体间引力减小，抑制了团聚体的产生[37,38]。因此，纳米流体变得更均匀（B 点到 D 点）。然而，超声时间的进一步增加可导致纳米颗粒的再次聚集（点 E）。

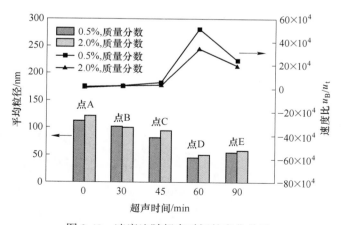

图 2-40 速度比随超声时间的变化关系

通常，将纳米颗粒添加到基液中将同时增加导热率和黏度，从而在对流传热过程中提高传热速率和泵送功率。此外，在许多研究中发现，在相同条件下，黏度的增加会远高于导热率的增加。因此，在设计传热装置时，选择合适的传热流体是至关重要的考虑因素。Hamid 等[39] 指出，性能增强比（PER）决定了导热系数和黏度的综合影响。PER 的表达如下所示，

$$PER = \frac{\mu_{nf}/\mu_{bf} - 1}{\lambda_{nf}/\lambda_{bf} - 1} \tag{2-38}$$

式中，λ 是导热系数，W/(m·K)。如果 PER 低于 5 将有利于传热，而高于 5 则不利于传热。

在超声时间为 60min 时，导热系数和黏度都是最高的。在许多传热应用中，导热系数和黏度与传热系数和泵送功率相关。因此当泵送功率小幅增加，但传热性能却大幅增加时，纳米流体可以成功地使用。在传热装置实际应用之前，可以用 PER（黏度和导热系数的组合）进行判断是否有利于传热。图 2-41 所示为 PER 随超声波时间和质量分数的变化关系。由图可以看出对于所有质量分数的纳米流体，在超声时间为 60 分钟时，其 PER 值最小（PER<5）。因此，在传热应用中，超声时间为 60min 的 Al$_2$O$_3$/EG 纳米流体最有利。因此，在以下实验中，以不同的质量分数和温度制备超声处理 60min 其他样品。图 2-42 所示为质量分数为 0.5%、1.0%、2.0%的 Al$_2$O$_3$/EG 纳米流体导热系数随温度的变化

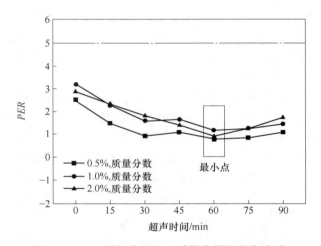

图 2-41　PER 随超声时间和质量分数的变化关系

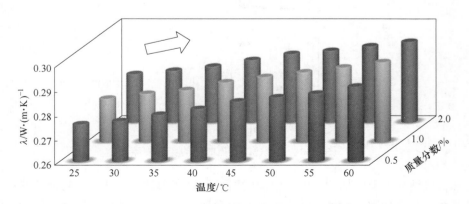

图 2-42　温度和质量分数与导热系数的变化关系

关系。由图可以清楚地看出，导热系数随温度和质量分数呈非线性增加。质量分数为
2.0%的 Al_2O_3/EG 纳米流体，当温度从25℃增加到60℃时，相应的导热系数从9%增加到
16%。这是因为常温条件下，纳米粒子热运动缓慢，因此导热系数相比纯乙二醇只增加
9%。当温度开始升高，纳米颗粒的布朗运动加剧，粒子的无序运动加强，增加了粒子间
的接触，增大了热量的传递，纳米流体的导热性能提高16%。纳米流体质量分数越高，
流体内含有的粒子越多，比表面积越大，粒子间碰撞几率增大，表现为纳米流体导热系数
变大。

图 2-43 所示为 Al_2O_3/EG 纳米流体的黏度随温度和质量分数的变化关系。由图可以看
出，随着纳米流体质量分数的增加黏度也会随之增加。在超声60min与60℃的情况下，
质量分数为2.0%的纳米流体黏度最大增幅为18.2%。还可以看出，随着温度的升高，纳
米流体的黏度显著降低。黏度的降低是由于随着温度升高其范德华力的减弱。范德华力在
较低温度下将颗粒聚合在一起了重要作用。温度的升高导致纳米粒子的布朗运动逐渐增
强。纳米粒子的无序运动削弱了纳米粒子的黏附效应。随着温度的升高，纳米流体的黏度
降低（或导热系数增加）的这种现象非常适合于在高温环境下应用。

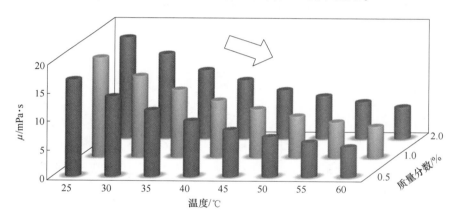

图 2-43　黏度随温度和质量分数的变化关系

2.2.2　综合传热性能分析

在对流传热过程中，层流和湍流的有效纳米流体可以从表 2-9 中估算。c_μ/c_λ 和 Mo 数
的数值用来判断纳米流体在层流中应该是有效的。虽然每个标准都有其自身的优点，但它
们通常被结合起来判断在层流中是否有效。如果 $c_\mu/c_\lambda < 4$ 且 $Mo > 1$ 的条件同时满足，则纳
米流体是层流中的有效流体。

表 2-9　用于估算对流传热过程中层流和湍流的不同标准的总结

流动状态	判断公式	判断标准
层流	$$\frac{c_\mu}{c_\lambda} = \frac{(\mu_{nf} - \mu_{bf})/\mu_{bf}}{(\lambda_{nf} - \lambda_{bf})/\lambda_{bf}}$$ Prasher 等提出	（1）如果 $c_\mu/c_\lambda < 4$，为有效纳米流体； （2）如果 $c_\mu/c_\lambda > 4$，不是有效纳米流体

流动状态	判断公式	判断标准
层流	$$Mo = \frac{\lambda_{nf}}{\lambda_{bf}}$$ Simons 等提出	如果 $Mo > 1$，为有效纳米流体，Mo 数的数值越大越好
湍流	$$Mo = \left(\frac{\lambda_{nf}}{\lambda_{bf}}\right)^{0.67} \times \left(\frac{\rho_{nf}}{\rho_{bf}}\right)^{0.8} \times \left(\frac{c_{p,\,nf}}{c_{p,\,bf}}\right)^{0.33} \times \left(\frac{\mu_{nf}}{v_{bf}}\right)^{-0.47}$$ Timofeeva 等提出	如果 $Mo > 1$，为有效纳米流体，Mo 数的数值越大越好

Al_2O_3/EG 纳米流体在不同质量分数和温度下的传热性能如图 2-44 所示。在层流中使用的有效纳米流体应同时满足 $c_\mu/c_\lambda < 4$ 和 $Mo > 1$ 两个条件。如图 2-44 所示，该研究的 Al_2O_3/EG 纳米流体在传热应用中显示出较好的传热性能。表 2-10 总结了使用 Al_2O_3/EG 纳米流体在层流状态下的对流传热结果。图 2-45 所示为在湍流状态下 Mo 数随温度和质量分数的变化关系。除了温度为 60℃（$Mo < 1$）外，其他条件下都可以清楚地看到 Mo 的值大于 1。这表明所有研究的纳米流体都是对流传热中湍流的有效潜在流体，但当温度为 60℃ 时除外。图 2-44 和图 2-45 还显示纳米流体作为换热装置中的传热流体是有效的。

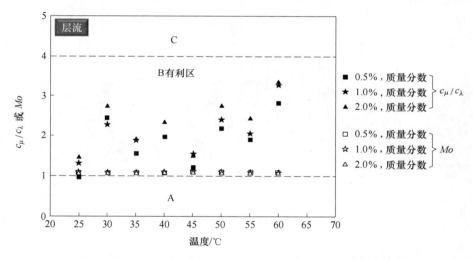

图 2-44　传热应用中层流状态下 Al_2O_3/EG 纳米流体的传热性能

表 2-10　层流状态下对流传热最佳纳米流体的总结

区域	$c_\mu/c_\lambda < 4$	$Mo > 1$	结　果
A	√	×	它在传热应用中是不利的
B	√	√	它在传热应用中是有益的
C	×	√	它在传热应用中是不利的
最佳的纳米流体			这里研究了所有 Al_2O_3/EG 纳米流体

2.2.3　小结

实验研究了质量分数为 0.5%、1.0% 和 2.0% 的 Al_2O_3/EG 纳米流体的稳定性与

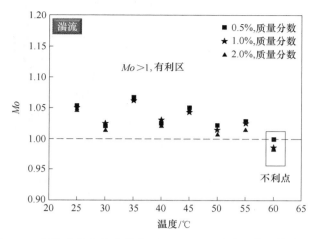

图 2-45　传热应用中湍流状态下 Al$_2$O$_3$/EG 纳米流体的传热性能

黏度随超声时间、温度和质量分数的变化情况，温度与导热系数的关系。其主要结论如下：

（1）Al$_2$O$_3$/EG 纳米流体的导热系数随超声时间增加到最大值，然后随着超声波时间的增加 Al$_2$O$_3$/EG 纳米流体的导热系数没有明显的变化。然而，超声时间对黏度的影响不显著。

（2）纳米颗粒的平均粒径越小，Al$_2$O$_3$/EG 纳米流体的速度比越高，Al$_2$O$_3$/EG 纳米流体的稳定性越好。当超声时间为 60min 时，Al$_2$O$_3$/EG 纳米流体的速度比最高，PER 值最大，这反映了 Al$_2$O$_3$/EG 纳米流体的最佳超声时间为 60min。

（3）不同质量分数的 Al$_2$O$_3$/EG 纳米流体导热系数会随着温度变化，即随着温度升高导热系数逐渐增大。相同温度下的 Al$_2$O$_3$/EG 纳米流体的导热系数随质量分数的增大而略微增加。Al$_2$O$_3$/EG 纳米流体黏度随温度的增大而持续减小，黏度随着质量分数的增加而略微增加。根据不同的标准，实验研究的 Al$_2$O$_3$/EG 纳米流体在层流和湍流状态的传热应用中是有利的，除了温度为 60℃ 且湍流中 Mo<1 的情况。

2.3 基于人工神经网络建立 Al$_2$O$_3$/EG 纳米流体的黏度与导热系数预测模型

2.3.1 Al$_2$O$_3$/EG 纳米流体热物性参数预测模型

目前为止，很多学者提出了关于一元纳米流体黏度和导热系数预测模型，但对于不同类别的纳米流体的黏度还没有统一的预测模型。表 2-11 为预测一元纳米流体黏度模型的总结。目前的纳米流体的黏度经验公式只考虑了体积分数对纳米流体的影响，很少考虑温度对纳米流体黏度的影响。图 2-46 显示了在最佳超声时间 60min，无表面活性剂下，稳定性最好的情况下，质量分数为 1% 时理论模型与实验数据的比较。本实验研究与其他学者的经验公式做比较，但结果并不完全符合，这些模型都不能准确的预测 Al$_2$O$_3$/EG 纳米流体的黏度。差异的主要原因有低浓度、基液种类、颗粒粒径等，因此提出一种新的模型来准确预测 Al$_2$O$_3$/EG 纳米流体的黏度。

表 2-11　单一纳米流体黏度模型的总结

预测模型	作者	适用范围
$\mu_{nf}/\mu_{bf} = 1 + 2.5\varphi$	Einstein 等[40]	低体积分数（$\varphi<2\%$，体积分数），球形粒子
$\mu_{nf}/\mu_{bf} = 1 + 2.5\varphi + 6.2\varphi^2$	Batchelor 等[41]	考虑布朗运动
$\mu_{nf}/\mu_{bf} = 1 + 10.6\varphi + 10.6\varphi^2$	Chen 等[42]	TiO_2/EG 纳米流体，20~60℃，$\varphi<4\%$，体积分数
$\mu_{nf}/\mu_{bf} = 1 + 11\varphi$	Gary 等[43]	Cu/EG 纳米流体，室温，$\varphi<2\%$，体积分数
$\mu_{nf}/\mu_{bf} = 1 + 0.025\varphi + 0.015\varphi^2$	Nguyen 等[44]	Al_2O_3-water 纳米流体，20~75℃，$\varphi<2\%$，体积分数

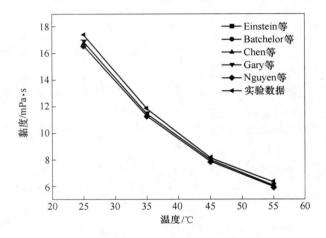

图 2-46　黏度实验数据与现有模型比较

结合 2.2 节实验数据对已有黏度公式修正，得到黏度质量分数关联式：

$$\mu = -334.9\varphi^{4.044}\left(\frac{1}{T}\right)^{10.03} + 296.8\left(\frac{1}{T}\right)^{0.7795} - 6.841 \tag{2-39}$$

式中，μ 为纳米流体黏度；φ 为流体的体积分数；T 为纳米流体的温度。拟合相关系数 R^2 大于 0.981，则说明公式拟合良好，如图 2-47 所示。

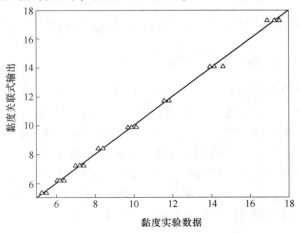

图 2-47　黏度公式预测值与实验值对比

近年来，一些学者相继提出了单一纳米流体导热系数的预测公式，Timofeeva 等[45] 对 TiO₂ 纳米流体的导热系数进行了公式预测分析得出导热系数关于体积分数的关系式：

$$k_{nf} = k_{bf}(1 + 3\varphi) \tag{2-40}$$

Afrand 等[46] 对水基 Fe₃O₄ 纳米流体的导热系数进行公式预测分析和 ANN 建模，得到导热关于温度和体积分数的关系式：

$$\frac{k_{nf}}{k_{bf}} = 0.7575 + 0.3\varphi^{0.323}T^{0.245} \tag{2-41}$$

Sidik 等[47] 对体积分数为 0.1%、0.3%、0.5%、0.7% 和 1% 的 Al₂O₃-BP 纳米流体的导热系数进行了公式预测，得出关系式：

$$\frac{k_{nf}}{k_{bf}} = 1.268 \times \left(\frac{T}{80}\right)^{-0.0074} \times \left(\frac{\varphi}{100}\right)^{0.036} \tag{2-42}$$

图 2-48 为在特定的温度下，本实验研究与其他学者的经验公式对比，没有经验公式可以很好地预测本节实验数据，这些模型都不能准确的预测 Al₂O₃/EG 纳米流体的导热系数。

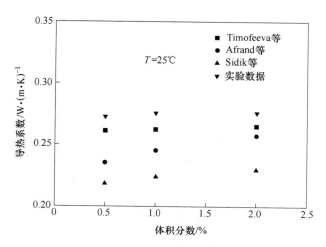

图 2-48 导热系数实验数据与现有模型比较

结合上节实验数据对已有导热系数公式进行修正，得到导热系数与质量分数和温度的关联式：

$$\lambda = -0.4501\varphi^{-0.0484}\left(\frac{1}{T}\right)^{0.6002} + 50.34\left(\frac{1}{T}\right)^{2.509} + 0.3313 \tag{2-43}$$

式中，λ 为纳米流体黏度；φ 为流体的体积分数；T 为纳米流体的温度。拟合相关系数 R^2 大于 0.9890，则说明公式拟合良好，如图 2-49 所示。

2.3.2 Al₂O₃/EG 纳米流体热物性的 ANN 预测模型

人工神经网络的建模在 MATLAB 环境下实现和进行评估。在此次建模过程中，输入数据集分为三个部分：70% 的训练数据，15% 的验证数据，15% 的测试数据。为了模拟 Al₂O₃/EG 纳米流体的黏度和导热系数，人工神经网络采用前馈算法进行计算。根据 R^2 和

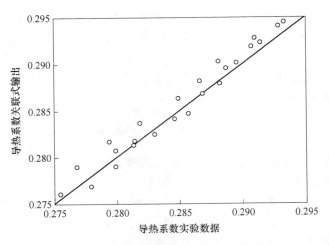

图 2-49 导热系数公式预测值与实验值对比

MSE 的性能测试和估计不同的网络结构。上述参数的方程式如下：

$$R^2 = 1 - \frac{\sum\limits_{i=1}^{N} (U_{\mathrm{exp},\,i} - U_{\mathrm{pred},\,i})^2}{\sum\limits_{i=1}^{N} (U_{\mathrm{exp},\,i})^2} \tag{2-44}$$

$$MSE = \frac{1}{N} \sum\limits_{i=1}^{N} (U_{\mathrm{exp},\,i} - U_{\mathrm{pred},\,i}) \tag{2-45}$$

式中，U_{exp} 和 U_{pred} 分别是从实验和预测模型所获得的值；N 是数据集的数量。

R^2 和 MSE 的值更接近 1 和 0 则表示更准确的结果。

表 2-12 为具有不同的黏度结构的神经网络的性能（R^2 和 MSE 的值）。

表 2-12　具有不同黏度结构的神经网络的性能

隐藏层数量	每个隐藏层的神经元数	MSE	R^2
1	3	$1.5916\mathrm{e}^{-2}$	0.9949
1	**4**	**$8.3708\mathrm{e}^{-3}$**	**0.9997**
1	5	$3.0924\mathrm{e}^{-2}$	0.9919
1	6	1.1869	0.9677
1	7	$2.7724\mathrm{e}^{-2}$	0.9919
1	8	1.5140	0.9635
1	9	$8.3487\mathrm{e}^{-2}$	0.9976

根据表 2-12，一个隐藏层具有四个神经元的是用于模拟 Al_2O_3/EG 纳米流体的黏度的最佳 ANN 网络结构，如图 2-50 所示。

从 ANN 模型获得的关于实验数据的预测值在图 2-51 中给出。由图可以看出，实验数据和预测结果之间具有很好一致性，而 ANN 模型能够比公式模型更准确地预测黏度。

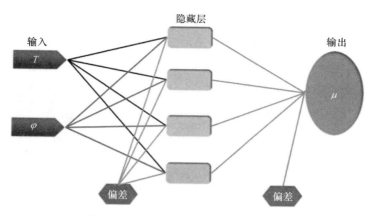

图 2-50 人工神经网络黏度的最佳结构

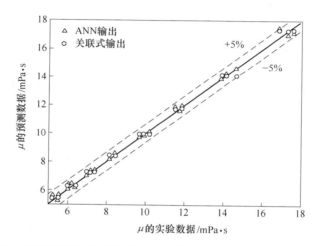

图 2-51 实验数据与公式模型和 ANN 模型获得的黏度数据之间的比较

表 2-13 为具有不同的导热系数结构的神经网络的性能（R^2 和 MSE 的值）。

表 2-13 关于导热系数不同结构的神经网络的性能

隐藏层数量	每个隐藏层的神经元数	MSE	R^2
1	3	$1.5381e^{-7}$	0.9972
1	4	$9.0392e^{-8}$	0.9983
1	5	$1.3130e^{-6}$	0.97631
1	**6**	**$8.5253e^{-8}$**	**0.9984**
1	7	$8.3202e^{-7}$	0.9888
1	8	$1.7651e^{-6}$	0.9695
1	9	$8.3553e^{-7}$	0.9853

根据表 2-13，一个隐藏层具有 6 个神经元的是用于模拟 Al_2O_3/EG 纳米流体的导热系

数的最佳 ANN 网络结构，如图 2-52 所示。

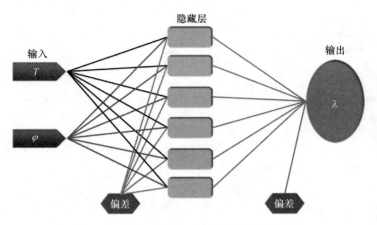

图 2-52　导热系数人工神经网络的最佳结构

从导热系数的 ANN 模型获得的关于实验数据的预测值在图 2-53 中给出。由图 2-53 可以看出，实验数据和预测结果之间具有很好一致性，然而，ANN 模型能够比公式模型更准确地预测导热系数。使用公式（2-46）计算每个体积分数和温度的误差值，该公式称为偏差裕度（MOD）：

$$MOD = \frac{\left(\dfrac{k_{nf}}{k_f}\right)_{Exp} - \left(\dfrac{k_{nf}}{k_f}\right)_{Pred}}{\left(\dfrac{k_{nf}}{k_f}\right)_{Exp}} \times 100\% \tag{2-46}$$

式中，Exp 为实验值；Pred 为预测值；nf 为纳米流体；f 为基液。图 2-54 显示了在不同温度和质量分数下公式预测和人工神经网络预测的黏度和导热系数的 MOD 值。由图可知，人工神经网络预测热物性的 MOD 值低于公式预测热物性的 MOD 值，由此可以判断人工

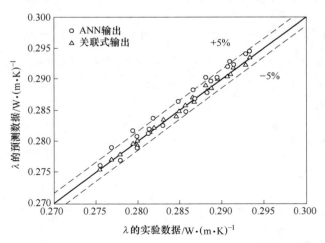

图 2-53　实验数据与公式模型和 ANN 模型获得的黏度数据之间的比较

神经网络模型预测热物性比公式预测热物性更精确。

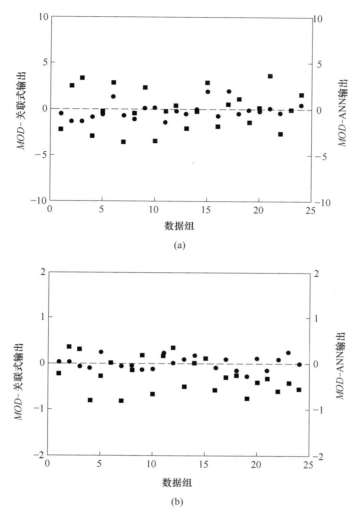

图 2-54　人工神经网络和公式预测黏度（a）和导热系数（b）的 *MOD* 值
(a) 黏度；(b) 导热系数

2.4　超声时间及团聚体尺寸对 **Cu/EG** 纳米流体稳定性及黏度的影响

2.4.1　引言

纯基液，如水、乙二醇（EG）、丙二醇、乙醇等，通常可用于中、低温余热交换系统中。系统节能的关键是改善流体的热物理性质。导热系数和黏度是计算综合传热系数 η 的两个关键因素，由表达式给出：$\eta = (Nu/Nu_0)/(f/f_0)^{1/3}$[48]。但这些纯基液的导热系数相对较低，影响换热系统的整体热效率[49]。纳米流体是在上述基液中加入一些具有高导热系数的纳米颗粒，用来提高热系统的传热效率。黏度的测量对于换热系统的设计是必要的，它将直接影响到换热流动过程中的泵功和流动特性[50]。而纳米流体的黏度很大程度上取决于超声时间、温度、颗粒浓度和大小、表面活性剂等因素。

然而，纳米流体的低稳定性和高黏度是限制其应用的两大主要缺点。纳米颗粒的聚集和沉降将直接影响纳米流体的稳定性和黏度大小。提高纳米流体稳定性的常用方法有两种，分别为表面活性剂的添加和超声振动。在纳米流体中加入表面活性剂会降低纳米颗粒的表面张力，增加纳米颗粒的润湿度，尤其是对不溶性颗粒，同时黏度也会增加[51]。

超声振动是一种不添加任何物质的物理振动方法，是目前常用的方法。超声能量和持续时间也会影响纳米流体的稳定性和黏度。许多研究报道，纳米流体良好的分散性有助于获得优异的热物性参数[52~57]。Colangelo 等[58]利用超声振动研究了 Al_2O_3-透热油纳米流体的稳定性，并指出黏度随着团聚尺寸的增加而增加。Koca 等[59]研究了纳米颗粒的大小对黏度的影响。Wang 等[60]的研究表明，分散性良好的纳米颗粒会使纳米流体黏度降低。Parsian 等[61]利用超声振动机振动了 7h，并制备出稳定的 Al_2O_3-Cu/EG 混合纳米流体。Eastman 等[62]测量了 Cu/EG 纳米流体在分散良好条件下的导热系数大小。Milanese 等[63]利用分子动力学模拟研究了铜-水纳米流体的分层现象，并指出靠近铜纳米颗粒表面的两层壳状水分子结构层可能是导致纳米流体导热系数增大的主要原因。

目前，关于 Cu/EG 纳米流体的研究不多，相关的实验数据很少。此外关于超声时间对纳米流体黏度的影响，目前还没有完全一致的意见。大多数研究称，纳米流体的黏度随着超声时间的增加，纳米流体的黏度先增大后减小，存在一个最大值。Ruan 等[64]对碳纳米管/EG 纳米流体的黏度进行了实验，发现随着声波时间（即输入能量）的增加，纳米流体的黏度先增大，达到最大值，然后减小。在另一项研究中，几乎所有其他种类的纳米流体都观察到了类似的趋势[65]。然而，个别研究也发现了不同的现象。Mahbubul 等[66]研究并得到了 Al_2O_3-水纳米流体的黏度随着超声时间的增加而降低。影响纳米流体黏度的另一个因素是温度。一般来说，黏度随温度的升高而降低，反之亦然。Duangthongsuk 等[67]研究了温度对 TiO_2-水纳米流体黏度的影响。结果表明，随着温度的升高，黏度降低。Sundar 等[68]、Asadi 等[69]、Bashirnezhad 等[70]也报道了温度对纳米流体黏度的影响。

综上所述，目前对于 Cu/EG 纳米流体的研究有限。其中，关于超声时间对黏度变化的影响，存在着相互矛盾的结论。此外，很多有文献研究超声时间、团聚体大小和温度对黏度的影响。在本节中，将探讨这些因素对 Cu/EG 纳米流体黏度的影响，并解释了黏度变化的基本原因，将计算结果与文献中的关联式进行了比较。最后，提出了黏度随温度和质量分数变化的新关联式。

2.4.2　Cu/EG 纳米流体的制备及参数测量

纳米铜颗粒无毒、化学稳定性好、容易获得。铜颗粒由北京 DK 纳米科技有限公司提供，粒径为 50nm 的 Cu 纳米颗粒密度为 8933kg/m³。利用透射电子显微镜（TEM）分析了纳米铜的微观结构，如图 2-55 所示。结果表明，纯度为 99.5% 的纳米粒子呈近似球形，它们中的大多数在混入基液之前就团聚成了硬块。纯度为 99% 的乙二醇（EG）用作为基液，采用两步法制备 Cu/EG 纳米流体。首先，用磁力搅拌器搅拌 20min，将纳米颗粒均匀分散到基液中，使其稳定。然后用超声波振动器将团块或大团块分解。CP-2010GTS 超声波振动器工作频率为 40kHz，功率为 500W，超声时间设置为 15min、30min、45min、60min 和 75min 来评价纳米流体的稳定性。在实验中，纳米流体中没有添加表面活性剂。

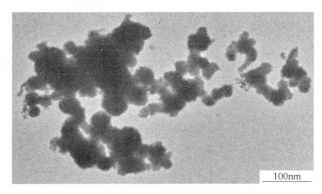

图 2-55　50nm 铜纳米颗粒的 TEM 图像

纳米流体的质量分数可由下式计算：

$$w = \frac{m_{np}}{m_{np} + m_{bf}} \times 100\% \tag{2-47}$$

体积分数可由式（2-47）转换：

$$\varphi = \frac{\rho_{bf}w}{\rho_{bf}w + \rho_{np}(1 - w)} \times 100\% \tag{2-48}$$

式中，w 和 φ 分别为纳米流体的质量分数和体积分数；m_{np} 和 m_{bf} 分别为纳米颗粒和基液的质量，单位为 kg；ρ_{np} 和 ρ_{bf} 分别为纳米颗粒和基液的密度，单位为 kg/m³。本实验中，Cu/EG 纳米流体的质量分数分别选取为 1.0%、2.0% 和 3.8%。

不同质量分数的 Cu/EG 纳米流体的黏度测量温度范围为 20~60℃，其研究结果对中、低温余热系统的设计具有指导意义。黏度测定采用毛细管黏度计（国产 SCYN1302 型），图 2-56 所示为测量黏度的实验装置示意图。如图所示，热循环浴和机械搅拌均可保证透明水浴温度均匀稳定，将 0.8mm 的毛细管浸入透明浴中，计时器的精度为 0.01s，用来记录液体通过两个灯泡之间的时间。使用精度为 0.1℃ 的温度计来测量透明浴的温度，该方法与 Yiamsawas 等[71] 报道的测量 TiO₂/EG-W 和 Al₂O₃/EG-W 纳米流体黏度的方法相似。

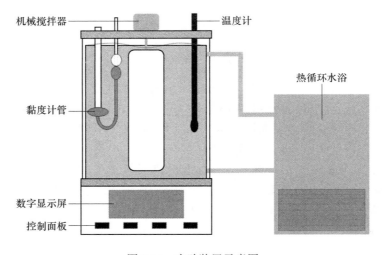

图 2-56　实验装置示意图

黏度由式（2-49）计算，

$$\mu_{nf} = C \cdot \rho_{nf} \cdot \tau_s \qquad (2\text{-}49)$$

式中，C 为毛细管常数，当毛细管直径为 0.8mm，C 值为 0.0418；此外，τ_s 为流体通过两个灯泡所花费的时间。

利用式（2-50）计算实验中的总不确定度[72]：

$$U_F = \pm \sqrt{\sum_{i=1}^{n} \left(\frac{\partial F}{\partial x_i} \right)^2} \qquad (2\text{-}50)$$

在测量中，黏度的最大总不确定度为 3.1%。

为了保证测量的准确性，实验重复三次，取平均值做进一步分析。首先将去离子水的黏度与标准值进行比较。同时，为了验证实验设置的可行性和准确性，将去离子水测量数据与标准值[73]进行对比，如图 2-57 所示。可见，两者之间的最大偏差不超过 3.5%，从而验证了实验设置的准确性。

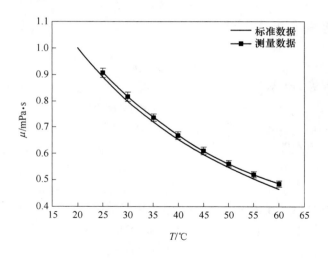

图 2-57　去离子水测量数据与标准数据的比较

2.4.3　超声时间对纳米流体稳定性的影响

图 2-58 为特定温度下超声时间对 Cu/EG 纳米流体黏度的影响。温度分别为 20℃、30℃、40℃、50℃，超声时间分别为 15min、30min、45min、60min 和 75min。如图 2-58（a）～（d）所示，样品的所有黏度均采用沉降法观测[74]，不含沉积物。在最佳超声时间（黏度最小时间）内，测试 30 天内纳米流体的稳定性，未出现明显的颗粒沉降现象。从图 2-58 可以看出，随着超声时间的开始，黏度迅速下降（在 20℃下，黏度随超声时间从 15min 到 60min 明显下降）。然而，随着进一步的超声增大，黏度再次增加。其中，在质量分数为 3.8%、温度为 50℃时，超声时间从 15min 增加到 45min，黏度显著降低了 28.75%。在质量分数为 3.8%，当超声时间为 45min 时，黏度最低。当质量分数为 1.0%～

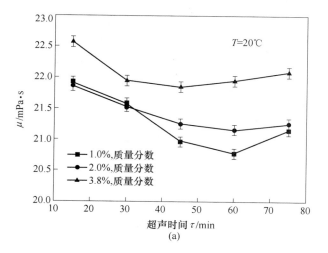

(a)

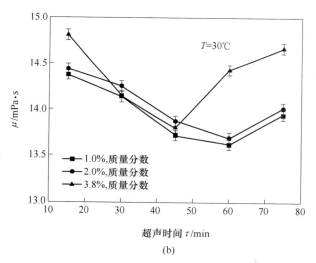

(b)

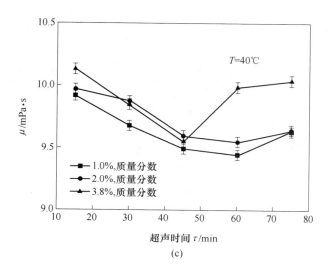

(c)

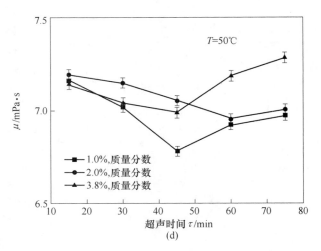

图 2-58　黏度随超声时间的变化

（a）20℃；（b）30℃；（c）40℃；（d）50℃

3.8%，温度为 20～60℃时，超声时间由 60min 降至 45min。因此，质量分数较低的纳米流体需要更多的额外能量才能达到较低的黏度，使其分散良好。

　　为了更好地了解超声时间对黏度的影响，利用 TEM 图像对不同超声时间下的样品进行了表征，能直观地展示了纳米流体团聚体的大小。图 2-59 为超声时间为 45min、60min时，Cu/EG 纳米流体的典型 TEM 图像（约 500nm），其质量分数分别为 1.0%、2.0% 和 3.8%。结果表明：质量分数为 1.0%、2.0% 和 3.8% 的铜纳米粒子分别在 60min 和 45min时在 EG 基液中分散最均匀；对于质量分数为 3.8% 的情况，当超声时间超过 45min 时，颗粒聚集形成更大的团聚。Mahbubul 等[75]研究了不同超声时间下 TiO_2-水纳米流体的TEM 图像，也报道了类似的现象，并指出随着超声时间的增加，纳米颗粒变得更加均匀。然而，超声时间的进一步增加导致了团聚。

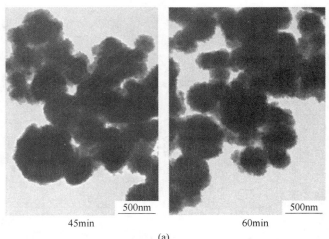

45min　　　　　　　　　　　　60min

(a)

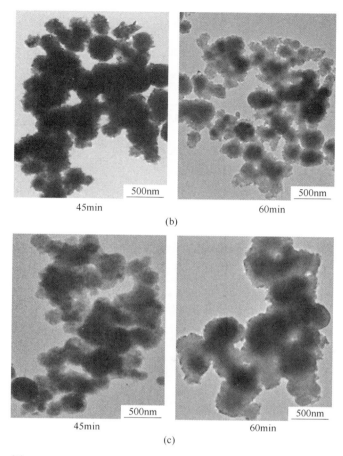

图 2-59 $\tau_s = 45\text{min}$ 和 60min 后，Cu/EG 纳米流体的微观结构

(a) 1.0%，质量分数；(b) 2.0%，质量分数；(c) 3.8%，质量分数

2.4.4 温度和质量分数对黏度的影响

图 2-60 为黏度随温度和质量分数的变化情况。可以清楚地观察到，随着温度的升高，各质量分数下对应的黏度都明显降低。此外，黏度随质量分数的增加而略有增加。

Baratpour 等[76]之前也指出了温度和浓度对单壁碳纳米管/EG 纳米流体黏度影响的类似结果。这是因为当温度较低时颗粒间黏附力较弱，其下降趋势较高温时更为明显。温度的升高，将导致布朗运动增强，黏度减小。在纳米流体中，一些较大尺寸的纳米颗粒团聚碎裂成较小的颗粒团聚，降低了颗粒的流动阻力[77]。这说明纳米流体由于其运行温度高，黏度低的特性，更适合在换热系统中应用。

2.4.5 超声时间、温度和浓度对黏度影响

超声时间对黏度的影响可以解释为：（1）随着超声时间的增加，黏度逐渐降低，这是由于在附加超声能量的作用下，较大尺寸的铜纳米颗粒团聚体分解成较小尺寸的团聚体所致。因此，它们很好地分散在基液中。这表明，较小尺寸的团聚体会降低纳米流体的流动

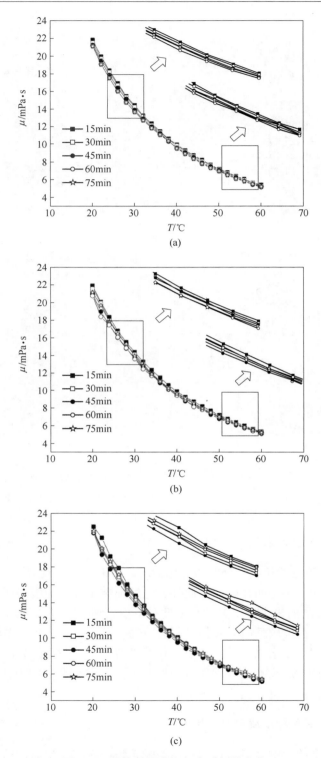

图 2-60　黏度随温度和超声时间的变化

（a）1.0%，质量分数；（b）2.0%，质量分数；（c）3.8%，质量分数

阻力，从而降低黏度。（2）随着超声时间的延长，由于表面能的提高，颗粒再次发生团聚。因此，纳米流体的黏度在沉降前再次增加。由于重量大，纳米颗粒需要更大的力来克服流动阻力。团聚后，密度越大的团聚体流动阻力越大，黏度也就越大。Yiamsawas 等[71]报道，由于惯性和纳米流体中更复杂的流动模式，大于 100nm（对应簇）的纳米颗粒可提高水力阻力（表观黏度）。从图 2-61 中可以看出，质量分数高的纳米流体超声的最佳时间要短于质量分数低超声的最佳时间。这是因为粒子越多，分子碰撞的概率就越大，粒子越容易团聚。由于团聚直径较大，距离较短，少量的输入能量就可以破坏它们，从而缩短超声时间。

　　温度对黏度的影响如图 2-61 所示。图 2-61 为纳米颗粒在基液中团聚的示意图，表示纳米颗粒在范德华力和布朗运动共同作用下的黏度变化[78]。在较低的温度下，范德瓦力（颗粒间黏附力）起着重要的作用，这种力使粒子更容易聚集。因此，分子间出现了更多的流动阻力，必须加以克服。此外，在团聚过程中，纳米颗粒的表面能变高，会影响其黏度，导致传热性能降低，额外的能量（声波）可以提供更多的能量来分离聚集的颗粒。

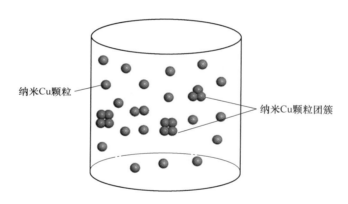

图 2-61　纳米流体中铜粒子团聚的示意图

　　随着温度升高，范德瓦力变弱，而由纳米粒子运动引起的布朗运动增强。额外的热能可以降低纳米颗粒的吸引力，从而缩短超声持续时间。Murshed 等[79]报道，温度较高提高了纳米流体的布朗运动速率，降低了纳米流体相应的黏度。随着超声时间和温度的进一步升高，黏度再次升高。原因是随着布朗运动的增强，粒子又开始从团聚中移动。

　　基于实验数据，文献提出了许多纳米流体黏度的理论模型或半经验关系式。表 2-14 总结了几种黏度的预测模型。图 2-62 为使用最佳超声时间（60min，质量分数为 1.0% 和 2.0%，45min，质量分数为 3.8%）获得的理论模型和实验数据的比较。Cu/EG 纳米流体的体积分数由式（2-48）计算。

　　由图 2-62 可知，Einstein 模型、Batchelor 模型和 Tomas 模型的值相近。此外，实验中 Cu/EG 纳米流体的测量值明显高于或低于其他模型和之前的关联式得到的值。因此，这些模型均不适用于评价 Cu/EG 纳米流体的黏度。造成这种差异的主要因素是低浓度、基液类型、颗粒大小和温度等。例如，在高温和质量分数较高的情况下，这些模型之间的偏差较大，无法准确预测。Hemmati-Sarapardeh 等[84]指出，目前还没有统一的理论模型或经验关系式能够估计整个粒径范围和体积分数下的黏度。因此，有必要提出一种新的半经验关系式来精确预测 Cu/EG 纳米流体的动力黏度。

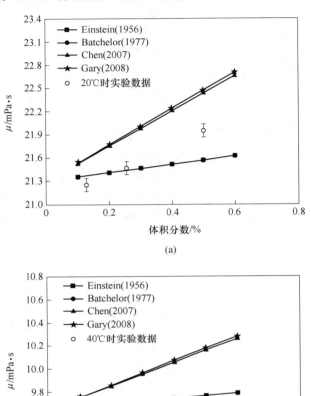

图 2-62　实验黏度与现有模型的比较

(a) 20℃；(b) 40℃

表 2-14　文献中提出的纳米流体黏度的部分经验关系式

模型	提出者	模型	提出者
$\mu_{nf}/\mu_{bf} = 1 + 2.5\varphi$	Einstein 等[80]	$\mu_{nf}/\mu_{bf} = 1 + 2.5\varphi + 6.2\varphi^2$	Batchelor 等[81]
$\mu_{nf}/\mu_{bf} = 1 + 7.3\varphi + 123\varphi^2$	Wang 等[82]	$\mu_{nf}/\mu_{bf} = 1 + 0.025\varphi + 0.015\varphi^2$	Eguyen 等[83]

式（2-51）为所研究实验条件下 Cu/EG 纳米流体黏度预测的回归方程。黏度是温度和质量分数的函数，如下所示：

$$\mu_{nf}/\mu_{bf} = 1.045 + 2.105w - 5.015w^2 \tag{2-51}$$

条件：Cu/EG 纳米流体；质量分数在 0~3.8% 之间，温度在 20~60℃ 之间。

　　图 2-63 为黏度的测量值与关联式预测值的对比。结果表明，该方法与实验数据吻合较好，偏差为±10%，这对于 EG-纳米流体黏度的预测具有重要的意义。为了扩大 Cu/EG 纳米流体关联式的应用范围，还将进一步的深入研究。

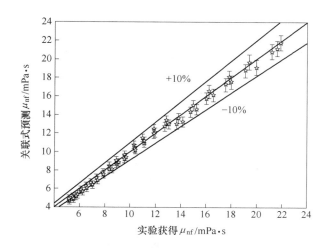

图 2-63　测量黏度与提出的关联式预测值的比较

2.4.6　小结

　　实验研究了超声时间、团聚体尺寸和温度对 Cu/EG 纳米流体稳定性的影响。研究并分析了 Cu/EG 纳米流体温度范围在 20~60℃，质量分数为 1.0%、2.0% 和 3.8% 的黏度大小。得出主要结论如下。

　　（1）随着超声时间进行，纳米流体的黏度迅速下降。但超声时间的进一步增加，黏度又会再次增加。这意味着存在使黏度达到最低时的最佳超声时间。此外，需要更多的超声时间才能使质量分数较低的纳米流体中分散良好。

　　（2）随着温度的升高，黏度明显降低；随着质量分数的增加，黏度略有增加。

　　（3）黏度变化的原因主要是范德瓦力和布朗运动。超声时间/能量会将尺寸大的纳米团聚体破碎成小尺寸的纳米团聚体，从而使纳米流体的流动阻力较小。然而，如果超声处理过度，它们会重新聚集。高温意味着向纳米流体输入更多的热能，加强了纳米粒子之间的布朗运动，不容易形成团聚，低流动阻力导致低黏度。

　　（4）在此基础上，提出了 Cu/EG 纳米流体黏度的回归关联式。

　　在本研究中，只研究了超声时间对黏度的影响。在一定的超声时间下，导热系数高时黏度如何变化还有待研究。Ruan 等[64]发现在较长的超声时间下，多壁碳纳米管纳米流体的黏度最低，导热系数最高。然而，Cu/EG 纳米流体中是否也存在这个现象还有待得到验证。此外，黏度的流变行为会对换热系统的流动和传热产生显著影响。因此，Cu/EG 纳米流体的导热系数与黏度之间的关系以及流变行为将在未来的工作中进行研究。

2.5　基于分子动力学探究界面层对纳米流体黏度和导热系数的增强机制

　　为了研究纳米流体导热系数异常增大的现象，以 Cu/水纳米流体为研究对象，基于分子动力学从微观角度研究纳米颗粒的运动轨迹及界面层形态对导热系数的影响，并从 Cu 原子和水分子的相互作用力探究界面层对导热系数增强的微观机制，该结果也适用于其他种类纳米流体。

2.5.1　建立纳米流体数学模型

分子动力学模拟可以从微观角度追踪所研究系统中任意原子的位置和速度，而这些微观位置会直接影响流体宏观输运参数的大小，如密度、温度及导热系数等。一般来说，原子间所需的力可由经验或半经验的原子间势函数得到（如 Lennard-Jones、Stillinger-Weber、Tersoff）[85]。在模拟过程中，通过求解每个分子在其他所有分子作用下的牛顿运动方程，得出每个分子具体的位置和速度，从而获取系统内分子随时间的运动轨迹，最后通过统计学方法计算得出宏观输运参数值。由于 MDS 方法是从最基本的物理定律出发，只要模拟系统中粒子的初始坐标和速度确定，以后每一时刻所有粒子的位置和速度便已确定，所以 MDS 方法是一种确定性模拟方法。

首先，利用 MS 软件和 LAMMPS 软件分别建立 Cu 原子和单个水分子模型，然后利用 LAMMPS 软件将两者结合，建立 Cu/水纳米流体的组合模型。选取直径为 2nm 的球形 Cu 纳米颗粒，并设置一个尺寸为 10nm×10nm×10nm 的模拟盒。以体积分数为 0.5% 的 Cu/水纳米流体为例，铜晶格常数设置为 0.36nm，为面心立方晶格结构[86]；而水分子以简单立方晶格排列，晶格常数为 0.40nm。水分子模型采用 SPC/E 模型[87]，参数如表 2-15 所示。由此计算出在模拟盒空间共分布 429 个铜原子，Cu 粒子周围填充 15502 个水分子。其他体积分数如 1%、1.5% 和 2% 对应的水分子分别为 33115 个、32948 个和 32781 个，Cu 原子分别为 858 个、1287 个和 1716 个。为了防止铜原子在模拟过程中游走，对其施加一个弹簧力，将其轻轻地拴在模拟盒的中心。图 2-64 为 Cu/水纳米流体中 Cu 粒子和水分子的初始位置分布示意图。

表 2-15　SPC/E 水分子模型的参数

参　　　　数	数　　　值
O 分子量	15.9994g/mol
H 分子量	1.00794g/mol
O 电荷	−0.8476e
H 电荷	+0.4238e
OH 键	0.1nm
HOH 角	109.47°
O—O（ε_{OO}）	0.650kcal/mol
O—O（σ_{OO}）	0.3166nm
H—H（ε_{HH}），O—H（ε_{OH}）	0kcal/mol
H—H（σ_{HH}），O—H（σ_{OH}）	0nm
截止半径 r_c	0.85nm

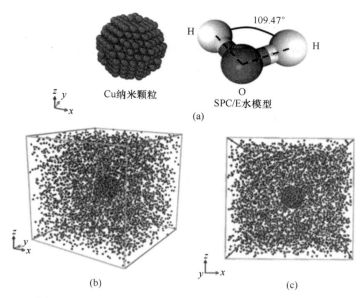

图 2-64 Cu/水纳米流体水分子和 Cu 原子原始位置分布

2.5.2 求解方法

水分子之间 H_2O—H_2O 和水分子与 Cu 原子之间 H_2O—Cu 相互作用力采用 Lennard-Jones 势函数 (L-J) 计算；而 Cu—Cu 原子之间相互作用的 L-J 势函数的排斥性部分非常陡峭，在计算导热系数时难以收敛，因此 Cu—Cu 原子之间相互作用采用嵌入原子势函数 (EAM) 计算。其中，L-J 和 EAM 势函数表达式如下所示[88]：

$$E(r_{ij}) = 4\varepsilon \left[\left(\frac{\sigma}{r_{ij}} \right)^{12} - \left(\frac{\sigma}{r_{ij}} \right)^6 \right], \ r_{ij} \leqslant r_c$$

$$E(r_{ij}) = 0, \ r_{ij} \geqslant r_c \tag{2-52}$$

$$E_i = F_\alpha \left(\sum_{j \neq i} \rho_\beta(r_{ij}) \right) + \frac{1}{2} \sum_{j \neq i} \rho_\beta(r_{ij}) \tag{2-53}$$

式中，r_{ij} 为粒子 i 与 j 之间的距离；ε 和 σ 分别为 L-J 势能函数对应的能量和长度参数；r_c 为截止半径，设置为 0.85nm；F 是嵌入能量，它是原子电子密度 rho 的函数。式 (2-52) 中第一项表示分子间的短程排斥力，第二项表示分子间的远程吸引力（如范德瓦力等）。式 (2-53) 中第一项 F 是嵌入能，第二项是粒子 i 与 j 之间的斥能。

由于 Cu 原子和水分子具有不同的能量和长度参数，选取 Lorentz-Berthelot 混合准则计算，其形式如下[89]：

$$\sigma_{ls} = \frac{\sigma_{ll} + \sigma_{ss}}{2} \tag{2-54a}$$

$$\varepsilon_{ls} = \sqrt{\varepsilon_{ll} \cdot \varepsilon_{ss}} \tag{2-54b}$$

式中，l 和 s 分别代表液相和固相。

对于铜原子间的相互作用，采用了嵌入原子方法 (EAM) 势，其表达式如下[90]：

$$E_i = F_\alpha \Big(\sum_{j \neq i} \rho_\beta(r_{ij}) \Big) + \frac{1}{2} \sum_{j \neq i} \phi_{\alpha\beta}(r_{ij}) \tag{2-55}$$

式中，F_α 为元素 α 的嵌入能量；ρ_β 为原子电子密度；$\phi_{\alpha\beta}$ 为两种元素类型 α 和 β 之间的一对势相互作用。右边的第一个方程是原子间的引力相互作用，第二个方程是粒子电子分布的相互作用。

表 2-16 为 Cu/水纳米流体各原子和分子间相互作用的势能参数值。

表 2-16　Cu/水纳米流体相互作用势能参数值

原子	势函数	$\varepsilon/\text{Å}$	$\sigma/\text{kJ} \cdot \text{mol}^{-1}$
Cu—Cu	EAM	—	—
Cu—O	L-J	3.1924	0.2752
Cu—H	L-J	0	0
O—O	L-J	0.1852	3.1589
O—H	L-J	0	0
H—H	L-J	0	0

利用所选参数采用开源的 MDS 程序 LAMMPS 软件进行计算，模拟过程采用周期性边界条件，使得模拟盒子内粒子始终保持不变。采用 NVT 正则系综，即在模拟过程中体系的粒子数、体积和温度保持不变，通过虚拟热浴使得体系维持于特定温度的平衡状态。对于运动方程的求解，则采用目前应用比较广泛的 Velocity-Verlet 算法。采用粒子-粒子-网格（PPPM）技术计算长程库仑相互作用，计算精度为 10^{-4}。水分子是刚体，采用振动算法来保持水分子的刚性。在保持体积恒定的情况下，采用 Nose-Hoover 法对整个系统进行温度测量，温度和体积分数变化范围为 293~333K、0.5%~2.0%。

为了研究不同体积分数下界面层对纳米流体导热系数的影响，采用 Green-Kubo 公式分别计算体积分数为 0.5%~2% 的 Cu/水纳米流体的导热系数和黏度，由于模拟的时间步长是离散的，由 Green-Kubo 计算导热系数和黏度的表达式如下[91]：

$$\lambda(t_M) = \lambda(M\Delta t) = \frac{\Delta t}{3k_B V T^2} \sum_{m=1}^{M} \frac{1}{N-m} \sum_{n=1}^{N-m} \big[J(m+n)J(n) \big] \tag{2-56}$$

$$\mu = \frac{\varphi}{k_B T} \int_0^\infty \Big\langle \sum P(t)P(0) \Big\rangle \mathrm{d}t \tag{2-57}$$

式中，N 为平衡后的 MDS 所需的时间步数；M 是积分时间步长；$J(m+n)$ 是时间步长 $m+n$ 的热流。理论上，积分时间步长 M 需要无限长的时间才能达到较高的统计精度，但在实际模拟过程中很难实现。此外，总模拟时间步长 N 应至少比积分时间长 10 倍。如何选择合适的积分时间步长 M 对计算结果的精度和效率至关重要，不适当的时间步长会导致结果收敛困难。在计算热平衡、黏度和导热系数过程中，时间步长分别设置为 0.01fs 和 0.1fs。

2.5.3　热平衡和模型验证

在测定 Cu/水纳米流体体系的黏度和导热系数之前，对模拟进行了热力学平衡和模型验证。首先，纳米流体系统需要达到热力学平衡才能保证系统的稳定状态。它可以通过动能、势能和总能以及温度的变化来监测。

图 2-65 给出了系统动能、势能和总能的变化情况。总能量是动能和势能的总和。由于原子间的作用力较大，势能远大于动能。正如图所示，总能量和势能比动能大一到两个数量级。Razmara 等[92]指出，如果总能量的波动收敛，则系统达到稳定性。在体积分数为 0.5% 和 2% 时，系统总能分别在 2ps 和 1ps 内逐渐收敛，达到了热平衡。从图中还可以看到，总能和势能随体积分数的增大而减小。体积分数在 0.5% 和 2% 时，系统的绝对总能量分别为 1.2×10^6 kcal/mol 和 2.8×10^5 kcal/mol（1cal = 4.1868J）。在 NVT 系综中（即分子和原子数目、体积及温度恒定），水分子的数量随着体积分数的增加而减少。这意味着水分子与铜原子的碰撞作用减弱。因此，系统可以在较低的能量下稳定。模拟结果与 Razmara 等[92]发表的结果一致。他们的结果也表明碳纳米流体在低体积分数时总能量和势能减小。

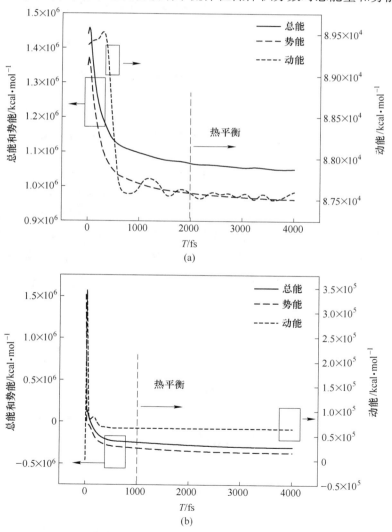

图 2-65 系统在 313 K 时动能、势能和总能的变化

(a) 体积分数为 0.5%；(b) 体积分数为 2%

图 2-66 为 Cu/水纳米流体在不同温度设定值下温度的波动过程。从图中可以看到，随着时间步长的增大，温度值变化逐渐变小，在设定值范围内进行微小波动。当时间步长为 2ps 时，可认为系统处于热平衡。结合图 2-65 和图 2-66 的系统能量及温度变化趋势，为了保证结果的精确性，计算时间步长为 4ps 后的导热系数值。其他体积分数的纳米流体也采用该方法进行验证。

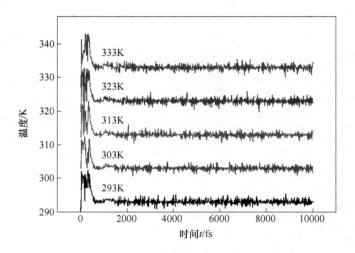

图 2-66   纳米流体不同温度设定值下温度随时间步长的变化

为了验证包括 Green-Kubo 方法和原子间势的分子动力学（MD）模型的正确性，首先将水的导热系数和黏度与标准数据进行比较[93]。图 2-67 为由 MD 结果得到的水的黏度、导热系数与文献［93］中的数据对比。可以看出，对于黏度和导热系数，模拟数据与文献［93］给出的标准值非常接近，最大偏差分别为 1.3% 和 5.4%，偏差是由于所选用的受力场和计算模型不同造成的。这证明了本节模拟计算热物性的 Green-Kubo 方法是合理的。因此，验证了该方法的准确性，在下一节中讨论 Cu/water 纳米流体的热特性。

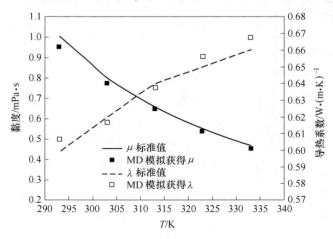

图 2-67   不同温度下 MD 中水的导热系数和黏度与文献数据的对比

2.5.4　黏度和导热系数增强机理研究

图 2-68 为体积分数为 0.5% 和温度 303K 时的黏度和导热系数随积分时间的变化。从图中可以看到，黏度与导热系数随积分时间不断增大，直至收敛到固定值 2.25mPa 和 0.95W/(m·K) 为止。对于体积分数为 0.5% 的纳米流体而言，其黏度和导热系数在 200fs 时无明显变化。其他体积分数的变化趋势与此相似。因此，为了减小热力学平衡状态下的计算误差，所有黏度和导热系数均在 400fs 后进行计算。

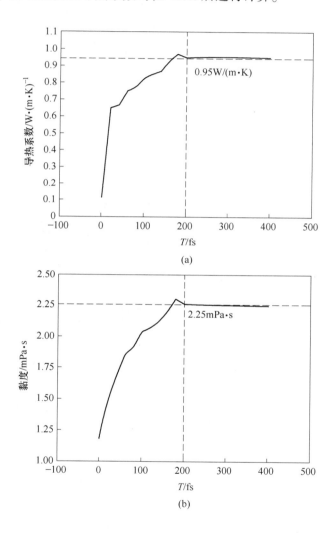

图 2-68　303K 和体积分数为 0.5% 时导热系数和黏度随时间的变化

图 2-69 为 Cu/水纳米流体的导热系数和黏度分别随体积分数和温度的变化。与基液相比，黏度和导热系数均随体积分数的增加而增大。随着温度的升高，黏度减小，而导热系数增大。这一现象也被其他文献[94~97]观察到，其物理机制将在下一节用纳米流体的微观结构来解释。

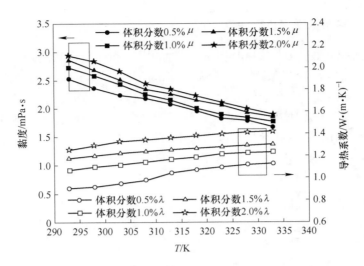

图 2-69　黏度和导热系数随温度和体积分数的变化

图 2-70 为由 MD 模拟、文献中的实验数据[97] 及理论模型得到的有效导热系数（$\lambda_{nf}/\lambda_{bf}$）和相对黏度（$\mu_{nf}/\mu_{bf}$）的对比。表 2-17 列出了一些预测导热系数和黏度的理论模型。从图 2-70 中可以看出，$\lambda_{nf}/\lambda_{bf}$ 和 μ_{nf}/μ_{bf} 随着体积分数的增大而增大。然而，模拟值和实验值都远高于理论模型的计算值。在高体积分数时，偏差更明显，且增强率与体积分数不成正比。这意味着纳米颗粒中的性质不是影响纳米流体热物理性质的主要因素。因此，为了解释纳米流体的异常增强现象，我们将在下一节中分析由 MD 结果得到的粒子在流体中的分散形态。

表 2-17　导热系数和黏度的部分预测模型

作者	模 型	结 果
Maxwell（1881）[98]	$\dfrac{\lambda_{nf}}{\lambda_{bf}} = \dfrac{\lambda_{np} + 2\lambda_{bf} + 2(\lambda_{np} + \lambda_{bf})\varphi}{\lambda_{np} + 2\lambda_{bf} - (\lambda_{np} - \lambda_{bf})\varphi}$	均匀分散且低体积分数 φ
Hamiltion、Crosser[99]（1961）	$\dfrac{\lambda_{nf}}{\lambda_{bf}} = \dfrac{\lambda_{np} + (n-1)\lambda_{bf} + (n-1)(\lambda_{bf} - \lambda_{np})\varphi}{\lambda_{np} + (n-1)\lambda_{bf} + (\lambda_{np} - \lambda_{bf})\varphi}$	n 是形状因子，对于球形，$n=3$；其他形状，$n=0.5\sim0.6$
A Einstein[100]	$\dfrac{\mu_{nf}}{\mu_{bf}} = 1 + 2.5\varphi$	$\varphi<2\%$（体积分数）
H C Brinkman[101]（1952）	$\dfrac{\mu_{nf}}{\mu_{bf}} = \dfrac{1}{(1-\varphi)^{2.5}}$	改进的 Einstein 的模型 $\varphi>4\%$（体积分数）
G K Batchelor[102]（1977）	$\dfrac{\mu_{nf}}{\mu_{bf}} = 1 + 2.5\varphi + 6.5\varphi^2$	考虑布朗运动及粒子间的相互作用

如前所述，纳米颗粒性质不是影响纳米流体热物性参数的主要因素。另外，由于模型中只有一个 Cu 纳米粒子，所以在本模拟中不存在纳米粒子团聚现象。因此，下面只考虑布朗运动和纳米层的影响。

Bianco 等[103] 指出，纳米粒子在布朗运动中通过相互碰撞的方式穿过流体分子。因此，固-固传热模式可以提高纳米流体的导热系数。通过比较纳米粒子的扩散时间尺度

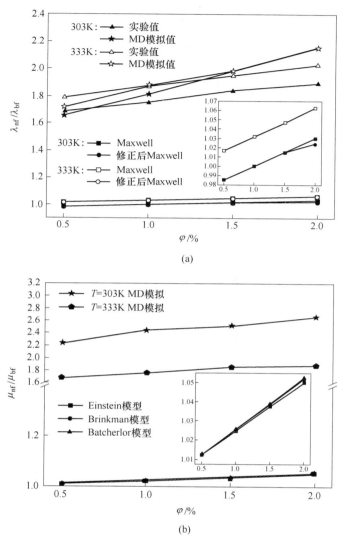

图 2-70　$\lambda_{nf}/\lambda_{bf}$（a）和 μ_{nf}/μ_{bf}（b）结果对比

（τ_D）和流体中的热扩散时间尺度（τ_H），即 τ_D/τ_H，可以评价布朗运动的效果，其表达式如下：

$$\tau_D = \frac{3\pi\mu_{nf}d^3}{6k_BT} \tag{2-58}$$

$$\tau_H = \frac{d^2c_{p,\,nf}\rho_{nf}}{6\lambda_{nf}} \tag{2-59}$$

　　纳米流体的密度（ρ_{nf}）和比热容（$c_{p,\,nf}$）可以根据混合定律由下列公式计算，

$$\rho_{nf} = \varphi\rho_{np} + (1-\varphi)\rho_{bf} \tag{2-60}$$

$$c_{p,\,nf} = \left[\varphi\rho_{np}c_{p,\,np} + (1-\varphi)\rho_{bf}c_{p,\,bf}\right]/\rho_{nf} \tag{2-61}$$

式中，φ、ρ 和 c_p 分别为体积分数、密度和比热容；下标 np、bf 和 nf 指粒子、基液和纳米

流体。

图 2-71 为 τ_D/τ_H 比值随温度和体积分数的变化。从图中可以看出，τ_D/τ_H 比值随体积分数的增加而增大，而随温度的增大而减小。在实验范围内，τ_D/τ_H 比值为 187~419。高 τ_D/τ_H 比值表明热扩散比布朗扩散快得多。因此，即使纳米颗粒非常小（只有 2nm），Cu/water 纳米流体的热扩散速度也比纳米颗粒的布朗扩散快得多。布朗运动速率缓慢，无法通过纳米流体传递大量的热量。因此，布朗运动并不是导致导热系数增强的主要原因。此外，粒子的随机运动会导致一些粒子通过较长的路径到达相似的目的地[104]。

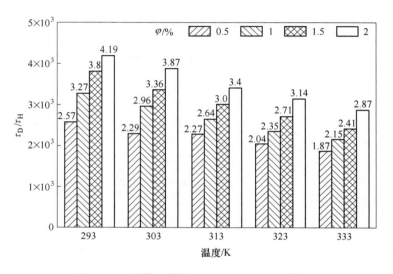

图 2-71　不同体积分数下 τ_D/τ_H 随温度变化的值

为了得到纳米流体的界面纳米层与热物性参数的关系，利用 RDF 函数对界面纳米层的结构和厚度进行了评价，RDF 函数表达式如下所示：

$$g(r) = \frac{\rho(r)}{\rho} = \frac{n(r)}{4\pi r^2 \Delta r} \bigg/ \frac{N}{V} \tag{2-62}$$

式中，$n(r)$ 为距离 Cu 原子 r 处所含的液体分子数。Cu/水纳米流体的 $g(r)$ 表示在 Cu 原子中心附近出现水分子的概率。$g(r)$ 的值越大，说明在特定 Cu 原子区域周围出现了更多的水分子，即分子与原子之间的相互作用力越强。纳米层厚度 δ 表征了 Cu 原子与纳米层之间的距离。

图 2-72 为界面纳米层的结构和厚度 δ 示意图。从图可以看到，水-液体分子有序排列，在 Cu 原子附近形成一层致密的液体纳米层。而纳米流体的输运参数，如黏度和导热系数，在很大程度上取决于该纳米层的结构和厚度。它们是连接微观结构和宏观性质的纽带。Zeroual 等[105]提到纳米颗粒与液体分子之间的相互作用力要比纯液体分子之间的相互作用力大得多。因此，液体分子可以被纳米颗粒吸引，在纳米颗粒周围形成有序的液体纳米层。

图 2-73 为 313K 时，含 Cu 原子和不含 Cu 原子纳米层结构的微观结构。在图 2-73 （a）中，可以看到区域内排列有序的液体分子纳米层。而在相同情况下，不添加 Cu 原子

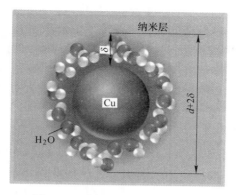

图 2-72 界面结构及厚度示意图

的液体分子只做随机运动（如图 2-73（b）所示）。基液的传热主要是通过布朗运动进行的，由此产生的热量可以忽略，这就是基液导热系数低的原因。Ahmed 等[106]指出，可以认为在纳米层内含有的液体分子数量比基液分子多，因此纳米层还可以作为纳米颗粒和液体分子之间的热桥，降低接触热阻。与相应的基液相比，固体状纳米层是纳米流体黏度和导热系数提高的主要原因。

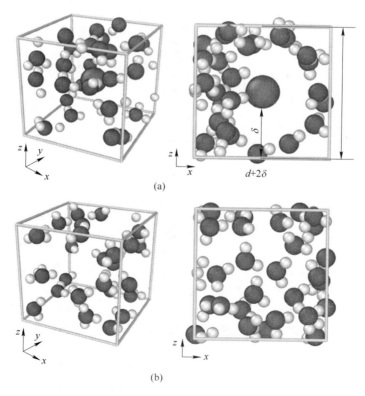

图 2-73 界面层的形成

（a）含 Cu 原子（体积分数为 0.5%）；（b）无 Cu 原子

　　图 2-74 为不同体积分数下 313K 时 $g(r)$ 的变化情况。从图中可以看到，每个 RDF 函数均有两个峰值。在所有的峰值中，第一个峰值的值最高。$g(r)$ 的值是波动的，最后趋近于 1。这说明第一层的分子纳米层结构最有序，Cu 原子与水分子的相互作用力最强。而离 Cu 原子中心较远时，水分子出现的可能性逐渐为零。Wang 等[107]也对界面纳米层对 Cu/Ar 纳米流体导热系数的影响进行了类似的分析。他们指出，导热系数增强现象主要是由第一层纳米层引起的，而在其他纳米层上没有观察到增强。在高体积分数时，RDF 曲线出现了更多的固体状纳米层，$g(r)$ 值也增大高。比如，当体积分数为 0.5% 和 2% 时，$g(r)$ 的最大值分别为 13.23 和 2.66，对应的黏度分别为 2.04mPa·s 和 2.36mPa·s，这就是在黏度随体积分数增大而增大的主要原因。从图 2-74 还可以看出，第一层纳米层的厚度 δ 随着体积分数的增加而减小。比如，对于体积分数 0.5%～2%，δ 值分别为 0.373nm，0.361nm，0.131nm 和 0.129nm。说明 Cu 原子与水分子之间的接触热阻（即 Kapitza 电阻）减小，相互作用强度增强。因此，导热系数也随着体积分数的增加而增加。

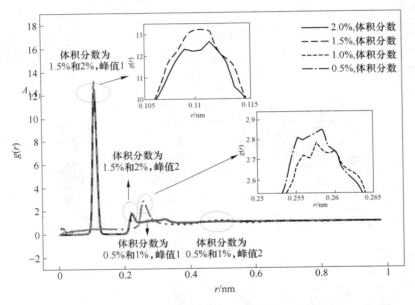

图 2-74　313K 时 Cu/水纳米流体的 RDF 函数

　　纳米流体的温度和体积分数对第一层纳米层的 $g(r)$ 峰值高度和厚度 δ 有明显影响。图 2-75 为 $g(r)$ 的第一层纳米层的峰值高度和厚度 δ 随温度的变化情况。从图中可以看出，$g(r)$ 值随温度的升高而减小，纳米层厚度 δ 没有变化。当体积分数为 2% 温度从 293K 升高到 333K 时，$g(r)$ 值从 11.61 下降到 10.24。对于相同的 δ，$g(r)$ 值越小，表明 Cu 原子周围的水分子数量越少。值得注意的是，当温度越高，布朗运动和具有的动能越强，水分子的运动速度越快，相互之间的距离越远。因此，中心铜原子周围的水分子数量减少，从而分子间的作用力和厚度在第一层纳米层减弱。宏观上表现为在高温下流动和热阻减小，降低了纳米流体的黏度和导热系数。

　　因此，纳米流体的黏度和导热系数的增强可以归因于第一层纳米层的结构。此外，第一层纳米层的强度是纳米流体相对于基液而言黏度和导热系数增强的主要原因。

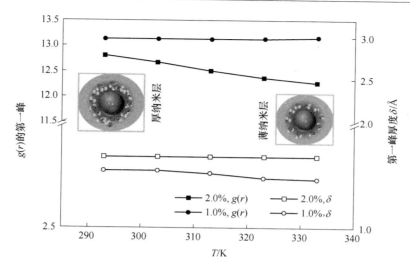

图 2-75　第一层纳米层的峰值和厚度随温度的变化

2.5.5　小结

　　第一层纳米层的强度是纳米流体黏度和导热系数增加的主要原因。随着温度的升高，分子间相互作用力变弱和纳米层的厚度变薄，从而减小了流动阻力和热阻。从宏观上看，随着温度的升高，纳米流体的黏度降低，导热系数增加。随着体积分数的增加，$g(r)$ 的值增大。因此，Cu 原子周围的分子数量增加，形成更有序的类固状纳米层，从而提高了黏度和导热系数。这项工作将为纳米流体增强机理提供微观和宏观的见解，不仅在 Cu/水纳米流体中，而且也适用于其他类型的纳米流体。研究结果可为设计具有导热系数高且黏度低的纳米流体提供理论指导。

参 考 文 献

［1］赵海洋. 纳米氧化物对纯棉织物抗皱整理效果影响规律的研究［D］. 天津：天津工业大学，2007.

［2］Jiang L, Gao L. Effect of Tiron adsorption on the colloidal stability of nano-sized alumina suspension［J］. Materials Chemistry & Physics，2003，80（1）：157~161.

［3］Brinkman H C. The viscosity of concentrated suspensions and solutions［J］. Journal of Chemical Physics，1952，20（4）：571~571.

［4］Wang X, Xu X, Choi S U S. Thermal conductivity of nanoparticle-fluid mixture［J］. Journal of Thermophysics & Heat Transfer，1999，13（13）：474~480.

［5］Tiwari R K, Das M K. Heat transfer augmentation in a two-sided lid-driven differentially heated square cavity utilizing nanofluids［J］. International Journal of Heat & Mass Transfer，2002，50（9）：2002~2018.

［6］张振华，郭忠诚. 复合镀中纳米粉体分散的研究［J］. 精细与专用化学品，2007，15（2）：9~13.

［7］Mahbubul I M, Shahrul I M, Khaleduzzaman S S, et al. Experimental investigation on effect of ultrasonication duration on colloidal dispersion and thermophysical properties of alumina-water nanofluid［J］. International Journal of Heat & Mass Transfer，2015，88：73~81.

［8］周登青，吴慧英. 乙二醇基纳米流体黏度的实验研究［J］. 化工学报，2014，65（6）：2021~2026.

［9］White F M, Corfield I. Viscous fluid flow ［M］. 2006.

［10］Namburu P K, Kulkarni D P, Misra D, et al. Viscosity of copper oxide nanoparticles dispersed in ethylene glycol and water mixture ［J］. Experimental Thermal & Fluid Science, 2008, 32 （2）: 397~402.

［11］James C. A treatise on electricity and magnetism ［M］. Clarendon, 1904.

［12］Hamilton R L, Crosser O K. Thermal conductivity of heterogeneous two-component systems ［J］. Industrial & Engineering Chemistry Fundamentals, 1962, 1 （3）: 27~40.

［13］Lordrayleigh S R S, LVI. On the influence of obstacles arranged in rectangular order upon the properties of a medium ［J］. Philosophical Magazine, 1976, 34 （211）: 481~502.

［14］Jeffrey D J. Conduction through a random suspension of spheres ［J］. Proceedings of the Royal Society of London, 1973, 335 （1602）: 355~367.

［15］Keblinski P, Phillpot S R, Choi S U S, et al. Mechanism of heat flow in suspension of nano-sized particle （nanofluids） ［J］. International Journal of Heat & Mass Transfer, 2002, 45 （4）: 855~863.

［16］Xuan Y M, Li Q, Hu W F. Aggregation structure and thermal conductivity of nanofluids ［J］. Aiche Journal, 2003, 49 （4）: 1038~1043.

［17］Yu W, Choi S U S. The role of interfacial layers in the enhanced thermal conductivity of nanofluids: arenovated Maxwell model ［J］. Journal of Nanoparticle Research, 2004, 6 （4）: 355~361.

［18］Xue Q, Xu W M. A model of thermal conductivity of nanofluids with interfacial shells ［J］. Materials Chemistry & Physics, 2005, 90 （2~3）: 298~301.

［19］Xie H, Fujii M, Zhang X. Effect of interfacial nanolayer on the effective thermal conductivity of nanoparticle-fluid mixture ［J］. International Journal of Heat & Mass Transfer, 2005, 48 （14）: 2926~2932.

［20］Leong K C, Yang C, Murshed S M S. A model for the thermal conductivity of nanofluids-the effect of interfacial layer ［J］. Journal of Nanoparticle Research, 2006, 8 （2）: 245~254.

［21］Jang S P, Choi S U S. Role of Brownian motion in the enhanced thermal conductivity of nanofluids ［J］. Applied Physics Letters, 2004, 84 （21）: 4316~4318.

［22］赵宁波. 纳米流体的热物性预测建模及强化流动换热特性研究 ［D］. 哈尔滨: 哈尔滨工程大学博士论文, 2016, 3.

［23］张松源. 有机朗肯循环中纳米有机工质传热机理及应用研究 ［D］. 昆明: 昆明理工大学, 2017.

［24］Nan C W, Birringer R, Clarke D R, et al. Effective thermal conductivity of particulate composites with interfacial thermal resistance ［J］. Journal of Applied Physics, 1998, 81 （10）: 6692~6699.

［25］Gupte S K, Advani S G, Huq P. Role of micro-convection due to non-affine motion of particles in a monodisperse suspension ［J］. International Journal of Heat & Mass Transfer, 1995, 38 （16）: 2945~2958.

［26］Prasher R, Bhattacharya P, Phelan P E. Thermal conductivity of nanoscale colloidal solutions （nanofluids） ［J］. Physical Review Letters, 2005, 94 （2）: 025901.

［27］Feng Y, Yu B, Feng K, et al. Thermal conductivity of nanofluids and size distribution of nanoparticles by Monte Carlo simulations ［J］. Journal of Nanoparticle Research, 2008, 10 （8）: 1319~1328.

［28］Murshed S M S, Leong K C, Yang C. A combined model for the effective thermal conductivity of nanofluids ［J］. Applied Thermal Engineering, 2009, 29 （11）: 2477~2483.

［29］Xiao B, Yang Y, Chen L. Developing a novel form of thermal conductivity of nanofluids with Brownian motion effect by means of fractal geometry ［J］. Powder Technology, 2013, 239 （17）: 409~414.

［30］Kabelac S, Kuhnke J F. Heat transfer mechanisms in nanofluids: experiments and theory. Keynote lecture presented at the heat transfer international, Sydney, Australia ［J］. 2006.

［31］王补宣, 周乐平, 彭晓峰. 纳米颗粒悬浮液热物性及颗粒比热容尺寸效应 ［J］. 工程热物理学报, 2004, 25 （2）: 296~298.

[32] 李强. 纳米流体强化传热机理研究 [D]. 南京: 南京理工大学, 2004.

[33] Yan S, Wang F, Shi Z G. Heat transfer property of SiO$_2$/water nanofluid flow inside solar collector vacuum tubes [J]. Applied Thermal Engineering, 2017, 118: 385~391.

[34] Garg P, Alvarado J L, Marsh C. An experimental study on the effect of ultrasonication on viscosity and heat transfer performance of multi-wall carbon nanotube-based aqueous nanofluids [J]. International Journal of Heat and Mass Transfer, 2009, 52 (21~22): 5090~5101.

[35] Kumar D D, Arasu A V. A comprehensive review of preparation, characterization, properties and stability of hybrid nanofluids [J]. Renewable and Sustainable Energy Reviews, 2018, 81: 1669~1689.

[36] Zennifer A M, Manikandan S. Suganthi K S, et al. Development of CuO-ethylene glycol nanofluids for efficient energy management: Assessment of potential for energy recovery [J]. Energy Convers. Manag, 2015, 105: 685~686.

[37] Li L, Zhai Y L, Jin Y J, et al. Stability, thermal performance and artificial neural network modeling of viscosity and thermal conductivity of Al$_2$O$_3$-ethylene glycol nanofluids [J]. Powd Technol. 2020, 363: 360~368.

[38] Prasher R, David S, Wang J, et al. Measurements of nanofluid viscosity and its implications for thermal applications [J]. Applied Physics Letter, 2006, 89: 133108.

[39] Abdul Hamid K, Azmi W H, Nabil M F, et al. Experimental investigation of nanoparticle mixture ratios on TiO$_2$-SiO$_2$ nanofluids heat transfer performance under turbulent flow [J]. International Journal of Heat and Mass Transfer, 2018, 118: 617~627.

[40] Einstein A. Investigations on the theory of the Brownian movement Dover [M]. New York, 1956.

[41] Batchelor G K. The effect of Brownian motion on the bulk stress in a suspension of spherical particles [J]. Fluid Mech, 1977, 83: 97~117.

[42] Chen H, Ding Y, He Y, et al. Rheological behaviour of ethylene glycol based titania nanofluids [J]. Chemical Physics Letter, 2007, 444: 333~337.

[43] Garg J, Poudel B, Chiesa M, et al. Enhanced thermal conductivity and viscosity of cooper nanoparticles in ethylene glycol nanofluid [J]. Journal of Applied Physics, 2008, 103: 074301.

[44] Nguyen C T, Desgranges F, Roy G, et al. Temperature and particle-size dependent viscosity data for water-based nanofluids-Hysteresis phenomenon [J]. International Journal of Heat and Fluid Flow, 2007, 28: 1492~1506.

[45] Timofeeva E V, Gavrilov A N, McCloskey J M, et al. Thermal conductivity and particle agglomeration in alumina nanofluids: experiment and theory [J]. Physical Review E, 2007, 76 (6): 061203.

[46] Afrand M, Toghraie D, Sina N. Experimental study on thermal conductivity of water-based Fe$_3$O$_4$ nanofluid: development of a new correlation and modeled by artificial neural network [J]. International Communications in Heat and Mass Transfer 2016, 75: 262~692.

[47] Khdher A M, Sidik N A C, Hamzah W A W, et al. An experimental determination of thermal conductivity and electrical conductivity of bio glycol based Al$_2$O$_3$ nanofluids and development of new correlation [J]. International Communications in Heat and Mass Transfer, 2016, 73: 75~83.

[48] Xia G D, Zhai Y L, Cui Z Z. Numerical investigation of thermal enhancement in a micro heat sink with fan-shaped reentrant cavities and international ribs [J]. Appl Therm Eng, 2013, 58: 52~60.

[49] Zhang Y, Yao Y, Li Z, et al. Low-grade heat utilization by supercritical carbon dioxide Rankine cycle: analysis on the performance of gas heater subjected to heat flux and convective boundary conditions [J]. Energ Convers Manage, 2018, 162: 39~54.

[50] Mostafizur R M, Abdul Aziz A R, Saidur R, et al. Effect of temperature and volume fraction on rheology of

ethanol based nanofluid [J]. Int J Heat Mass Tran, 2014, 77: 765~769.

[51] Yang L, Du K. A comprehensive review on heat transfer characteristics of TiO_2 nanofluids [J]. Heat Mass Tran, 2017, 108: 11~31.

[52] Sundar L S, Farooky M H, Singh M K, et al, Experimental thermal conductivity of ethylene glycol and water mixture based low volume concentration of Al_2O_3 and CuO nanofluids [J]. Heat Mass, 2013, 41: 41~46.

[53] Iacobazzi F, Milanese M, Colangelo G, et al. An explanation of the Al_2O_3 nanofluid thermal conductivity based on the phonon theory of liquid [J]. Energy, 2016, 116: 786~794.

[54] Ghadikolaei S S, Yassari M, Sadeghi H, et al. Investigation on the thermophysical properties of TiO_2-Cu/ H_2O hybrid nanofluid transport dependent on shape factor in MHD stagnation point flow [J]. Powder Technol, 2017, 322: 428~438.

[55] Rahim M S A, Lsmail L, Choi S B, et al. Thermal conductivity enhancement and sedimentation reduction of magnetorheological fluid with nano-sized Cu and Al additives [J]. Smart Mater Struct, 2017, 26: 115009.

[56] Lin Z Z, Huang C L, Zhen W K, et al. Experimental study on thermal conductivity and hardness of Cu and Ni nanoparticle packed bed for thermoelectric application [J]. Nanoscale Res Lett, 2017, 12 (1): 189.

[57] Ellahi R, Hassan M, Zeeshan A. Shape effects of nanosize particles in Cu-H_2O nanofliud on entropy generation [J]. Heat Mass Tran, 2015, 81: 449~456.

[58] Colangelo G, Favale E, Risi AD, et al. Results of experimental investigations on the heat conductivity of nanofluids based on diathermic oil for high temperature applications [J]. Applied Energy, 2012, 97: 828~833.

[59] Koca H D, Doganay S, Turgut A, et al. Effect of particle size on the viscosity of nanofluids: A review [J]. Renew Sust Energ Rev, 2018, 82: 1664~1674.

[60] Wang X J, Zhu D S, Yang S. Investigation of PH and SDBS on enhancement of thermal conductivity in nanofluids [J]. Chem phys let, 2009, 470: 103~111.

[61] Parsian A, Akbari M. New experimental correlation for the thermal conductivity of ethylene glycol containing Al_2O_3-Cu hybrid nanoparticles [J]. Therm Anal Calorim, 2018, 131: 1605~1613.

[62] Eastman J A, Choi S U S, Li S, et al. Anomalously increased effective thermal conductivities of ethylene glycol-based nanofluids containing copper nanoparticles [J]. Appl Phys Lett, 2001, 78: 718~720.

[63] Milanese M, Iacobazzi F, Colangelo G, et al. An investigation of layering phenomenon at the liquid-solid interface in Cu and CuO based nanofluids [J]. Heat Mass Tran, 2016, 103 : 564~571.

[64] Ruan B, Jacobi A M. Ultrasonication effects on thermal and rheological properties of carbon nanotube suspensions [J]. Nanoscale Res. Let. , 2012, 7: 127.

[65] Mahbubul I M, Chong T H, Khaleduzzaman S S, et al. Effect of ultrasonication duration on colloidal structure and viscosity of alumina-water nanofluid [J]. Ind. eng. chem. res. , 2014, 53: 6677~6684.

[66] Mahbubul I M, Shahrul I M, Khaleduzzaman S S, et al. Experimental investigation on effect of ultrasonication duration on colloidal dispersion and thermophysical properties of alumina-water nanofluid [J]. Heat. Mass. Tran, 2015, 88: 73~81.

[67] Duangthongsuk W, Wongwises S. Measurement of temperature-dependent thermal conductivity and viscosity of TiO_2-water nanofluids [J]. Exp Therm Fluid Sci, 2009, 33: 706~714.

[68] Sundar L S, Sharma K V, Naik M T, et al. Empirical and theoretical correlation viscosity of nanofluids: a review [J]. Renew Sustain Energy Rev, 2013, 25: 670~686.

[69] Asadi A, Asadi M, Rezaei M, et al. The effect of temperature and solid concentration on dynamic viscosity

of MWCNT/MgO （20~80） -SAE50 hybrid nano-lubricant and proposing a new correlation：An experimental study ［J］. Int commun heat mass, 2016, 78：48~53.

［70］ Bashirnezhad K, Bazri S, Safaei M R, et al. Viscosity of nanofluids：A review of recent experimental studies ［J］. Int Commun Heat Mass, 2016, 73：114~123.

［71］ Yiamsawas T, Mahian O, Dalkilic A S, et al. Experimental studies on the viscosity of TiO_2 and Al_2O_3 nanoparticles suspended in a mixture of ethylene glycol and water for high temperature applications ［J］. Appl Energ, 2013, 111：40~45.

［72］ Heyhat M M, Kowsary F, Rashidi A M, et al. Experimental investigation of laminar convective heat transfer and pressure drop of water-based Al_2O_3 nanofluids in fully developed flow regime ［J］. Exp Therm Fluid Sci, 2013, 44：83~489.

［73］ Yang S M, Tao W Q. Heat Transfer ［M］. Beijing：Higher Education Press, 2006.

［74］ Solangi K H, Kazi S N, Luhur M R, et al. A comprehensive review of thermo-physical properties and convective heat transfer to nanofluids ［J］. Energy, 2015, 89：1065~1086.

［75］ Mahbubul I M, Elcioglu E B, Saidur R. Optimization of ultrasonication period for better dispersion and stability of TiO_2-water nanoflulid ［J］. Ultrason Sonochem, 2017, 37：360~367.

［76］ Baratpour M, Karimipour A, Afrand M, et al. Effects of temperature and concentration on the viscosity of nanofluids made of single-wall carbon nanotubes in ethylene glycol ［J］. Int Commun Heat Mass, 2016, 74：108~113.

［77］ Wang L J, Wang Y H, Yan X K, et al. Investigation on viscosity of Fe_3O_4 nanofluid under magnetic field ［J］. Int Commun Heat Mass, 2016, 72：23~28.

［78］ Mahbubul I M, Saidur R, Amalina M A, et al. Influence of ultrasonication duration on rheological properties of nanoflulid：An experimental study with alumina-water nanofluid ［J］. Int Commun Heat Mass, 2016, 76：33~40.

［79］ Murshed S S, Tan S H, Nguyen N T. Temperature dependence of interfacial properties and viscosity of nanofluids for droplet-based microfluidics ［J］. Phys D Appl Phys, 2008, 41：085502.

［80］ Einstein A. Investigations on the theory of the Brownian movement ［M］. New York：Dover, 1956.

［81］ Batchelor G K. The effect of Brownian motion on the bulk stress in a suspension of spherical particles ［J］. J. Fluid Mech, 1977, 83：97~117.

［82］ Wang X, Xu X S, Choi S U. Thermal conductivity of nanoparticle-fluid mixture ［J］. J. Thermophys Heat Tr, 1999, 13：474~480.

［83］ Eguyen C T, Desgranges F, Galanis N, et al. Viscosity data for Al_2O_3-water nanofluid-hysteresis：is heat transfer enhancement using nanofluids reliable ［J］. Int Therm Sci, 2008, 47：103~111.

［84］ Hemmati-Sarapardeh A, Varameshossein A, Husein M M, et al. On the evaluation of the viscosity of nanofluid systems：modeling and data assessment ［J］. Renewable and Sustainable Energy Reviews, 2018, 81：313~329.

［85］ Naiyer R, Hossein N, Julio R M. A new correlation for viscosity of model water-carbon nanotube nanofluids：Molecular dynamics simulation ［J］. Mol. Liq, 2019, 293：111438.

［86］ Xunyan Y, Chenzhi H, Minli B, et al. Effects of depositional nanoparticle wettability on explosive boiling heat transfer：a molecular dynamics study ［J］. Int. Commun. Heat Mass Transfer, 2019, 109：104390.

［87］ Yan S, Toghraie D, Hekmatifar M, et al. Molecular dynamics simulation of Water-Copper nanofluid flow in a three-dimensional nanochannel with different types of surface roughness geometry for energy economic management ［J］. Journal of Molecular Liquids, 2020, 311：113222.

［88］ Hekmatifar M, Toghraie D, Mehmanoust B, et al. Molecular dynamics simulation of the phase transition process in the atomicscale for Ar/Cu nanofluid on the platinum plates ［J］. International Communications in Heat and Mass Transfer, 2020, 117: 104798.

［89］ Lurie S A, Solyaev Yu O. Identification of gradient elasticity parameters based on interatomic interaction potentials accounting for modified Lorentz-Berthelot rules ［J］. Physical Mesomechanics, 2017, 20: 392~398.

［90］ Jiang Y, Dehghan S, Karimipour A, et al. Effect of copper nanoparticles on thermal behavior of water flow in a zig-zag nanochannel using molecular dynamics simulation ［J］. International Communications in Heat and Mass Transfer, 2020, 116: 104652.

［91］ Liu Z, Li J H, Zhou C, et al. A molecular dynamics study on thermal and rheological properties of BNNS-epoxy nanocomposites ［J］. International Journal of Heat and Mass Transfer, 2018, 126: 353~362.

［92］ Razmara N, Namarvari H, Meneghini J R. A new correlation for viscosity of model water-carbon nanotube nanofluids: Molecular dynamics simulation ［J］. Journal of Molecular Liquids, 2019, 293: 111438.

［93］ Yang S M, Tao W X. Heat Transfer ［M］. Beijing: Higher Education Press, 2019.

［94］ Esfe M H, Hajmohammad M H, Rostamian S H. Multi-objective particle swarm optimization of thermal conductivity and dynamic viscosity of magnetic nanodiamond-cobalt oxide dispersed in ethylene glycolusing RSM ［J］. International Communications in Heat and Mass Transfer, 2020, 117: 104760.

［95］ Esfe M H, Afrand M. A review on fuel cell types and the application of nanofluid in their cooling ［J］. Journal of Thermal Analysis and Calorimetry, 2020, 140: 1633~1654.

［96］ Esfe M H, Esfandeh S, Niazi S. An experimental investigation, sensitivity analysis and RSM analysis of MWCNT (10)-ZnO (90) /10W40 nanofluid viscosity ［J］. J Mol Liq, 2019, 288: 111020.

［97］ Xuan Y M, Li Q. Heat transfer enhancement of nanofluids ［J］. International Journal of Heat and Fluid Flow, 2000, 21: 58~64.

［98］ Gupta M, Singh V, Kumar R, et al. A review on thermophysical properties of nanofluids and heat transfer applications ［J］. Renewable and Sustainable Energy Reviews, 2017, 74: 638~670.

［99］ Hamilton R L, Crosser O K. Thermal conductivity of heterogeneous two-component systems ［J］. Ind Eng Chem Fundam, 1962, 1 (3): 187~191.

［100］ Einstein A. Eine neue Bestimmung der Moleküldimensionen ［J］. Ann Phys, 1906, 19: 289~306.

［101］ Brinkman H C. The viscosity of concentrated suspensions and solutions ［J］. Chem Phys, 1952, 20: 571.

［102］ Batchelor G K. The effect of brownian motion on the bulk stress in a suspension of spherical particles ［J］. Fluid Mech, 1977, 83: 97~117.

［103］ Bianco V, Manca O, Nardini S, et al. Heat transfer enhancement with nanofluids ［M］. New York: CRC press, 2015.

［104］ Das P K. A review based on the effect and mechanism of thermal conductivity of normal nanofluids and hybrid nanofluids ［J］. J Mol Liq, 2017, 240: 420~446.

［105］ Zeroual S, Loulijat H, Achehal E, et al. Viscosity of Ar-Cu nanofluids by molecular dynamics simulations: Effects of nanoparticle content, temperature and potential interaction ［J］. J Mol Liq, 2018, 268: 490~496.

［106］ Ahmed Z, Bhargav A, Mallajosyula S S. Estimating Al_2O_3-CO_2 nanofluid viscosity: a molecular dynamics approach ［J］. The European Physical Journal Applied Physics, 2018, 84: 30902.

［107］ Wang X, Jing D. Determination of thermal conductivity of interfacial layer in nanofluids by equilibrium molecular dynamics simulation ［J］. Int J Heat Mass Tran, 2019, 128: 199~207.

❸ 二元混合纳米流体热物性参数及经济性分析

混合纳米流体可以被定义为两种或更多不同种类纳米颗粒或者基液混合悬浮在一起，组合成一种稳定的均匀混合物。由于纳米颗粒的平均粒径较小，纳米颗粒的布朗运动可以阻碍纳米级颗粒的沉淀。然而由于纳米颗粒粒径较小，比表面积较大，纳米粒子的表面能较高，粒子之间容易互相团聚，形成团聚体[1,2]。较大的团聚体会因重力的作用而沉淀，因而改变混合纳米流体的特性。可以通过外力的作用将纳米颗粒团聚体分开，例如物理分散与化学分散。因此，制备出均匀稳定与小团聚体的混合纳米流体是制备稳定混合纳米流体的关键。

3.1 CuO-ZnO/EG-W 混合纳米流体稳定性及热物性研究

3.1.1 混合纳米流体制备稳定性及热物性分析

因两步得到的混合纳米流体的工序简单，可以大批量生产，本节实验采用"两步法"制备混合纳米流体。实验采用纯度为 99.99%，平均粒径分别为 30nm 和 40nm 的氧化锌与氧化铜纳米粒子。图 3-1（a）和（b）为 CuO 和 ZnO 纳米颗粒的透射电子显微镜（TEM）图像。由图可明显看出两种纳米颗粒近似球形。在基液中加入混合比为 50：50（质量比）的 CuO 和 ZnO 纳米颗粒，用于制备质量分数为 1.0%、2%、3% 和 5% 的混合纳米流体。选择乙二醇和去离子水作为基液，五种基液混合比（EG：W）为 20：80、40：60、50：50、60：40 和 80：20（质量比）。CuO-ZnO 混合纳米流体的导热系数和黏度在 25℃ 至 60℃ 的温度下进行测量。

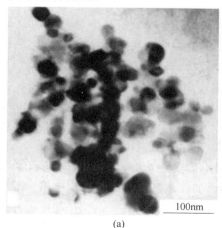
（a）

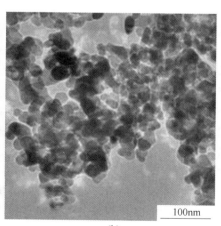
（b）

图 3-1　CuO 和 ZnO 纳米颗粒的透射电镜图（TEM）
（a）CuO 纳米颗粒；（b）ZnO 纳米颗粒

　　超声振荡是一种物理方法，可以防止颗粒聚集，继而获得更高的纳米流体稳定性。为了获得均匀的纳米流体，将纳米颗粒和混合基液磁力搅拌 15min 并分别置于超声振荡仪中超声 30min、60min、90min、120min 和 150min。制备的流程如图 3-2 所示。具体制备过程为：（1）称取一定重量的 CuO 与 ZnO 纳米颗粒添加到一定量的去离子水与乙二醇混合液中；（2）先用玻璃棒均匀搅拌 2min，再将混合液用磁力搅拌器搅拌 15min；（3）把混合液放置在超声波清洗器中进行超声波振动，最后制得纳米流体。

　　CuO-ZnO／EG-W 混合纳米流体的质量分数计算公式如下：

$$w = \frac{m_{ZnO} + m_{CuO}}{m_{ZnO} + m_{CuO} + m_{EG} + m_{W}} \times 100\% \tag{3-1}$$

式中，w 为混合纳米流体的质量分数；m_{ZnO} 和 m_{CuO} 分别为 ZnO 和 CuO 纳米颗粒的重量，kg；m_{EG} 和 m_{W} 分别为乙二醇和水的重量，kg。

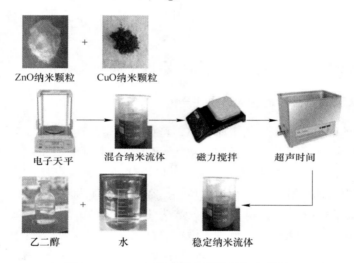

图 3-2　CuO-ZnO 混合纳米流体制备流程图

　　通常，可以采用静置观察法、紫外分光光度法、Zeta 电位法、微观分析（TEM）等途径来评价纳米流体的稳定性[3]。该实验中是通过紫外分光光度法和静置观察法来评价混合纳米流体的稳定性。为了探究超声时间对混合纳米流体稳定性的影响，对没有加入表面活性剂的 CuO-ZnO 混合纳米流体进行超声处理，并进行紫外分光光度测试。如图 3-3 为质量分数为 1% 的 CuO-ZnO 混合纳米流体经过 30min、60min、90min 和 120min 超声处理后不同基液比例下的吸光度对比图。从图 3-3 可以看出，CuO-ZnO 混合纳米流体在超声 2h 后吸光度最大，之后随着时间的增大吸光度降低。这是因为，当超声振动刚开始时，纳米颗粒之间的团聚还没有完全被破坏，在超声振荡停止时，未分散开的粒子又迅速凝聚，产生沉淀。随超声时间增长，超声振荡提供的能量抑制了纳米颗粒团聚，改变颗粒表面活性，获得分散良好的纳米流体。但当超声时间过长时，纳米颗粒在超声波的作用下剧烈运动，溶液中的纳米粒子获得更多的能量，使得已经分散的纳米粒子发生碰撞的概率变大，发生新的团聚，纳米流体开始沉积，使稳定性恶化。在该实验中 CuO-ZnO 混合纳米流体在超声振荡 120min 时稳定性最好。

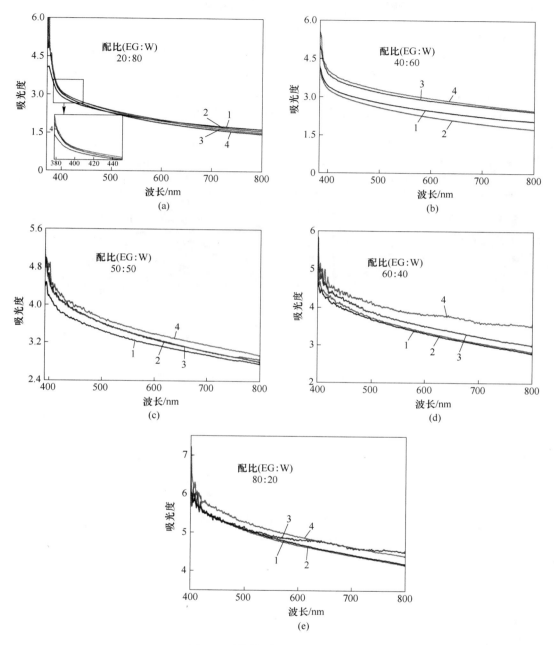

图 3-3 不同超声时间下的吸光度

1—30min；2—60min；3—90min；4—120min

　　超声振荡通过适当的频率与功率的超声波振动，克服纳米颗粒之间的范德华力，打破了纳米颗粒与纳米颗粒、纳米颗粒和基液分子间的作用力，增加了纳米颗粒的布朗运动的动能，使得纳米颗粒可以均匀快速地分散在基液中。超声波在纳米流体中产生"空化"作用，导致局部高温高压，并产生微射流，削弱纳米颗粒的表面能，有效地防止纳米颗粒团聚，使得纳米颗粒分散的更加均匀。此外，在最佳超声时间期间，图 3-4 为混合纳米流体的沉降观察图。沉降 10 天后，对于 20：80（EG：W）的样品，瓶子底部有明显的纳米颗粒沉降，而其他混合比例如图 3-4（b）所示。这表明具有 20：80（EG：W）的混合纳米流体具有差的稳定性。可以看出，20：80（EG：W）的混合纳米流体的稳定性随着超声波的作用而略微增加。然而，40：60、50：50、60：40 和 80：20（EG：W）的混合纳米流体没有显著变化。由于悬浮纳米颗粒或浓度的大小保持不变，纳米流体是稳定的[4]。因此，超声 120min 是 CuO-ZnO 混合纳米流体的最佳超声时间。

(a)　　　　　　　　　　　　　　　　　　(b)

图 3-4　不同基液比例的混合纳米流体沉降图
（a）第一天；（b）10 天后

为了研究表面活性剂对混合纳米流体稳定性的影响，制备了超声振荡 120min，添加质量分数为 0.5% 的 PVP 和 SDS 两种表面活性剂，质量分数为 1% 的 CuO-ZnO 混合纳米流体。图 3-5（从左到右为添加 PVP、不添加表面活性剂和加入 SDS）为表面活性剂对相同质量分数 CuO-ZnO 混合纳米流体稳定性影响的沉降图。由图 3-5（a）可见，初始制备时均没有出现明显沉淀物，静置 3 天后，添加 SDS 的混合纳米流体颜色变浅有少量沉淀物出现，如图 3-5（b）所示。如图 3-5（c）所示，当纳米流体静置 10 天后，添加 SDS 的纳米流体颜色由较浅变成透明，瓶底聚集大量沉淀物，而没有添加表面活性剂的纳米流体颜色变浅，有明显沉淀物出现，添加 PVP 的纳米流体无明显沉淀物出现，粒子分布较为均匀，当混合纳米流体静置 20 天时，添加 SDS 表面活性剂的混合纳米流体颜色变为透明，没有添加表面活性剂的混合纳米流体颜色变为浅色，而添加 PVP 的混合纳米流体没有明显变化，分布均匀，如图 3-5（c）所示。综上所述，添加 PVP 表面活性剂可以提高 CuO-ZnO 混合纳米流体的稳定性，保持长期悬浮稳定的状态。加入 SDS 表面活性剂反而降低了 CuO-ZnO 混合流体的稳定性。这种情况与下面陈述的紫外分光分度研究结果一致。

图 3-6 为添加不同表面活性剂纳米流体的吸光度的变化关系。可以看出，添加 PVP 表面活性剂的纳米流体吸光度明显偏高，添加 SDS 表面活性剂吸光度反而比未添加表面活性剂的吸光度还低。因此添加 PVP 可以抑制 CuO-ZnO 纳米颗粒的团聚，SDS 的添加反而促进了颗粒的团聚。这是因为 SDS 表面活性剂吸附在 CuO-ZnO 纳米颗粒表面形成吸附层，重叠的吸附层会产生一种新的排斥力阻止纳米颗粒团聚[5]。但是，SDS 在纳米颗粒表面形成不稳定的单层吸附，流体内 SDS 的浓度超过其临界胶束浓度，形成了大量的胶束。胶束之间的渗透压影响会使 CuO-ZnO 纳米颗粒聚集，因此 CuO-ZnO 混合纳米流体的稳定性降低[6]。

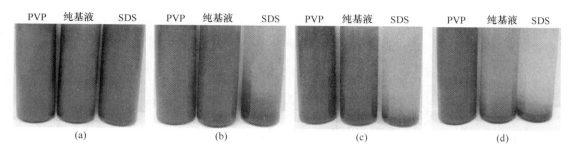

图 3-5 表面活性剂对 CuO-ZnO/EG-W 混合纳米流体稳定性影响的沉降图
（a）初始制备；（b）静止 3 天；（c）静止 10 天；（d）静止 20 天

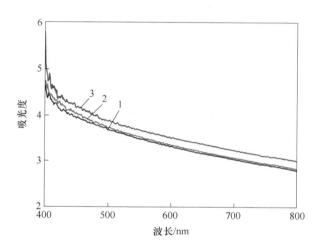

图 3-6 添加不同表面活性剂纳米流体的吸光度
1—SDS；2—无表面活性剂；3—PVP

3.1.2 基液混合比对黏度和导热系数的影响

图 3-7 为基液比 EG：DW＝20：80 的 CuO-ZnO 混合纳米流体导热系数随温度和质量分数的变化情况。可以看到，导热系数均随温度和质量分数的增加而增加。当温度为 20℃时，质量分数为 1.0% 的 CuO-ZnO 纳米流体，其导热系数比基液（20：80EG/DW）增大了 12.1%。质量分数为 5.0% 的 CuO-ZnO 纳米流体，当温度从 25℃增加到 60℃时，相应的导热系数增幅为 10.4%，当温度达到 60℃时，导热系数比基液增大 26.1%。图 3-8 为基液比为 40：60 的混合纳米流体导热系数随温度和质量分数的变化情况。图 3-8 可以看出导热系数随着温度和质量分数的趋势与图 3-7 相似。质量分数为 5.0% 的纳米流体，当温度从 25℃增加到 60℃时，相应的导热系从 15.6% 增加到 22.9%。

图 3-9 为基液比为 50：50 的 CuO-ZnO 纳米流体导热系数随温度的变化情况。在温度为 25℃时，质量分数为 1.0% 的混合纳米流体导热系数增幅为 10%。质量分数为 5.0% 的 CuO-ZnO 混合纳米流体，当温度从 25℃增加到 60℃时，相应的导热系数从 14.9% 增加到 19.3%。图 3-10 为基液比为 60：40 的 CuO-ZnO 混合纳米流体导热系数随温度的变化情

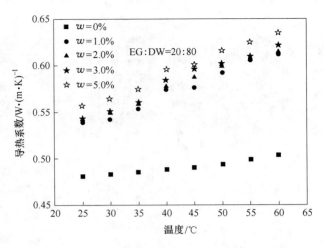

图 3-7　20∶80 基液比例下温度对导热系数的影响

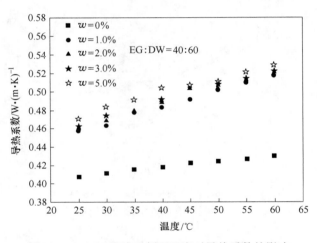

图 3-8　40∶60 基液比例下温度对导热系数的影响

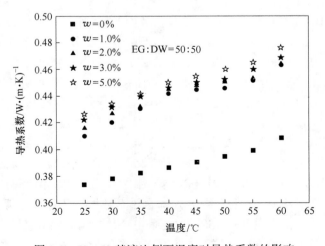

图 3-9　50∶50 基液比例下温度对导热系数的影响

况。在温度为25℃时，质量分数为1.0%的纳米流体导热系数增幅为9.6%。质量分数为5.0%的混合纳米流体，当温度从25℃增加到60℃时，相应的导热系数增幅为5.8%，当温度达到60℃时，导热系数比基液增大16.3%。

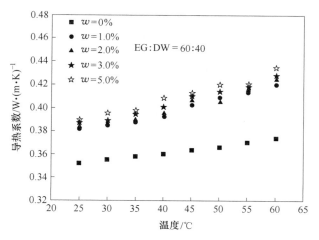

图3-10　60∶40基液比例下温度对导热系数的影响

图3-11为基液比为80∶20的CuO-ZnO混合纳米流体导热系数随温度的变化情况。在温度为25℃时，质量分数为1.0%的混合纳米流体导热系数增幅为7%。质量分数为5.0%的CuO-ZnO混合纳米流体，当温度从25℃增加到60℃时，相应的导热系数增幅为4%，当温度达到60℃时，导热系数比基液增大14%。

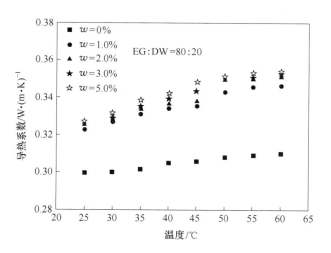

图3-11　80∶20基液比例下温度对导热系数的影响

从图3-7和图3-11可以看出基液比为20∶80的混合纳米流体导热系数增幅最大，导热系数随温度和质量分数的变化趋势都相同。这与Sundar等[7]观察得到的结果一致。这是因为在常温条件下，纳米粒子热运动缓慢，因此导热系数增幅小。当温度开始升高，纳米颗粒的布朗运动加剧，粒子的无序运动加强，增加了粒子间的接触，增大了热量的传递。更为重要的是，由于混合纳米流体体系温度的升高，悬浮的纳米颗粒受到周围液体分子的轰击作用加强，纳米颗粒微运动的强度加剧，能量传递的频率与强度加大，因而宏观上表现为混合纳米流体的导热性能提高。混合纳米流体质量分数越高，单位体积内流体内含有的粒子越多，比表面积大，能够用来传递热量的换热面积越大，粒子间碰撞几率增大，表现为混合纳米流体导热系数变大。

为了研究基液比例对混合纳米流体导热系数的影响，选取了质量分数为 1.0% 的 CuO-ZnO 混合纳米流体。图 3-12 为混合纳米流体的导热增幅（TCE）随温度和乙二醇的混合比的变化规律。质量分数为 1.0% 所有混合比（EG：W）的混合纳米流体的 TCE 随着温度的增加而增加。这可以通过布朗运动引起的纳米粒子的无序运动这一事实来解释。混合纳米流体的黏度的降低导致混合基液中纳米颗粒和分子之间的碰撞随着温度的升高而增加，这可能导致 TCE 变化[8]。与较高温度相比，TEC 在低温下的变化较低。这可以归因于在低温下碰撞不太明显。此外，在 60℃ 的情况下，质量分数为 1.0% 混合纳米流体的导热系数分别比混合基础液增加了 21.6%、20.2%、16.1%、12.3% 和 11.7%。这是由于向混合基液中添加 CuO 和 ZnO 纳米颗粒，使热传递增强。

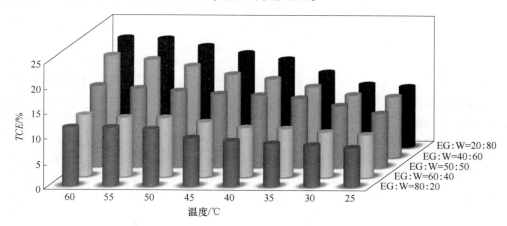

图 3-12　导热增幅随温度和基液比例的变化规律

导热系数随着乙二醇比例的增加而降低。导热系数的增加不仅与温度和质量分数有关，而且基液比例对导热系数也有影响。基液比为 20：80 的混合纳米流体导热系数明显高于其他基液比例的流体。这是因为当去离子水的比例比较高时，混合基液中去离子水起主要作用，添加乙二醇会降低混合基液的导热系数。乙二醇比去离子水的导热系数低，高比例的乙二醇会抑制混合纳米流体的导热系数。如图 3-12 所示，基液比例对导热系数的影响明显大于温度对导热系数的影响。

图 3-13 为质量分数为 1.0% 的 CuO 和 ZnO 混合纳米流体的黏度与基液比例的变化关系。从图 3-13 可以明显看出，当 EG 混合比增大时，CuO-ZnO 混合纳米流体的黏度随之升高。CuO-ZnO 混合纳米流体的黏度与基液的有关。文献 [9] 指出，当基液的黏度增加时，纳米流体的稳定性变得更好。这与图 3-3 的稳定性一致。混合比为 80：20（EG：W）的混合纳米流体黏度比中混合比 20：80、40：60、50：50 和 60：40（EG：W）的黏度更高。Sundar[10] 报道了基于 60：40（EG：W）的 Al_2O_3 纳米流体比基于 40：60 和 50：50（EG：W）的 Al_2O_3 纳米流体更黏稠的相同现象。因此，CuO-ZnO 混合纳米流体的黏度随

着 EG 的混合比的增加而增加。

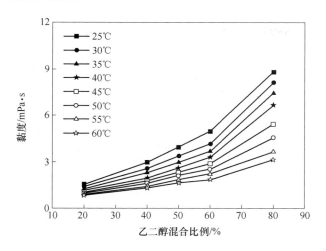

图 3-13 黏度与基液比例的变化关系

图 3-14 为质量分数为 1.0% 的混合纳米流体的黏度随温度的变化关系。由图 3-14 可以发现混合纳米流体的黏度随着温度的增大而减小。这可以解释为温度将对混合纳米流体内部剪切应力产生直接影响。混合纳米流体的温度升高会弱化纳米颗粒与纳米颗粒之间分子与分子之间的黏附效应。颗粒间和分子间黏附力的减弱导致混合纳米流体的黏度降低[11]。

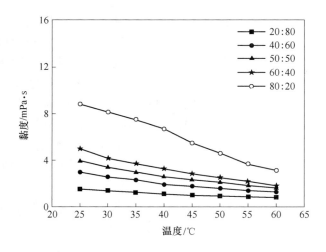

图 3-14 黏度随温度的变化关系

图 3-15 为 CuO-ZnO 混合纳米流体的 *PER* 随温度和基液比例的变化关系。由图可以看出，在 25℃ 的温度下，50∶50（EG∶W）的 *PER* 值最大接近 2。所有混合比（EG∶W）如 20∶80、40∶60、50∶50、60∶40 和 80∶20 的 *PER* 值都低于 5，如图 3-15 所示。因此，所有混合比下的 CuO-ZnO 混合纳米流体都有很好的传热性能。

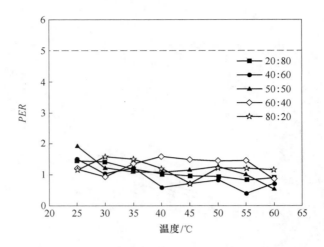

图 3-15　*PER* 随基液比例和温度的变化关系

3.1.3　表面活性剂对黏度和导热系数的影响

由图 3-15 可知，基液比为 40∶60 的情况下传热性能较好。图 3-16 所示为基液比为 40∶60，质量分数为 1.0% 的 CuO-ZnO 混合纳米流体，其导热系数随表面活性剂添加量（PVP 质量分数 w_{PVP}）的变化曲线图。由图可知，加入表面活性剂会影响纳米流体的导热系数，在一定范围内 $w_{PVP} \leqslant 1.0\%$，随着 PVP 添加量的增加而增大。当 $w_{PVP} > 1.0\%$ 时，导热系数提高幅度随着 PVP 的添加量增加而减小。这是因为添加少量的表面活性剂使纳米颗粒在流体中分散，提高颗粒的悬浮稳定性，同时阻碍纳米颗粒的团聚和沉降，更多的粒子做无规则热运动，从而提高了纳米流体的导热系数。但过量的表面活性剂，虽然有助于纳米颗粒的悬浮稳定，同时出现过饱和吸附，高分子聚合物溶液中形成过多空间位阻层，改变了流体的黏性，使流体的黏度增加，也抑制了纳米颗粒的无规则热运动，降低了颗粒与溶液的热量传递，削弱微对流，纳米颗粒的热运动是影响纳米流体热传递的关键因素[12,13]。因此，适量的表面活性剂有益提高纳米流体的导热系数，过多时会降低纳米流体的导热系数，抑制流体的热传导。对 CuO-ZnO 混合纳米流体而言，质量分数为 1.0% 的 CuO-ZnO 混合纳米流体最佳加入 PVP 量 $w_{PVP} = 1.0\%$，此时 CuO-ZnO 混合纳米流体导热系数增幅达到最大。

为了分析表面活性剂添加量对 CuO-ZnO 混合纳米流体黏度的影响，由上述 PVP 和 SDS 分散剂对 CuO-ZnO 混合纳米流体稳定性分析可知，选取质量分数为 0.5%、1.0%、2.0% 和 3.0% 的非离子型聚乙烯吡咯烷酮（PVP）作为表面活性剂配制了质量分数为 1.0% 的 CuO-ZnO 混合纳米流体，超声振荡时间均为 120min。图 3-17 为 CuO-ZnO 混合纳米流体黏度随 PVP 添加量的变化关系。由图 3-17 可知，在一定范围内 $w_{PVP} \leqslant 1.0\%$，CuO-ZnO 混合纳米流体的黏度随添加表面活性剂 PVP 的增大而减小。溶液的黏度随 PVP 添加量的增大先减小后增大，当添加量为 3.0% 时，黏度出现一个最大值。这是因为，添加 PVP 提高纳米流体稳定性的同时，单位面积上的纳米颗粒增多，使得黏度增大。加适量的 PVP 时，PVP 将纳米颗粒包裹在内，当恰好将颗粒表面包裹时，PVP 就可以发挥其位

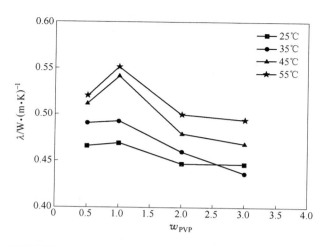

图 3-16　质量分数为 1.0% 的混合纳米流体导热系数与 PVP 添加量的变化关系

阻稳定和静电稳定的作用。但是当 PVP 的添加量再增大时，纳米流体中的 PVP 会出现吸附饱和的情况，悬浮液中多余的高分子长链可能会出现相互交连而导致纳米粒子聚集的现象，使得纳米流体的黏度降低。纳米流体的黏度随温度的升高而增大。随着温度的升高，纳米颗粒与基液分子的布朗运动加剧，使得分子动能增加，促进分子间的运动，分子间的作用力及基液分子和纳米颗粒之间的摩擦阻力减弱，表现为纳米流体的黏度减小。

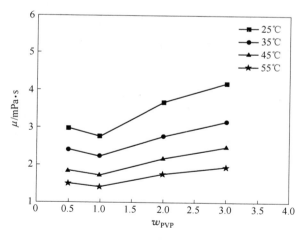

图 3-17　质量分数为 1.0% 的混合纳米流体黏度与 PVP 添加量的变化关系

图 3-18 为添加 PVP 情况下 CuO-ZnO 混合纳米流体的 *PER* 随温度和质量分数的变化关系。由图可以看出，在添加 1.0% 的 PVP 的情况下，40 : 60（EG : W）比例下的 CuO-ZnO 混合纳米流体 *PER* 值低于 5。而添加量为 0.5% 时，*PER* 大于 5，不利于传热，2% 和 3% 时，*PER* 低于 0，不利于传热，如图 3-18 所示。因此，PVP 添加量为 1% 时 CuO-ZnO 混合纳米流体具有很好的传热性能。

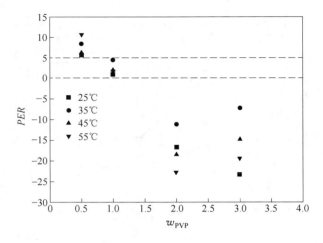

图 3-18　*PER* 随 PVP 添加量和温度的变化关系

3.1.4　混合纳米流体黏度和导热系数 ANN 预测

在过去几十年里，在纳米流体领域很多学者做了许多关于纳米流体黏度的研究工作。虽然这些经验公式不是理论模型，但是它们被广泛用于纳米流体领域。因此有必要对混合纳米流体的实验数据进行公式预测。Naila 等[14]研究了不同体积分数的 TiO_2-SiO_2 混合纳米流体的导热系数并提出了关于体积分数与温度的经验公式：

$$\frac{\mu_{nf}}{\mu_{bf}} = 37 \left(0.1 + \frac{\varphi}{100} \right)^{1.59} \left(0.1 + \frac{T}{80} \right)^{0.31} \tag{3-2}$$

Hamid 等[15]对不同粒子比例的 TiO_2-SiO_2 混合纳米流体的黏度进行测量，提出了关于粒子比例与温度的经验公式：

$$\frac{\mu_{nf}}{\mu_{bf}} = 1.42 (1 + R)^{-0.1063} \left(\frac{T}{80} \right)^{0.2321} \tag{3-3}$$

图 3-19 为质量分数为 1% 的基液比例为 40∶60（EG∶W），不同温度的混合纳米流体

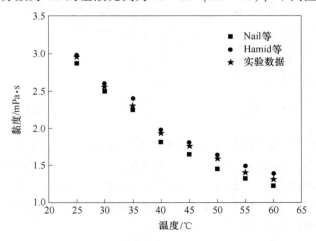

图 3-19　混合纳米流体黏度实验数据其他经验公式的对比

实验数据其他公式的对比。据图可知，没有合适的经验公式与混合纳米流体的数据相匹配，实验数据处于 Nail 和 Hamid 等的研究数据中间。因此，结合本节混合纳米实验数据对已有黏度公式修正，得到黏度与基液比例（R）、温度（T）的关联式，其相关系数为 0.9885：

$$\mu = 6.939 - 0.01978T + 14.18R - 0.03873TR - 0.16R^2 \tag{3-4}$$

如图 3-20 所示，公式预测值与实验值相差很小，说明公式拟合较好。

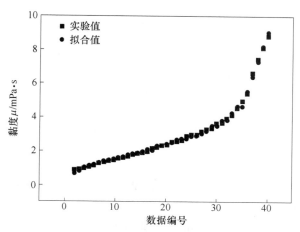

图 3-20　混合纳米流体黏度公式预测值与实验值对比

表 3-1 为预测混合纳米流体导热系数模型的总结。目前的混合纳米流体的导热系数经验公式考虑了体积分数、温度和粒子比例对混合纳米流体的影响，很少考虑基液比例对纳米流体黏度的影响。

表 3-1　混合纳米流体导热系数模型的总结

预测模型	作者	适用范围
$\dfrac{k_{nf}}{k_{bf}} = 0.8707 + 0.179\varphi^{0.179}\exp(0.09624\varphi^2) + \varphi T \times 8.883 \times 10^{-4} + \varphi^{0.252}T \times 4.435 \times 10^{-3}$	Esfe 等[16]	SWCNT-ZnO 混合纳米流体，关于体积分数与温度
$\dfrac{k_{nf}}{k_{bf}} = 1 + \{0.04056 \times (\varphi T) - [0.003252 \times (\varphi T)^2] + (0.0001181 \times (\varphi T)^3)\} - [0.000001431 \times (\varphi T)^4]$	Rostamian 等[17]	CuO-SWCNTs 混合纳米流体，关于体积分数与温度
$\dfrac{k_{nf}}{k_{bf}} = \left(1 + \dfrac{\varphi}{100}\right)^{5.5}\left(\dfrac{T}{80}\right)^{0.01}$	Nabila 等[14]	TiO$_2$-SiO$_2$ 混合纳米流体，关于温度和体积分数
$\dfrac{k_{nf}}{k_{bf}} = 1.42(1 + R)^{-0.1063}\left(\dfrac{T}{80}\right)^{0.2321}$	Hamid 等[15]	TiO$_2$-SiO$_2$ 混合纳米流体，关于粒子比例和温度

图 3-21 为在质量分数为 1%，基液比例为 40∶60（EG∶W）在不同的温度下实验数据与其他经验公式的对比。混合纳米流体的导热系数与其他经验公式预测的导热系数大，可能是不同基液比例影响因素的原因。这些经验关联式不能精确的预测混合纳米流体的导热系数。因此需要提出新的公式来对本实验数据进行拟合。

结合上节混合纳米流体实验数据对已有导热系数公式进行修正，得到导热系数与基液

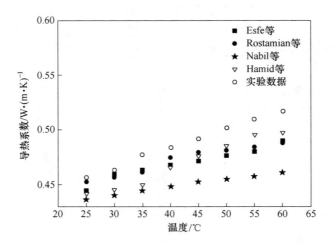

图 3-21　导热系数实验数据与现有模型比较

比例和温度的关联式，相关系数为 0.9935：

$$\lambda = -0.004979 + 0.001963T - 0.08891R - 0.0003487TR + 0.03236R^2 \qquad (3\text{-}5)$$

式中，λ 为纳米流体导热系数；R 为流体基液比例；T 为纳米流体的温度。拟合相关系数 R^2 大于 0.979，说明公式拟合良好，如图 3-22 所示。

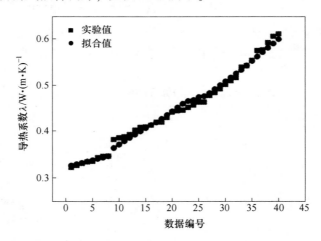

图 3-22　混合纳米流体导热系数公式预测值与实验值对比

本节研究的主要目的是探究不同基液比例 CuO-ZnO 混合纳米流体基于温度和基液比例两个变量，黏度和导热系数输出量的 ANN 预测模型。通过每层的神经元传递数据，每个神经元都有一个输入值和输出值，使系统进行计算。此外，人工神经网络具有对多变量建模的优点。将本节 40 个数据分成 3 组，28 个数据进行训练，6 个数据进行验证，6 个数据进行测试，最后将目标数据与输出数据进行对比。

表 3-2 为具有不同基液比例 CuO-ZnO 混合纳米流体不同黏度结构的神经网络的性能（R^2 和 MSE 的值）。为了计算神经元和隐藏层的数量，表 3-2 列举了关于黏度不同结构神经网络的性能。由表 3-2 可知，对隐藏层和神经元的数量的 R^2 和 MSE 值进行比较，发现

一个隐藏层具有 5 个神经元的结构其 R^2 值最大，*MSE* 值最小。因此，具有一个隐藏层及 5 个神经元的结构是用于模拟不同基液比例 CuO-ZnO 混合纳米流体的黏度的最佳 ANN 网络结构。预测黏度所需的人工神经网络模型如图 3-23 所示。

表 3-2　关于黏度不同结构神经网络的性能

隐藏层数量	每个隐藏层的神经元数	*MSE*	R^2
1	2	$6.1034e^{-3}$	0.9723
1	3	$9.7347e^{-2}$	0.91492
1	4	$4.0580e^{-3}$	0.99972
1	**5**	**$3.09235e^{-4}$**	**0.99789**
1	6	$1.3341e^{-3}$	0.97765
1	7	$4.67236e^{-2}$	0.98191
1	8	$7.51402e^{-2}$	0.983501
1	9	$4.34872e^{-2}$	0.987641

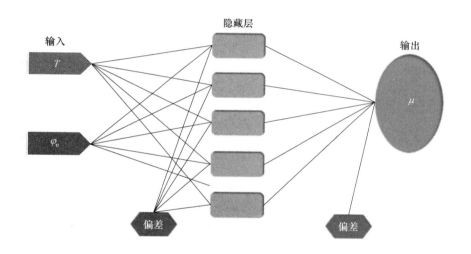

图 3-23　黏度人工神经网络的最佳结构

从 ANN 模型获得的关于实验数据的预测值如图 3-24 所示。由图可以看出，实验数据和预测结果之间具有很好一致性，然而，ANN 模型能够比公式模型更准确地预测黏度。表 3-3 为不同基液比例 CuO-ZnO 混合纳米流体导热系数关于导热系数不同结构的神经网络的性能（R^2 和 *MSE* 的值）。由表 3-3 可以清晰地看出一个隐藏层 7 个神经元结构的 *MSE* 值最小为 $2.3202e^{-8}$，R^2 值最大为 0.9989，表示此结构为导热系数 ANN 预测模型的最优结构。图 3-25 为最优结构网络模型图。

从导热系数的 ANN 模型获得的关于实验数据的预测值在图 3-26 中给出。由图 3-26 可以看出，实验数据和预测结果之间具有很好一致性，然而，ANN 模型比公式模型更准确地预测导热系数。

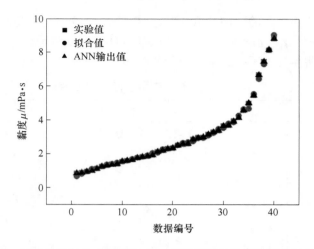

图 3-24   实验数据与公式模型和 ANN 模型获得的黏度数据之间的比较

表 3-3   不同结构的神经网络的性能参数 （预测导热系数）

隐藏层数量	每个隐藏层的神经元数	MSE	R^2
1	2	$2.67542e^{-7}$	0.99120
1	3	$3.53806e^{-7}$	0.98720
1	4	$7.03925e^{-8}$	0.99733
1	5	$5.31299e^{-6}$	0.97716
1	6	$4.52525e^{-8}$	0.98842
1	**7**	$\mathbf{2.32022e^{-8}}$	**0.99888**
1	8	$3.76506e^{-6}$	0.97946
1	9	$6.35534e^{-7}$	0.99126

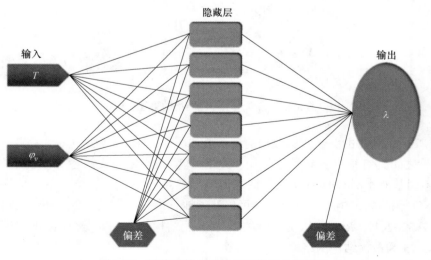

图 3-25   导热系数人工神经网络的最佳结构

图 3-27 为在不同温度和基液比例下公式预测和人工神经网络预测的黏度和导热系数

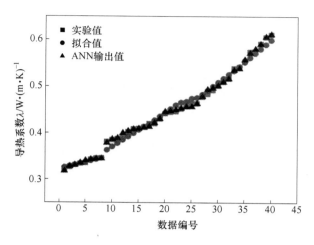

图 3-26 实验数据与公式模型和 ANN 模型获得的导热系数数据之间的比较

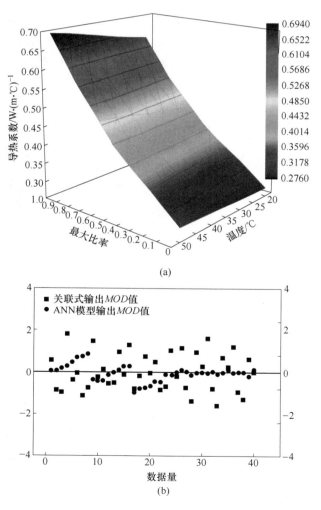

(a)

(b)

图 3-27 人工神经网络和公式预测黏度（a）和导热系数（b）的 *MOD* 值

的 *MOD* 值。可知，公式预测热物性 *MOD* 值均大于人工神经网络预测热物性 *MOD* 值，由此可以判断神经网络更好地展示了对实验数据进行人工神经建模，比关联式数学模型更精确。

3.2　Cu-Al₂O₃/ EG-W 混合纳米流体导热系数预测模型

3.2.1　制备及稳定性分析

混合纳米流体的制备在改善基液热物性参数中扮演着至关重要的角色，是建立数据驱动模型预测导热系数的第一步。在混合纳米流体制备中，最常用的方法是"两步法"。在两步法中，首先通过化学或者机械工艺（例如研磨、气相法和溶胶凝胶法）制备的纳米颗粒；第二步是将制得的纳米颗粒均匀分散在基液（如水、乙二醇或油）中，通过超声波振荡和磁力搅拌。众多的学者都采用两步法制备混合纳米流体。采用两步法的优点是可以大规模生产和节约经济，缺点是纳米颗粒容易聚集，制备比较麻烦。

图 3-28 为"两步法"制备流程。如图所示，以 Cu-Al₂O₃/ EG-W（质量分数为 1%，纳米颗粒 Cu：Al₂O₃质量比为 50：50，铜粒径 50nm，氧化铝粒径 20nm）混合纳米流体为研究对象，采用两步法，将 Cu 和 Al₂O₃纳米颗粒分散于不同基液质量混合比 W：EG（80：20、60：40、50：50、40：60、20：80）制成的混合纳米流体，温度范围为 20～60℃。具体制备过程如下。

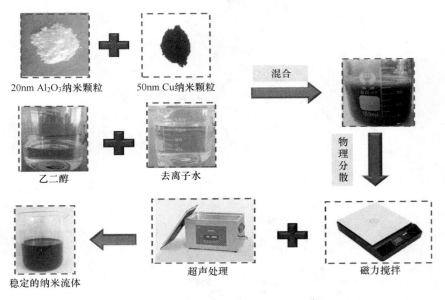

图 3-28　基于"两步法"制备 Cu-Al₂O₃/ EG-W 混合纳米流体流程

（1）如图 3-28 所示，首先采用 ML304T 电子天平（量程为 0～320g，精度为 0.0001g）按照混合比分别称量一定质量的乙二醇和去离子水并混合；然后按照所需要制备的质量分数称取适当质量的 20nm Al₂O₃和 50nm Cu 颗粒。式中，ρ_p 与 ρ_f 分别为纳米颗粒与基液的密度，纳米颗粒体积分数（φ_p）与质量分数（w_p）之间的关系如下式：

$$\varphi_p = \frac{\rho_f w_p}{\rho_p + \rho_f w_p - \rho_p w_p} \tag{3-6}$$

（2）由于纳米颗粒具有较强的表面活性，范德瓦引力会使纳米颗粒发生团聚现象，进而产生沉淀，因此，首先需要借助磁力搅拌，设置的时间为 30min；然后再用超声振荡仪进行 30min 超声波处理；最后，形成分散均匀的混合纳米流体，以便进一步研究混合纳米流体的稳定性和导热系数测量。

混合纳米流体的稳定性是进行测量导热系数的关键性因素，由于纳米颗粒的表面活性高，容易发生聚沉，因此，影响纳米流体在实际工程应用中的传热性能。以 Cu-Al$_2$O$_3$/EG-W 混合纳米流体为研究对象，在本实验进行混合纳米流体导热系数测量前，先对混合纳米流体的稳定性进行表征。一般而言，在基液中分散的纳米颗粒越均匀，稳定性就会越好。这是因为，均匀悬浮液中的纳米颗粒相互碰撞频率比较低，粒子之间的相互作用力小，团聚现象发生的概率就会变小。因此，不容易产生聚沉。

沉淀法是一种非常简单判断纳米流体稳定性的研究方法，在这种方法中，上清液的浓度决定纳米流体是否稳定。随着时间的流逝，如果上清液的浓度没有发生变化，则认为纳米流体是稳定的。针对本实验，采用沉淀法捕获了如图 3-29 所示的 Cu-Al$_2$O$_3$/EG-W 混合纳米流体随时间变化沉降图，以观察混合纳米流体的稳定性；为了进一步分析纳米颗粒在基液中的分散性，本书又采用透射电镜法（TEM）对纳米颗粒均匀性进行了分析；为了不影响混合纳米流体导热系数，本节又分析超声振荡时间对混合纳米流体稳定性的影响。混合纳米流体沉降状况在宏观表现为流体的分层程度、液体透明度、介质底部沉淀等，可通过肉眼观察，由此可以看出稳定性。

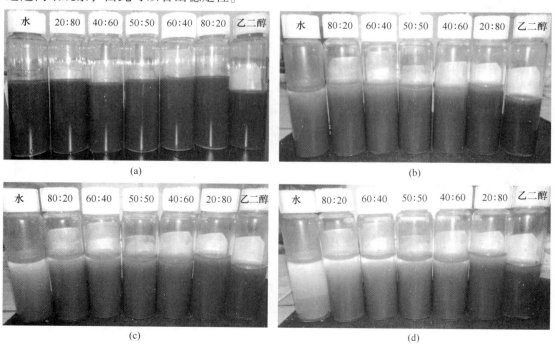

图 3-29 Cu-Al$_2$O$_3$/EG-W 混合纳米流体随时间变化沉降图

（a）初始制备；（b）静置 1 天；（c）静置 2 天；（d）静置 4 天

图 3-29 为不同基液比下 Cu-Al$_2$O$_3$/EG-W 混合纳米流体在开始制备时、放置 1 天、放置 2 天、放置 4 天的实物沉降图。图中观察样品的是不同基液混合比下的混合纳米流体，总共 7 组，最左侧组为水基 Cu/Al$_2$O$_3$-H$_2$O 纳米流体（基液只有水，不含乙二醇），最右侧为乙二醇基 Cu/Al$_2$O$_3$-EG 纳米流体（基液只有乙二醇，不含水），中间 5 组纳米流体的基液比为水与 EG，已经在瓶盖处标出。Cu-Al$_2$O$_3$/ EG-W 混合纳米流体初始制备时，通过肉眼很难发现分散差异情况。这说明制备的纳米流体是比较稳定的，满足用瞬态平面热源法测量纳米流体导热系数的精确性；在放置一天后，发现这 7 组都出现了分层现象，其中，去离子水所占基液比例越高，分层现象越明显；当放置四天后，从图 3-29（c）中可以明显看出，分层现象很严重。当基液中全是去离子水时，即水基 Cu/Al$_2$O$_3$ 纳米流体的分散性最差，团聚现象最严重。相比其他不同基液混合比，基液中去离子水的质量和乙二醇的质量的比例为 50：50 时，稳定性最好。由于上小节只是采用沉淀法宏观定性地分析混合纳米流体的稳定性，缺乏微观上的依据。为了进一步从微观上分析纳米颗粒在基液中的均匀性，本节采用透射电镜（TEM）观察纳米颗粒的分散情况，从而判断稳定性。

图 3-30 为 Cu-Al$_2$O$_3$/EG-W 混合纳米流体随不同基液比变化沉降图。如图所示，近似球形的大颗粒为 50nm Cu 纳米颗粒，近似棒状、块状的小颗粒为 20nm Al$_2$O$_3$ 纳米颗粒，通过颜色深浅及密集程度可看出其分散性。图 3-30（a）~（d）为 Cu-Al$_2$O$_3$/EG-W 混合纳米流体在去离子水与乙二醇的质量比为 80：20、60：40、50：50、40：60 的 TEM 图。从图中可以发现，混合纳米流体基液中去离子水与乙二醇质量比为 50：50 时，纳米颗粒在

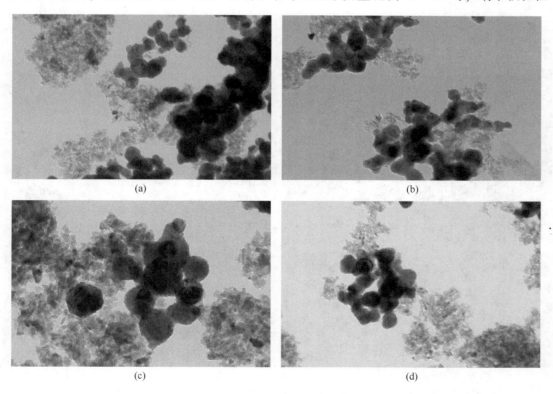

(a)

(b)

(c)

(d)

图 3-30   Cu-Al$_2$O$_3$/EG-W 混合纳米流体随不同基液比变化沉降图

（a）基液比 80：20 TEM 图；（b）基液比 60：40 TEM 图；（c）基液比 50：50 TEM 图；（d）基液比 40：60 TEM 图

基液中的均匀性最好，因此，从微观上得出结论和从宏观得出的结论是一致的。

超声是一种大多数研究人员制备稳定纳米流体常用的方法。高频振动会导致纳米颗粒均匀分散在基液上，削弱纳米颗粒的表面能，防止纳米颗粒的团聚。纳米颗粒尺寸的大小，纳米流体的类型和纳米颗粒的质量分数通常决定超声处理的最佳时间。以基液比（H$_2$O：EG）50：50 的 Cu-Al$_2$O$_3$ 混合纳米流体为对象，研究超声时间对其稳定性的影响，确定一个最佳的超声时间，会使得纳米颗粒在基液中分散的更加均匀，对 Cu-Al$_2$O$_3$ 混合纳米流体导热系数的测量具有重要的意义。

图 3-31 为 Cu-Al$_2$O$_3$/EG-W 混合纳米流体随不同超声时间变化沉降图。图 3-31（a）~（d）为纳米颗粒质量分数 1%，离子水与乙二醇的质量比是 50：50，在常温下的 Cu/Al$_2$O$_3$ 混合纳米流体在不同超声时间 5min、15min、30min 后的沉降图。如图 3-31（a）所示，样品在初始制备时看起来并无差异，但在放置 4 天后，混合纳米流体表现出上清液浓度变小、大量沉淀的现象；对比这四张图，明显地看出超声 30min 比超声 5min 稳定性好。

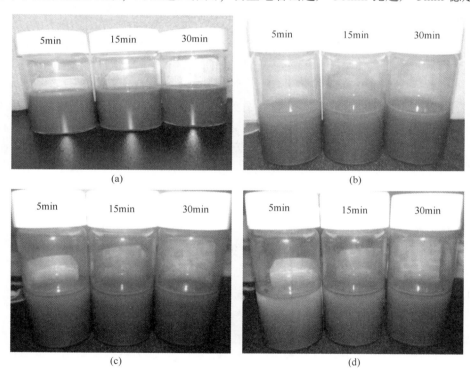

图 3-31 Cu-Al$_2$O$_3$/EG-W 混合纳米流体随不同超声时间变化沉降图
（a）初始制备状态；（b）静置 1 天；（c）静置 2 天；（d）静置 4 天

3.2.2 基于多元线性回归（MLR）预测导热系数

图 3-32 为混合纳米流体导热系数三维图。如图所示，当温度不变时，随着去离子水与乙二醇的比例增大，导热系数增大，其主要原因是去离子水导热系数高于乙二醇的导热系数。

当去离子水与乙二醇的比例不变时，导热系数随温度的升高而增大，其原因是在 Cu-

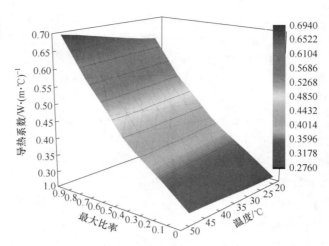

图 3-32　Cu-Al$_2$O$_3$/乙二醇-水混合纳米流体导热系数实验数据分析图

Al$_2$O$_3$/EG-W 混合纳米流体中，温度升高时不仅使基液分子的碰撞频率加剧，同时存在着纳米粒子 Cu-Al$_2$O$_3$ 受流体分子影响而产生的布朗运动加剧，其结果便是纳米粒子间的碰撞频繁，粒子与基液分子的换热加快，故宏观表现为导热系数增加。

　　混合纳米流体导热系数的影响因素非常复杂，如温度、质量分数及混合比等因素之间并不是简单独立的，这些因素中间存在一种复杂的耦合关系。在混合纳米流体导热系数预测中，得到一个适用性范围很广的确切回归方程，这很难做到。对于混合纳米流体导热系数这种不确定回归方程时，通常用多项式方程作为回归方程[18]，原因是任何曲线拟合都可以用多项式来逼近[19]。对于多项式回归，是一种特殊的多元线性回归[20]（multivariable linear regression）方法[20]。因此，在本节采用多项式回归模型预测混合纳米流体导热系数。

　　多元线性回归（MLR）尝试通过已知数据找到一个线性方程来描述两个及以上的特征（自变量）与输出（因变量）之间的关系，并用这个线性方程来预测结果。多元线性回归的数学模型如下：

$$y = b_0 + b_1 x_1 + b_2 x_2 + \cdots + b_n x_n + u_t \tag{3-7}$$

式中，$u_t (t = 1, 2, \cdots, n)$ 为随机项误差。

　　在多元线性回归过程中，均方误差是比较常用的一个损失函数，回归分析的目的就是要基于均方误差最小化来对模型的参数进行求解，损失函数的形式为：

$$MSE = \frac{1}{N} \sum_{i=1}^{N} (|y_i - f(x_i)|)^2 \tag{3-8}$$

式中，y 为样本真实值；$f(x)$ 为神经网络期望值；N 为样本数目。

　　假设该多元线性回归模型已经通过回归方程显著性检验和回归系数显著性检验，因此，可以给定一个观测点 $x_0 = (x_{01}, x_{02}, \cdots, x_{0p})^T$，可以采用下式进行预测。

$$y_0 = \beta_0 + \beta_1 x_{01} + \cdots + \beta_p x_{0p} + \varepsilon_0 \tag{3-9}$$

误差 ε_0 是一个随机变量，均值为 0，ε_0 的方差对于所有的自变量来说相等，所有 ε_0 的值是独立的，ε_0 满足正态分布，反映 y_0 的期望值。

由上节分析表明，在纳米颗粒质量分数不变的条件下，混合纳米流体导热系数受温度和基液质量混合比等影响很大，且变化规律呈非线性变化。因此，采用多项式回归分析方法对 Cu-Al$_2$O$_3$/EG-W 混合纳米流体导热系数的实验数据进行回归分析（如图 3-33 所示）。

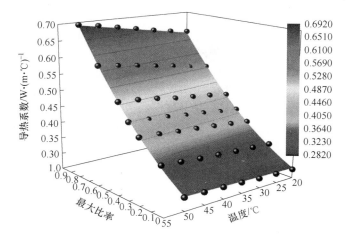

图 3-33　多项式回归 Cu-Al$_2$O$_3$/EG-W 混合纳米流体导热系数三维图

得到以下回归方程：

$$k_{\mathrm{nf}} = 0.27527 + 0.15284R + 0.000332687T + 0.16313R^2 + 0.00163RT + 6.2389 \times 10^{(-7)} T^2 \tag{3-10}$$

该方程适用范围：Cu-Al$_2$O$_3$/EG-W 混合纳米流体，质量分数 w：1%，温度 T：20～50℃，混合比 R：0：100～100：0。该回归方程确定系数 R^2 为 0.9984。

3.2.3　基于人工神经网络法（ANN）预测导热系数

针对混合纳米流体导热系数预测中众多影响因素之间的复杂耦合和强化导热机制问题，目前研究尚不明确。本章将基于混合纳米流体导热系数的"黑箱"的特点，应用自学习"记忆"能力和非线性预测良好的人工神经网络（ANN），在实验测量 Cu-Al$_2$O$_3$/EG-W 混合纳米流体导热系数样本的基础上，建立了基于数据驱动的混合纳米流体导热系数预测模型，并利用 BPNN、RBFNN、GA-BPNN、MEA-BPNN 对该模型的可行性进行了详细的讨论。

3.2.3.1　BP 神经网络算法

人工神经网络（ANN）是一种受生物神经系统启发的智能计算模型。ANN 中最广泛应用的网络结构是多层感知器（MLP）[21]。一个人工神经网络（ANN）通常是由一个输入层（input layer），含有多个隐含层（hidden layer）和一个输出层（output layer）构成。从理论的角度出发，单隐含层人工神经网络只要神经元数据足够多就可以无限地逼近任何连续函数，然而，在实际的工程应用中，多隐含层的人工神经网络要比单隐含层神经网络效果好。

如图 3-34 所示，是一个典型的双隐含层 ANN 拓扑结构，由输入层、两个隐含层和输出层组成。图中圆圈的含义代表的是一个神经元，线条连接的含义代表的是神经元之间连接的权重。

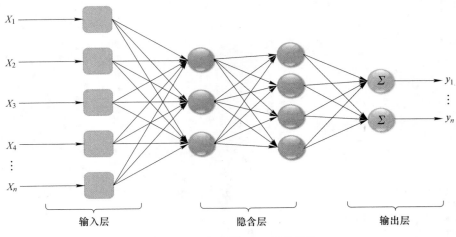

图 3-34　双隐含层 ANN 拓扑结构

BP 算法作为 ANN 中最广泛应用的算法，基本原理是正向传播求损失函数，反向传播求误差。实验自变量作为输入样本从输入层传递，权重经过标准化处理后传递给隐含层，隐含层将输入的权重执行加权和转换，传递到输出层，直到输出层计算输出的预测结果。当预测的结果与期望存在误差时，则会将误差进行反向传播，通过计算出的误差来反向依次调整隐含层到输出层的权重和偏置、输入层到隐含层的权重和偏置。如此循环两个过程，直至满足迭代停止条件。BPNN 训练的每个样本包括输入向量 X 和期望输出量 T，网络输出值 Y 与期望输出值 T 之间的偏差，通过调整输入节点与隐含层节点、隐含层节点与输出节点之间的权值和阈值，使误差沿梯度方向下降，经过反复学习训练，确定与最小误差相对应的权值和阈值，对实验数据进行仿真预测。

在确定神经网络拓扑结构的过程中，隐含层节点数的数目对 BPNN 的影响较大，但目前并没有一种科学的方法确定节点数，如果数目太少，BPNN 训练不出适合的网络，通过新的样本测试神经网络，容易出现过拟合；但隐含层节点数目过大，就会使训练时间过长，网络的泛化能力降低，而且误差也不一定最小。因此，存在一个最佳的隐藏层节点数。在 BP 神经网络拓扑结构，隐含层节点数 m 根据下式确定[22]：

$$m = \sqrt{n + l} + a \tag{3-11}$$

式中　n——输入层节点数；

　　　l——输出层节点数；

　　　a——1 ~ 10 之间的常数。

本实验在构建 BP 神经网络过程中，对于单隐含层，隐含层节点数用式（3-11）来确定，选取隐含层为单层，可以计算出单隐含层的节点数范围在 3 ~ 11。在本实验中，隐含层数和隐含层神经元节点数的选择，都是通过计算输出值与实验值的均方误差（MSE）确定。

如表 3-4，通过比较单隐含层数和双隐含层数下部分数据的 MSE 可以发现，在本实验中，双隐含层神经网络误差较好于单隐含层神经网络误差，但随着隐含层节点数的增加有可能呈相反趋势。针对本实验，通过不断地试算，可以确定设计了双含层的 BP-ANN 神经网络拓扑结构，输入层到第一隐含层的传递函数设置为 tansig，第一隐含层到第二个隐含层的传递函数设置为 logsig，从第二个隐含层到输出层的传递函数设置为 purelin。在确定隐含层数是两层时，计算不同节点数下的 *MSE* 散点图（如图 3-35 所示），通过图 3-35 表明，确定的 BP 神经网络拓扑结构是 2-8-1。

表 3-4 单隐含层与双隐含层神经元数目数据结果对比

第一隐含层神经元数目	第二隐含层神经元数目	传递函数	*MSE*
1	[3]	[tansig]	6.6904e^{-05}
1	[3]	[logsig]	8.9818e^{-05}
2	[3 3]	[tansig logsig]	5.5339e^{-05}
2	[3 3]	[logsig tansig]	1.0938e^{-05}
1	[4]	[tansig]	1.7569e^{-05}
1	[4]	[logsig]	2.5443e^{-05}
2	[4 4]	[tansig logsig]	2.4161e^{-05}
2	[4 4]	[logsig tansig]	1.1368e^{-05}
1	[5]	[tansig]	2.2638e^{-05}
1	[5]	[logsig]	2.604e^{-05}
2	[5 5]	[tansig logsig]	1.7056e^{-05}
2	[5 5]	[logsig tansig]	2.3370e^{-05}
1	[6]	[tansig]	3.7594e^{-05}
1	[6]	[logsig]	3.0611e^{-05}
2	[6 6]	[tansig logsig]	8.5969e^{-05}
2	[6 6]	[logsig tansig]	1.2192e^{-05}
1	[7]	[tansig]	3.1102e^{-05}
1	[7]	[logsig]	2.6618e^{-05}
2	[7 7]	[tansig logsig]	3.5957e^{-05}
2	[7 7]	[logsig tansig]	5.1415e^{-05}

　　BP 神经网络在拟合非线性函数时，虽然可以收敛，但是容易收敛到局部最小点，这是源于它的搜索是串行搜索。因此，针对本实验导热系数的预测，分别采用 RBFNN、遗传算法优化 BP 神经网络（GA-BPNN）、思维进化算法优化 BP 神经网络（MEA-BPNN）建立混合纳米流体 Cu-Al$_2$O$_3$/EG-W 的导热系数数据驱动模型。

3.2.3.2 径向基神经网络（RBFNN）基本原理

　　RBFNN 模型是以径向基函数为激活函数，选择距离函数为隐含层节点的基函数，利用极强的非线性映射能力，可以有效提高网络学习收敛速度，避免局部极小问题，适用于

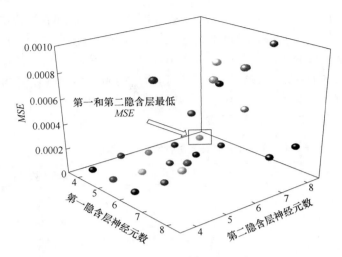

图 3-35　不同隐含层神经元数目的确定

处理混合纳米流体的导热系数预测。在本实验中，通过输入聚类（k-means 聚类）来确定 RBF 的中心点，相比 BPNN 具有收敛速度慢、容易陷入局部最优的缺点，RBF 具有收敛速度快、全局逼近的优点。

图 3-36 为 RBF 基本神经网络模型的 N-P-L 结构，神经网络的输入有 N 个节点，隐含层有 P 个节点，输出层有 L 个节点。其中 N 为训练样本集的样本数量，P 为隐含层节点数，L 为目标输出的个数。输入层的任一节点用 i 表示，隐含层的任一节点用 j 表示，输出层的任一节点用 y 表示。对各层的数学描述如下：$X = (x_1, x_2, \cdots, x_n)^T$ 为神经网络的输入向量，输入层的作用是将输入信息映射到隐含层，而无需任何转换处理，$\Phi_j(x)$，（$j = 1, 2, \cdots, p$）为任一隐节点的激活函数，称为"基函数"，一般选用高斯函数；W 为输出权矩阵，其中 $W_{jn} = (j = 1, 2, \cdots, p; n = 1, 2, \cdots, L)$ 为隐含层第 j 个节点与输出层第 n 个节点间的突触权值；$Y = (y_1, y_2, \cdots, y_L)$ 为神经网络的输出；输出层是将隐含层中节点进行输出线性组合，用来响应输入模式。

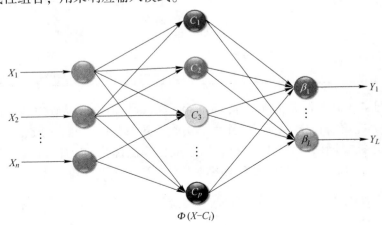

图 3-36　RBF 神经网络模型拓扑图

3.2.3.3 GA-BPNN 算法基本原理

遗传算法（GA）最早是由密西根大学的 J. Holland 教授在 1975 年提出的[23]，是基于达尔文遗传选择和自然淘汰的生物进化过程发展而来的计算模型。遗传算法的优化原理是从随机产生的初始种群出发，采用优胜劣汰的选择策略，将优良的个体作为亲本，通过亲本个体的复制、交叉和变异来复制进化后的子代种群。一些基本的遗传学概念如下：

基因（gene）：染色体的一个片段。染色体（chromosome）：问题中个体的某种字符串形式的编码表示。种群（population）：个体的集合，该集合内的个体数称为种群的大小。基因型（genetype）：基因组合的模型，染色体的内部表现。表现型（phenotype）：染色体决定性状的外部表现。进化（evolution）：个体逐渐适应生存环境，不断改良品质的过程。适应度（fitness）：反映个体性能的一个数量值。适应度函数（fitness function）：在遗传算法中，评估个体的适应度以确定其遗传概率的大小。编码（coding）：从表现型到基因型的映射。解码（decoding）：从基因型到表现性的映射。遗传算法的基本操作包括以下操作：

（1）选择-复制（selection-reproduction）：选择-复制指的就是以一定的概率从种群中选择若干个体并进行复制的操作。选择概率 $P(x_i)$ 的计算公式为：

$$P(x_i) = \frac{f(x_i)}{\sum_{j=1}^{N} f(x_j)} \tag{3-12}$$

（2）交叉（crossover）：交叉操作是遗传算法中产生新个体的主要操作过程，交叉是两个体间的部分染色体进行交换。

（3）变异（mutation）：变异操作是根据一定的小概率，在个体的某基因片段进行改变，这也是产生新个体的一种方式。

遗传算法流程图如图 3-37 所示，具体的算法步骤如下：

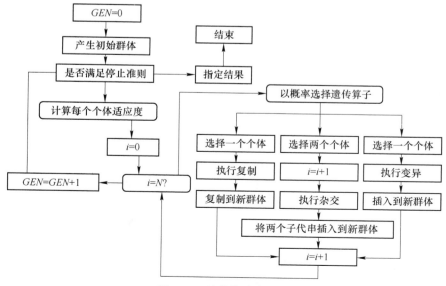

图 3-37　遗传算法流程图

（1）随机生成产生一个种群，作为问题的初始解，只要满足初始解满足随机产生，保证了基因的多样性。

（2）计算种群中每个个体的适应度，计算出的个体适应度为评价染色体优异和后续的选择个体提供依据。

（3）根据适应度高低的选择策略，适应度越高的个体，选择的概率越大。

（4）对被选出的父体与母体基因执行交叉操作、变异操作，产生出子代。这样，后代在较大程度保留优秀基因的基础上，变异增加了基因的多样性，提高找到最优解的概率。

（5）判断预定的迭代次数是否满足停止条件，找到适应度最高个体作为最优解，则返回并结束程序，否则继续执行迭代操作。

遗传算法（GA）是一种并行随机搜索优化方法，用于模拟自然遗传机制和生物进化理论。遗传算法能够找到复杂的问题的全局最优解，通过选择、交叉和变异操作进行筛选个体，从而保留适应度值高的个体，淘汰适应性差的个体，新产生的个体继承上一代的信息，优于上一代，重复循环直到满足条件。如果可以将通过遗传算法优化获得的最佳初始权重和阈值提供给 BP 神经网络并开始训练，则可以改善 BP 神经网络的预测精度。

GA 优化 BP 神经网络主要的优化步骤如下：

（1）对权重或阈值进行编码，并在一组神经元之间随机生成连接权重或阈值。

（2）输入训练样本的实验数据，计算误差值，并将绝对误差之和定义为适应度函数。

（3）如果误差较小，则筛选出绝对误差较小的个体，然后将其直接传递给下一代。

（4）通过交叉、变异和其他操作来进化当前种群并产生下一代种群。

（5）不断更新 BP 神经网络的初始权重或阈值，直到满足最终条件为止，并验证了模型的准确性。

测量混合纳米流体导热系数的所有数据参考方程式（3-13）进行归一化处理，值分布在 0 和 1 之间，目的是消除不同参数之间量纲差异对神经网络学习效率和精度的影响。在该方程中，X_{nor}：归一化值。X：实验导热系数输入值。X_{max}：实验导热系数输入值的最大值。X_{min}：实验数据实际输入值的最小值。

$$X_{nor} = \frac{X - X_{min}}{X_{max} - X_{min}} \tag{3-13}$$

在从整个实验测量的导热系数数据中，其中随机选择数据里面的 70% 用于训练学习，15% 用于验证，剩下的 15% 用于测试，防止过拟合。在神经网络预测导热系数中，误差测量标准包括以下指标。

均方根误差（root mean squared error, RMSE）：

$$RMSE = \left(\frac{1}{N} \sum_{i=1}^{N} \left(|T_i - P_i| \right)^2 \right)^{1/2} \tag{3-14}$$

平均相对百分误差（mean relative percentage error, MRPE）：

$$MRPE = \sum_{i=1}^{N} \left(\left| \frac{T_i - P_i}{T_i} \right| \right) \frac{100\%}{N} \tag{3-15}$$

误差平方和（sum of squared error, SSE）：

$$SSE = \sum_{j=1}^{N} (T_i - P_i)^2 \qquad (3\text{-}16)$$

确定系数（coefficient of determination，R^2）：

$$R^2 = 1 - \frac{(\sum_{i=1}^{n} (T_i - P_i)^2)/N}{(\sum_{i=1}^{n} (T_i - \overline{T})^2)/N} \qquad (3\text{-}17)$$

绝对误差（absolute error，AE）：

$$AE = \sum_{j=1}^{N} abs (T_i - P_i)^2 \qquad (3\text{-}18)$$

式中　T_i——实验导热系数值；

　　　P_i——神经网络模型值；

　　　$\overline{T}$——实验导热系数的平均值；

　　　N——样本数目。

对混合纳米流体导热系数数据模型进行了改进，提出了一种基于遗传算法优化的 BP 神经网络，该算法的目的是在权值范围内寻找全局最优解，并将初始的随机权值和阈值最小化以获得更好的估计值。GA-BPNN 的算法部分包括种群初始化、适应性值、选择、交叉和变异。个体的适应性值由预测导热系数与实验导热系数之间的绝对误差和决定；选择是基于轮盘赌选择（roulette wheel selection）；交叉操作是由均匀交叉（uniform crossover）进行；变异操作是以低概率发生。选择、交叉和变异算子被用来构造更适合实验数据的解[24]。

GA-BPNN 中算法的训练阶段是从遗传算法开始。首先，根据权值和阈值的数量计算个体编码设计的长度。其次，用遗传算法来优化 BP 神经网络的初始权值和阈值，确定最优初始权值和阈值，不断减小误差，直至迭代。最后，将优化后的权值和阈值传递给 BPNN 来预测导热系数，用来提高模型的稳定性和精度。

3.2.3.4　MEA-BPNN 算法基本原理

思维进化算法（MEA）是孙承意等[25]提出的新算法，目的是改善遗传算法训练时间长、早熟等不完善的问题。由于思维进化算法（MEA）受遗传算法启发，在一些术语和内在定义方面与遗传算法中使用的术语和内在定义基本相同，但也新增了一些专业术语的定义。

公告板：公告牌的功能是提供一个比较得分的平台，目的是显示群体和个体之间的得分，根据得分的高低，能够迅速找到待优化的子群体或个体。

趋同：在子种群中，个体之间会彼此竞争，进而产生新的最优个体的过程中成为趋同。在子种群中，将每个个体的得分情况进行比较，选择得分最高的那个最优个体，直到不再生成新的最佳个体为止，趋同过程结束。

异化：在全部子种群间互相竞争时，比较临时子种群和优胜子种群的分数，如果有一个子种群的得分高于优胜子种群的分数，原先的优胜子群体就会被释放，同时，临时子种群就会替换成优胜子种群，这个过程称为异化。

相比 BPNN 和 GA-BPNN 在混合纳米流体导热系数中的应用，MEA-BPNN 中的搜索全局寻优的能力强大，可有效地提高神经网络收敛速度和精度，同时也能避免过早收敛。在该实验中，使用 MEA-BPNN 优化每个隐含层的权重和阈值，种群中每一代的所有个体都使用迭代算法进行训练，子种群包括优胜子种群（superior group）和临时子种群（temporary group）两部分。在全局竞争过程中，优胜的个体数据记录在优胜子种群中，竞争过程的数据都记录在临时子种群中。当优胜子种群中每个个体都已经成熟（得分不再增加），而且在各个体周围均没有更好的个体，则不需要执行趋同操作。临时子种群中得分最高的个体的得分均低于优胜子群体中任意个体的得分时，也不需要执行异化操作，此时系统达到全局最优值[26]。思维进化算法优化 BP 神经网络的实现步骤如下：

（1）设置 MEA 的相关参数，随机生成一定数量的个体，通过比较分数寻找临时个体和最优个体。将这些优秀的个体和临时的个体作为中心，围绕每个体的中心创建新的个体，获得优胜子种群和临时子种群。

（2）选取训练数据的均方误差的倒数作为各个种群和个体的得分函数，经过不断趋同、异化、迭代。对每个子种群都执行趋同化操作，直到每个子种群成熟时，将最优个体的得分作为这个子种群的得分。当子种群成熟时，每个子种群的得分都会在全球公告牌中公布，在优胜子种群和临时子种群竞争过程中，执行异化操作。

（3）当执行足够多次迭代停止时，思维进化算法优化结束，输出最优个体，将最优个体进行解析，从而得到相应的 BP 神经网络的权值和阈值。将优化好的 BP 神经网络结构应用于混合纳米流体导热系数的仿真预测。

3.2.4　结果分析与讨论

对于 Cu-Al_2O_3/EG-W 混合纳米流体导热系数模型而言，运用 Matlab 中函数工具箱结合编程建立了 BP 神经网络，使用四层 BP 神经网络结构，包括输入层，输出层和两个隐含层。将温度 T、基液混合比（去离子水与乙二醇的比值）R 作为输入层，输出层为导热系数 k_{nf}，通过上节 MSE 的试算，如图 3-38 所示，确定 BP 神经网络的拓扑结构为 2-8-1，通过计算该结构有 48 个权值，13 个阈值。

BP 神经网络模型作为一种有效的数据驱动预测方法，本文选取前文实验测量 Cu-Al_2O_3/EG-W 混合纳米流体导热系数进行神经网络预测分析，经过实验测量，获得了 49 组导热系数样本，选择其中的 40 组样本数据，70%数据作为训练集，15%作为验证集，15%作为测试集，剩余 9 组数据为测试样本。

图 3-39 为用 BPNN 预测混合纳米流体导热系数数据与实验测量数据对比。从图中可以清楚地看出，图中的实验数据与预测数据在直线 $Y=T$ 附近，确定系数 R^2 为 0.9983，确定系数越接近 1，意味着 BPNN 模型预测数据与实验数据越一致，说明 BPNN 能够较高精度地预测混合纳米流体导热系数。由于 BPNN 权值的调节采用的是负梯度下降法，具有很大的局限性，存在着收敛速度慢和易陷入局部极小的问题，对于混合纳米流体导热系数预测，预测的结果还存在较大误差。对于 RBF 神经网络是一种性能优良的前馈型神经网络，RBF 网络可以任意精度逼近任意的非线性函数，且具有全局逼近能力，从根本上解决了 BP 网络的局部最优问题。

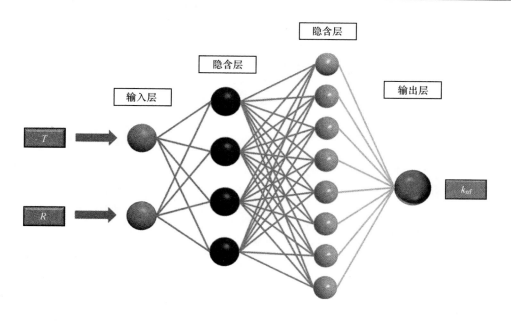

图 3-38　BPNN 预测 Cu-Al$_2$O$_3$／EG-W 混合纳米流体导热系数网络拓扑图

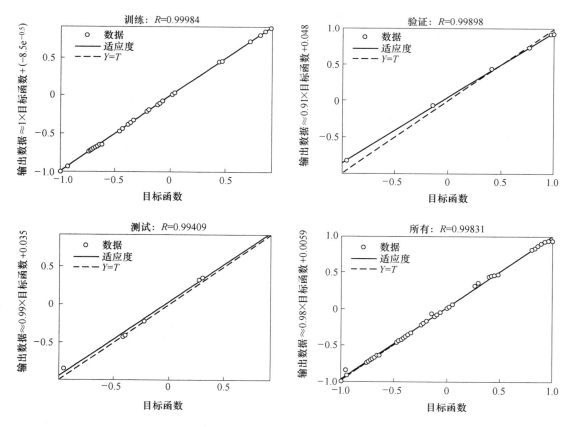

图 3-39　BPNN 回归实验导热系数

对于 RBFNN 预测混合纳米流体导热系数模型而言，如图 3-40 所示，将温度 T、基液混合比（去离子水占总基液的比值）R 作为输入层，输出层为导热系数 k_{nf}。

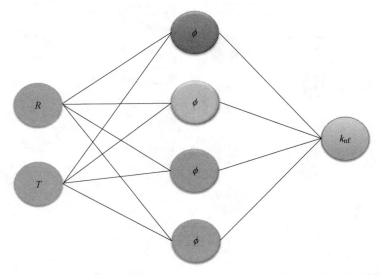

图 3-40　基于 RBF 神经网络的 Cu-Al$_2$O$_3$/EG-W 混合纳米流体导热系数预测模型

由图 3-41 可以看出，RBF 神经网络预测 Cu-Al$_2$O$_3$/EG-W 混合纳米流体导热系数，对于不同样本数据（训练样本、测试样本以及总体样本）而言，实验测量导热系数和预测导热系数非常接近，应用 RBF 神经网络进行 Cu-Al$_2$O$_3$/EG-W 混合纳米流体导热系数预测模型是比较精确的。在工程实践中，因为径向基神经网络 RBFNN 模型可以任意精度地逼近任何连续函数，具有强大的泛化能力，很适合处理纳米流体导热系数参数这种复杂不确定性和耦合性问题，同时节约时间及经济成本。

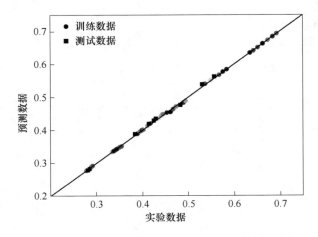

图 3-41　导热系数实验值与 RBFNN 预测值对比

由于 BP 神经网络在拟合非线性函数时，虽然可以收敛，但是容易收敛到局部最小点，这是源于它的搜索是串行搜索，而遗传算法的并行性，能够使其更容易收敛到全局最小点。因此，本实验可以采用遗传算法（GA）优化 BP 神经网络的初始权值和阈值。通过确定的 BP 神经网络拓扑结构，遗传算法的个体编码长度设计为 61，初始化种群大小设置为 30，初始化进化代数为 40，初始化交叉概率为 0.4，变异概率初始化为 0.1。

如图 3-42 所示，遗传算法的适应度值（预测输出与期望的输出之间的误差绝对值和）从第 2 代到第 30 代就产生了大的下降，从 31 代以后保持平稳，最终收敛在 0.4719，说明遗传算法优化 BP 神经网络的权值和阈值过程中，对误差递减具有较大的作用。

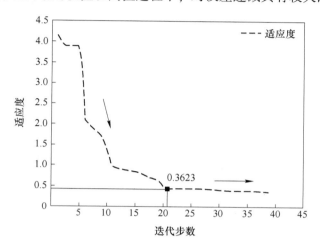

图 3-42　寻找最优个体适应度

图 3-43 显示了 GA-BPNN 预测输出导热系数和实验导热系数数据具有一致性。从该图可以明显看出，利用实验导热系数数据和经过 GA 优化的 BP 神经网络（GA-BPNN）建模能够准确预测 Cu-Al$_2$O$_3$/EG-W 的导热系数，确定系数 R^2 达到了 0.9995，表明经过 GA 优化 BP 神经网络的权值和阈值后，该神经网络模型预测混合纳米流体导热系数精度提高了。本实验中，优胜子种群及临时子种群大小分别设置为 5，MEA 的种群大小设置为 200，MEA 优化的 BP 神经网络初始优胜子种群和临时子种群的趋同和异化过程如图 3-43 所示。

图 3-44 显示了 MEA-BPNN 初始子种群的趋同和异化过程。从图 3-44（a）可以看出，经过趋同化操作，每个优胜子群体中各个子种群得分都不再增加，表明都已成熟，而且在各个子群体周围均没有更优的个体，由于 4 个亚组中没有最优个体，所以其得分没有变化。

通过比较下图 3-44（a）和（b）可以看出，临时子种群 1、2、3 的得分均高于优胜子种群 4、5，因此需要执行三次异化操作，在临时子种群的基础上补充三个新的子种群。如图 3-44（c）所示，每个优胜子种群都已经成熟，周围没有更好的个体，因此，异化操作是不需要执行的。通过比较图 3-44（c）和（d），每个优胜子种群在公告牌中的得分都比临时子种群得分高。临时子种群得分最高的种群低于优胜子种群得分最低的种群，模型在不进行异化操作的情况下达到全局最优值。最后根据编码规则对最优个体进行解码，得到最优初始权值和最优阈值。

从图 3-45 中的仿真结果可以看出，MEA-BP 的预测结果更接近实际值，确定系数 R^2

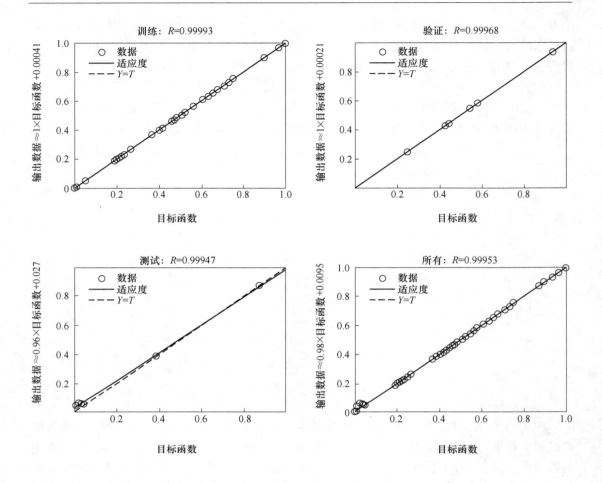

图 3-43   GA-BPNN 回归实验导热系数

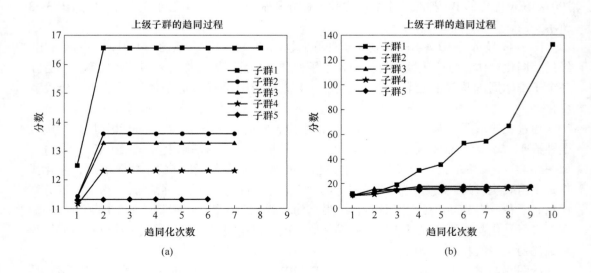

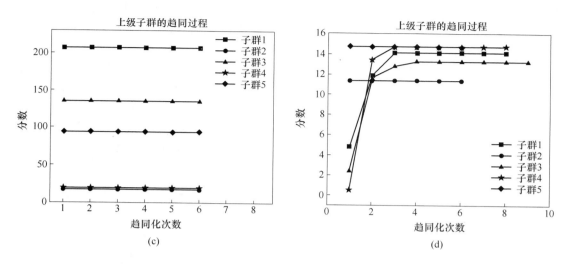

图 3-44 趋同和异化操作的过程

（a）初始优胜子种群的趋同化；（b）临时子种群的趋同化；

（c）异化操作后的优胜子种群；（d）异化操作后的临时子种群

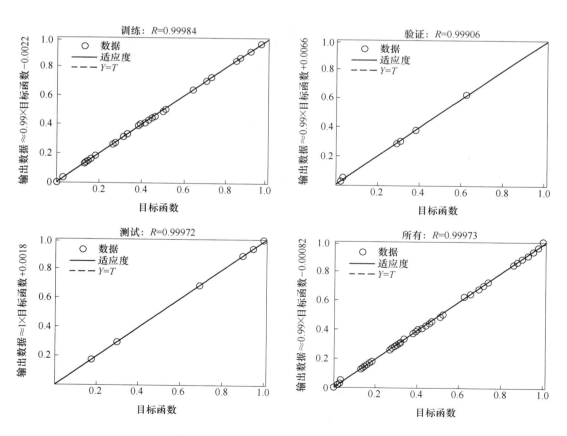

图 3-45 MEA-BPNN 回归实验导热系数

为 0.9997，预测精度比 GA-BPNN 的优化效果要好。这是因为相比遗传算法中的交叉和变异操作，MEA 中的全局公告板可以记得不止一代的进化信息，同时，进行趋同和异化操作，朝着更有利的方向进化。

如图 3-46 为实验导热系数与预测导热系数的对比图，以 7 组数据作为新的数据用于测试不同预测模型（MLR、BPNN、GA-BPNN、RBFNN、MEA-BPNN）下的导热系数，通过图中的仿真结果，MLR 预测导热系数结果与实验数据结果有较大的偏差，BPNN、GA-BPNN 模型均具有较好的预测结果。而 MEA-BPNN 得到的数据更接近实验测量导热系数。通过表 3-5，不同评价指标也是 MEA-BPNN 神经网络预测结果精确性的证明。

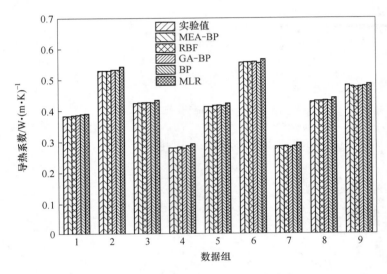

图 3-46　不同模型预测导热系数结果对比

表 3-5　各种预测模型的性能指标

预测模型	$RMSE$	$MRPE/\%$	SSE	R^2
MLR	0.0107	2.6213	0.0010	0.9984
BPNN	0.0035	0.7998	$1.0869e^{-04}$	0.9983
GA-BPNN	0.0034	0.7728	$1.0121e^{-04}$	0.9995
RBFNN	0.0048	0.8019	$2.0734e^{-04}$	0.9974
MEA-BPNN	**0.0031**	**0.6293**	**$8.8078e^{-05}$**	**0.9997**

3.2.5　小结

由于 Cu-Al$_2$O$_3$/EG-W 混合纳米流体的导热特性随变化规律不一致，本节建立人工神经网络预测导热系数数据驱动模型。针对 BP 神经网络进行预测导热系数，效果比较好，但误差较大且极易陷入局部极小点的困境问题，分别应用了 RBF 神经网络、经遗传算法优化的 BP（GA-BP）神经网络和思维进化算法优化 BP（MEA-BP）神经网络模型预测导热系数。对于 Cu-Al$_2$O$_3$/EG-W 混合纳米流体，输入层为基液混合比 R 和温度 T，输出层

为导热系数 k_{nf}。得出以下主要结论：

（1）对于 Cu-Al$_2$O$_3$/EG-W 混合纳米流体，本章建立 MEA-BP 神经网络模型、RBF、GA-BP、BP 神经网络和 MLR 模型并进行了对比，MEA-BP 模型在预测混合纳米流体导热系数具有明显的优点，具有良好的泛化性能和精确性，为纳米流体的热物性参数预测提供了一种有效的数据驱动建模方法。

（2）MEA 中的"全局公告板"张贴着各个子群体的信息，可以时刻记录每个个体和子群体的得分，可以使"趋同"和"异化"操作向着正确的方向进行。遗传算法进行交叉、变异操作时，可能会破坏群体中原始的优良基因，思维进化算法中的"异化"操作可以避免这个问题，基于思维进化算法优化 BP 神经网络（MEA-BP）可以作为一种有效的预测混合纳米流体导热系数手段，采用此数据驱动模型应用于混合纳米流体导热线系数中，具有很高的经济效应，为探究纳米流体导热系数机理提供了一种很好的辅助。

3.3　混合纳米流体导热系数增强的协同机制及经济性分析

3.3.1　引言

混合纳米流体被定义为使用 2 种或 2 种以上的纳米颗粒相结合，并将其分散在基液中。与单一纳米流体相比，混合纳米流体由于兼具不同类型纳米颗粒的特性，所以它具有更好的热物理性能。比如，一种纳米颗粒具有良好的热物性，而另一种纳米颗粒又具有优良的流变性能[27]，那么混合纳米流体就通过将这两种颗粒混合来实现多种优良特性之间的平衡，可以同时具有良好的导热性能和流变性能。此外，由于协同作用的影响，混合纳米流体也有望比单一纳米流体具有更高的导热系数。Babu 等[28]指出，Al$_2$O$_3$、TiO$_2$、CuO 等金属氧化物具有稳定的化学惰性，但是其导热系数较低，而金属纳米颗粒具有较高的导热系数，但是化学性质不稳定易发生化学反应。但是通过混合两种纳米颗粒制备出的混合纳米流体能够同时具备优异的传热性能和流变特性。基于对这一领域的全面回顾，混合纳米流体面临的基本挑战严重限制了其进一步发展。更具体地说，混合纳米流体在提高导热性、选择纳米颗粒和高成本等方面存在一定的不足。

混合纳米流体是否比单一纳米流体具有更高的导热性目前仍存在争议。大多数研究者认为由于协同效应的影响，混合纳米流体比相应的单一纳米流体具有更好的传热性能。Wei 等[29]研究了 SiC–TiO$_2$/油混合纳米流体和对应单一纳米流体的导热系数。结果表明，在体积分数为 1.0% 时，混合纳米流体的导热系数高于单一纳米流体。Dalkılıça[30]研究 SiO$_2$-CNT/水混合纳米流体的导热系数，发现导热系数随着 CNT 浓度的增加而非线性地增加。Aparna 等[31]比较、研究了纳米流体对基液导热系数的影响。他们发现，体积分数为 0.1% 的 Al$_2$O$_3$-Ag/W 混合纳米流体的导热系数明显高于基液和 Al$_2$O$_3$/（水）W 单纳米流体。他们认为混合纳米流体可以显著提高基液的导热系数。Hamid 等[32]研究了球形/碳纳米管混合纳米流体，发现与碳纳米管单一纳米流体相比，由于固液界面间的热阻降低，混合纳米流体的导热系数显著增强。

然而，虽然存在许多发现混合纳米流体导热系数显著增强的研究，也有些研究者并没有发现导热系数增强的结果。Jana 等[33]比较研究了碳纳米管（CNTs）、铜纳米颗粒（Cu）、金纳米颗粒（Au）及其混合纳米流体（CNT-Cu 和 CNT-Au）的导热系数。结果表明，与单一纳米流体相比，碳纳米管并没有提高混合纳米流体的导热系数，反而使其降低。基于这些矛盾的研究结果，Hamid[34]发现，随着乙二醇（EG）-W 流体中 TiO_2-SiO_2 混合物比例的增大，导热系数既增大也减小。结果表明，当混合比例为 50：50 时，所研究温度下的导热系数出现最低值。然而，他们并没有解释出现这种特殊现象的原因。Ambreen 等[35]认为，需要更多的研究来了解混合纳米流体导热系数增强的协同机理及其提高应用效率的因素。

另一个限制了混合纳米流体的工业应用主要问题是较高的生产成本。事实上，除了合理的物理性质外，纳米流体在大规模的工业应用中还应考虑价格。寻找具有高效传热性能且价格合理的纳米流体是正确选择纳米流体的关键因素。Esfe 等[36]表示只有在成本合理的情况下，纳米流体才能应用于工业。他们从提高导热系数（TCE）和价格的角度研究了SWCNTS-ZnO/ EG-W 混合纳米流体。结果表明，混合纳米流体的 TCE 比 ZnO 单一纳米流体的 TCE 要高，但其成本也更高。因此，从经济角度出发，ZnO 单一纳米流体是作为工业应用更佳的选择。随后他们比较了 MWNT-MgO /EG-W 混合纳米流体及其单一纳米流体的价格-性能综合参数。他们的分析表明，从经济和性能综合考虑，混合纳米流体是更好的选择[37]。Alirezaie 等[38]提出从经济角度考虑导热系数与价格综合结果的重要参数-性价比因子（price-performance factor，PPF）。目前，大多数对实际应用中的经济分析只考虑导热过程中，缺少对流换热过程中纳米流体的应用分析，对流换热过程中导热系数决定换热性能，黏度取决于压降和泵送功率[39]。因此，扩大 PPF 的取值范围，对估算对流换热经济性具有重要意义。

通过综述国内外文献，发现目前很少有研究集中于混合比对导热系数影响。此外，在实际对流换热工业应用中还需要通过经济性分析来选择最佳的纳米流体。通过研究使导热系数提高的协同机理及混合纳米流体的经济性分析可以更好地筛选适合于工业应用的纳米流体。为此，研究体积浓度为 1.0%，温度范围为 20~60℃时，纳米颗粒（NP）及基液（BF）的混合比对混合纳米流体（Al_2O_3-TiO_2/EG-W，Al_2O_3-CuO/EG-W 和 Al_2O_3-Cu/EG-W）导热系数的影响。为此，本节的主要目的可以分为三个部分：首先，分别比较研究NP（纳米颗粒）和 BF（基液）混合比对导热系数的影响，找出提高导热系数更重要的因素。然后通过协同机理分析更好地理解导热系数增强的实质。最后，结合价格和综合传热性能进行经济性分析，找到了各种传热过程所适合的纳米流体。

3.3.2　混合纳米流体的制备及理论方法

如前所述，选择混合纳米流体是因为相对于单一纳米流体[40]，混合纳米流体由于协同作用的影响传热特性更好。根据 Hamid 等的实验[41]，TiO_2-SiO_2/EG-W 纳米流体属于金属氧化物/非金属氧化物的混合物，因此尚不清楚是否所有混合纳米流体在 50：50 时的导热系数都最低。因此，选择其他类型颗粒混合，深入研究混合比例对导热系数的影响。

实验选用 4 种不同类型的纳米颗粒（Al_2O_3、TiO_2、CuO 和 Cu）和 2 种流体（EG 和W）制备了三种混合纳米流体，即 Al_2O_3-TiO_2/EG-W（金属氧化物/金属氧化物混合物）。Al_2O_3-CuO/EG-W（金属氧化物/金属氧化物混合物）和 Al_2O_3-Cu/ EG-W（金属氧化物/金属混合物）混合纳米流体 Al_2O_3、TiO_2、CuO 等纳米颗粒因其价格低廉、化学稳定性好、传热特性合理等特点，在各行各业得到了广泛的应用。对于 Cu 纳米颗粒，因为它具有更好的导热性能[41,42]。因此，两者的结合可能是混合纳米流体的优良选择。

表 3-6 为实验所用纳米颗粒和基液的物理性质和价格。纳米颗粒和乙二醇从北京德科岛金纳米科技有限公司（中国）和北京格瑞朗杰科技有限公司（中国）购买，去离子水（W）在实验室自制。所有导热系数和黏度均在温度范围 20~60℃ 内测量。

表 3-6　不同类型的纳米颗粒和基液的基本性质

纳米颗粒	平均粒径/nm	纯度/%	密度 /kg·m⁻³	价格/$·g⁻¹
Cu	50	99.9	5614.3	1.278
CuO	40	99.9	3868	0.426
Al$_2$O$_3$	20	99.9	1835.8	0.284
TiO$_2$	35	99.9	3016.7	0.284
EG	—	99.9	1106.7	$1.48×10^{-3}$
W	—	—	1000	—

为了确定影响热物理特性的最重要因素，首先比较研究 NP、BF 混合比对热物理特性的影响。所有混合纳米流体的体积分数设置为 1.0%。第一次实验中 BF 混合比 40∶60（EG∶W）恒定，NP 混合比 0∶100~100∶0。以 10% 的增量变化。其中，0∶100 和 100∶0 的混合比例为包含 1 种纳米颗粒的单一纳米流体。在第一个实验的基础上，进行了第二个实验，研究了在最好的 NP 混合比例下，BF 的混合比例对导热系数的影响。

混合纳米流体体积分数可通过以下表达式计算：

$$\varphi = \frac{\left(\dfrac{w}{\rho}\right)_{NP_1} + \left(\dfrac{w}{\rho}\right)_{NP_2}}{\left(\dfrac{w}{\rho}\right)_{NP_1} + \left(\dfrac{w}{\rho}\right)_{NP_2} + \left(\dfrac{w}{\rho}\right)_{EG} + \left(\dfrac{w}{\rho}\right)_{W}} \times 100\% \tag{3-19}$$

式中，NP_1 和 NP_2 分别为 2 种纳米颗粒。φ、ρ、w 分别为纳米流体的体积分数、密度（kg/m³）和质量（kg）。

图 3-47 为使用两步法制备混合纳米流体流程图。首先将两种不同类型的纳米颗粒加入 EG/W 混合基液中，之后通过磁力搅拌（IKI，200~1500 rpm，中国）15min 和超声振荡（CP-3010GTS 40KHZ，中国）1h 获得更稳定均匀的混合纳米流体。两步法是工业应用中大规模生产纳米流体最经济的方法[43]。最后使用热常数分析仪（瑞典 Hotdisk TPS2500）和旋转黏度仪（美国 Brookfielo DV-3 T）分别测量导热系数和动态黏度。

导热系数和黏度测量的不确定度计算如下[44]：

$$U_F = \pm \sqrt{\sum_{i=1}^{n} \left(\frac{\partial F}{\partial x_i} U_{xi}\right)^2} \tag{3-20}$$

式中，x_i 为实验中被测变量，$i = 1, 2, \cdots, n$。

由式（3-20）计算得到导热系数和黏度的最大不确定度分别为 3% 和 3.5%。为了验证所得数据的可靠性，将去离子水在不同温度下的导热系数和黏度与 ASHRAE 标准进行

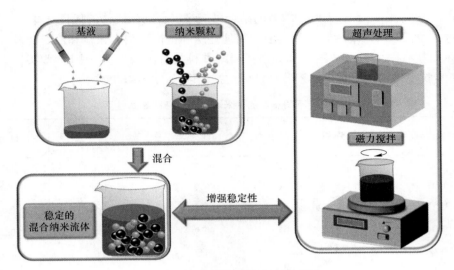

图 3-47   混合纳米流体制备示意图

了比较。比较结果表明，测量误差在合理范围内[45]。为了使测量误差最小，每次测量至少重复 3 次，然后计算其平均值。更多的测量细节由 Wang 等[46]报道。

物理振动是有效提高混合纳米流体稳定性和减小团簇团聚尺寸的一种方法。因此，可以用软件测量 TEM（透射电子显微镜）图像中团簇的平均直径：

$$\bar{d} = \frac{\sum_i n_i d_i}{\sum_i n_i} \tag{3-21}$$

式中，$\sum n_i$、d_i 分别为测量面积内的纳米颗粒总量和单个纳米颗粒的直径。因此，团簇的沉降速度可由 Stokes 定律确定[47]：

$$v = \frac{2}{9} \frac{R^2 (\rho_{nf} - \rho_{bf})^2 g}{\mu_{nf}} \tag{3-22}$$

式中，R 和 μ 分别为团簇半径（$R = 1/2a$）和流体黏度；下标 nf 和 bf 分别表示纳米流体和基液。v 值越低，表明沉降速度越慢，纳米流体越稳定。

图 3-48 为初始制备与制备 10h 后 Al$_2$O$_3$-TiO$_2$/EG-W 混合纳米流体的 TEM 图像。从图 3-48 中可以看出，初始状态和 10h 后的平均直径分别为 72.289nm 和 73.194nm，而沉降速度分别为 2.828m/s 和 2.899m/s。很明显制备 10h 后纳米流体平均颗粒直径的变化很小。可见，在实验过程中，通过物理振动可以制备出稳定的纳米流体。其他类型纳米流体的稳定性也可以用同样的方法验证。

从经济性角度来看，性价比因子（price-performance facto，PPF）是决定纳米粒子组合的最重要参数之一。Alirezaie 等[48]将 PPF_{TCR} 定义为有效导热系数与价格的比值。具体的数学表述如下：

$$PPF_{TCR} = \frac{k_{nf}/k_{bf}}{\sum_{\substack{i=1 \\ n}} 价格} \tag{3-23}$$

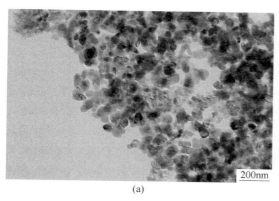
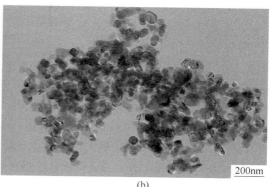

(a)   (b)

图 3-48 Al_2O_3-TiO_2/EG-W 混合纳米流体 TEM 图

（a）初始制备；（b）10 小时后

式中，k_{nf} 和 k_{bf} 分别为纳米流体和基液的导热系数；n 代表不同纳米流体类型。研究表明，纳米流体的 PPF_{TCR} 指数越高，其成本和传热效率的综合性能越好，其导热性能越适合大规模应用。

在换热器中，任何传热系统都需要在高导热性和低黏度之间进行工程权衡。因此，基于 PPF_{TCR} 提出了在层流和湍流换热中判断纳米流体性价比的新参数 PPF_C 和 PPF_{Mo}：

层流中：

$$PPF_C = \frac{C_k/C_\mu}{\sum\limits_{n}^{i=1} 价格} \tag{3-24}$$

湍流中：

$$PPF_{Mo} = \frac{Mo}{\sum\limits_{n}^{i=1} 价格} \tag{3-25}$$

与上节相似，PPF_C 和 PPF_{Mo} 值越高，纳米流体的性价比越高。式（3-24）和式（3-25）仅取 $C_k/C_u > 0.25$ 或 $Mo > 1$ 时的数据。价格的单位为 \$/g。

式（3-24）和式（3-25）中，C_k/C_μ 和 Mo 可以根据工作流体在对流换热中的效率计算[24]：

$$\frac{C_k}{C_\mu} = \frac{(k_{nf} - k_{bf})/k_{bf}}{(\mu_{nf} - \mu_{bf})/\mu_{bf}} \tag{3-26}$$

$$Mo = \left(\frac{k_{nf}}{k_{bf}}\right)^{0.67} \times \left(\frac{\rho_{nf}}{\rho_{bf}}\right)^{0.8} \times \left(\frac{c_{p,\,nf}}{c_{p,\,bf}}\right)^{0.33} \times \left(\frac{\mu_{nf}}{\mu_{bf}}\right)^{-0.47} \tag{3-27}$$

式中，$c_{p,nf}$ 为纳米流体的比热。当 $C_k/C_\mu > 0.25$ 时说明这种纳米流体有利于层流应用。$Mo > 1$ 且数值越高时说明此时的纳米流体越适合湍流应用。

黏度和导热系数通过实验测得到，密度和比热根据混合物定律计算[49]：

$$\rho_{\mathrm{nf}} = \varphi_{\mathrm{NP1}}\rho_{\mathrm{NP1}} + \varphi_{\mathrm{NP2}}\rho_{\mathrm{NP2}} + (1 - \varphi_{\mathrm{NP1}} - \varphi_{\mathrm{NP2}})\rho_{\mathrm{bf}} \tag{3-28}$$

$$c_{\mathrm{p,nf}} = \frac{\varphi_{\mathrm{NP1}}\rho_{\mathrm{NP1}}c_{\mathrm{p,NP1}} + \varphi_{\mathrm{NP2}}\rho_{\mathrm{NP2}}c_{\mathrm{p,NP2}} + (1 - \varphi_{\mathrm{NP1}} - \varphi_{\mathrm{NP2}})c_{\mathrm{p,bf}}}{\rho_{\mathrm{nf}}} \tag{3-29}$$

虽然许多经验关联可以预测单个和混合纳米流体的密度和热容量，但文献［50］，［51］中已报道，公式（3-28）和（3-29）的计算值与实验值吻合更好。

敏感性分析通常用于研究变量的决定因素。Mamourian 等[52]研究了 Nusselt 数和熵生成对 Al_2O_3-水纳米流体 Rayleigh 数和倾角的灵敏度。Mukhtar 等[53]采用灵敏度分析与残差分析相结合的方法来评价 MWCNTs-Kapok 籽油基纳米流体导热系数预测模型的准确性。同样，以下方程可以用来估计导热系数对 NP 混合比和对 BF 混合比的灵敏度。导热系数的灵敏度可以定义如下[54]：

$$导热系数的灵敏度 = \left[\frac{(k_{\mathrm{nf}})_{\mathrm{after\ change}}}{(k_{\mathrm{nf}})_{\mathrm{base\ condition}}} - 1\right] \times 100\% \tag{3-30}$$

3.3.3　导热系数增强协同机制分析

图 3-49 将 Al_2O_3-TiO_2/EG-W、Al_2O_3-CuO/EG-W 和 Al_2O_3-Cu/EG-W 的导热系数与 Hamid[15]等的研究结果（22nmSiO_2-50nmTiO_2/EG-W）相比较。实验体积分数和 BF 混合比分别固定在 1.0% 和 40∶60。由图 3-49 可见，随着温度从 20℃增加到 60℃，导热系数逐渐增加。而且很显然较高的温度会导致更明显的导热系数提高。在研究 3 种混合纳米流体中，均在 NP 混合比为 20∶80 时导热系数最高的，且高于相应的单一纳米流体。在 20℃，20∶80 混合比下，Al_2O_3-TiO_2/EG-W、Al_2O_3-CuO/EG-W 和 Al_2O_3-Cu/EG-W 混合纳米流体的最大导热系数分别为 0.5376W/（m·K）、0.5430W/（m·K）和 0.5372W/（m·K），然而相对应的 Al_2O_3/EG-W、TiO_2/EG-W、CuO/EG-W 和 Cu/EG-W 单一纳米流体的导热系数仅为 0.5245W/（m·K）、0.5190W/（m·K）、0.5145W/（m·K）和 0.4975W/（m·K）。这表明在一定 NP 混合比下，混合纳米流体的导热系数高于单一纳米流体。此外，它还高于只含有金属纳米粒子的单一纳米流体。这一结果也与 Sarkar 等[55]研究结果一致。然而，所研究的混合纳米流体都在 50∶50 的混合比下表现出最低的导热系数。因此 NP 混合比决定了混合纳米流体导热系数的提高。

为了研究导热系数增强机理，初步利用 XRD（X 射线衍射）对纳米流体的组分和晶体结构进行了表征。图 3-50 为 3 种混合纳米流体的 XRD 图。观察到混合纳米流体的 XRD 范围在 20°~90°之间。由图可知，制备完成的混合纳米流体中仅含有初始添加的纳米粒子，混合物中没有产生化学反应且没有新类型的纳米粒子产生。也就是说，混合纳米流体是由 2 种不同类型的纳米颗粒通过物理重排而不是化学反应产生新的离子。此外，许多研究人员还利用 XRD 对混合纳米流体的晶体结构进行了分析。例如，Esfe[56]和 Aparna[57]均通过分析混合纳米流体的 XRD 图像而表示纳米颗粒之间仅为物理运动没有发生化学反应。因此，纳米粒子的排列和团簇决定了导热系数的增强[58]，这就是所谓的协同效应。下一节将详细讨论导热系数增强的协同机制。

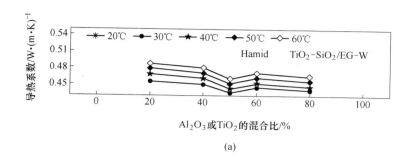

(a)

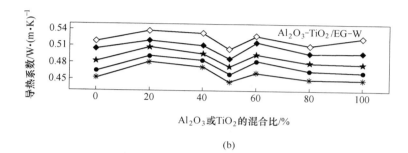

(b)

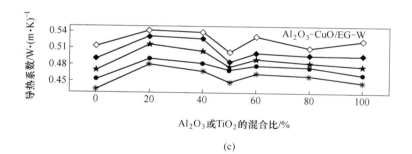

(c)

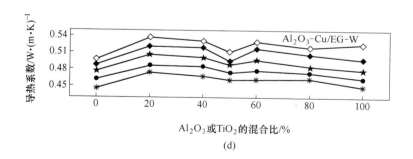

(d)

图 3-49 混合纳米流体导热系数随温度的变化

（a）TiO$_2$-SiO$_2$/EG-W；（b）Al$_2$O$_3$-TiO$_2$/EG-W；（c）Al$_2$O$_3$-CuO/ EG-W；（d）Al$_2$O$_3$-Cu/ EG-W

　　具有较高导热系数（材料热物理性质）的纳米颗粒并不总是能提高纳米流体的总体导热系数。为了更好地分析这一现象，图 3-51 为单一纳米流体（Cu/EG-W、CuO/EG-W、

$Al_2O_3/EG-W$ 和 $TiO_2/EG-W$）导热系数的变化。Cu、CuO、Al_2O_3 和 TiO_2 纳米颗粒的导热分别为 $401W/(m \cdot K)$、$76.5W/(m \cdot K)$、$40W/(m \cdot K)$ 和 $8.4W/(m \cdot K)$ [59,60]。然而，如果纳米颗粒分散到基液中，相应的纳米流体的热特性与本征纳米颗粒并不相同。由图 3-51 可见，当温度在 20～40℃ 之间时，$CuO/EG-W$ 导热系数最低，为 $0.4373 \sim 0.4711W/(m \cdot K)$。而在 40～60℃ 下，导热系数最低的变为 $Cu/EG-W$，$0.4761 \sim 0.4975W/(m \cdot K)$。在研究的所有温度下 TiO_2 纳米流体均表现出最高的导热系数（$0.4495 \sim 0.5245W/(m \cdot K)$）。

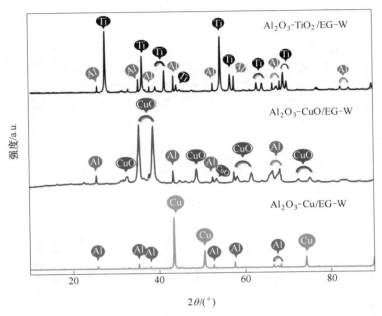

图 3-50　Al_2O_3-$TiO_2/EG-W$、Al_2O_3-CuO/ EG-W、Al_2O_3-Cu/ EG-W 混合纳米流体 XRD 衍射图谱

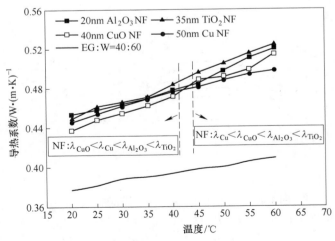

图 3-51　不同纳米流体导热系数的变化（NF 为纳米流体）

这表明 Cu 和 CuO 纳米颗粒在纳米流体中分散时都表现出较低的导热系数。Hong 等[61]也提出了类似的观点，他们解释说，尺寸限制和表面效应比纳米流体中纳米颗粒热物性的性质更重要。此外，Das 等[62]通过回顾颗粒材料对导热系数的影响说明应从团簇的影响来解释高导热系数颗粒分散在基液中表现出的低导热性。

图 3-52 为纳米颗粒的形貌与对应单一纳米流体的导热系数间的关系。为了更好地理解团簇尺寸对导热系数的影响，通过透射电镜观察上述单一纳米流体中颗粒的分布情况。图 3-52 为 Al_2O_3/EG-W、TiO_2/EG-W 和 Cu/EG-W 单一纳米流体的 TEM 图像（约 200nm）和平均团簇尺寸。所有样品在室温（20℃）下测量。图 3-52（a）表明 Al_2O_3、TiO_2 和 Cu 纳米颗粒分散到纳米流体中时几乎都呈球形。然而，由于 Cu 纳米颗粒的尺寸较大，Cu/EG-W 单一纳米流体容易形成更大尺寸的团簇。图 3-52（b）可见 Al_2O_3/EG-W、TiO_2/EG-W 和 Cu/EG-W 单一纳米流体的平均团簇尺寸分别为 45nm、85nm 和 145.9nm。图 3-51 和图 3-52 可见，20℃时 Al_2O_3/EG-W 单一纳米流体表现出最高导热系数与最小的团簇直径，这可能是由于 Al_2O_3/EG-W 单一纳米流体的团簇尺寸较小，布朗运动更活跃从而导致了较高的导热系数，而 TiO_2 和 Cu 纳米颗粒形成较大的团簇，减少了布朗运动。因此，Al_2O_3/EG-W 单一纳米流体的产生较高的导热系数，主要原因是团簇的旋转半径较小，导致它们移动得更快，快速地移动促进纳米粒子与基液液体分子之间更强的能量交换。在上述实验的基础上，讨论了纳米颗粒与液体分子之间的协同机制及其对传热的影响。与基液和相应的单一纳米流体相比，混合纳米流体导热系数增强有以下四个主要原因：布朗运动、纳米粒子的热传递性质、固液界面纳米层和团簇[63]。

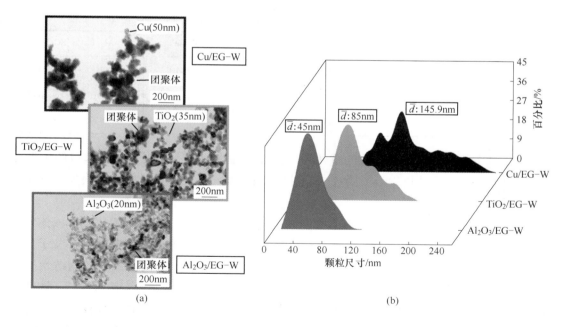

图 3-52　Al_2O_3-EG/W、TiO_2-EG/W 和 Cu-EG/W 单一纳米流体的 TEM（a）和平均团簇大小（b）

然而，布朗运动是否在传热增强中起着重要作用目前仍有争议。具体来说，不同尺寸的纳米颗粒分散到不同的基液中会导致不同的导热系数变化趋势。通过比较布朗运动

（τ_D）引起的时间尺度和液体分子热运动（τ_H）引起的时间尺度，布朗运动对导热系数增强的影响初步估计如下[64]：

$$\tau_D = \frac{3\pi\mu_{nf}\overline{d}^3}{6k_B T} \tag{3-31}$$

$$\tau_H = \frac{d^2 c_{p,nf}\rho_{nf}}{6k_{nf}} \tag{3-32}$$

式中，T 和 k_B 分别为纳米流体的温度（K）和 Boltzmann 常数（1.38×10^{-23}J/K）。根据式（3-31）和式（3-32）可知 τ_D/τ_H 的比值越大，表明热扩散引起的传热速度快于布朗运动引起的传热速度。

　　由于混合纳米流体中有 2 种纳米粒子的随机运动因此其时间尺度与单一纳米流体不同。表 3-7 为不同类型纳米流体的时间尺度。在 20℃时 Al$_2$O$_3$/EG-W 单一纳米流体的 τ_D/τ_H 值约为 4192。相比之下，10nmCu-W 单一纳米流体中 τ_D/τ_H 约为 500，其值远低于本研究中的混合纳米流体。这说明随着团簇直径和基液黏度的增加，特别是混合纳米流体中的团簇直径和黏度的增加，纳米流体中布朗运动引起的热量减少。此外，Keblinshi 等[65]指出，一些纳米粒子的随机运动可能导致更长的运动距离，在长距离的运动过程中由于范德华力纳米颗粒和液体分子很容易聚集形成团簇。因此，布朗运动的作用主要是使颗粒形成团簇且控制纳米粒子的热运动，它并不是直接导致混合纳米流体传热增强的原因。

表 3-7　室温下各混合比的 τ_D、τ_H 和 τ_D/τ_H 值

项目	Cu-W[41]	Al$_2$O$_3$-TiO$_2$/EG-W	Al$_2$O$_3$-CuO/EG-W	Al$_2$O$_3$-Cu/EG-W
τ_D	2×10^{-7}	$1.09\times10^{-5} \sim 5.53\times10^{-5}$	$1.09\times10^{-5} \sim 8.49\times10^{-5}$	$1.09\times10^{-5} \sim 24.32\times10^{-5}$
τ_H	4×10^{-10}	$0.26\times10^{-8} \sim 1.12\times10^{-8}$	$0.26\times10^{-8} \sim 1.54\times10^{-8}$	$0.26\times10^{-8} \sim 1.69\times10^{-8}$
τ_D/τ_H	约 500	$4192 \sim 4937$	$4192 \sim 5513$	$4192 \sim 14391$

　　由上述分析可知，纳米颗粒的布朗运动和热传输性质并不是提升导热系数的主要原因。布朗运动使纳米流体内形成固液纳米层和团簇，而 NP 混合比是影响团簇尺寸进而影响导热系数的最重要因素。

　　图 3-53 为混合纳米流体导热系数增强的协同机制示意图。图 3-53（a）表示液体分子在基液中做无规律随机移动。然而在纳米颗粒加入后，由于范德华力的作用液体分子可以被更有序地排列在纳米颗粒表面，分子聚集在一起形成团簇，然后形成更大的纳米层结构。这种结构中由于丰富的颗粒数，具有较低的界面热阻。它们充当连接液体分子和纳米颗粒的热桥（热桥是与固液界面相等的中间物理状态）。热桥之间的这些特殊的液体分子也表现出纳米粒子与液体之间的中间性质，可以有效地提高纳米流体的导热系数。然而，范德华力可能对导热系数同时产生正或负的影响。在开始时，它可以形成团簇，热量可以在这些团簇中非常快地移动，从而有效地提高了导热系数。然而，由于团簇体积的增大，增强效果将随着时间的推移而减少。因此使用物理振动可以用来打破沉积倾向。

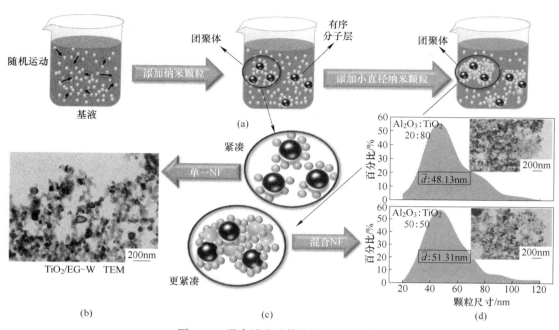

图 3-53　混合纳米流体协同机理示意图

（a）分散状态；（b）TiO$_2$／EG-W 纳米流体 TEM；（c）团簇内部结构；（d）TEM 图及粒径分布

　　随后，在纳米流体中加入小尺寸的纳米粒子，例如，将 20nmAl$_2$O$_3$ 纳米粒子加入 35nm TiO$_2$ 纳米流体中，小颗粒将填充在大尺寸纳米粒子间补充空隙。由图 3-53（b）~（c）可见，这可以形成更紧凑的固液界面，以降低热阻。但是在 50：50 的比例下导热系数最低，这是由于颗粒间协同效应差，从而导致界面热阻变大。图 3-53（d）中，20：80 和 50：50 混合比时，Al$_2$O$_3$-TiO$_2$/EG-W 纳米流体的平均团簇尺寸分别为 48.13nm 和 51.31nm。因此，颗粒间团聚是导热系数下降的根本原因。

　　总之，协同效应被定义为将不同尺寸的纳米粒子分散到基液中时，纳米粒子周围会形成有序的液体分子排列-固液界面层，从而产生合理的传热网络和较高的导热系数。NP 混合比会影响纳米粒子的排列。因此通过研究 NP 混合比的影响可指导制备高导热系数的混合纳米流体应用于实际。

　　如前所述，当 NP 混合比为 20：80 时，导热系数的增强最大。因此，在随后的研究中，NP 混合比固定为最优的 20：80，研究 BF 混合比的影响。图 3-54 为不同 BF 混合比和不同温度下混合纳米流体的导热系数变化。由图 3-54（a）可见，随着 EG 浓度的增加，3 种混合纳米流体的导热系数线性下降。这是由于 EG 的导热系数值低于水，在恒定的 NP 混合比下，混合纳米流体的导热系数仅取决于 EG 浓度，此时纳米粒子排列的影响可以忽略。此外，图 3-54（b）表明导热系数与温度几乎成正比，因为高温下纳米粒子之间碰撞更强烈。Chiam 等[66] 在研究 Al$_2$O$_3$ 纳米粒子分散在 W-EG（40：60~60：40）基液中时，也发现了类似现象。

　　图 3-55 为在 20~60℃下，NP 和 BF 混合比对导热系数的敏感性的比较。3 种混合纳米流体的导热系数灵敏度变化趋势相似。对于 Al$_2$O$_3$-TiO$_2$/EG-W 混合纳米流体，导热系

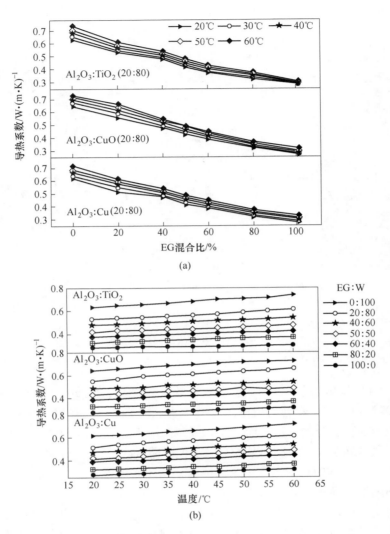

图 3-54 导热系数随 BF 混合比（a）及温度（b）的变化规律

数对 NP 比变化的敏感性从 18.25%到 31.65%不等（图 3-55(a)），而随 BF 混合比的变化范围为 3.19%~26.76%（图 3-55(b)）。因此，NP 混合比对所有纳米流体的导热系数的敏感性均高于 BF 混合比。结果表明了研究颗粒混合比变化的重要性，特定比例的颗粒混合比能产生最高的导热系数。

　　根据灵敏度分析可知，NP 混合比是影响混合纳米流体导热系数提高的一个决定性因素。因此，采用经济分析来寻找适合的工业应用中的 NP 混合比。

　　图 3-56 中对不同纳米流体的 PPF_{TCR} 和有效导热系数进行了分析。图 3-56(a)~(c)可见，3 种类型的混合纳米流体具有相似的有效导热系数规律，虽然从颗粒热物性来看 Cu 纳米颗粒有着最高的导热系数，但是有 Cu 纳米颗粒参与的混合纳米流体并没有表现出更优异的导热性能。除了导热系数，纳米粒子的价格也是影响纳米流体在工程应用中大规模应用的重要因素，因此，选择合适的工业应用纳米流体必须考虑经济分析。图 3-56(d)

可知，PPF_{TCR}的值随着 Al_2O_3 纳米颗粒数量的增加而增加。在相同的颗粒混合比和温度下，PPF_{TCR} 从高到低依次为：Al_2O_3-TiO_2/EG-W> Al_2O_3-CuO/EG-W>Al_2O_3-Cu/EG-W 混合纳米流体。因此，考虑到导热系数和价格的综合影响，Al_2O_3-TiO_2/EG-W 混合纳米流体是最适合导热过程的工质。

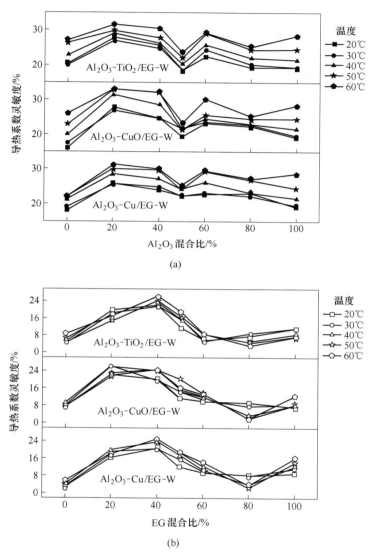

图 3-55　NP（a）和 BF（b）混合比对导热系数的敏感性分析比较

在对流换热过程中，既要考虑换热性能，又要考虑泵功。图 3-57 为层流中不同纳米流体的 C_k/C_μ 和 PPF_C 随温度和 NP 混合比的变化。图 3-57（a）~（c）表明，Al_2O_3-Cu 纳米流体的 C_k/C_μ 的所有值都大于 0.25。而对于 Al_2O_3-TiO_2 纳米流体，当 NP 混合比为 0：100、60：40~100：0 时 C_k/C_μ 值大于 0.25。对于 Al_2O_3-CuO 纳米流体，C_k/C_μ 值大于 0.25 的 NP 混合比范围为 20：80、40：60 和 60：40~100：0。图 3-57（d）~（f）中分析了综合传热性能和价格的综合影响，图中表明，Al_2O_3-CuO/EG-W 混合纳米流体在 NP

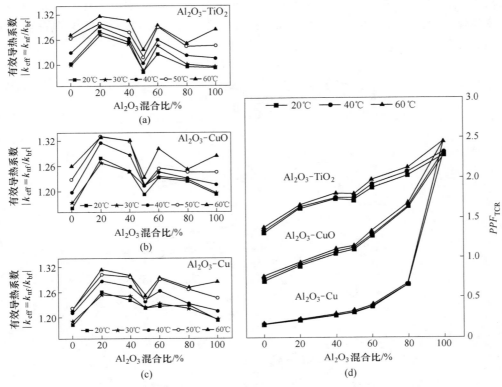

图 3-56　混合纳米流体的有效导热系数 (a)~(c) 和 PPF_{TCR}(d) 的经济性分析

混合比 60∶40 时 PPF_C 最高，为 0.585~4.387。然而，图中明显可见 Al_2O_3-TiO_2/W-EG 和 Al_2O_3-Cu/W-EG 不适合于层流应用。

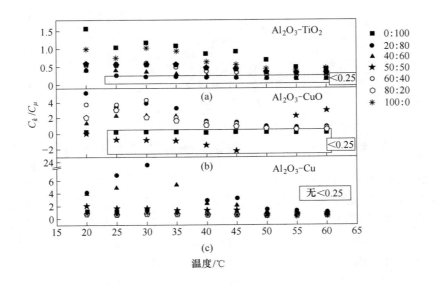

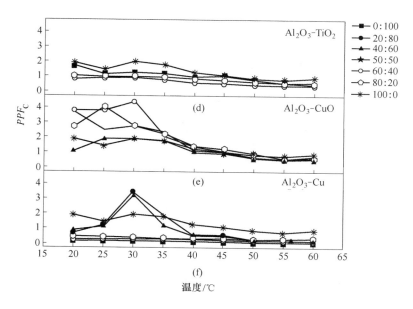

图 3-57　层流中不同混合纳米流体 C_k/C_μ（a）~（c）和 PPF_C（d）~（f）随温度的变化

图 3-58 为湍流应用中，Mo 和 PPF_{Mo} 随温度和 NP 混合比的变化。结果可见，Al_2O_3-Cu/EG-W 混合纳米流体的 Mo 值最高，说明其可在湍流流动中拥有最佳的综合传热性能。然而，Al_2O_3/EG-W 单一纳米流体的 PPF_{Mo} 值高于其他纳米流体。因此，考虑成本的情况下，湍流流动中的最佳工质为 Al_2O_3/EG-W 单一纳米流体。

因此，选择合适的纳米流体的类型，在最低的成本下达到最佳的传热效率使其更适合工业应用就显得尤为重要。从经济性角度看，Al_2O_3-TiO_2/EG-W 混合纳米流体是热传导的有效工作流体，在层流应用中，Al_2O_3-CuO/EG-W 混合纳米流体更有利。然而，混合纳米流体由于黏度较高的影响，并不适合于湍流应用。Al_2O_3/EG-W 单一纳米流体是湍流中的最佳选择。

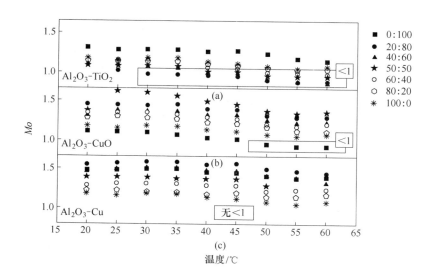

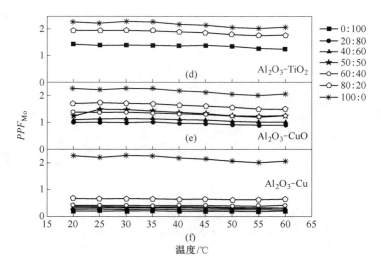

图 3-58　湍流中不同混合纳米流体的 Mo(a)~(c) 和 PPF_{Mo}(d)~(f)

3.3.4　小结

为了研究 NP 和 BF 混合比例对导热系数增强的影响，本研究采用两步法制备了 3 种不同类型的混合纳米流体。在实验结果的基础上，对增强导热系数的协同机理进行了分析，以便更好地理解混合纳米流体导热系数增强的本质。最后，利用经济分析来寻找适合工业应用的高效纳米流体。本研究的主要结论如下：

（1）导热系数不随着混合比的增加而简单地增加。当混合纳米流体的 NP 混合比为 20∶80 时导热系数最高。由于协同机理的影响，混合纳米流体的导热系数会高于单一纳米流体，甚至可以高于仅含有金属纳米粒子的纳米流体。

（2）基于实验结果发现，将不同尺寸的纳米颗粒分散到基液中，会使纳米颗粒周围的液体分子排列有序，形成更加致密的固液界面层，从而产生合理的传热网络和较高的导热系数。

（3）通过灵敏度分析发现，对于混合纳米流体导热系数增强的影响，NP 混合比比 BF 混合比更重要。通过经济性分析可知，层流条件下 Al_2O_3-CuO/EG-W 混合纳米流体最有利，而 Al_2O_3/EG-W 单一纳米流体是湍流应用的最佳选择。

3.4　基于径向基神经网络预测 CuO-ZnO/EG-W 纳米流体导热系数

3.4.1　引言

在纳米技术迅速发展和高效冷却技术迫切需求的宏观条件下，出现纳米流体的概念，即以一定的方式和比例在液体工质中添加 1~100nm 级金属或金属氧化物粒子而形成的纳米颗粒稳定悬浮液[67]。由于纳米颗粒导热系数大于纯工质，因此，纳米流体被广泛应用于换热系统中以提高效率。纳米流体有诸多问题需要解决，不仅要满足强化传热性能以提高系统的能源利用率，还需在有些寒冷地区找到可以耐寒抗冻的工质。水和乙二醇的溶液可以作为抗冻液，并且已经取得了十分广泛的应用，但其导热系数偏低。若将纳米颗粒与其混合，可以得到导热系数高且抗冻的混合工质。Sarkar 等[68]将基液中悬浮着 2 种或 2 种以上不同种类的纳米粒子称为混合纳米流体。由于同时拥有各种粒子的性质，成为近年来众多学者研究的热点。

混合纳米流体导热系数受纳米粒子体积分数、温度、基液混合比等因素影响。Suresh 等[69]研究了 Al_2O_3-Cu/W 混合纳米流体的导热系数变化规律，当体积分数从 0.1% 增到 2%，其导热系数呈线性增加；Baghbanzadeh 等[70]制备了 SiO_2-MWCNT/W 混合纳米流体，实验结果表明，其导热系数随着体积分数的增加非线性增大，但在高浓度下，导热系数增强的作用反而减小；Esfe 等[71]研究了温度（30~50℃）和体积分数对 CNTs-Al_2O_3/W 混合纳米流体导热系数的影响，当体积分数从 0.02% 增到 1%，导热系数最大增加 17.5%；Hwang 等[72]测量 MWCNT/EG-W、CuO/EG-W 及 SiO_2/EG-W 混合纳米流体导热系数，其导热性系数均随着温度的升高呈线性增加；Timofeeva 等[73]对比研究了乙二醇基液与水基液的混合纳米流体的导热系数，发现在相同条件下乙二醇基液的混合纳米流体导热系数增大更明显。

由此可见，混合纳米流体导热系数受基液类型、粒子种类、体积分数、温度及混合比等因素影响且变化规律不统一，导致纳米流体导热系数的精确数学建模十分困难。传统的液体颗粒悬浮液模型无法解释影响纳米流体导热性能的各种参数和机理，麦克斯韦方程[74]是预测微颗粒悬浮液导热系数的经典模型，但它仅适用于极稀悬浮液中的球形颗粒。近年来，作为一种有效的数据分析与建模方法，以人工神经网络（artificial neural networks，ANN）为代表的诸多先进智能算法不断被应用于不同的领域。例如，ANN 技术已被用于对流换热系数的计算[75]，评价氟氯化碳和新颖的冷剂[76]，分析制冷系统[77]和内燃机，研究生物质材料[78]。随后，国内外学者针对人工神经网络在纳米流体热物性参数建模与预测中的应用问题展开研究。Hojjat 等[79]选择纳米颗粒体积分数、温度以及纳米颗粒导热系数为输入参数，以纳米流体导热系数与基液导热系数的比值作为目标输出参数，提出并实例验证了人工神经网络在纳米流体热导率预测建模中的有效应用。Esfe 等[80]用瞬态热线法测量了 MgO-EG 纳米流体的导热系数。并以体积分数、温度及粒径为输入量，导热系数为输出量建立了 3-6-6-1 结构的神经网络模型预测导热系数，结果表明，该神经网络模型预测值与实验值吻合度较高。

Esfe 等[81~87]基于实验方法测量得到了其他不同类型纳米流体的导热系数，在此基础上详细验证了多层感知前馈网络模型在纳米流体导热系数预测中的有效性。Esfe 等[88]评价人工神经网络模型在预测 Al_2O_3/EG-W 导热系数方面的精确性。以 0%~1.5% 纳米粒子体积份数和温度变化范围为 20~60℃ 为输入数据，测量的导热系数为输出数据。对具有不同传递函数的神经元数量进行评价，确定隐含层有 6 个神经元数的最优模型，结果表明，该人工神经网络结构具有很高的仿真精度。

由上述分析可知，混合纳米流体导热系数受诸多因素影响且变化规律不统一，给导热系数数学模型的建立带来困难。Moody 等[89]于 20 世纪 80 年代首先将径向 RBF 应用于神经网络设计，提出了 RBF 神经网络。相比 BP 神经网络，RBF 神经网络能够有效提高网络的学习收敛速度并避免局部最小问题。因此，选用基于径向基神经网络 RBF 模型来预测 CuO-ZnO/EG-W 混合纳米流体导热系数。研究内容分为三个方面：（1）研究基液混合比、温度及各质量分数对导热系数影响；（2）采用 BPNN、RBFNN 模型与 MLR 模型建立导热系数预测模型；（3）将 BPNN、RBFNN 模型与 MLR 模型预测导热系数与实验数据进行对比，并表征不同因素（温度、质量分数、基液混合比）对导热系数的影响。根据实验结果做对比，发现基于径向基神经网络比多元线性回归模型的预测准确率更高。

3.4.2　实验材料及方法

CuO（纯度≥99.99%，30nm）和 ZnO（纯度≥99.99%，30nm）购于北京德科岛金科技有限公司；乙二醇（AR，≥99.5%）购于国药集团化学试剂有限公司；去离子水（实验室自制）。ML304T 电子天平（量程为 0~320g，精度为 0.0001g），上海达平仪器有限公司；JK-MSH-HS 磁力搅拌器，上海精学科学仪器有限公司；CP-3010GTS 超声振荡仪，中土和泰（北京科技有限公司）；PURELAB 实验室超纯水机，威立雅水处理技术（上海有限公司）；Hot disk TPS 2500S，瑞典 Hot Disk 有限公司。

采用两步法分别制备质量分数 0%、1%、2%、3% 的 CuO-ZnO/EG-DW 混合纳米流体，CuO 和 ZnO 纳米颗粒的粒径为 50nm，质量比为 50∶50，而基液比（EG∶DW）分别为 20∶80、40∶60、50∶50、60∶40、80∶20，温度变化为 25~60℃，共 160 组实验数据。

采用两步法制备 CuO-ZnO/W-EG 混合纳米流体。首先采用 ML304T 电子天平（量程为 0~320g，精度为 0.0001g）按照混合比分别称量一定质量的乙二醇和去离子水并混合，然后按照所需要制备的质量分数称取适当质量的 CuO 及 ZnO 纳米颗粒。其中，纳米颗粒体积分数（φ_p）与质量分数（w_p）之间的关系如下式：

$$\varphi_p = \frac{\rho_f w_p}{\rho_p + \rho_f w_p - \rho_p w_p} \tag{3-33}$$

式中，ρ_p 与 ρ_f 分别为纳米颗粒与基液的密度。最后，将基液和纳米颗粒置于烧杯内进行混合。由于纳米颗粒的表面能大，范德瓦尔引力容易使纳米颗粒团聚进而产生沉淀，需借助一定机械外力（磁力搅拌器搅拌 30min+超声波振荡 45min）形成分散均匀的纳米流体。

采用基于瞬变平面热源法的 Hot disk 2500S 热常数分析仪来测量导热系数。该方法测量纳米流体导热系数，关键在于有效避免或减小温度梯度所引起的对流换热影响。为了测量的准确性，每个样品至少重复 4 次实验，取 4 次的平均值为最终测量值。

3.4.3　不同预测模型介绍

3.4.3.1　多元线性回归模型

由于影响纳米流体导热系数的因素至今尚未完全明确，如温度、质量分数及混合比等因素之间并不是简单独立的，而是存在一种复杂的耦合关系。在纳米流体导热系数预测中，往往很难给出一个确切的回归方程。在不能确切给定回归方程时，通常用多项式方程作为回归方程[90]。这在理论上是可行的，因为任何曲线都可以用多项式来逼近[91]。对于纳米流体导热系数而言，作为一种有效的数据分析方法，多项式回归是一种特殊的多元线性回归方法，能够通过统计发现不同变量之间的相关关系，实现定量表征。

多元线性回归（MLR）尝试通过已知数据找到一个线性方程来描述 2 个及以上的特征（自变量）与输出（因变量）之间的关系，并用这个线性方程来预测结果。多元线性回归的数学模型如下：

$$y = b_0 + b_1x_1 + b_2x_2 + \cdots + b_nx_n + u_t \tag{3-34}$$

式中，$u_t(t = 1, 2, \cdots, n)$ 为随机项误差。

在多元线性回归过程中，均方误差是比较常用的一个损失函数，回归分析的目的就是要基于均方误差最小化来对模型的参数进行求解，损失函数的形式为：

$$MSE = \left(\sum_{j=1}^{t} |y_i - f(x_i)|^2 \right) \tag{3-35}$$

式中，y 为样本真实值；$f(x)$ 为神经网络期望值；t 为样本数目。

假设上述回归模型已通过回归方程显著性检验和回归系数显著性检验能够应用于实际问题。则对于给定观测点 $x_0 = (x_{01}, x_{02}, \cdots, x_{0p})^T$，可以采用下式进行预测：

$$y_0 = \beta_0 + \beta_1x_{01} + \cdots + \beta_px_{0p} + \varepsilon_0 \tag{3-36}$$

误差 ε_0 是一个随机变量，均值为 0，ε_0 的方差对于所有的自变量来说相等，所有 ε_0 的值是独立的，ε_0 满足正态分布，反映 y_0 的期望值。

3.4.3.2 BP 神经网络（BPNN）基本原理与设计

典型的 BPNN 拓扑结构由输入层、隐含层和输出层组成。BPNN 训练的每个样本包括输入向量 X 和期望输出量 T，网络输出值 Y 与期望输出值 t 之间的偏差，通过调整输入节点与隐含层节点、隐含层节点与输出节点之间的权值和阈值，使误差沿梯度方向下降，经过反复学习训练，确定与最小误差相对应的权值和阈值，对实验数据进行仿真预测。

在确定神经网络拓扑结构的过程中，隐含层节点数的数目对 BPNN 的影响较大，但目前并没有一种科学的方法确定节点数，如果数目太少，BPNN 训练不出适合的网络，以新的数据测试网络，容易出现过拟合；但隐含层节点数目过大，就会使训练时间过长，网络的泛化能力降低，而且误差也不一定最小。因此存在一个最佳的隐含层节点数。在 BP 神经网络拓扑结构，隐含层节点数 m 根据这个公式确定：

$$m = \sqrt{n + l} + a \tag{3-37}$$

式中　n——输入层节点数；

　　　L——输出层节点数；

　　　a——1~10 之间的常数。

选取隐含层为单层，通过上式确定隐含层节点数范围为 3~12。通过 MSE 和 R^2 试算。如表 3-8。最终确定隐含层节点数为 8 时，BPNN 拓扑结构最佳。

表 3-8　隐含层节点数目选取结果评价指标对比

神经元数目	传递函数	MSE	R^2
[3]	[logsig]	$1.3662e^{-04}$	0.99887
[4]	[logsig]	$2.1945e^{-04}$	0.99863
[5]	[logsig]	$3.8805e^{-04}$	0.99875
[6]	[logsig]	$3.7558e^{-04}$	0.99881
[7]	[logsig]	$3.9099e^{-04}$	0.99820
[8]	**[logsig]**	$\mathbf{4.7229e^{-05}}$	**0.99944**

神经元数目	传递函数	MSE	R^2
［9］	［logsig］	$1.1441e^{-04}$	0.99901
［10］	［logsig］	$3.6291e^{-04}$	0.99926
［11］	［logsig］	$1.2367e^{-03}$	0.99614
［12］	［logsig］	$2.3768\ e^{-04}$	0.99836

对于 BPNN 预测导热系数，温度 T、质量分数 w、基液混合比（乙二醇占总基液的比值）R 作为输入层，输出层为导热系数 k_{nf}。确定最终的 BPNN 拓扑结构如下图 3-59 所示。

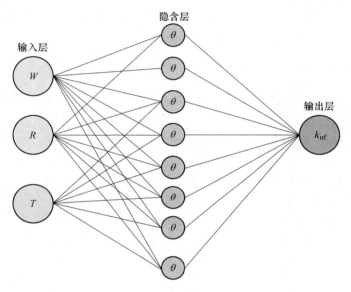

图 3-59　BPNN 拓扑结构

3.4.3.3　径向基神经网络（RBFNN）基本原理

RBFNN 模型选择距离函数作为隐含层节点的基函数，采用径向基函数作为激活函数，同时使用线性优化技术，能够有效提高网络的学习收敛速度并避免局部最小问题，以任意精度可以逼近任何连续函数[92]，很适合处理机理复杂纳米流体导热系数预测。

图 3-60 为 N-P-L 结构的 RBF 基本神经网络模型及导热系数 RBF 神经网络模型。如图 3-60(a) 所示，该网络具有 N 个输入节点，P 个隐节点，L 个输出节点。其中 N 为训练样本集的样本数量，P 为隐层节点数，L 为目标输出的个数。输入层的任一节点用 i 表示，隐层的任一节点用 j 表示，输出层的任一节点用 y 表示。

对各层的数学描述如下：$x = (x_1, x_2, \cdots, x_n)^{\mathrm{T}}$ 为网络输入向量，输入层的作用是在不对输入信息进行的任何变换处理的情况下将其映射到隐含层；$\varPhi_j(x)$，$(j = 1, 2, \cdots, p)$ 为任一隐节点的激活函数，称为"基函数"，一般选用高斯函数；W 为输出权矩阵，其中 $W_{jn} = (j = 1, 2, \cdots, p; n = 1, 2, \cdots, L)$ 为隐层第 j 个节点与输出层第 n 个节点间的

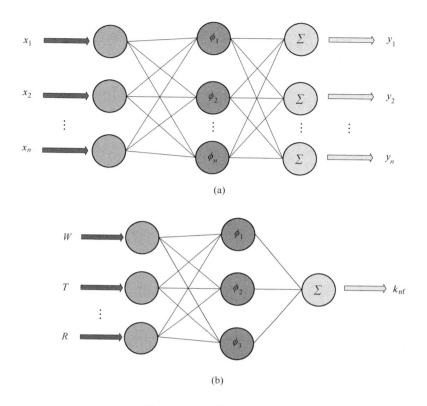

图 3-60 RBF 神经网络模型

（a）基本结构；（b）导热系数

突触权值；$Y = (y_1, y_2, \cdots, y_L)$ 为网络输出；输出层将隐含层各节点的输出进行线性组合，以对输入模式进行响应输出。

对于 RBFNN 预测纳米流体导热系数模型而言，如图 3-60（b）所示，将温度 T、质量分数 w、基液混合比（取乙二醇占总基液的比值）R 作为输入层，输出层为导热系数 k_{nf}。

在确定了神经网络结构之后，基于径向基神经网络（RBF）预测纳米流体导热系数的具体实施流程，主要包括如下 3 大步骤：

（1）数据获取与预处理：针对纳米流体导热系数的不同影响因素及其变化规律，考虑各参数之间量纲差异对径向基神经网络学习精度与效率的影响，采用下式进行数据归一化处理：

$$x' = \frac{x - x_{\min}}{x_{\max} - x_{\min}} \tag{3-38}$$

式中，x 为实验数据；x' 为归一化之后的数据；$x_{\max}$ 与 $x_{\min}$ 分别为实验数据的最大值与最小值。

（2）样本划分：从 160 组实验数据，其中随机选择 85% 用于训练学习，剩下的 15% 用于测试。

（3）径向基神经网络预测与评估：利用测试样本评估 RBF 神经网络预测纳米流体导热系数的有效性，具体的性能评价指标为：

均方根误差（root mean squared error，$RMSE$）：

$$RMSE = \left(\frac{1}{t} \sum_{j=1}^{t} |P_j - Q_j|^2 \right)^{1/2} \qquad (3-39)$$

平均相对百分比误差（mean relative percentage error，$MRPE$）：

$$MRPE = \frac{100\%}{t} \sum_{j=1}^{t} \left| \frac{P_j - Q_j}{P_j} \right| \qquad (3-40)$$

误差平方和（sum of squared error，SSE）：

$$SSE = \sum_{j=1}^{t} (P_j - Q_j)^2 \qquad (3-41)$$

多元统计系数（duostatistical coefficient of multiple determination，R^2）：

$$R^2 = \frac{\displaystyle\sum_{j=1}^{t} (P_j - Q_j)^2}{\displaystyle\sum_{j=1}^{t} (P_j)^2} \qquad (3-42)$$

式中，P 为期望值；Q 为神经网络期望值；t 为样本数目。其中，$RMSE$、$MRPE$ 及 SSE 越接近于 0，R^2 越接近于 1，说明模型的预测越高。

3.4.4　结果分析与讨论

图 3-61 为质量分数为 0%（纯基液）和 3% 时，导热系数随温度及基液混合比的变化。从图中可以看到，纯基液（$w=0$）的导热系数随着温度的升高近似线性缓慢升高。当质量分数为 3% 时，相同条件下，导热系数明显大于纯基液的，且随温度的增长呈非线性增长。当基液混合比为 20∶80 时，温度从 25℃升高至 60℃时，其导热系数与纯基液相比增大了（$(k_{nf} - k_{bf})/k_{bf}$）14.03% ~ 23.47%。这是因为加入纳米粒子后，粒子由于布朗作用作随机运动，混合纳米流体的导热系数受粒子随机和温度变化呈现非线性变化。

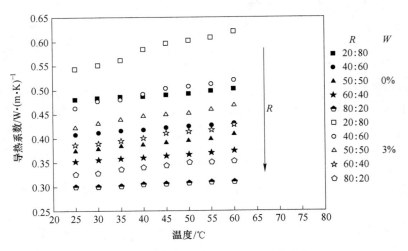

图 3-61　导热系数随温度及混合比的变化

从图 3-61 还可以看到，随着基液混合比的增大，导热系数下降。这是因为，乙二醇的导热系数小于去离子水的，随着乙二醇含量的增大，导热系数下降。综合温度、混合比和质量分数可知，三者相互作用使导热系数变化更为复杂，反映在图 3-62 表现为各质量分数与基液混合比下，导热系数随温度的变化率不同。因此，给导热系数预测模型的精确度提出了更高的要求。

图 3-62 是文中 CuO-ZnO/EG-W 纳米流体有效导热系数的实验数据与文献中相近流体及经验公式的数据对比。文献［93］和文献［94］分别是 Al_2O_3/EG-W 乙二醇（50：50）和 Al_2O_3-Cu/EG(50：50) 的有效导热系数。从图 3-62 可以看到，当质量分数为 1% 时，CuO-ZnO/EG-W 纳米流体与基液对比，增大了 1.07~1.22 倍。而在相同质量分数和混合比下，Al_2O_3/EG-W（50：50）的有效导热系数增幅为 1.08~1.17 倍，而 Al_2O_3-Cu/EG（50：50）的有效导热系数增幅为 1.13~1.16 倍。说明基液混合比对导热系数的影响很明显。

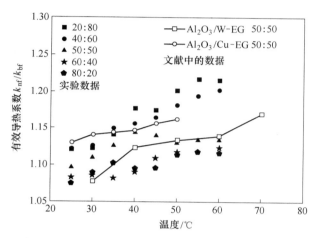

图 3-62　质量分数为 1% 的有效导热系数与文献相关数据及经验公式对比

由上节分析可知，导热系数受粒子和基液种类、温度及混合比等影响很大，且变化规律呈非线性变化。因此，首先采用多元线性回归分析方法对 CuO-ZnO/EG-W 纳米流体导热系数的实验数据进行回归分析，得到以下回归方程：

$$k_{nf} = 0.05085 - 0.398R + 0.0616w + 0.0022T +$$
$$0.1470R^2 - 0.031R \cdot w + 0.0002w \cdot T - 0.002R \cdot T \qquad (3-43)$$

该方程适用范围：CuO-ZnO/EG-W 纳米流体，质量分数 w：0%~3%，温度 T：25~60℃，混合比 R：20：80~80：20。该回归方程多元统计系数 R^2 为 0.9876。R^2 越接近 1，说明预测结果较为精确。

图 3-63 为用 BPNN 预测混合纳米流体导热系数数据与实验测量数据对比。从图中可以清楚地看出，图中的实验数据与预测数据在直线 $Y = T$ 附近，多元统计系数 R^2 为 0.9994，相关系数接近 1 意味着 BPNN 模型预测数据与实验数据一致。说明 BPNN 能够较高精度地预测混合纳米流体导热系数。虽然 BPNN 预测精度较高，但是，BPNN 权值的调节采用的是负梯度下降法，这种调节权值的方法具有局限性，存在着收敛速度慢和容易陷入局部极小，对于复杂系统，BPNN 预测结果会存在较大误差。对于 RBF 神经网络是一种性能优良的前馈型神经网络，RBF 网络可以任意精度逼近任意的非线性函数，且具有全局逼近能力，从根本上解决了 BP 网络的局部最优问题。

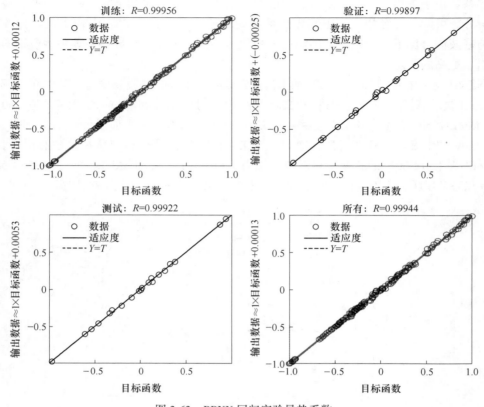

图 3-63   BPNN 回归实验导热系数

本实验共 160 组数据，随机选取 85%用于训练学习，剩下的 15%用于测试。图 3-64 为导热系数实验值与径向基神经网络 RBF 预测值的对比。从图中可以看到，对于 136 组训练样本，所有数据点位于±1%之内。而对于剩下的 24 组测试数据，所有的数据点位于−3%之内。

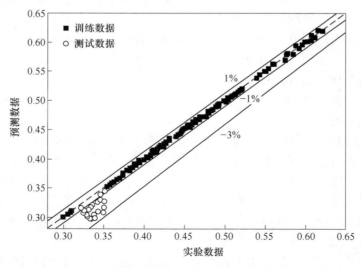

图 3-64   导热系数实验值与 RBF 预测值对比

表 3-9 为 BPNN、RBFNN 预测导热系数及多元线性回归 MLR 预测流体导热系数性能评估。由表 3-9 各性能指标发现，对于不同样本数据（训练样本、测试样本以及总体样本）而言，与多元线性回归的预测模型 MLR 和 BPNN 对比，径向基神经网络 RBF 预测模型的各性能评价参数 $RMSE$、$MRPE$ 及 SSE 越接近 0，R^2 越接近于 1。因此，说明 RBF 在预测同时具有线性及非线性变化的样本时更有优势、更精确。为了更直观的表达实验值与预测值之间的差异或垂直距离，可通过真实值与预测值之间的差异来对两个模型进行评价。

表 3-9　RBFNN、BPNN 及 MLR 预测模型纳米流体导热系数性能评价

预测模型	$RMSE$	$MRPE/\%$	SSE	R^2
RBF 模型	0.0038	0.70	0.0003	0.9999
BP 模型	0.0069	1.66	0.0011	0.9994
MLR 模型	0.0109	2.03	0.0199	0.9876

图 3-65 分别为 MLR、BPNN、RBF 预测模型的残差值（实验值-预测值）与样本数据

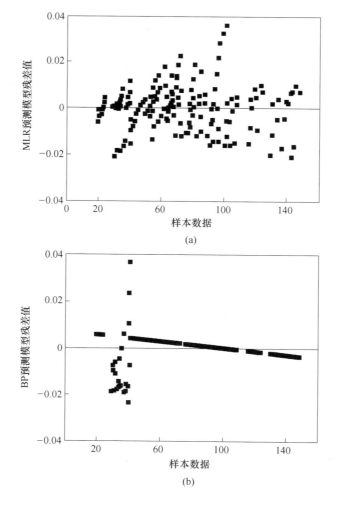

(a)

(b)

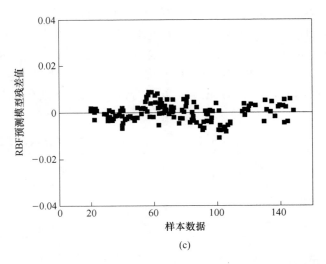

(c)

图 3-65   MLR（a）、BPNN（b）和 RBFNN（c）预测模型残差值对比

之间的关系。从下图可以看到三个模型的残差值随机分布在 0 附近，最大误差不超过 4%，而且 RBF 模型的残差值更逼近 0，进一步说明 RBF 模型的精确性。

由上述分析可知，RBFNN 能够以较高精度预测 CuO-ZnO/（EG-DW）混合纳米流体的导热系数，但是其能否有效的表征诸多因素（如质量分数、温度及基液比）对纳米流体导热系数的影响还需进一步分析。

图 3-66 为导热系数预测值随质量分数、混合比及温度的变化。从图中可以看到，RBFNN 模型具有良好的自适应，能更接近于实验数据，精度更高。MLR 模型在预测非线性变化数据时精确度远低于线性变化数据，在工程实践中，因为径向基神经网络 RBFNN 模型可以任意精度地逼近任何连续函数，具有强大的泛化能力，非常适合处理纳米流体热物性参数这种复杂不确定性和耦合性问题，同时节约时间及经济成本。

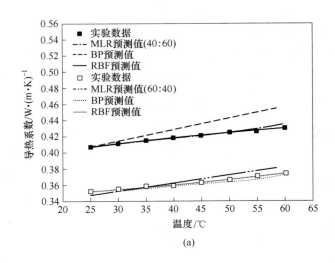

(a)

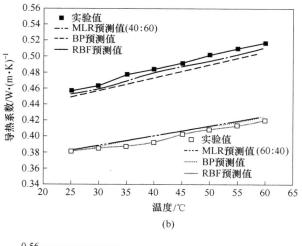

(b)

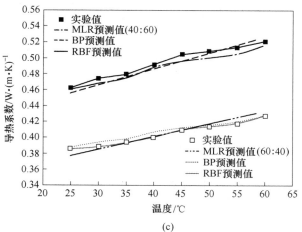

(c)

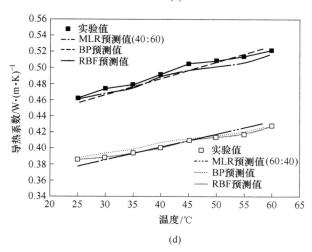

(d)

图 3-66 MLR、BPNN、RBFNN 预测值与实验数据对比

（a）$w = 0\%$；（b）$w = 1\%$；（c）$w = 2\%$；（d）$w = 3\%$

3.4.5　小结

采用两步法分别制备质量分数为 0%~3% 的 CuO-ZnO/EG-W 混合纳米流体，基液混合比为 20：80~80：20，温度为 25~60℃，研究温度及基液混合比对导热系数的影响。基于径向基神经网络模型 RBFNN，以质量分数、温度及基液混合比为输入量，预测导热系数模型，并与多元线性回归模型 MLR、BPNN 做对比。得到以下主要结论：

（1）CuO-ZnO/EG-W 纳米流体导热系数随着温度的升高呈非线性升高。其中，当质量分数为 3% 及基液混合比为 20：80，温度从 25℃ 升高至 60℃ 时，其导热系数与纯基液相比增大了 14.03%~23.47%。

（2）随着基液混合比中乙二醇含量的增大，导热系数下降。而且，不同混合比及质量分数下其变化率不同。这是因为，一方面由于粒子间布朗运动导致不同混合比及质量分数下增长趋势不一致；另一方面，乙二醇的导热系数小于去离子水的，因此相同质量分数及温度下，随着乙二醇含量的增大，导热系数下降。

（3）建立基于径向基神经网络模型 RBFNN 预测纳米流体导热系数。其预测精度与 BPNN、多元线性回归模型 MLR 做对比，各性能评估参数 $RMSE$、$MRPE$ 及 SSE 越接近 0，R^2 越接近于 1。说明径向基神经网络模型 RBFNN 预测导热系数更精确，并且能够较好地表征不同因素对导热系数的影响，为纳米流体的热物性参数预测提供了一种有效的数据驱动建模方法。

3.5　表面活性剂对混合纳米流体流变性能及热物性的影响

3.5.1　引言

研究表明，沸腾换热是消除各种传热应用中极高热流密度的有效方法。另一方面，在基液中加入纳米颗粒是一种有效的可以提高基液导热系数从而增强沸腾换热性能的非活性方法。研究表明，即使添加少量纳米颗粒也能显著提高对流换热和池沸腾换热中的传热系数和临界热流密度[95,96]。进一步的研究表明，为了达到理想的热物理性能，纳米流体在传热应用中的稳定性是一个关键问题。然而，从热力学的观点来看，纳米流体中没有化学反应，它的性质是不稳定的。事实上，随着时间的推移，在重力场的作用下，纳米流体很容易凝聚并沉积。因此，纳米流体的商业应用需要面对并克服长期稳定性的挑战。学者们[97~99]采用超声波处理和添加表面活性剂，通过改变纳米流体的表面性质来提高其稳定性。虽然这些方法可以显著提高纳米流体的稳定性，但相应的热物理性质，如导热系数，黏度和表面张力也会受到影响。因此，这些方法对系统总传热性能有很大的影响。

研究表明，添加表面活性剂可以显著提高纳米流体的稳定性。然而，表面活性剂对强化换热效果的影响仍存在争议。这种模糊性在混合纳米流体中尤其明显。由于具有协同效应，含有 2 种或 2 种以上纳米颗粒的混合纳米流体可能比单一纳米流体具有更优越的特性。聚合物如表面活性剂可以被认为是稳定金属氧化物组成的纳米颗粒的适当选择。这些表面活性剂还可以降低流体的表面张力，从而增加纳米颗粒的润湿性[100]。纳米流体领域的最新进展是将混合或复合纳米颗粒（如金属、金属氧化物或碳基纳米颗粒）分散在基液中。与单一纳米流体相比,混合纳米流体的主要优点是在某些应用中热物理和流变性能可调[101,102]。混合纳米流体中各种纳米颗粒混合不发生化学反应。因此,通过调节纳米颗粒的混合比例,该混合物可能具有适合工业应用的优良物理性能。由于不同纳米颗粒之间的协同作用,混合纳米流体的热物理性质比单一纳米流体变化更大,添加表面活性剂的效果也更复杂。

虽然目前表面活性剂对单一纳米流体的影响已经进行了大量的研究,但迄今为止,表面活性剂对混合纳米流体作用的研究还很少。更具体地说,表面活性剂的加入及其浓度对混合纳米流体稳定性、流变性和热物理性质的影响还没有深入研究。目前有 3 种表面活性剂,包括阴离子表面活性剂、阳离子表面活性剂和非离子表面活性剂可用于提高混合纳米流体稳定性。文献综述表明,到目前为止,对不同表面活性剂的材料和浓度对混合纳米流体热物理性质的影响进行了多项研究。

研究人员发现,添加表面活性剂可能会对纳米流体的热物理性质产生负面影响。例如,Gallego 等[103]发现,含有 Al_2O_3 纳米颗粒和 SDBS 表面活性剂的纳米流体在质量分数为 0.32%时具有较高的时间稳定性。但进一步的研究表明,SDBS 表面活性剂对表面张力和导热系数有负面影响。Chakraborty 等[104]研究了添加 PVP 表面活性剂到 TiO_2/W 纳米流体中,发现虽然表面活性剂的加入略微改善了分散性,但 PVP 表面活性剂分子之间的相互作用也增加了黏度,这在导热系数方面并不理想。此外,Suganthi[105]表明表面活性剂在高温下可能不能有效防止颗粒聚集。因此,在高温下会观察到较高的黏度。

还有一些研究表明,添加表面活性剂可能对纳米流体的热物理性质有积极的影响。如 Valan 等[106]通过实验研究了 TiO_2-Ag/W 纳米流体的稳定性和热物理性质。结果表明,质量分数为 0.1% SDS 表面活性剂和质量分数为 0.1% SDBS 表面活性剂是提高导热系数的最佳表面活性剂浓度。此外,Leong 等[107]研究了质量分数为 0.8% Cu-TiO_2 混合纳米流体,以 PVP 作为表面活性剂,与基液相比导热系数提高了 9.8%。Xian 等[108]比较了 GnPs-TiO_2/EG-W 等纳米流体的性能,发现导热系数的提高可能归因于表面活性剂的存在。Song 等[109]研究了不同质量浓度氨水-TiO_2 在氨水吸收式制冷系统中的应用,发现由于表面活性剂的作用,沉积在装置底部的部分纳米粒子在干扰下重新分散。Rostami 等[110]在磁性纳米流体中加入 SDS 后,分散指数低于未加入表面活性剂的 NiO 纳米流体,表明加入表面活性剂的 NiO 纳米流体非常稳定。

文献调查表明,纳米流体热物理性质的矛盾性可能源于表面活性剂的类型和浓度。但是,这需要通过进一步的调查来证实。更具体地说,表面活性剂浓度对混合纳米流体热物理性质的影响需要更多的研究。

为了解决上述不足,拟深入研究纳米颗粒与表面活性剂分子之间的复杂相互作用对混合纳米流体稳定性和热物理性质的影响。本节的研究结构可以分为 3 个主要部分。首先,通过紫外可见分光光度计、透射电镜和目测等方法对混合纳米流体的稳定性进行了评价。然后,确定适当的表面活性剂类型,以进行进一步的研究。其次,研究纳米流体的流变行为,如剪切应力和黏度,以确定纳米流体的行为。最后,根据表面活性剂的导热系数和黏度得出了最佳的表面活性剂浓度。在下面的章节中,将详细讨论所使用材料的性能和实验方法。期望本研究能拓宽表面活性剂对混合纳米流体影响的认识。

3.5.2 实验方法

本研究拟考察不同表面活性剂和浓度对 Al_2O_3-TiO_2/W 和 Al_2O_3-CuO/W 混合纳米流体稳定性和热物理性质的影响。实验所用混合纳米流体的体积分数为 0.005%，而温度变化在 20~60℃。此外，还研究了不同质量浓度（0.005%~0.05%）的表面活性剂对混合纳米流体热物理性质的影响。

实验选用 Al_2O_3、TiO_2 和 CuO 作为材料[111]，平均粒径分别为 20nm、50nm 和 50nm，导热系数分别为 35W/（m·K）、12W/（m·K）和 32.9W/（m·K）。所有材料均由北京德科纳米科技有限公司提供。应该指出的是，由于这些材料具有导热性高、化学稳定性好、价格合理等优越的特性，在各种工程应用中得到了广泛的应用。所有混合纳米流体均匀地分散在水基流体中。由于纳米颗粒的混合会影响纳米流体的热物理性质，因此我们在前人工作[112]的基础上选择了最佳的纳米颗粒混合比例。更具体地说，纳米颗粒比例（Al_2O_3：TiO_2 和 Al_2O_3：CuO）设置为 20:80。

选用十二烷基硫酸钠（SDS）、十六烷基三甲基溴化铵（CTAB）和聚乙烯吡咯烷酮（PVP）这 3 种具有代表性的表面活性剂进行了稳定性研究。值得注意的是，SDS、CTAB 和 PVP 分别是阴离子、阳离子和非离子表面活性剂。研究表明，这些表面活性剂可以通过空间斥力和静电（电荷）斥力等不同机制有效地抑制聚集。在后一种机制中，具有相同电荷的 2 个纳米粒子相互排斥。同时，位阻稳定可以通过吸附在纳米颗粒表面产生额外的位阻斥力。表 3-10 列出了纳米颗粒和表面活性剂化学品的主要规格。

表 3-10　表面活性剂和纳米颗粒的规格

名　称	供　应　商	化　学　式	纯度
SDS 表面活性剂		$NaC_{12}H_{25}SO_4$	0.995
CTAB 表面活性剂		$[(C_{16}H_{33})N(CH_3)_3]Br$	0.995
PVP 表面活性剂	北京德科纳米科技有限公司（中国）	$(C_6H_9NO)_n$	0.995
Al_2O_3 纳米颗粒		15 nm	0.99
CuO 纳米颗粒		50 nm	0.99
TiO_2 纳米颗粒		50 nm	0.99

采用两步法制备纳米流体。此外，首先将表面活性剂以不同重量浓度添加到水基纳米流体中。为了获得均匀的悬浮液，进行 60 分钟的超声波震荡。然后用磁力搅拌器搅拌 20 分钟，以保证所制备纳米流体的稳定性。制备一定体积分数（φ）所需的纳米颗粒的数量可由下式计算：

$$\varphi = \frac{\left(\dfrac{W}{\rho}\right)_{Al_2O_3} + \left(\dfrac{W}{\rho}\right)_{TiO_2 \text{ or } CuO}}{\left(\dfrac{W}{\rho}\right)_{Al_2O_3} + \left(\dfrac{W}{\rho}\right)_{TiO_2 \text{ or } CuO} + \left(\dfrac{W}{\rho}\right)_{Water}} \times 100\% \tag{3-44}$$

式中，ρ 和 W 分别表示为密度和质量。

纳米流体的黏度由旋转黏度计（DV-3T，布鲁克菲尔德工程实验室公司，美国）测量。热常数分析仪（TPS2500，Hot Disk Co.，瑞典）测量导热系数。恒温浴用于控制测试样品的温度。图3-67为制备和测量混合纳米流体热物理特性的系统示意图。为了减少可能的误差，每个数值至少要测量3次。黏度（U_μ）和导热系数（U_λ）的不确定度计算公式如下：

$$U_\mu = \sqrt{\left(\frac{\delta T}{T}\right)^2 + \left(\frac{\delta \mu_{nf}}{\mu_{nf}}\right)^2} \qquad (3\text{-}45)$$

$$U_\lambda = \sqrt{\left(\frac{\delta T}{T}\right)^2 + \left(\frac{\delta \lambda_{nf}}{\lambda_{nf}}\right)^2} \qquad (3\text{-}46)$$

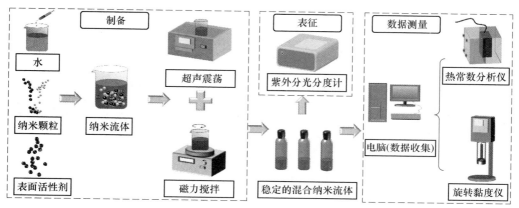

图 3-67 混合纳米流体制备和热物理特性测量的系统示意图

应该指出，温度测量的准确性±0.1℃。黏度计和热常数分析仪的准确度分别为±2.0%和±3.0%。基于式（3-45）和式（3-46），黏度和导热系数的最大不确定度分别为2.24%和3.45%。表3-11给出了本实验中各参数的不确定度。

表 3-11 实验中各参数的不确定度

变 量	不确定度
温度	±0.1℃
黏度计误差	±2.0%
热常数分析仪误差	±3.0%
黏度	3.45%
导热系数	2.24%

为了评价实验的准确性，将去离子水的测量数据与文献［113］报告的数据进行了比较。表3-12给出了本实验得到的水的导热系数和黏度。实验结果表明，水的导热系数和黏度值与文献报道值[113]的偏差分别小于0.4%和3.4%。这些偏差都在测量不确定度范围内。

长期稳定性仍然是目前阻碍纳米流体在商业应用中的主要挑战。纳米颗粒不稳定的团聚被认为是纳米流体的导热系数和黏度存在巨大差异的关键原因[114]。纳米粒子在不稳定纳米流体中频繁的碰撞会增加相互吸附，导致纳米粒子聚集沉积，最终导致有效粒子浓度降低，分散相形态的有效表面积减小。这些问题会显著改变纳米流体的热物理性质。大的团簇可以增加局部导热系数和黏度，以及向非牛顿行为的转变。这意味着，泵送功率的相应增加会削弱热纳米流体的导热系数优势。显然，要想在实际应用中获得理想的热物理性质，首先需要对纳米流体的稳定性进行表征。纳米流体的稳定性可以通过多种方法来评估，如目测、Zeta 电位、动态光散射、电子显微镜和紫外-可见光谱[115]。

表 3-12　水的导热系数和黏度测量值于理论值比较

温度/℃	$\lambda/\mathrm{W \cdot (m \cdot K)^{-1}}$		偏差/%	$\mu/\mathrm{mPa \cdot s}$		偏差/%
	实验值	Rf.［113］		实验值	Rf.［113］	
20	0.598	0.599	0.16	1.032	1.004	2.7
30	0.617	0.618	0.16	0.831	0.802	3.6
40	0.633	0.635	0.31	0.675	0.653	3.3
50	0.647	0.648	0.15	0.568	0.549	3.4

实验中采用紫外可见分光光度计（U-3900H，日立，日本）、透射电子显微镜（透射电子显微镜，原产国）和沉淀法对制备的纳米流体的稳定性进行了表征。用紫外可见分光光度计和透射电镜定量测量制备后的稳定性，沉降法可以直观观察稳定性随时间的变化。每次测试在室温下进行 3 次。

3.5.3　混合纳米流体稳定性表征

在测量混合纳米流体的任何热物理性质之前，使用稳定性分析来确定哪一种表面活性剂是最有效的。图 3-68 为表面活性剂质量分数为 0.005%时吸光度随波长变化的情况。这种相对稀释的溶液可以防止粒子之间的相互干扰，减少偏差和误差。应该指出，吸光度值越高，纳米流体的分散性越好。图 3-68 的 UV-Vis 研究显示，PVP 表面活性剂制备后的吸光度最高，CTAB 和 SDS 表面活性剂的吸光度次之。添加 PVP 表面活性剂的纳米流体的吸光度增加量约为 32.7%（Al_2O_3-CuO/W 混合纳米流体）和 15.8%（Al_2O_3-TiO_2/W 混合纳米流体）。

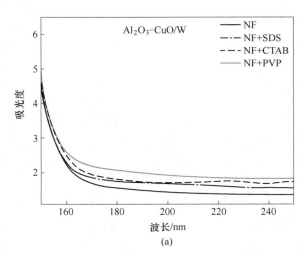
(a)

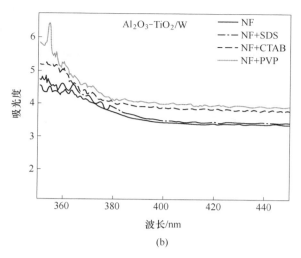

(b)

图 3-68 不同纳米流体 Al_2O_3–CuO（a）和 Al_2O_3–TiO_2（b） 的吸光度特性

　　为了观察纳米颗粒的分散程度，通过透射电镜对添加表面活性剂和不添加表面活性剂的纳米流体进行了表征。图 3-69 为制备后不同表面活性剂的透射电镜图。观察发现，所有的纳米颗粒几乎都是球形的。此外，表面活性剂可以降低布朗运动，对物理稳定性有积极的影响。表面活性剂分子被纳米粒子包围，形成一个包含若干粒子的外壳。如图 3-69（a） 所示，加入 PVP 表面活性剂后纳米颗粒分散最均匀，此时纳米颗粒仅有略微团聚。此时它们不容

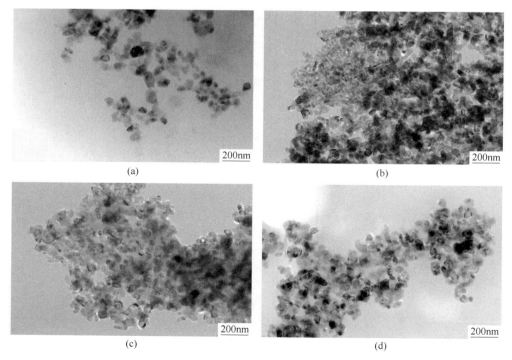

图 3-69 不同表面活性剂下 Al_2O_3–TiO_2／W 混合纳米流体 TEM 图

（a）PVP；（b）CTAB；（c）SDS；（d）无表面活性剂

易沉淀，因此纳米颗粒保持长期稳定。另一方面，添加 CTAB 和 SDS 表面活性剂时，纳米颗粒被包覆在一起。图 3-69(b) 和 (c) 显示纳米颗粒团聚并形成大团簇。从图 3-69(d) 可以看出，在没有表面活性剂的情况下，纳米颗粒团聚和较大的团簇更加明显。

团聚体的平均大小也可以用来分析纳米流体中纳米颗粒分布情况。可以通过 ImageJ 软件计算 TEM 图像。图 3-70 显示了添加和不添加表面活性剂的四种情况下团聚体尺寸分布。以 Al_2O_3-TiO_2/W 纳米流体为例，发现将加入 PVP 表面活性剂与未加入表面活性剂的纳米流体相比，加入 PVP 表面活性剂的纳米流体的分散效果更好，聚集尺寸更小。PVP、CTAB、SDS 表面活性剂和无表面活性剂的纳米流体平均粒径分别为 63nm、72nm、93nm 和 95nm。表面活性剂浓度较低时，表面活性剂分子在液固界面上被吸附。这可能由于吉布斯吸附效应，降低了液体与纳米颗粒之间的表面能，从而降低了团聚。而离子表面活性剂（如 CTAB 和 SDS）的聚集尺寸要高出许多个数量级。

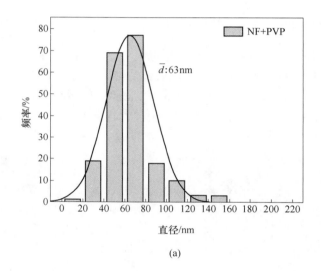

(a)

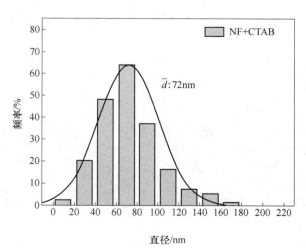

(b)

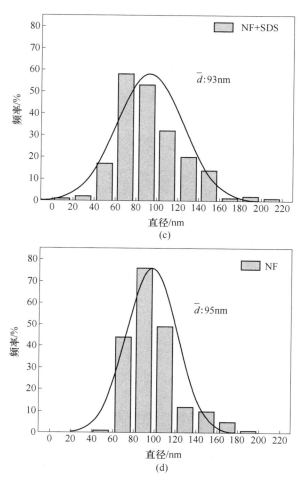

图 3-70 Al_2O_3-TiO_2/W 混合纳米流体平均颗粒尺寸

（a）PVP；（b）CTAB；（c）SDS；（d）无表面活性剂

为了直观观察表面活性剂对纳米流体稳定性的影响，实验观察了不同表面活性剂浓度下混合纳米流体沉降。图 3-71 显示了样品随时间的沉积演化。结果表明，加入 SDS 表面活性剂和不加入 SDS 表面活性剂的样品稳定性最差。同时，添加 CTAB 表面活性剂的 Al_2O_3-CuO/W 和 Al_2O_3-TiO_2/W 纳米流体仅在 3 天和 10 天内保持稳定。11 天和 25 天后出现了较大的沉降。而含 PVP 表面活性剂的样品在 25 天内的稳定性良好，这些结果表明，即使添加少量的 PVP 表面活性剂，也能显著提高混合纳米流体的稳定性。

图 3-72 为稳定时间随表面活性剂质量分数 0.005%～0.05% 的变化。由图可见表面活性剂浓度越高，纳米流体体系越稳定。应该指出的是，所有含有 PVP 表面活性剂的混合纳米流体在放置超过 25 天后都会产生显著的沉降，导致胶体体系的不稳定性。

以上分析表明，在所有表面活性剂浓度下，添加 PVP 表面活性剂的纳米流体稳定性最好，其次是添加 CATB 表面活性剂的纳米流体，以及添加 SDS 表面活性剂的纳米流体（即 PVP＞CTAB＞SDS）。因此，按非离子型、阴离子型和阳离子型，表面活性剂的稳定性增加幅度从大到小依次排列。

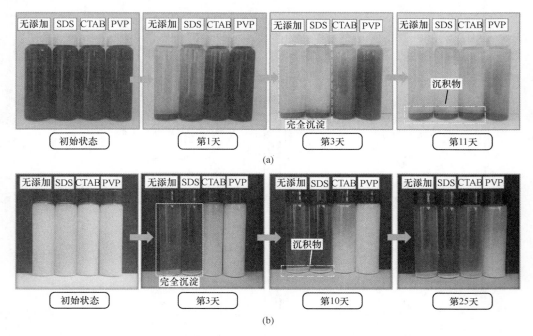

图 3-71 不同表面活性剂下纳米流体沉降观察

（a）Al_2O_3-CuO/水；（b）Al_2O_3-TiO_2/水

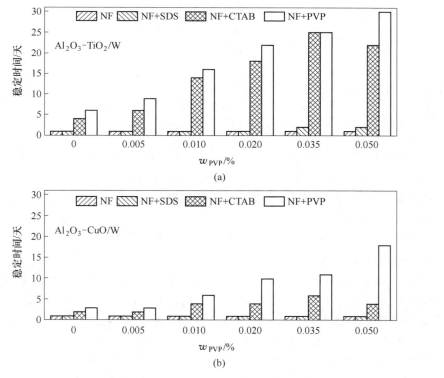

图 3-72 稳定时间随表面活性剂浓度的变化

（a）Al_2O_3-TiO_2/W；（b）Al_2O_3-CuO/W

3.5.4 流变特性和导热性能

如前一节所述，在表面活性剂浓度较高的情况下，表面活性剂对稳定性的影响更为明显。此外，在纳米流体中加入表面活性剂会导致黏度的增加。在确定了高效的 PVP 表面活性剂后，研究了表面活性剂浓度的影响，以获得最佳值，从而找到导热系数最高、黏度相对较低的纳米流体。

这一节的主要目的是准确评价所研究纳米流体是牛顿流体还是非牛顿流体，这是研究流变性能的关键问题[116]。研究表明，剪切速率是决定牛顿和非牛顿行为的一个重要因素。图 3-73 为不同 PVP 浓度和温度下剪切应力随剪切速率的变化情况。对所研究的混合纳米流体，发现剪切应力随着温度的升高而增大。此外，Al_2O_3-TiO_2/W 混合纳米流体在高温和 PVP 表面活性剂浓度下的变化趋势更加随机。Esfe 等[117,118]在研究 MWCNT-ZnO 和 MWCNT-ZrO_2 油基混合纳米流体的流变行为时也得出了同样的结论。

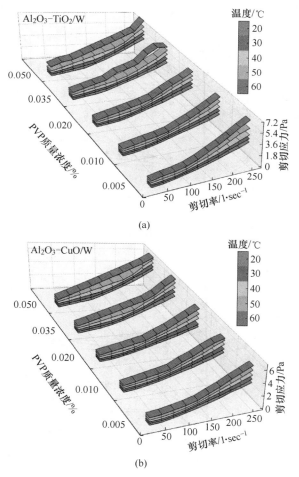

图 3-73　在不同 PVP 表面活性剂浓度和温度下剪切应力对剪切速率的影响
（a）Al_2O_3-TiO_2/W；（b）Al_2O_3-CuO/W

为了深入判断混合纳米流体的行为，需要建立一个数学模型。因此，牛顿黏性定律可表示为[119,120]：

$$\tau = \mu \dot{\gamma} \qquad (3\text{-}47)$$

$$\tau = \mu \dot{\gamma} = m \dot{\gamma}^{n-1} \dot{\gamma} \qquad (3\text{-}48)$$

式中，τ、μ 和 $\dot{\gamma}$ 分别为剪应力、运动黏度和剪切速率；m 为一致性指数；n 为幂律指数。当 $n=1$ 时，流体为牛顿流体，剪切应力与剪切速率呈线性相关。另一方面，如果 n 不等于 1 ($n<1$ 或 $1>n$)，则流体是非牛顿的。$n<1$ 的非牛顿流体具有剪切变薄或假塑性行为，而 $n>1$ 的非牛顿流体具有剪切增厚或剪胀行为。Esfe[121] 指出幂律 $n=1$ 的线表现出牛顿行为。如果数值更接近这条线，纳米流体的行为更接近牛顿流体，反之亦然。

为了确定 m 和 n 的值，将式（3-48）改写为对数形式并由实验数据拟合

$$\ln(\tau) = \ln(m) + n\ln(\dot{\gamma}) \qquad (3\text{-}49)$$

图 3-74 为幂律指数和稠度指数随温度和表面活性剂浓度的变化。对于 Al_2O_3-TiO_2/W 纳米流体，加入 PVP 表面活性剂后，n 值略高于 1。这表明它与牛顿行为有轻微的偏离。

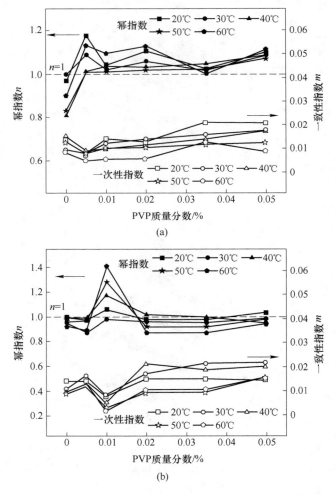

图 3-74　不同表面活性剂浓度下幂律指数 n 和一致性指数 m 的变化

（a）Al_2O_3-TiO_2/W；（b）Al_2O_3-CuO/W

而对于 Al$_2$O$_3$-CuO/W 纳米流体，它们大约低于 1（w_{PVP} = 0.01%）。因此，可以得出 Al$_2$O$_3$-TiO$_2$/W 和 Al$_2$O$_3$-CuO/W 纳米流体是非牛顿流体。此外，研究还发现，在纳米流体中加入表面活性剂和纳米颗粒可以改变流变液的性质。

图 3-75 为黏度随 PVP 浓度和剪切速率的分布。实验发现，随着温度的升高，黏度减小，而随着 PVP 浓度的升高，黏度增大。当 PVP 添加量小于 0.02%（质量分数），随着剪切速率的增加，各黏度略有增加，但均接近纯水的黏度值。这可能是由于液体与纳米颗粒之间的表面能降低和团聚作用造成的。表现为颗粒在剪切方向上的脱团聚和重新排列引起的剪切稀化行为，表现为剪切变厚行为[122]。

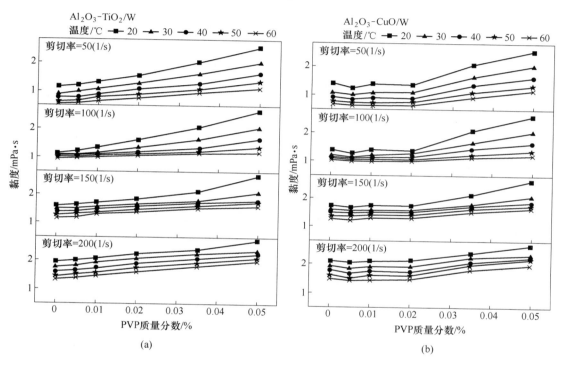

图 3-75　PVP 浓度和剪切速率对黏度变化的影响
（a）Al$_2$O$_3$-TiO$_2$/W；（b）Al$_2$O$_3$-CuO/W

随着 PVP 浓度的进一步增加，表面活性剂对聚合物黏度的影响变得更加重要。PVP 添加量大于质量分数为 0.02%时，各黏度均显著增加，且增幅远高于纯水。值得注意的是，过量的表面活性剂分子在液体和纳米颗粒之间形成了一层薄而致密的层，通过阻止空间排斥力[123]，削弱了体系的空间稳定性。随着表面活性剂浓度的增加，进一步发生团聚。此外，研究还发现，纳米颗粒团簇的大尺寸显著增加了纳米流体的黏度。

图 3-76 为不同 PVP 浓度下的相对导热系数（$\lambda_{nf}/\lambda_{bf}$）的变化，nf 和 bf 分别代表纳米流体和基液。此时，Al$_2$O$_3$-CuO/W 和 Al$_2$O$_3$-TiO$_2$/W 混合纳米流体的相对导热系数高达 1.11 和 1.15，此时表面活性剂 PVP 的质量分数分别为 0.005%和 0.01%。当 PVP 浓度超过上述比值时，导热系数在质量分数 0.05%时急剧下降至 1.01 这与 Arasu 等的结果一致。他们研究了 SDS 质量浓度在 0.1%~0.7%范围内对 TiO$_2$-Ag/W 混合纳米流体的影响，

并发现质量分数为 0.2% 是最佳的 SDS 浓度。

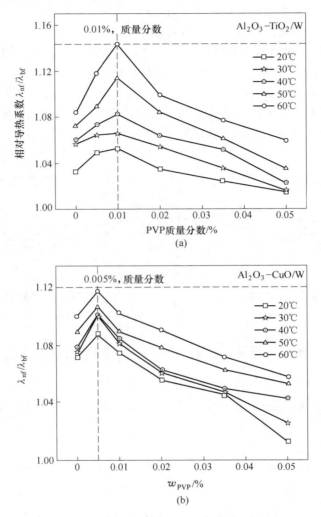

图 3-76   不同质量浓度 PVP 表面活性剂下纳米流体的导热系数
(a) Al_2O_3-CuO/W；(b) Al_2O_3-TiO_2/W

随着表面活性剂浓度的增加，胶束的数量增加，使得表面活性剂分子和纳米颗粒聚集成一个大团。因此，布朗运动和微对流减弱，导致导热系数增强减小。值得注意的是，表面活性剂的最佳值称为临界胶束浓度（CMC）[124]。在该特定浓度下，胶体体系相对稳定，所评价的各项参数均能达到最佳性能。PVP 表面活性剂的最佳质量分数分别为 0.005% 和 0.01%。这些浓度之下所研究混合纳米流体表现出最高导热系数增量。在流动换热过程中，黏度和导热系数与综合换热性能直接相关。因此，我们将热传导率高、黏度相对较低的工质视为理想流体。应指出，上述工质能达到系统的最佳传热性能。图 3-77 为不同 PVP 浓度下的黏度与导热系数的关系。可以观察到，所有温度下，在相对较低的黏度下，导热系数都增加到最大值。在 60℃下，当 PVP 质量分数为 0.005% 和 0.01% 时，Al_2O_3-CuO/W 和 Al_2O_3-TiO_2/W 混合纳米流体导热系数分别高达 0.73W/（m·K）和

0.75W/(m·K)。随着 PVP 浓度和黏度的增加,导热系数显著降低。Al_2O_3-CuO/W 和 Al_2O_3-TiO_2/W 纳米流体中 PVP 表面活性剂的最佳配比质量分数为 0.005% 和 0.01%,这个浓度下,所研究的混合纳米流体在相对较低的黏度下具有最高的导热系数。因此,它们是流动和传热过程中最经济的选择。

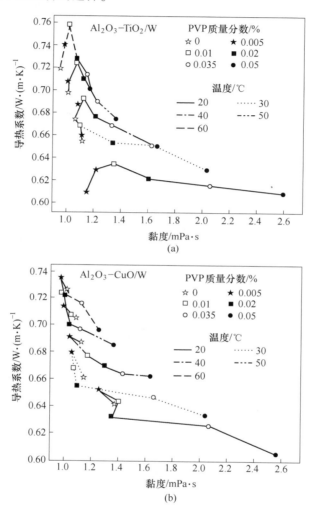

图 3-77 在不同温度和表面活性剂浓度下,混合纳米流体导热系数随黏度的变化
(a) Al_2O_3-CuO/W; (b) Al_2O_3-TiO_2/W

图 3-78 为所测得的混合纳米流体的有效导热系数与现有文献数据的对比。实验中使用的纳米流体浓度仅为 0.005%(体积分数),但实验中有效导热系数高于已发表的大部分相关研究结果。结果表明,表面活性剂的加入对纳米颗粒分散性有明显的调节作用,可以在较低浓度的情况下获得较高的导热系数。值得注意的是,纳米颗粒的价格远远高于表面活性剂的价格。因此,添加适量的表面活性剂是调节混合纳米流体稳定性和热物理特性的一种更经济、有效的方法。但表面活性剂浓度存在一个最佳值,可以获得最佳的热物理参数。表面活性剂在最佳浓度附近的混合纳米流体性质尚未得到广泛的研究。因此,为了

获得其他混合纳米流体的最佳表面活性剂浓度，还需要开展更多的研究工作。

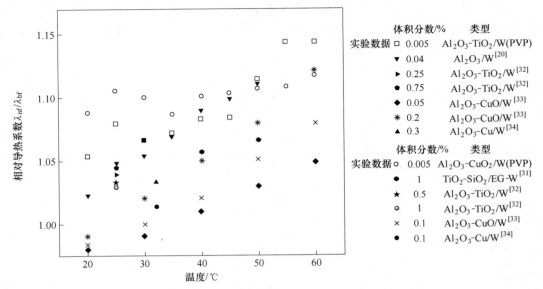

图 3-78　纳米流体所测得的与现有的有效导热系数比较

3.5.5　小结

本节在 20~60℃的温度范围内研究了混合纳米流体稳定性、流变行为和热物理的特点。考察了质量分数在 0.005%~0.05% 范围内不同表面活性剂的作用效果，确定了最佳表面活性剂浓度。通过本研究得出以下结论：

（1）基于多重稳定性分析，PVP 是维持混合纳米流体稳定性的最佳表面活性剂。

（2）当 PVP<0.2%（质量分数）时，混合纳米流体的黏度与水相似，但稳定性显著提高。随着 PVP 浓度的增加，黏度显著增加。

（3）Al_2O_3-CuO/W 和 Al_2O_3-TiO_2/W 混合纳米流体中 PVP 表面活性剂的最佳配比质量分数为 0.005% 和 0.01%。在 60℃ 温度下，最高的导热系数达到 0.73W/（m·K） 和 0.75W/（m·K），且流体同时具备相对较低的黏度。

参 考 文 献

［1］　Yan S, Wang F, Shi Z G, et al. Heat transfer property of SiO_2/water nanofluid flow inside solar collector vacuum tubes［J］. Applied Thermal Engineering, 2017, 118：385~391.

［2］　宣益民，李强. 纳米流体能量传递理论与应用 ［M］. 北京：科技出版社，2010.

［3］　强爱红. 纳米颗粒悬浮液强化对流传热的研究 ［D］. 天津：天津大学化工学院，2006.

［4］　Yu W, Xie H. A review on nanofluids：preparation, stability mechanisms, and applications ［J］. Nanomater, 2012, 2012：1~17.

［5］　F S Li, L Li, G J Zhong. Effects of ultrasonic time, size of aggregates and temperature on the stability and viscosity of Cu-ethylene glycol （EG） nanofluids［J］. International Journal of Heat and Mass Transfer, 2019, 129：278~286.

［6］ Ghosh M M, Ghosh S, Pabi S K. Effects of particle shape and fluid temperature on heat-transfer characteristics of nanofluids [J]. Mater Eng Perform, 2013, 22(6): 1525~1529.

［7］ Syam S L, Singh M K, Sousa A C M. Thermal conductivity of ethylene glycol and water mixture based Fe_3O_4 nanofluid[J]. International Journal of Heat and Mass Transfer, 2013, 49: 17~24.

［8］ Yang Y, Zhang Z G, Grulke E A, et al. Heat transfer properties of nanoparticle-in-fluid dispersions (nanofluids) in laminar flow [J]. International Journal of Heat & Mass Transfer, 2005, 48(6): 1107~1116.

［9］ Heris S Z, Etemad S G, Esfahany M N. Experimental investigation of oxide nanofluids laminar flow convective heat transfer [J]. International Communications in Heat & Mass Transfer, 2006, 33(4): 529~535.

［10］ Sundar S L, Ramana V E, Singh M K, et al. Thermal conductivity and viscosity of stabilized ethylene glycol and water mixture Al_2O_3 nanofluids for heat transfer applications: An experimental study[J]. International Communications in Heat & Mass Transfer, 2014, 56(8): 86~95.

［11］ Peng H, Ding G, Hu H. Effect of surfactant additives on nucleate pool boiling heat transfer of refrigerant-based nanofluid[J]. Experimental Thermal & Fluid Science, 2011, 35(6): 960~970.

［12］ 张亚楠, 刘妮, 由龙涛, 等. 表面活性剂对水基纳米流体特性影响的研究进展 [J]. 化工进展, 2015, 34(4): 903~920.

［13］ 李兴, 陈颖, 莫松平, 等. 表面活性剂对二氧化钛纳米流体分散性的影响 [J]. 化工学报, 2013, 64(9): 3324~3330.

［14］ Nabila M F, Azmia W H, Abdul H K. An experimental study on the thermal conductivity and dynamic viscosity of TiO_2-SiO_2 nanofluids in water: ethylene glycol mixture [J]. International Communications in Heat and Mass Transfer, 2017, 86: 181~189.

［15］ Hamid K, Azmi W H, Nabil M F. Experimental investigation of thermal conductivity and dynamic viscosity on nanoparticle mixture ratios of TiO_2-SiO_2 nanofluids [J]. International Journal of Heat and Mass Transfer, 2018, 116: 1143~1152.

［16］ Mohammad H E, Ali A A A, Masoumeh F. Empirical study and model development of thermal conductivity improvement and assessment of cost and sensitivity of EG-water based SWCNT-ZnO(30%:70%) hybrid nanofluid [J]. Journal of Molecular Liquids, 2017, 244: 252~261.

［17］ Seyed H R, Mojtaba B, Seyfolah S. An inspection of thermal conductivity of CuO-SWCNTs hybrid nanofluid versus temperature and concentration using experimental data, ANN modeling and new correlation [J]. Journal of Molecular Liquids, 2017, 231: 364~369.

［18］ 傅惠民, 岳晓蕊. 多元混合数据回归分析方法 [J]. 航空动力学报, 2011, 26(1): 173~177.

［19］ Huang G B, Saratch P, Member S. An efficient sequential learning algorithm for growing and pruning RBF (GAP-RBF) networks [J]. IEEE Transactions on Systems, Man, and Cybernetics, Part B (Cybernetics), 2004, 34(6): 2284~2292.

［20］ 周纪芗. 实用回归分析方法 [M]. 上海: 科学技术出版社, 1990: 76~78.

［21］ Ghasemi A, Hassani M, Goodarzi M, et al. Appraising influence of COOH-MWCNTs on thermal conductivity of antifreeze using curve fitting and neural network [J]. Physica A, 2019, 514(2019): 36~45.

［22］ 张德贤. 前向神经网络合理隐含层结点个数估计 [J]. 计算机工程与应用, 2003, 39(5): 21~23.

［23］ Whitley D. A genetic algorithm tutorial [J]. Statistics and Computing, 1994, 4(2): 65~85.

［24］ Kalogirou S A. Applications of artificial neural-networks for energy systems [J], Appl. Energy, 2000, 67: 17~35.

［25］ Sun C Y. Mind-evolution-based machine learning: framework and the implementation of optimization [C]//Proceedings of IEEE International Conference on Intelligent Engineering Systems. 1998: 355~359.

［26］ Huang G B, Saratchandran P, Sundararajan N. A generalized growing and pruning RBF (GGAP-RBF) neural network for function approximation ［J］. IEEE Transactions on Neural Networks, 2005, 16(1): 57~67.

［27］ Kumar D, Arasu A V. A comprehensive review of preparation, characterization, properties and stability of hybrid nanofluids ［J］. Renew Sustain Energy Rev, 2018, 81: 1669~1689.

［28］ Babu J A R, Kumar K K, Rao S S. State-of-art review on hybrid nanofluids ［J］. Renew Sustain Energy Rev, 2017, 77: 551~565.

［29］ Wei B, Zou C, Yuan X, et al. Thermo-physical property evaluation of diathermic oil based hybrid nanofluids for heat transfer applications ［J］. Heat Mass Transf, 2017, 107: 281~287.

［30］ Dalkılıça A S, Yalçınb G, Küçükyıldırım B O, et al. Experimental study on the thermal conductivity of water-based CNT-SiO$_2$ hybrid nanofluids ［J］. Int. Commun. Heat Mass Transf, 2018, 99: 18~25.

［31］ Aparna Z, Michael M, Pabi S K, et al. Thermal conductivity of aqueous Al$_2$O$_3$/Ag hybrid nanofluid at different temperatures and volume concentrations: an experimental investigation and development of new correlation function ［J］. Powder Technol, 2019, 343: 714~722.

［32］ Hamid K A, Azmi W H, Nabil M F, et al. Experimental investigation of thermal conductivity and dynamic viscosity on nanoparticles mixture ratios of TiO$_2$-SiO$_2$ nanofluids ［J］. Int. J. Heat Mass Transt, 2018, 116: 1143~1152.

［33］ Jana S, Khojin A S, Zhong W H. Enhancement of fluid thermal conductivity by the addition of single and hybrid nano-additives ［J］. Thermochim. Acta, 2007, 462: 45~55.

［34］ Hamid K A, Azmi W H, Nabil M F, et al. Experimental investigation of thermal conductivity and dynamic viscosity on nanoparticles mixture ratios of TiO$_2$-SiO$_2$ nanofluids ［J］. Heat Mass Transf, 2018, 116: 1143~1152.

［35］ Ambreen T, Saleem A, Ali H M, et al. Performance analysis of hybrid nanofluid in a heat sink equipped with sharp and streamlined micro pin-fins ［J］. Powder Technol, 2019, 355: 552~563.

［36］ Esfe M H, Arani A A A, Firouzi M. Empirical study and model development of thermal conductivity improvement and assessment of cost and sensitivity of EG-water based SWCNT-ZnO (30% : 70%) hybrid nanofluid ［J］. Mol. Liq, 2017, 244: 252~261.

［37］ Esfe M H, Amiri M K, Alirezaie A. Thermal conductivity of a hybrid nanofluid: A new economic strategy and model ［J］. Therm. Anal. Calorim, 2018, 134: 1113~1122.

［38］ Alirezaie A, Hajmohammad M H, Ahangar M R H, et al. Price-performance evaluation of thermal conductivity enhancement of nanofluids with different particles sizes ［J］. Appl. Therm. Eng, 2018, 128: 373~380.

［39］ Bahiraei M, Mazaheri N, Aliee F. Second law analysis of a hybrid nanofluid in tubes equipped with double twisted tape inserts ［J］. Powder Technol, 2019, 345: 692~703.

［40］ Salman S, AbuTalib A R, Saadon S, et al. Hybrid nanofluid flow and heat transfer over backward and forward steps: A review ［J］. Powder Technol, 2020, 363: 448~472.

［41］ Kumar V, Sarkar J. Experimental hydrothermal behavior of hybrid nanofluid for various particle ratios and comparison with other fluids in minichannel heat sink ［J］. Int. Commun. Heat Mass Transf, 2020, 110: 104397.

［42］ Yang L, Hu Y H. Toward TiO$_2$ nanofluids-Part 1: preparation and properties ［J］. Nanoscale Res. Lett, 2017, 12: 417.

［43］ Hamzah M H, Sidik N A C, Ken T L, et al. Factors affecting the performance of hybrid nanofluids: A comprehensive review ［J］. Heat Mass Transf, 2017, 115: 630~646.

［44］ Zhai Y L, Xia G D, Liu X F, et al. Heat transfer enhancement of Al_2O_3-H_2O nanofluids flowing through a micro heat sink with complex structure ［J］. Int. Commun. Heat Mass, 2015, 66: 158~166.

［45］ ASHRAE, ASHRAE Handbook-Fundamentals, American Society of Heating, Refrigerating and Air-Conditioning Engieers, Inc. Atlanta, 2009.

［46］ Wang J, Zhai Y L, Yao P T, et al. Established prediction models of thermal conductivity of hybrid nanofluids based on artificial neural network (ANN) models in waste heat system ［J］. Int. Commun. Heat Mass Transf, 2020, 110: 104444.

［47］ Hiemenz P C. Principles of colloid and surface chemistry ［M］. 1977.

［48］ Alirezaie A, Hajmohammad M H, Ahangar M R H, et al. Price-performance evaluation of thermal conductivity enhancement of nanofluids with different particles sizes ［J］. Appl. Therm. Eng, 2018, 128: 373~380.

［49］ Halelfadl S, MaréMaré T, Estellé P. Efficiency of carbon nanotubes water based nanofluids as coolants ［J］. Exp. Therm. Fluid Sci, 2014, 53: 104~110.

［50］ Singh S K, Sarkar J. Energy, exergy and economic assessments of shell and tube condenser using hybrid nanofluid as coolant ［J］. Int. Commun. Heat Mass Transf, 2018, 98: 41~48.

［51］ Akilu S, Sharma K V, Baheta A T, et al. A review of thermophysical properties of water based composite nanofluids ［J］. Renew Sustain Energy Rev, 2016, 66: 654~678.

［52］ Mamourian M, Shirvan K M, Pop I. Sensitivity analysis for MHD effects and inclination angles on natural convection heat transfer and entropy generation of Al_2O_3-water nanofluid in square cavity by response surface methodology ［J］. Int. Commun. Heat Mass Transf, 2016, 79: 46~57.

［53］ Mukhtar A, Saqib S, Safdar F, et al. Experimental and comparative theoretical study of thermal conductivity of MWCNTs-kapok seed oil-based nanofluid ［J］. Int. Commun. Heat Mass Transf, 2020, 110: 104402.

［54］ Esfe M H, Esfandeh S, Saedodin S. Experimental evaluation, sensitivity analyzation and ANN modeling of thermal conductivity of ZnO-MWCNT/EG-water hybrid nanofluid for engineering applications ［J］. Appl. Therm. Eng, 2017, 125: 673~685.

［55］ Sarkar J, Ghosh P, Adil A. A review on hybrid nanofluids: recent research, development and applications ［J］. Renew Sustain Energy Rev, 2015, 43: 164~177.

［56］ Esfe M H, Raki H R, Emami M R S, et al. Viscosity and rheological properties of antifreeze based nanofluid containing hybrid nano-powders of MWCNTs and TiO_2 under different temperature conditions ［J］. Powder Technol, 2019, 342: 808~816.

［57］ Aparna Z, Michael M, Pabi S K, et al. Thermal conductivity of aqueous Al_2O_3/Ag hybrid nanofluid at different temperatures and volume concentrations: An experimental investigation and development of new correlation function ［J］. Powder Technol, 2019, 343: 714~722.

［58］ Zhu H, Zhang C, Liu S, et al. Effects of nanoparticle clustering and alignment on thermal conductivities of Fe_2O_4 aqueous nanofluids ［J］. Appl. Phys. Lett, 2006, 89: 023123.

［59］ Sezer N, Atieh M A, Koç M. A comprehensive review on synthesis, stability, thermophysical properties, and characterization of nanofluids ［J］. Powder Technol, 2019, 344: 404~431.

［60］ Babar H, Ali H M. Towards hybrid nanofluids: preparation, thermophysical properties, applications, and challenges ［J］. Mol. Liq, 2019, 281: 598~633.

［61］ Hong K S, Hong T K, Yang H S. Thermal conductivity of Fe nanofluids depending on the cluster size of nanoparticles ［J］. Appl. Phys. Lett. , 2008, 88: 031901.

［62］ Das P K. A review based on the effect and mechanism of thermal conductivity of normal nanofluids and hybrid nanofluids ［J］. Mol. Liq, 2017, 240: 420~446.

[63] Gupta M, Singh V, Kumar R, et al. A review on thermophysical properties of nanofluids and heat transfer applications [J]. Renew Sustain Energy Rev, 2017, 74: 638~670.

[64] Bianco V, Manca O, Nardini S, et al. Heat transfer enhancement with nanofluids [M]. CRC press, New York, 2015.

[65] Keblinshi P, Phillpot S R, Choi S U S, et al. Mechanisms of heat flow in suspensions of nano-sized particles (nanofluids) [J]. Heat Mass Transf, 2002, 45: 855~863.

[66] Chiam H W, Azmi W H, Usri N A, et al. Thermal conductivity and viscosity of Al_2O_3 nanofluids for different based ratio of water and ethylene glycol mixture [J]. Exp. Therm. Fluid Sci, 2017, 81: 420~429.

[67] Choi S U S. Enhancing Thermal Conductivity of Fluids With Nanoparticles [J]. Asme Fed, 1995, 231 (1): 99~105.

[68] Sarkar J, Ghosh P, Adil A. A review on hybrid nanofluids: recent research, development and applications [J]. Renewable & Sustainable Energy Reviews, 2015, 43: 164~177.

[69] Suresh S, Venkitaraj K P, Selvakumar P, et al. Synthesis of Al_2O_3-Cu/water hybrid nanofluids using two step method and its thermo physical properties [J]. Colloids & Surfaces A Physicochemical & Engineering Aspects, 2011, 388(1~3): 41~48.

[70] Baghbanzadeh M, Rashidi A, Rashtchian D, et al. Synthesis of spherical silica/multiwall carbon nanotubes hybrid nanostructures and investigation of thermal conductivity of related nanofluids [J]. Thermochimica Acta, 2012, 549.

[71] Esfe M H, Saedodin S, Yan W M, et al. Study on thermal conductivity of water-based nanofluids with hybrid suspensions of CNTs/Al_2O_3, nanoparticles [J]. Journal of Thermal Analysis and Calorimetry, 2016, 124(1): 455~460.

[72] Hwang Y J, Ahn Y C, Shin H S, et al. Investigation on characteristics of thermal conductivity enhancement of nanofluids [J]. Current Applied Physics, 2006, 6(6): 1068~1071.

[73] Timofeeva E V, Gavrilov A N, Mccloskey J M, et al. Thermal conductivity and particle agglomeration in alumina nanofluids: experiment and theory [J]. Physical Review E, 2007, 76(6): 061203.

[74] Lee D, Kim J W, Kim B G. A new parameter to control heat transport in nanofluids: surface charge state of the particle in suspension [J]. Journal of Physical Chemistry B, 2006, 110(9): 4323~4328.

[75] Jia T, Zhang Y, Ma H B, et al. Investigation of the characteristics of heat current in a nanofluid based on molecular dynamics simulation [J]. Applied Physics A, 2012, 108(3): 537~544.

[76] Wei X, Zhu H, Kong T, et al. Synthesis and thermal conductivity of Cu_2O nanofluids [J]. International Journal of Heat and Mass Transfer, 2009, 52(19~20): 4371~4374.

[77] Xie H, Wang J, Xi T, et al. Thermal conductivity enhancement of suspensions containing nanosized alumina particles [J]. Journal of Applied Physics, 2002, 91(7): 4568~4572.

[78] 曾广胜, 孙刚. 工艺参数对淀粉/EVA 生物质材料挤出发泡的影响及 BP 神经网络的预测 [J]. 复合材料学报, 2014, 31(2): 512~517.

[79] Hojjat M, Etemad S G, Bagheri R, et al. Thermal conductivity of non-Newtonian nanofluids: experimental data and modeling using neural network [J]. International Journal of Heat and Mass Transfer, 2011, 54 (5~6): 1017~1023.

[80] Esfe M H, Saedodin S, Bahiraei M, et al. Thermal conductivity modeling of MgO/EG nanofluids using experimental data and artificial neural network [J]. Journal of Thermal Analysis and Calorimetry, 2014, 118 (1): 287~294.

[81] Esfe M H, Saedodin S, Naderi A, et al. Modeling of thermal conductivity of ZnO-EG using experimental data and ANN methods [J]. International Communications in Heat and Mass Transfer, 2015, 63:

　　35~40.

［82］ Esfe M H, Wongwises S, Naderi A, et al. Thermal conductivity of Cu/TiO$_2$-water/EG hybrid nanofluid: experimental data and modeling using artificial neural network and correlation ［J］. International Communications in Heat and Mass Transfer, 2015, 66: 100~104.

［83］ Esfe M H, Afrand M, Wongwises S, et al. Applications of feedforward multilayer perceptron artificial neural networks and empirical correlation for prediction of thermal conductivity of Mg(OH)$_2$/EG using experimental data ［J］. International Communications in Heat and Mass Transfer, 2015, 67: 46~50.

［84］ Esfe M H, Saedodin S, Sina N, et al. Designing an artificial neural network to predict thermal conductivity and dynamic viscosity of ferromagnetic nanofluid ［J］. International Communications in Heat and Mass Transfer, 2015, 68: 50~57.

［85］ Esfe M H, Rostamian H, Afrand M, et al. Modeling and estimation of thermal conductivity of MgO-water/EG (60:40) by artificial neural network and correlation ［J］. International Communications in Heat and Mass Transfer, 2015, 63: 35~40.

［86］ Esfe M H, Tatar A, Ahangar M R H, et al. A comparison of performance of several artificial intelligence methods for predicting the dynamic viscosity of TiO$_2$/SAE 50 nano-lubricant ［J］. Physica E: Low-dimensional Systems and Nanostructures, 2018, 96: 85~93.

［87］ Esfe M H, Naderi A, Akbari M, et al. Evaluation of thermal conductivity of COOH-functionalized MWCNTs/water via temperature and solid volume fraction by using experimental data and ANN methods ［J］. Journal of Thermal Analysis and Calorimetry, 2015, 121 (3): 1273~1278.

［88］ Esfe M H, Ahangar M R H, Toghraie D, et al. Designing artificial neural network on thermal conductivity of Al$_2$O$_3$/water-EG (60%~40%) nanofluid using experimental data ［J］. Journal of Thermal Analysis and Calorimetry, 2016, 126 (2): 1~7.

［89］ Moody J, Darken C J. Fast Learning in Networks of Locally-Tuned Processing Units ［J］. Neural Computation, 1989, 1(2): 281~294.

［90］ 傅惠民, 岳晓蕊. 多元混合数据回归分析方法 ［J］. 航空动力学报, 2011, 26(1): 173~177.

［91］ Huang G B, Saratch P, Member S, et al. An efficient sequential learning algorithm for growing and pruning RBF (GAP-RBF) networks ［J］. IEEE Transactions on Systems, Man, and Cybernetics, Part B (Cybernetics), 2004, 34(6): 2284~2292.

［92］ Dai H, Yang Z, Guo S. Real-time traffic volume estimation with fuzzy linear regression ［C］//World Congress on Intelligent Control & Automation. IEEE, 2006.

［93］ Chiam H W, Azmi W H, Usri N A, et al. Thermal conductivity and viscosity of Al$_2$O$_3$ nanofluids for different based ratio of water and ethylene glycol mixture ［J］. Experimental Thermal and Fluid Science, 2016, 81: 420~429.

［94］ Parsian A, Akbari M. New experimental correlation for the thermal conductivity of ethylene glycol containing Al$_2$O$_3$-Cu hybrid nanoparticles ［J］. Journal of Thermal Analysis and Calorimetry, 2017, 131 (3): 1~9.

［95］ Tian Z, Etedali S, Afrand M, et al. Experimental study of the effect of various surfactants on surface sediment and pool boiling heat transfer coefficient of silica/DI water nano-fluid ［J］. Powder Technol, 2019, 356: 391~402.

［96］ Dadhich M, Prajapati O S. A brief review on factors affecting flow and pool boiling, Renew ［J］. Sust. Energ. Rev, 2019, 112: 607~625.

［97］ Xian H W, Sidik N A C, Saidur R. Impact of different surfactants and ultrasonication time on the stability and thermophysical properties of hybrid nanofluids ［J］. Int. Commun. Heat Mass Transf, 2020,

110: 104389.

[98] Zhai Y L, Li L, Wang J, et al. Evaluation of surfactant on stability and thermal performance of Al_2O_3-ethylene glycol (EG) nanofluids [J]. Powder Technol, 2019, 343: 215~224.

[99] Sezer N, Atieh M A, Koc M. A comprehensive review on synthesis, stability, thermophysical properties, and characterization of nanofluids [J]. Powder Technol, 2019, 344: 404~431.

[100] Morsi R E, El-Salamony R A. Effect of cationic, anionic and non-ionic polymeric surfactants on the stability, photo-catalytic and antimicrobial activities of yttrium oxide nanofluids [J] Mol. Liq, 2020, 297: 111848.

[101] Gupta M, Singh V, Said Z. Heat transfer analysis using zinc Ferrite/water (Hybrid) nanofluids in a circular tube: an experimental investigation and development of new correlations for thermophysical and heat transfer properties, Sustain [J]. Energy Technol. Assess, 2020, 39: 100720.

[102] Qi C, Tang J H, Fan F, et al. Effects of magnetic field on thermo-hydraulic behaviors of magnetic nanofluids in CPU cooling system [J]. Appl. Therm. Eng, 2020, 179: 115717.

[103] Gallego A, Cacua K, Herrera B, et al. Experimental evaluation of the effect in the stability and thermophysical properties of water-Al_2O_3 based nanofluids using SDBS as dispersant agent [J]. Adv. Powder Technol, 2020, 31: 560~570.

[104] Chakraborty S, Sarkar I, Behera D K, et al. Sudipto Chakraborty Experimental investigation on the effect of dispersant addition on thermal and rheological characteristics of TiO_2 nanofluid [J]. Powder Technol, 2017, 307: 10~24.

[105] Suganthi S, Rajan K S. Metal oxide nanofluids: review of formulation, thermo-physical properties, mechanisms, and heat transfer performance [J]. Renew. Sust. Energ. Rev, 2017, 76: 226~255.

[106] Valan A A, Dhinesh D K, Idrish A K. Experimental investigation of thermal conductivity and stability of TiO_2-Ag/water nanocompositefluid with SDBS and SDS surfactants [J]. Thermochim. Acta, 2020, 31: 560~570.

[107] Leong K Y, Razali I, Ahmad K Z K, et al. Thermal conductivity of an ethylene glycol/water-based nanofluid with copper-titanium dioxide nanoparticles: an experimental approach [J]. Int. Commun. Heat Mass Transf, 2018, 90: 23~28.

[108] Xian H W, Sidik N A C, Saidur R. Impact of different surfactants and ultrasonication time on the stability and thermophysical properties of hybrid nanofluids [J]. Int. Commun. Heat Mass Transf, 2019, 110: 104389.

[109] Song J W, Jiang W X, Qian H, et al. Experimental study on the influence of alternating working conditions on the physical properties and stability of ammonia-water nanofluid applied in the practical system [J]. Powder Technol, 2020, 369: 311~320.

[110] Rostami S, Raki E, Abdollahi A, et al. Effects of different magnetic fields on the boiling heat transfer coefficient of the NiO/deionized water nanofluid, an experimental investigation [J]. Powder Technol, 2020, 376: 398~409.

[111] Bashirnezhad K, Rashidi M M, Yang Z G, et al. A comprehensive review of last experimental studies on thermal conductivity of nanofluids [J]. Therm. Anal. Calorim, 2015, 122: 863~884.

[112] Ma M Y, Zhai Y L, Yao P T, et al. Synergistic mechanism of thermal conductivity enhancement and economic analysis of hybrid nanofluids [J]. Powder Technol, 2020, 373: 702~715.

[113] Suganthi S, Rajan K S. Metal oxide nanofluids: review of formulation, thermo-physical properties, mechanisms, and heat transfer performance [J]. Renew. Sust. Energ. Rev, 2017, 76: 226~255.

[114] Annalisa C, Matteo F, Masoud BB, et al. Thermal transport phenomena in nanoparticle suspensions [J].

Phys. -Condes. Matter, 2016, 28(48): 483003.

[115] Kumar D D, Arasu A V. A comprehensive review of preparation, characterization, properties and stability of hybrid nanofluids [J]. Renew. Sust. Energ. Rev, 2018, 81: 1669~1689.

[116] Yan S R, Kalbasi R, Nguyen Q, et al. Rheological behavior of hybrid MWCNTs-TiO$_2$/EG nanofluid: a comprehensive modeling and experimental study [J]. Mol. Liq, 2020, 308.

[117] Esfe M H, Esfandeh S. The statistical investigation of multi-grade oil based nanofluids: enriched by MWCNT and Zno nanoparticles [J]. Physica A, 2020, 554.

[118] Esfe M H, Esfandeh S, Arani A A A. Proposing a modified engine oil to reduce cold engine start damages and increase safety in high temperature operating conditions [J]. Powder Technol, 2019, 355: 251~263.

[119] Esfe M H, Rostamian H, Sarlak M R. A novel study on rheological behavior of ZnO-MWCNT/10w40 nanofluid for automotive engines [J]. Mol. Liq, 2018, 254: 406~413.

[120] Esfe M H, Esfandeh S, Niazi S. An experimental investigation, sensitivity analysis and RSM analysis of MWCNT(10)-ZnO(90)/10W40 nanofluid viscosity [J]. Mol. Liq, 2019, 288.

[121] Esfe M H, Esfandeh S. The statistical investigation of multi-grade oil based nanofluids: enriched by MWCNT and ZnO nanoparticles [J]. Physica A, 2020, 554.

[122] Hu M B, Zhang Y M, Gao W, et al. Effects of the complex interaction between nanoparticles and surfactants on the rheological properties of suspensions, Colloid Surf. A-Physicochem [J]. Eng. Asp, 2020, 599.

[123] Dhanola A, Garg H C. Influence of different surfactants on the stability and varying concentrations of TiO$_2$ nanoparticles on the rheological properties of canola oil based nanolubricants [J]. Appl. Nanosci, 2020, 6.

[124] Cacua K, Buitrago-Sierra R, Herrera B, et al. Influence of different parameters and their coupled effects on the stability of alumina nanofluids by a fractional factorial design approach [J]. Adv. Powder Technol, 2017, 28: 37~44.

4 三元混合纳米流体热物性参数及经济性分析

4.1 三元混合纳米流体稳定性及热性能研究

4.1.1 引言

为了解决传统工质传热性能差的问题，如水、油、聚合物溶液或乙二醇等，Choi等[1]首次提出可在传热工质里添加导热系数高的纳米级别颗粒，使用物理或化学方法使其均匀分散而形成稳定性强的纳米流体。由于纳米颗粒尺寸小、表面积大，纳米流体具有较高的换热性能、较低的黏度、长期稳定性好且团聚体尺寸小等特点，明显改善了传统工质的热物性能和流变行为，被广泛应用于实际工业换热过程中[2,3]。但是，早期的纳米流体由于只添加一种纳米颗粒，不能满足特定应用场合所需的优异特性。比如，金属氧化物如 Al_2O_3 或 TiO_2 纳米颗粒化学稳定性好，但导热系数较低；而金属纳米颗粒如 Al、Cu 或 Ag 具有较高的导热系数但不稳定，易发生化学反应[4]。若能在基液中添加不同类型的纳米颗粒，使其同时具有优异的流变性能和传热性质，更适用于实际的工业换热过程中。

混合纳米流体由于将 2 种或 2 种以上不同类型的纳米颗粒均匀分散于基液中，具有优异的性能而被更多学者青睐和研究应用。Madhesh 等[5]研究了体积分数对 TiO_2-Cu/水混合纳米流体导热系数的影响，结果表明由于 Cu 颗粒在 TiO_2 颗粒表面形成了一层有序的纳米层，在粒子和基液分子间形成了较好的传热网络，使导热系数大幅度增大。Hamid 等[6]研究了 TiO_2-SiO_2/水-乙二醇混合纳米流体，指出由于 2 种粒子粒径不同，粒径较小的 SiO_2 颗粒紧密地填充在由粒径较大的 TiO_2 颗粒形成的通道中，形成致密的排布，降低导热热阻，提高了纳米流体整体导热系数。Kumar 等[7]综述了关于近五年内混合纳米流体的相关研究，指出由于粒子间的协同效应，使其导热系数明显高于单一纳米流体。

目前，对于三元混合纳米流体的研究还不多。由于粒子组成成分更复杂，三元混合纳米流体是否能表现出优越的传热性能、粒子的组合及比例如何影响稳定性、流变行为及热物性参数等，诸多问题亟需解决。Cakmak 等[8]研究了体积分数和温度对 rGO-Fe_3O_4-TiO_2/乙二醇三元混合纳米流体导热系数的影响，与纯乙二醇对比，在体积分数为 0.25% 和温度为 60℃，其导热系数增加了 13.3%。Sahoo 等[9,10]分别研究了体积分数和温度对 Al_2O_3-SiC-TiO_2/水和 Al_2O_3-CuO-TiO_2/水三元混合纳米流体的黏度和导热系数的影响。Mousavi 等[11]研究了温度、体积分数及粒子混合比对 CuO-MgO-TiO_2/水三元混合纳米流体热物性参数的影响。结果表明当粒径质量混合比为 60：30：10 时，其导热系数增强幅度最大。

综上所述，粒子的组合对纳米流体的热物性能的影响很大，但这方面的研究成果还不多，还有待研究。因此，选择粒径不同的金属氧化物纳米颗粒（20nm Al_2O_3 和 40nm TiO_2）和金属纳米颗粒（50nm Cu）组合而成的 Al_2O_3-TiO_2-Cu/水三元混合纳米流体作为研究对象，研究体积分数和温度对其流变行为和热物性参数的影响。基于实验数据，拟合出黏度和导热系数的预测公式，为大规模工业应用提供基础数据和参考。

4.1.2 实验材料和方法

选用粒径为 20nm Al_2O_3、40nm TiO_2 和 50nm Cu 纳米颗粒，按照体积比 40∶40∶20 进行配制。去离子水为基液，采用两步法配制体积浓度分别为 0.005%、0.1%、0.5%、0.7%、1% 的 Al_2O_3-TiO_2-Cu/水三元混合纳米流体。三元混合纳米流体的体积分数（φ）可由 Pak 等[12] 提出的混合规则计算，如式（4-1）所示：

$$\varphi = \frac{\left(\dfrac{w}{\rho}\right)_{NP1} + \left(\dfrac{w}{\rho}\right)_{NP2} + \left(\dfrac{w}{\rho}\right)_{NP3}}{\left(\dfrac{w}{\rho}\right)_{NP1} + \left(\dfrac{w}{\rho}\right)_{NP2} + \left(\dfrac{w}{\rho}\right)_{NP3} + \left(\dfrac{w}{\rho}\right)_{W}} \times 100\% \tag{4-1}$$

式中，w 和 ρ 分别为质量和密度，kg，kg/m³；下标 NP1、NP2、NP3 和 W 分别表示 Al_2O_3、TiO_2、Cu 粒子和基液水。表 4-1 为室温下各粒子和基液对应的热物性参数。根据表 4-1 及公式（4-1）可计算出对应体积浓度下各物质所需的质量。

表 4-1 室温下纳米颗粒和基液的热物性参数

材　料	密度/kg·m⁻³	比热/J·(kg·K)⁻¹	导热系数/W·(m·K)⁻¹
Al_2O_3 纳米颗粒	3890	880	35
TiO_2 纳米颗粒	4170	711	6.5
Cu 纳米颗粒	5614	420	397
去离子水	998.2	4183	0.599

图 4-1 为三元混合纳米流体制备过程及参数测量示意图。首先，将称好重量的粒子和基液互相混合。纳米颗粒一般为疏水性，很难均匀分散于极性溶液如水或乙二醇中。为了提高稳定性及尽量不影响原溶液的性质，添加低浓度 0.01% 的 PVP 表面活性剂。然后，放入磁力搅拌器里搅拌 15min，使其混合均匀，再放入超声波振动器里振动 60min，利用超声波原理破坏粒子团聚体使其达到优异的分散性。最后，测量稳定且均匀分散的纳米流体的导热系数和黏度。

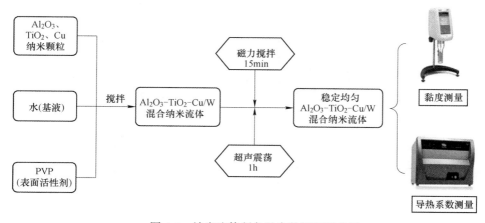

图 4-1 纳米流体制备及参数测量示意图

　　对于三元混合纳米流体的密度和比热容可以根据混合模型计算，取决于浓度、粒子和基液的热物性。但是，对于黏度和导热系数而言，不仅与上述因素有关，还与粒子形状、尺寸、稳定性和制备方法有关[13]。目前已提出的模型很难精确预测其数值，实验采用热常数分析仪 Hot Disk 2500S 和 Brookfield 黏度计 DV-3T 分别测量温度范围为 20~60℃ 的导热系数和黏度值。其中，仪器的不确定性可由下式计算：

$$U_\mu = \sqrt{\left(\frac{\delta T}{T}\right)^2 + \left(\frac{\delta \mu_{nf}}{\mu_{nf}}\right)^2} \qquad (4-2)$$

$$U_k = \sqrt{\left(\frac{\delta T}{T}\right)^2 + \left(\frac{\delta k_{nf}}{k_{nf}}\right)^2} \qquad (4-3)$$

式中，T，μ 和 k 分别为温度、黏度和导热系数，K，mPa·s，W/(m·K)。

　　由式（4-2）和式（4-3）计算可知，热常数分析和黏度计的最大不确定分别为 2.24% 和 3.45%。为了验证测量数据的精确性，实验测量了去离子水在 40℃ 时的导热系数和黏度，分别为 0.633W/(m·K) 和 0.675mPa·s。与标准值对比（0.635W/(m·K) 和 0.653mPa·s）[14]，其误差分别为 0.31% 和 3.3%，均在仪器的不确定度范围内，从而验证了数据的精确性。

　　纳米流体长期稳定且均匀分布是评价热物性参数的重要指标，也是工业应用的关键。Das 等[15]指出当纳米流体处于均匀分散时，其热物性参数性能达到最优，即团聚体数量少且尺寸小、导热系数最高。纳米粒子由于布朗运动会相互碰撞，范德瓦尔引力使粒子团聚在一起，增加粒子尺寸和密度。最后，当聚集的粒子密度超过基液分子的密度时，开始结晶，该现象也称为团聚[16]。纳米流体的稳定性随着时间的推移而下降。因此，为了使纳米流体的性能达到最优，表征和确定稳定性效果好的纳米流体是测量热物性参数的前提。X 射线衍射（X-ray diffraction，XRD）可用来分析纳米流体分子结构，透射电镜（transmission electron microscope，TEM）可用来表征粒子形貌、尺寸及分布情况。紫外分光光度计（UV-visible spectroscopy，UV-vis）用于监测分散过程的动力学和定量表征分散体的胶体稳定性。

　　图 4-2 为 Al_2O_3-TiO_2-Cu/水纳米流体的 XRD 表征。从图中可以看到，在可选择的光

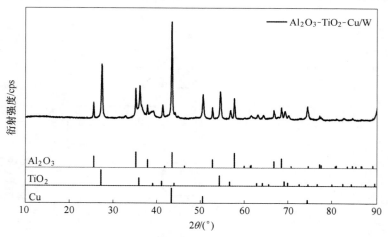

图 4-2　Al_2O_3-TiO_2-Cu/水三元混合纳米流体 XRD 表征

谱范围内，XRD 图谱中的衍射强度与 Al_2O_3、TiO_2 及 Cu 纳米颗粒的图谱一一对应，无其他杂质。说明采用两步法制备的三元混合纳米流体没有发生化学反应，其导热系数的增强或降低只与各粒子间的内部排布有关。

　　图 4-3 为稳定且均匀分散的 Al_2O_3-TiO_2-Cu/水三元混合纳米流体，及与其相对应的单一纳米流体的 TEM 图。从图中可以看到，四种纳米流体中粒子分布较为均匀，且具有近似球形的结构。在 Cu/水纳米流体里，由于 Cu 纳米颗粒尺寸较大、表面积大，粒子易团聚，呈暗黑色的团聚体。由 ImageJ 软件计算可得 Al_2O_3-TiO_2-Cu/水、Al_2O_3/水、TiO_2/水和 Cu/水纳米流体的团聚体的平均尺寸分别为 93nm、50nm、87nm 和 156nm。对于 Al_2O_3-TiO_2-Cu/水三元混合纳米流体而言，团聚体的平均尺寸不大。这是因为，小粒径 Al_2O_3 颗粒填充在大粒径 TiO_2 和 Cu 纳米颗粒形成的缝隙里，可形成致密的固液界面层。在三元混合纳米流体里由于各种粒子的表面能不同，其填充现象更明显。Sahoo 等[10]也观察到类似的现象，他们分析了体积分数为 0.05% 的 Al_2O_3-TiO_2-Cu/水三元混合纳米流体的 TEM 图，指出各种粒子由于化学性质兼容可相互叠加呈致密的不规则块状结构。因此，三元混合纳米流体的粒子组合对其稳定性很重要。

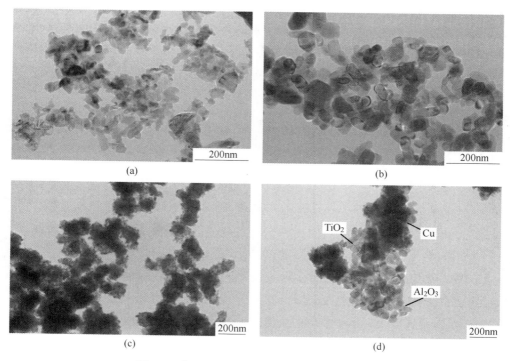

图 4-3　体积分数为 0.1% 纳米流体的 TEM 图
（a）Al_2O_3/水；（b）TiO_2/水；（c）Cu/水；（d）Al_2O_3-TiO_2-Cu/水

　　图 4-4 为 0.005% 的 Al_2O_3-TiO_2-Cu/水三元混合纳米流体吸光度随时间的变化。选取低浓度体积分数为 0.005% 作为研究对象的原因是：稀溶液可以防止颗粒间相互干扰，减少测量误差。吸光度越高，表明纳米流体的分散性越好。从图中可以看到，随着时间的推移，吸光度逐渐下降。与第 1 天的吸光度对比，到第 10 天和第 20 天时吸光度分别下降了 43.3% 和 65.8%。

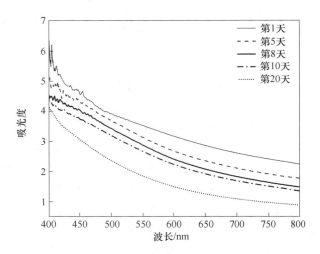

图 4-4 三元混合纳米流体吸光度随时间的变化

图 4-5 为各种纳米流体的静置图。从图中可以看到，经过两步法刚制备好的纳米流体能均匀分散，溶液色泽均匀。1 天后，TiO_2/水纳米流体开始明显沉淀，因为该纳米流体和 PVP 表面活性剂混合后形成了白色絮状物，极易沉淀。5 天后，其他纳米流体开始沉淀。10 天后，沉淀程度从严重到轻分别为 TiO_2/水>Al_2O_3/水>Al_2O_3-TiO_2-Cu/水>Cu/水，Al_2O_3-TiO_2-Cu/水沉淀情况介于 3 者之间。

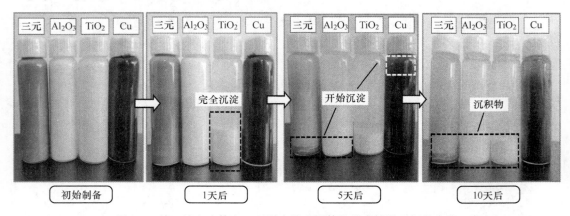

图 4-5 单一纳米流体和三元混合纳米流体的稳定性随时间的变化

4.1.3 流变性能分析

流体的流变行为和黏度大小影响了工质的流动情况，与系统所需的泵功相对应。根据牛顿黏性定律，牛顿流体和非牛顿流体可由下式判断[17]：

$$\tau = m\dot{\gamma}^n = m\dot{\gamma}^{n-1} = \mu_{eff}\dot{\gamma}^n \tag{4-4}$$

式中，τ、$\dot{\gamma}$ 和 μ_{eff}分别为剪切力、剪切率和有效黏度，Pa，1/s、Pa·s；系数 n 和 m 分别为幂指数和连续性指数，由实验值确定。为了计算系数 n 和 m，对公式（4-4）进行对数

变形, 如[18]:

$$\ln(\tau) = \ln(m) + n\ln(\dot{\gamma}) \tag{4-5}$$

若 $n=1$, 流体呈现牛顿行为; 若 $n\neq1(>1$ 或 $<1)$, 流体呈现非牛顿行为。其中, 当 $n<1$ 时, 流体呈剪切变稀或者假塑性的非牛顿行为; 当 $n>1$ 时, 流体呈剪切变厚的非牛顿行为。

图 4-6 为系数 n 随体积浓度和温度的变化。从图中可以看到, 所有实验条件对应下的 n 值在 0.929~1.206 之间, 小于或者大于 1, 流体均表现为非牛顿行为。说明纳米颗粒的添加改变了原基液水的流动行为。

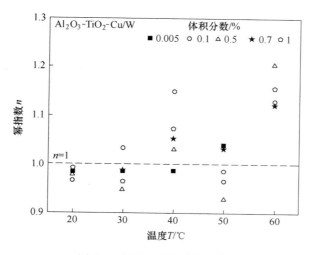

图 4-6　指数 n 随浓度的变化

图 4-7 为 Al_2O_3-TiO_2-Cu/水三元混合纳米流体的黏度随体积分数和温度的变化。从图中可以看到, 黏度随温度的升高而降低, 随体积分数的升高而上升, 与单一纳米流体表现的性质一致。这是因为随着温度的升高必然会增加流体内部的熵, 使得流体分子和纳米颗

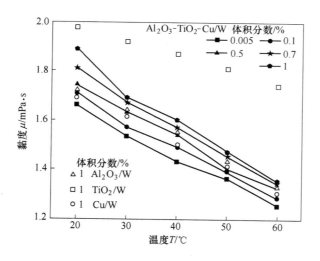

图 4-7　黏度随体积分数和温度的变化

粒获得动能，流体内动能增加，纳米颗粒和基液之间分子相互吸引力强度下降，增加了分子间距离，从而使黏度下降。

另一方面，随着体积分数增大，纳米颗粒含量增多，基于粒子间范德华力产生的纳米团簇，由于基液层间液体分子运动受到粒子阻碍，可在流体中形成更大团簇和内部黏滞应力，导致黏度增大。当体积浓度增大，纳米团簇的尺寸会变大。当体积分数为1%时，与其对应的单一纳米流体的黏度相比较，TiO_2/水纳米流体的黏度最大，其次为 Al_2O_3-TiO_2-Cu/水、Al_2O_3/水、Cu/水纳米流体。由此可见，三元混合纳米流体由于粒子的有序排布，黏度介于对应的单一纳米流体的黏度之间。

4.1.4　导热性能分析

图 4-8 为 Al_2O_3-TiO_2-Cu/水三元混合纳米流体的导热系数随浓度和温度的变化。从图中可以看到，随温度和体积分数的增大，Al_2O_3-TiO_2-Cu/水三元混合纳米流体的导热系数也增大。在温度分别为 20℃ 和 60℃ 时，当体积分数从 0.005% 升高到 1% 时，其导热系数分别增大了 6.09% 和 6.32%，导热系数增幅随体积分数的增大而增大。这是因为纳米颗粒在基液中的分散性影响了纳米流体的导热系数，固液界面层的厚度和纳米粒子高导热系数的共同作用提高了纳米流体的整体导热系数。尽管这层固液界面的厚度为纳米级别，但是在调节液体的热传输性能上起着至关重要的作用[19]。当浓度增大时，各粒子间的间距更接近。由晶格振动传播理论可知，由于电子和声子的存在使得流体附近区域的导热性能大大提高。因为纳米流体中粒子间的距离很小，即使浓度很低的纳米流体也会产生弹道声子[8]。

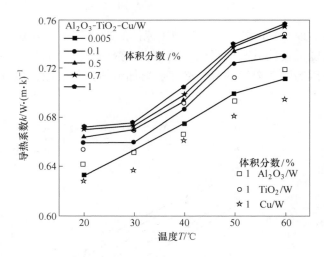

图 4-8　导热系数随体积分数和温度的变化

当体积分数为 1%，纳米流体导热系数从大到小分别为：Al_2O_3-TiO_2-Cu/水>TiO_2/水>Al_2O_3/水>Cu/水。由此可见，Al_2O_3-TiO_2-Cu/水三元混合纳米流体的导热系数均大于与其对应的单一纳米流体。结合图 4-7，其黏度增幅也不大，因此 Al_2O_3-TiO_2-Cu/水三元混合纳米流体由于粒子的组合排布，使其导热性能更优异而黏度增幅也不大，适合应用于流动与换热过程中。

图 4-9 为 Al_2O_3-TiO_2-Cu/水三元混合纳米流体的有效导热系数（k_{nf}/k_{bf}）与文献 [20]~[23] 的数据对比。其中，k_{nf} 和 k_{bf} 分别为纳米流体和相对应的纯基液导热系数。图中实心点为实验数据，空心点为文献数据。从图中可以看到，当体积分数为 0.1%~1% 时，三元混合纳米流体的有效导热系数最大，甚至大于体积分数更高的相对应的单一纳米流体。当温度为 60℃ 时，文献 [21] 中体积分数为 1.5% 的 Al_2O_3/水纳米流体 k_{nf}/k_{bf} 为 1.07，而本实验中体积分数为 0.7% 的 Al_2O_3-TiO_2-Cu/水三元混合纳米流体 k_{nf}/k_{bf} 为 1.15。有效导热系数随温度的增大而增大，特别是在高温下更明显，说明纳米流体更适合高温下的流动与换热过程中。

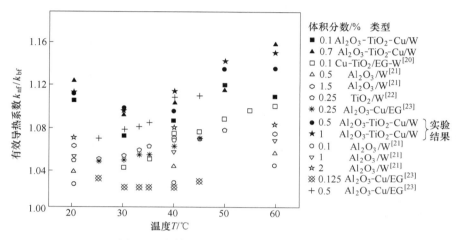

图 4-9 有效导热系数随浓度和温度的变化

由上述分析可知，三元混合纳米流体优异的热性能（导热系数随温度的增大而增大，黏度随温度的增大而降低），提高系统传热性能的同时可降低泵功。而且，稳定性较好，不易沉淀，适合应用于流动与传热过程中。但是，实验获取的导热系数和黏度值是不连续的。为了能使三元混合纳米流体能应用于实际的换热过程中，基于实验数值，通过 Levenberg-Marquardt（LMA）算法最小化优化目标函数导热系数和黏度，如下所示：

$$LMA = \min \frac{\sum_{K=1}^{N}(K_{est,K} - K_{exp,K})^2}{N} \qquad (4-6)$$

式（4-7）和式（4-8）分别是由实验散点拟合的导热系数与黏度的关联式：

$$k = 0.0474\varphi^{0.0276}\left(\frac{1}{T}\right)^{-0.4527} + 495720\left(\frac{1}{T}\right)^{5.5416} + 0.4541 \qquad (4-7)$$

$$\mu = 28.68846\varphi^{1.6181}\left(\frac{1}{T}\right)^{1.7045} + 22.7552\left(\frac{1}{T}\right)^{1.3347} - 0.9341 \qquad (4-8)$$

该式适用于体积分数为 0.005%~1%、温度为 20~60℃、粒子混合比为 40：40：20（Al_2O_3：TiO_2：Cu）的 Al_2O_3-TiO_2-Cu/水三元混合纳米流体。图 4-10 为导热系数与黏度公式预测值的误差分析。由图可见，导热系数和黏度的最大预测误差（误差＝（实验值－预测值）/实验值）分别在 ±0.01 和 ±0.035 之间，公式拟合相关系数 R^2 分别为 0.9835 和 0.9820，拟合度良好，说明实验值与预测值具有良好的一致性，拟合公式能够较为准确的

预估实验条件内 Al_2O_3-TiO_2-Cu/水三元混合纳米流体的导热系数和黏度值。

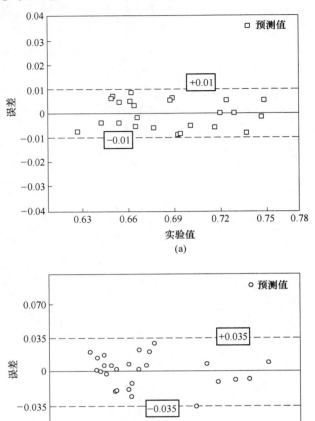

图 4-10　导热系数（a）与黏度（b）的拟合公式误差

4.1.5　小结

研究了 Al_2O_3-TiO_2-Cu/水三元混合纳米流体的稳定性、流变行为、黏度和导热系数随体积分数和温度的变化情况，用 XRD、TEM、紫外分光光度计和沉淀观察法定量和定性共同表征纳米流体的稳定特性，并提出了关于导热系数和黏度的预测公式。得到主要结论如下：

（1）黏度和导热系数随温度和体积分数的变化趋势与单一纳米流体的一致。三元混合纳米流体呈非牛顿流体行为，由于各粒子间的有序排布，黏度介于对应的单一纳米流体的黏度之间。

（2）三元混合纳米流体的导热系数高于对应的单一纳米流体。这是因为小粒径 Al_2O_3 颗粒能填充于由大粒径 TiO_2 和 Cu 颗粒形成的通道中，形成一层致密的固液界面层，降低导热热阻，提高流体的导热系数。

（3）提出了基于温度和体积分数的导热系数和黏度关联式，最大预测误差分别在 ± 0.01 和 ± 0.035 之间，能较好地预测实验范围内的值。

4.2 粒子混合比对三元混合纳米流体传热性能的影响

4.2.1 引言

在冶金、能源、化工传热等许多行业中，流体加热和冷却是最重要且最具挑战性的方面之一，如包括发电、制造、生产、化工过程、运输、微电子等。在工业应用中，如果能提高传热速率，就能缩短加工时间，延长设备寿命，节约能源[24]。传统的换热工质如水、煤油、乙二醇和工业油等，由于导热系数低，换热性能较差，制约了换热设备的传热效率。新型换热工质——纳米流体，即在基液中添加具有高导热系数的纳米级颗粒形成稳定且均匀分散的流体，其优异的传热性能被广泛应用于各种流动与传热过程中[25]。

混合纳米流体是指在基液中添加 1 种或 2 种以上不同种类的纳米颗粒均匀混合而成。研究表明，混合纳米流体的传热性能优于单一纳米流体的。单一纳米流体由于只添加 1 种纳米颗粒，可能只有传热性能优越或者流动性好，因此不能拥有所有优越的性能。但是在很多工业换热设备中，需要换热工质同时具有很多优异的性能，混合纳米流体由于各粒子的协同作用，同时表现出众多优异性能。非金属氧化物如 Al_2O_3 颗粒具有良好的化学惰性和稳定性，但导热系数较低；而金属氧化物如 Cu、Al 或 Ag 颗粒具有较高导热系数，但容易发生化学反应，性能不稳定[26]。若混合纳米流体同时含有金属和非金属纳米颗粒，可同时表现出 2 种粒子的优异性能。同时，混合纳米流体由于各粒子间的协同效应，其导热系数的增幅明显高于单一混合纳米流体的，甚至还高于导热系数较高的单一纳米流体[27]。Hamid 等[28]研究 TiO_2-SiO_2/水混合纳米流体的导热系数随粒子混合比的变化情况，指出协同效应与粒子间的内部排布有关，由于纳米颗粒的表面能较大，粒径较小的 SiO_2 颗粒紧密填充在由粒径较大的 TiO_2 颗粒形成的导热通道，形成致密的"液体分子-固体粒子"排布，相当于搭建了"大粒子-小粒子-液体分子"的热桥，极大地减少界面热阻。

三元混合纳米流体由于各粒子的性能不同，是否能表现出优越的传热性能、粒子的组合及比例如何影响热物性参数、稳定性情况等，诸多问题需解决。Sahoo 等[29]研究了体积分数为 $0.01\% \sim 0.1\%$ 和温度为 $35 \sim 40$℃ 的 Al_2O_3-SiC-TiO_2/水三元混合纳米流体的稳定性和黏度。随后，他还研究了体积分数为 $0.01\% \sim 0.1\%$ 和温度为 $35 \sim 50$℃ 的 Al_2O_3-CuO-TiO_2/水三元混合纳米流体的黏度变化情况[30]。指出在温度为 45℃ 时，与相同浓度的 Al_2O_3-TiO_2/水和 Al_2O_3-CuO/水二元混合纳米流体对比，其黏度的增幅为 55.41% 和 17.25%。Mousavi 等[31]研究了温度、体积分数及粒子混合比对 CuO-MgO-TiO_2/水三元混合纳米流体热物性参数的影响。结果表明当粒子质量混合比为 60∶30∶10 时，其导热系数增强幅度最大。由此可知，粒子混合比对三元混合纳米流体的影响很重要，但是这方面的研究还不多。

因此，以 Al_2O_3-TiO_2-Cu/水三元混合纳米流体为研究对象，一方面研究粒子混合比对

Al_2O_3-TiO_2-Cu/水三元混合纳米流体流变性能和传热性能的影响；另一方面采用性能参数研究在对流传热过程中纳米流体的综合传热性能，并优选出对应经济性及传热性能最优的混合比的三元混合纳米流体，为纳米流体工业应用提供基础数据参考。

4.2.2　实验材料和方法

采用两步法制备体积分数（φ）为 1.0% 的 Al_2O_3-TiO_2-Cu/水纳米流体。由式（4-9）可计算出三元混合纳米流体的体积分数。粒子分别采用粒径为 20nm、40nm 的非金属氧化物 Al_2O_3、TiO_2 纳米颗粒，50nm 的 Cu 金属纳米颗粒，粒径比分别为体积比 40∶40∶20、30∶30∶40 和 25∶25∶50。

$$\varphi = \frac{\dfrac{w_{np1}}{\rho_{np1}} + \dfrac{w_{np2}}{\rho_{np2}} + \dfrac{w_{np3}}{\rho_{np3}}}{\dfrac{w_{np1}}{\rho_{np1}} + \dfrac{w_{np2}}{\rho_{np2}} + \dfrac{w_{np3}}{\rho_{np3}} + \dfrac{w_{bf}}{\rho_{bf}}} \times 100\% \tag{4-9}$$

式中，w 和 ρ 分别为质量和密度，kg，kg/m^3；下标 np 和 bf 分别表示纳米颗粒和基液。

为了制备稳定且均匀分散的三元混合纳米流体，首先将粒子和基液按一定比例混合，并加入质量分数为 0.005% 的 PVP（聚乙烯吡咯烷酮）表面活性剂，然后放入磁力搅拌器 15min 使其混合均匀，并放入超声波振动器里振荡 1h，利用超声波能量破坏团聚体，使其均匀分散。

图 4-11 为粒子混合比为 40∶40∶20 Al_2O_3-TiO_2-Cu/水三元混合纳米流体的扫描电镜 TEM 图。从图中可以看到，所有粒子近似为球形，平均团聚体粒径为 93nm，说明该纳米流体的均匀性较好。小粒径 Al_2O_3 纳米颗粒能填充在大粒径 TiO_2 和 Cu 纳米颗粒形成的通道缝隙里，形成致密的"固体颗粒-液体分子"的导热通道，有利于降低热阻，提高基液的导热系数。Hamid[6]等也观察到类似现象，22nm TiO_2 纳米颗粒填充于 50nm 的 SiO_2 纳米颗粒的形成的导热通道内，使得 TiO_2-SiO_2/水-乙二醇混合纳米流体的导热系数高于相同体积分数下的对应的单一纳米流体的导热系数。

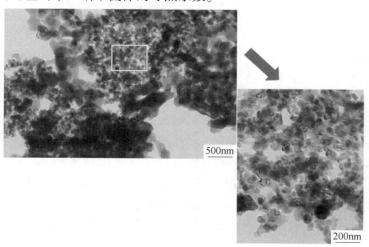

图 4-11　Al_2O_3-TiO_2-Cu/水三元混合纳米流体 TEM 图

单一和二元混合纳米流体在假设粒子和基液处于热平衡时，可通过混合模型计算其密度和比热容[32]。类似地，三元混合纳米流体的密度和比热容可按混合模型计算，如下式所示[33]：

$$\rho_{nf} = \varphi_{np1}\rho_{np1} + \varphi_{np2}\rho_{np2} + \varphi_{np3}\rho_{np3} + (1 - \varphi_{np1} - \varphi_{np2} - \varphi_{np3})\rho_{bf} \tag{4-10}$$

$$c_{p,nf} = (\varphi_{np1}c_{p,np1} + \varphi_{np2}c_{p,np2} + \varphi_{np3}c_{p,np3} + (1 - \varphi_{np1} - \varphi_{np2} - \varphi_{np3})c_{p,bf})/\rho_{nf} \tag{4-11}$$

式中，c_p 为比热，kJ/(kg·K)；下标 nf 表示纳米流体。

由于纳米流体的导热系数和黏度受粒子形状和尺寸、制备方法及团聚体尺寸影响较大，目前没有通用的模型可以精确地预测其数值[34]。因此，采用实验测量的方法获取各个工况下的导热系数和黏度值。将制备好的稳定且均匀分数的三元混合纳米流体放入热常数分析仪和黏度计里进行参数测量，温度范围为 20~60℃。图 4-12 分别为 Hot Disk 2500S 热常数分析仪和 Brookfield 黏度计。采用恒温水浴使纳米流体能保持恒定温度，从而测出恒定温度下的数值。每个数值至少测量 3 次，取平均值，以保证数据的有效性。

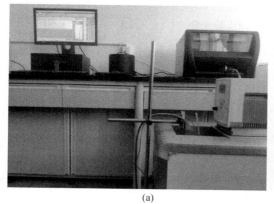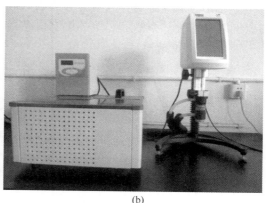

(a)   (b)

图 4-12 热常数分析仪（a）和黏度计（b）

室温下各粒子和基液的基本参数如表 4-2 所示。

表 4-2 室温下各粒子和基液的基本参数

粒子和基液	密度/kg·m⁻³	比热/kJ·(kg·K)⁻¹	单价/$·g⁻¹
Cu 纳米颗粒	5614.3	420	1.278
Al_2O_3 纳米颗粒	1835.8	880	0.284
TiO_2 纳米颗粒	3016.7	711	0.284
去离子水	1000	4183	0.0001

在流动与传热过程中，黏度和导热系数与系统的泵功和传热性能密切相关。可用下式判断该种纳米流体是否适用于对流传热过程中。对于层流换热过程[35]：

$$\frac{c_\mu}{c_\lambda} = \frac{(\mu_{nf} - \mu_{bf})/\mu_{bf}}{(\lambda_{nf} - \lambda_{bf})/\lambda_{bf}} \tag{4-12}$$

对于紊流换热过程[36]：

$$Mo = \left(\frac{\lambda_{nf}}{\lambda_{bf}}\right)^{0.67} \times \left(\frac{\rho_{nf}}{\rho_{bf}}\right)^{0.8} \times \left(\frac{c_{p,\,nf}}{c_{p,\,bf}}\right)^{0.33} \times \left(\frac{\mu_{nf}}{\mu_{bf}}\right)^{-0.47} \tag{4-13}$$

在层流换热过程中，当 $c_\mu/c_\lambda < 4$，说明该纳米流体适用于层流；当 $c_\mu/c_\lambda > 4$，说明该纳米流体不适用于层流。在紊流换热过程中，当 $Mo>1$，说明该纳米流体适用于紊流过程，且 Mo 数越大，综合传热性能越好；当 $Mo<1$，说明该纳米流体不适合应用于紊流过程。

从经济性分析，价格-性能因子（price-performance factor, PPF）是决定纳米颗粒粒径混合比组合的最重要参数之一。Alirezaie 等[37]定义参数 PPF_{TCR} 为有效导热系数和价格的比值，公式如下：

$$PPF_{TCR} = \frac{\lambda_{nf}/\lambda_{bf}}{\sum\limits_{N}^{i=1} \text{价格}} \tag{4-14}$$

其中，各基液和粒子的单位见表 4-2。PPF_{TCR} 值越大，说明其经济性越好，越适合工业化应用。但是公式（4-14）只含有导热系数比值，只适合热传导过程。对于对流传热过程，需要同时考虑导热系数和黏度的影响。结合式（4-12）~式（4-14），可计算层流和紊流下的 PPF 值，如下所示[38]：

$$层流，PPF_C = \frac{C_\lambda/C_\mu}{\sum\limits_{n}^{i=1} \text{价格}} \tag{4-15}$$

$$紊流，PPF_{Mo} = \frac{Mo}{\sum\limits_{n}^{i=1} \text{价格}} \tag{4-16}$$

其中，$C_\mu/C_\lambda < 0.25$ 和 $Mo > 1$。PPF_C 和 PPF_{Mo} 的计算规则是需选取符合层流或紊流的 C_μ/C_λ 或 Mo 值作为分母，且 PPF_C 和 PPF_{Mo} 的值越大，说明该纳米流体的经济性能越好，越适合实际工程应用。

4.2.3　热经济性能分析

图 4-13 为不同温度和粒子混合比下剪切力随剪切率的变化。从图中可以看到，随剪切率的增大，剪切力非线性增大，因此该纳米流体为非牛顿流体，粒子在基液里的微对流改变原基液的流体性能。当剪切率小于 150 时，温度和粒子混合比对剪切力的影响不明显，但当剪切率大于 150 时，剪切力随温度的上升而下降。

图 4-14 为 Al_2O_3-TiO_2-Cu/水三元混合纳米流体的黏度随温度的变化。从图中可以看到，三元混合纳米流体黏度随温度升高而下降，这个变化趋势和单一纳米流体一致。对于混合比为 40∶40∶20 而言，当温度从 20℃上升到 60℃时，其黏度下降了 30.7%。这是因为粒子和基液分子间的吸引力随温度升高而下降，增大粒子间的布朗运动，减少团聚体的尺寸[39]。因此粒子在基液间的流动阻力降低，表现为黏度随温度的升高而下降。

图 4-15 为三元混合纳米流体导热系数随温度和粒子混合比的变化。从图中可以看到，随着温度的升高导热系数均升高。当粒子比 Al_2O_3∶TiO_2∶Cu 为 40∶40∶20，温度从 20℃升高到 60℃时，导热系数增大了 17.4%。而且随着小粒径 Al_2O_3 和 TiO_2 纳米颗粒含量

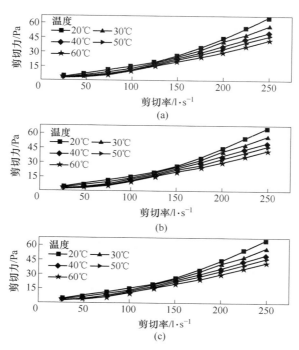

图 4-13　不同温度和混合比下剪切力随剪切率的变化

（a）Al_2O_3-TiO_2-Cu = 40：40：20；（b）Al_2O_3-TiO_2-Cu = 30：30：40；（c）Al_2O_3-TiO_2-Cu = 25：25：50

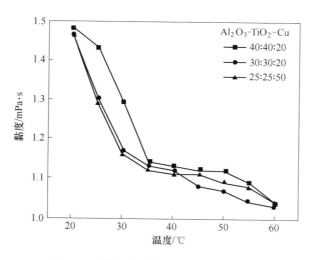

图 4-14　黏度随温度和粒子混合的变化

的增多，整体导热系数增大。但是，随着大粒径 Cu 纳米颗粒含量的增多，导热系数反而下降。虽然 Cu 纳米颗粒的导热系数大于 Al_2O_3 和 TiO_2 的，但是在纳米流体中影响导热系数的因素除了颗粒的属性外，还与团聚体尺寸有关。

图 4-16 为层流工况下传热性能系数 C_μ/C_λ 和经济性能参数 PPF_C 随温度和混合比的变化。从图中可以看到，随着 Cu 含量的增大，在温度低时（< 30℃），$C_\mu/C_\lambda > 4$，说明不

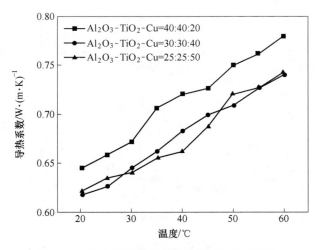

图 4-15　导热系数随温度和粒子混合比的变化

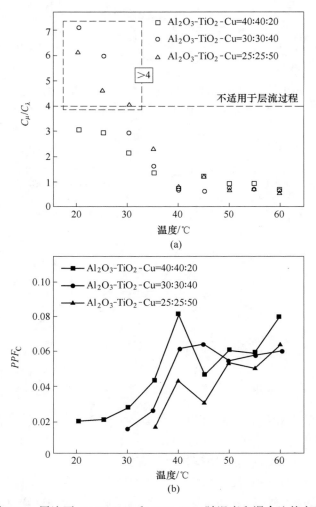

图 4-16　层流下 C_μ/C_λ(a) 和 PPF_C(b) 随温度和混合比的变化

适合应用于该纳米流体。但当粒子比 40∶40∶20，C_μ/C_λ 均小于 4，说明适合应用纳米流体。对比经济性可知，随 Al_2O_3 颗粒含量的增大，经济性越好。当粒子比 40∶40∶20，PPF_C 值最大，说明该流体适用于层流过程且经济性最优。

图 4-17 为紊流下 Mo 和 PPF_{Mo} 随温度和混合比的变化。从图中可以看到，当温度大于 35℃时，Mo 均大于 1，所有工况适用于紊流过程。相应地，当粒子比 40∶40∶20，PPF_{Mo} 值最大，说明该流体适用于紊流流动与传热过程且经济性最优。

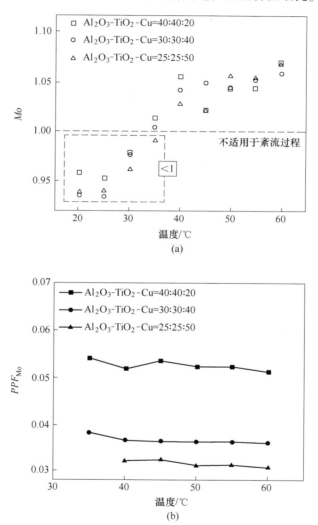

图 4-17 紊流下 Mo(a) 和 PPF_{Mo}(b) 随温度和混合比的变化

4.2.4 小结

制备了稳定且均匀分散的 Al_2O_3-TiO_2-Cu/水三元混合纳米流体，研究粒子混合比和温度对三元混合纳米流体流变行为、传热性能和经济性的研究。得到的以下主要结论：

（1）剪切力随剪切率的增大而非线性增大。当剪切率小于 150 时，温度和粒子混合比对剪切力的影响不明显，但当剪切率大于 150 时，剪切力随温度的上升而下降。

（2）黏度随体积分数的增大而增大，随温度的上升而下降；导热系数随体积分数和温度的升高而升高。这与单一纳米流体的性质一致。当粒子比为 40∶40∶20，温度从 20℃升高到 60℃时，导热系数增大了 17.4%。

（3）对比经济性参数，Al_2O_3 颗粒含量越多，越适合应用于层流和紊流过程，经济性越好。当粒子比为 40∶40∶20，经济性最好，适用于实际应用中。

4.3　三元混合纳米流体热经济性能及灵敏性分析

4.3.1　引言

对流换热是许多工业设备中最重要的换热机制之一。影响对流换热系数的因素有装置结构、流动方向和工作流体的性质等。传统工质，如水、油、乙二醇（EG）和润滑剂等导热系数相对较低，严重限制了传热性能[40,41]。相比之下，纳米流体可以通过提供高导热性和低黏度在不同的应用中增强对流换热。

研究人员对悬浮在基液中的单一纳米颗粒组成的纳米流体进行了大量研究。与基液相比，这种纳米流体的导热系数显著提高[42]。近几十年来，科学家们努力开发合适的纳米流体以获得更好的性能。混合纳米流体被认为是普通或单一纳米流体的延伸，是在基液中加入 2 种或更多不同的纳米颗粒。各种关于混合纳米流体的研究表明，相对于单一纳米流体，混合纳米流体可以提高性能。Hamid 等[43]指出，在 TiO_2-SiO_2 纳米流体中，较大的 TiO_2 纳米颗粒之间的空隙被较小的 SiO_2 纳米颗粒填充，从而通过减小纳米颗粒之间的空隙提高了生成的流体的导热性。因此，在混合纳米流体中引入不同类型和尺寸的纳米颗粒使纳米流体具有协同效应，这在我们之前的研究中已经详细说明[44]。一般来说，纳米流体中不同大小的纳米颗粒分散在纳米颗粒周围形成有序的液体分子排列，从而提高了热导率。Wanatasanappan 等[45]研究了改变纳米颗粒配比对 Al_2O_3-CuO 混合纳米流体热物性的影响。结果表明，混合纳米流体与基液及相应的单纳米流体相比，具有良好的热性能。其他研究也表明，与单一纳米流体相比，二元混合纳米流体的热物性得到了增强[46~48]。

与传统的二元混合纳米流体相比，三元混合纳米流体由于纳米颗粒的加入，其热性能可以进一步提高，这也意味着其颗粒组成的多样性，制备过程更加复杂。该工质的传热机理是否与二元混合纳米流体相同，以及是否存在其他影响其热物性变化的因素等问题有待进一步探讨。由于三元混合纳米流体制备的复杂性和相对的不稳定性，很少有研究对这种流体的热物性进行研究。Sahoo 等[49]研究了温度和体积分数对 Al_2O_3-SiC-TiO_2/W 三元混合纳米流体的影响。与相应的二元混合纳米流体相比，体积分数为 0.1% 三元混合纳米流体的黏度分别提高了 55.41% 和 17.25%。在此基础上，对 Al_2O_3-SiC-TiO_2/W 三元混合纳米流体进行了类似的研究。现有的黏度预测模型均高于或低于实验数据，因此提出了基于 Al_2O_3-SiC-TiO_2/W 三元混合纳米流体的黏度预测模型[50]。Mousavi 等[51]研究了体积分数、温度和纳米颗粒配比对 CuO-MgO-TiO_2/W 三元混合纳米流体热物性的影响，结果表明纳米颗粒配比对热增强起关键作用。Cakmak 等[52]对 rGO-Fe_3O_4-TiO_2/EG 三元混合纳米流体的稳定性和导热系数进行了研究，发现导热系数随质量浓度和温度的升高而显著增强。

在选择工业应用三元混合纳米流体时，研究人员必须完全了解纳米流体的流变性能和热物性是如何受到温度、体积分数和混合比例等参数影响的。然而，不同纳米颗粒混合物对增强热物性的协同效应尚不清楚，现有关于三元混合纳米流体中混合比例影响的文献也很有限。纳米颗粒混合比是混合纳米流体的一个独特参数，因为即使在相同的体积分数下，不同的混合比也可能产生不同的纳米颗粒构型。因此，需要更多的研究来揭示三元混合纳米流体增强的真正机制。

在此背景下，本研究为研究纳米颗粒配比对 Al_2O_3-TiO_2-Cu/水三元混合纳米流体的流变性能和热物性的影响提供了新的视角。本节共分为 3 个部分：首先研究了纳米流体的稳定性和流变性能；其次，研究了导热系数和黏度对纳米颗粒配比的敏感性，得到了最佳配比，并将三元混合纳米流体与相应的单、二元混合纳米流体的热物性进行了比较；最后，通过经济分析得到了层流和紊流的最佳体积分数。

4.3.2 实验材料和方法

根据 Wole-Osho 等[53]的研究，制备三元混合纳米流体采用了两步法，这种方法可以更容易地控制纳米流体的体积分数。本研究中使用的纳米颗粒粉末从中国北京德科岛金纳米科技有限公司购买，悬浮在去离子水的基液中，去离子水通过实验室净化生产。采用平均粒径为 20nm 的 Al_2O_3、40nm 的 TiO_2 和 50nm 的 Cu 纳米颗粒，制备出 Al_2O_3-TiO_2-Cu/W 三元混合纳米流体。选择这 3 种特殊纳米粒子组合的具体原因如下：（1）金属和金属氧化物纳米粒子混合纳米流体表现出优越的热物性和流变性能；（2）由于协同作用，混合纳米流体比对应的单一纳米流体具有更高的导热性。

由于纳米铜颗粒尺寸较大，与水分子之间的空间较大，导致接触热阻较高。然而，在流体中加入较小尺寸的 Al_2O_3 和 TiO_2 纳米颗粒可以减小颗粒间的空间，从而提高热性能。下一节将对增强效果进行验证。然而，纳米颗粒的混合比对强化传热有很大的影响[54]，为了减少实验的次数，首次使用敏感性分析来确定最优纳米颗粒混合比例，然后研究了体积分数对流变性能的影响，并通过热经济学分析来确定层流和湍流流态的最佳体积分数。

图 4-18 为三元混合纳米流体的制备和测量过程示意图。纳米颗粒通常是疏水性的，

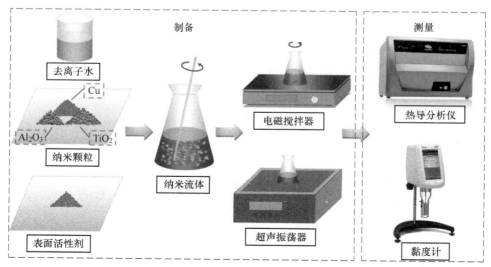

图 4-18　实验方法示意图

因此，如果不经过特殊处理，就不能轻易地分散在大多数基液中，如水或乙二醇[55]。两步法的具体过程如下：为了使纳米粒子在水中分散，在纳米粒子与水的混合液中加入少量PVP 表面活性剂（0.005%，质量分数），以防止团聚和沉降。使用磁力搅拌器搅拌 0.5小时，将基液和纳米颗粒均匀混合。为了长期稳定，还使用了一个超声振动器（500W，40kHz），使液体连续超声振动 1 小时以分解聚簇。Yu 等[56]指出，超声处理可以使表面活性剂分子吸附在纳米颗粒表面，从而减少疏水、静电和范德华力的相互作用。因此，超声处理和表面活性剂的加入都能显著提高纳米流体的稳定性。

对于三元混合纳米流体，其体积分数（φ）的确定方法如下：

$$\varphi = \frac{\left(\dfrac{w}{\rho}\right)_{np1} + \left(\dfrac{w}{\rho}\right)_{np2} + \left(\dfrac{w}{\rho}\right)_{np3}}{\left(\dfrac{w}{\rho}\right)_{np1} + \left(\dfrac{w}{\rho}\right)_{np2} + \left(\dfrac{w}{\rho}\right)_{np3} + \left(\dfrac{w}{\rho}\right)_{bf}} \times 100\% \quad (4-17)$$

式中，w 为重量；ρ 为密度；下标 np 和 bf 分别对应于纳米颗粒和基液。因此，通过公式（4-17）可以估算在固定体积分数下制备纳米流体所需的纳米颗粒和基液的多少。利用该方程，我们得到了体积分数为 0.005%、0.1%、0.5%、0.7% 和 1% 的五种不同的纳米流体样品并进行了测试。

Babu 等[57]总结了许多预测混合纳米流体热物性的分析和经验模型。他们指出，纳米流体的密度（ρ）和比热（$c_{p,nf}$）可以使用混合法则计算，如下：

$$\rho_{nf} = \varphi_{np1}\rho_{np1} + \varphi_{np2}\rho_{np2} + \varphi_{np3}\rho_{np3} + (1 - \varphi_{np1} - \varphi_{np2} - \varphi_{np3})\rho_{bf} \quad (4-18)$$

$$c_{p,nf} = (\varphi_{np1}c_{p,np1}\rho_{np1} + \varphi_{np2}c_{p,np2}\rho_{np2} + \varphi_{np3}c_{p,np3}\rho_{np3} +$$
$$(1 - \varphi_{np1} - \varphi_{np2} - \varphi_{np3})c_{p,bf}\rho_{bf})/\rho_{nf} \quad (4-19)$$

式（4-18）和式（4-19）计算了三元混合纳米流体在不同条件下的密度和比热容。此外，许多研究表明，密度和比热的理论预测与实验结果吻合良好。表 4-3 为纳米颗粒和基液的热物性。然而，在一些公开的文献资料中，用于预测混合纳米流体黏度和导热系数的模型的可用性受到了很大的限制，尤其是三元混合纳米流体。这些参数受到诸如制备、稳定性、纳米颗粒的类型和尺寸、基液的选择和温度等因素的显著影响。因此，在本研究中，这 2 个参数是通过实验确定的。剪切应力和黏度的测量使用连接水浴的 Brookfield DV-3T 黏度计，温度范围控制在 20~60℃，而热导率则用带有容器、温度计和恒温浴的Hot Disk TPS2500S 热常数分析仪测量。该装置可相对快速、简便地测量热导率范围较大的样品（0.02~200W/(m·K)）[58]。

表 4-3　纳米颗粒和基液的物性参数

np/bf	密度/kg·m⁻³	比热/J·(kg·K)⁻¹	导热系数/W·(m·K)⁻¹
Cu	5614.3	420	397
Al_2O_3	1835.8	880	35
TiO_2	3016.7	711	6.4
水	1000	4183	0.599

通过实验测量得到的黏度（U_μ）和导热系数（U_λ）的不确定度计算公式如下：

$$U_\mu = \sqrt{\left(\frac{\delta T}{T}\right)^2 + \left(\frac{\delta \mu_{nf}}{\mu_{nf}}\right)^2} = \sqrt{(0.005)^2 + (0.01)^2} = 1.11\% \tag{4-20}$$

$$U_\lambda = \sqrt{\left(\frac{\delta T}{T}\right)^2 + \left(\frac{\delta \lambda_{nf}}{\lambda_{nf}}\right)^2} = \sqrt{(0.005)^2 + (0.03)^3} = 3.04\% \tag{4-21}$$

从式（4-20）和式（4-21），预测导热系数和黏度测量的最大不确定度分别为 3.04% 和 1.11%。为了估算仪器的精确度，用水的测量数据与标准值进行了比较。测得的水的导热系数为 0.633W/（m·K），黏度为 0.675mPa·s，在文献值 0.635W/（m·K）和 0.6533mPa[59]，误差在 5% 范围内。

混合纳米流体的性能增强很大程度上取决于纳米颗粒的配比，通过灵敏度分析可以确定其对导热系数和黏度的影响。实验采用 20∶60∶20、30∶50∶20、40∶40∶20、50∶30∶20、60∶20∶20 五种不同的混合比例（Al_2O_3∶TiO_2∶Cu）。混合比例以 1% 的固定体积分数变化。灵敏度计算公式如下[60]：

$$黏度灵敏度 = \frac{(\mu_{nf})_{after\ change}}{(\mu_{nf})_{base\ condition}} - 1 \tag{4-22}$$

$$导热系数敏感度 = \frac{(\lambda_{nf})_{after\ change}}{(\lambda_{nf})_{base\ condition}} - 1 \tag{4-23}$$

为了使所提出的纳米流体适合于工程应用，需要对黏度具有低水平的敏感性，对导热系数具有高水平的敏感性。

纳米流体具有优异的热性能，被广泛应用于各种应用领域[61~63]，但其唯一的主要缺点往往是成本高。因此，从经济的角度来看，有必要考虑热性能和成本的影响，使用诸如价格-性能系数（PPF）这样的指标。本节对层流（PPF_C）和湍流（PPF_{Mo}）两种流动条件下的对流换热过程进行了热经济学分析，如下所示[64]：

$$在层流中，PPF_C = \frac{C_\lambda / C_\mu}{\sum\limits_{n}^{i=1} 价格} \tag{4-24}$$

$$在湍流中，PPF_{Mo} = \frac{Mo}{\sum\limits_{n}^{i=1} 价格} \tag{4-25}$$

在式（4-24）和式（4-25）、C_μ / C_λ 和 Mo 是评价纳米流体与基础流体总体热性能的参数。为了使纳米流体的使用更加有益，它们必须满足标准 $C_\mu / C_\lambda < 4$ 或 $Mo > 1$ 分别用于层流或湍流条件下。C_λ / C_μ 和 Mo 的计算方法如下：

$$\frac{C_\mu}{C_\lambda} = \frac{(\mu_{nf} - \mu_{bf}) / \mu_{bf}}{(\lambda_{nf} - \lambda_{bf}) / \lambda_{bf}} \tag{4-26}$$

$$Mo = \left(\frac{\lambda_{nf}}{\lambda_{bf}}\right)^{0.67} \times \left(\frac{\rho_{nf}}{\rho_{bf}}\right)^{0.8} \times \left(\frac{c_{p,\ nf}}{c_{p,\ bf}}\right)^{0.33} \times \left(\frac{\mu_{nf}}{\mu_{bf}}\right)^{-0.47} \tag{4-27}$$

较高的 PPF_C 和 PPF_{Mo} 值表明，在大规模工程应用中使用纳米流体具有更高的成本效益。

4.3.3　稳定性表征

利用扫描电子显微镜（SEM）和 X 射线衍射技术（XRD）对三元混合纳米流体的形貌和结构进行了表征。用紫外-可见分光光度法（UV-vis）和沉淀法测定了稳定性。UV-vis 定量地测量了纳米流体的光吸收和分散特性。较好的分散性表明纳米流体的热性能增强，因此，在进行其他性能研究之前，研究纳米流体的稳定性是至关重要的。

图 4-19 为 Al_2O_3-TiO_2-Cu/W 三元混合纳米流体表面形貌的 SEM 图像。如图 4-19（a）和图 4-19（b）所示，纳米颗粒分布均匀，结构接近球形，说明制备后三元混合纳米流体具有更好的稳定性。通过对样品在 $2\mu m$ 尺度下的视觉图像（图 4-19（c）），可以看到纳米颗粒相互重叠和相互渗透。在 $5\mu m$ 尺度上（图 4-19（d）），一些区域似乎被密集地聚集。这是因为大的铜纳米颗粒被相对较小的 Al_2O_3 和 TiO_2 纳米颗粒填充，形成了更有序的固液纳米层。利用图像处理软件 ImageJ 计算出 Al_2O_3-TiO_2-Cu/W 三元混合纳米流体的平均尺寸约为 93nm。

图 4-19　不同放大尺寸下三元混合纳米流体（体积分数为 1%，Al_2O_3：TiO_2：Cu＝40：40：20）SEM 图
(a) 400nm；(b) $1\mu m$；(c) $2\mu m$；(d) $5\mu m$

Al_2O_3-TiO_2-Cu/W 三元混合纳米流体的 XRD 图谱如图 4-20 所示。根据粉末衍射标准联合委员会，确定了相应的立方相为 Al_2O_3、TiO_2 和 Cu 纳米颗粒。由于 3 个纳米颗粒的峰重叠，所得到的组合峰强度最高。因此，该混合材料的结构确定为 Al_2O_3、TiO_2、Cu 纳米颗粒的组合，没有发生化学反应，即所有的特殊性能都是由纳米颗粒的排列引起的。因此，这些结果强烈表明纳米颗粒的混合比例在决定三元混合纳米流体的热物性方面起着重要的作用。

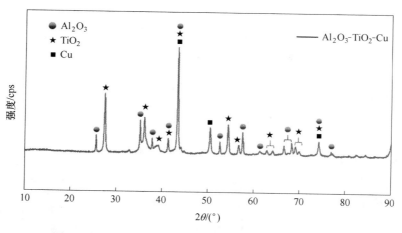

图 4-20 Al$_2$O$_3$-TiO$_2$-Cu/W 三元混合纳米流体 XRD 图谱

稳定的纳米流体是获得最佳热物性的主要因素，具有较高的导热性和较低的黏度。图 4-21 显示了体积分数 0.005% Al$_2$O$_3$-TiO$_2$-Cu/W 三元混合纳米流体随时间的吸光度。选择这个特定的浓度作为稀释溶液，可以防止纳米颗粒相互干扰，从而减少测量误差。纳米粒子分散度越好，稳定性越好，吸光度越高。如图 4-21 所示，Al$_2$O$_3$-TiO$_2$-Cu/W 三元混合纳米流体的吸光度在 400~800nm 波长之间。在 20 天的时间周期内，由于稳定性的减弱和沉降的逐渐发生，吸光度下降了 65.8%。由于强大的范德瓦尔斯相互作用，纳米粒子一开始很容易聚集，然后随着时间的推移，由于团簇的引力而沉淀。定量上，分散状态和稳定性随时间而降低。

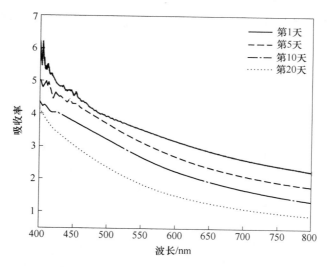

图 4-21 Al$_2$O$_3$-TiO$_2$-Cu/W 三元混合纳米流体的 UV-Vis 吸收光谱图

为了直观地观察和比较沉积过程，图 4-22 给出了体积分数均为 1% 的 Al$_2$O$_3$-TiO$_2$-Cu/W 三元混合纳米流体和相应的单纳米流体的照片。从图中可以看出，TiO$_2$/W 单纳米流体在制备第 2 天后几乎完全沉积。17 天后，Al$_2$O$_3$/W 和 Cu/W 单纳米流体也明显分层，上清中纳米颗粒含量较少。相比之下，在三元纳米流体中，即使在第17天之后，仍有更多的纳米颗粒分布在上层。底部的黑色沉积物可能是铜纳米粒子，因为它们的密度更高。因此对于三元纳米流体，高密度的纳米颗粒在液相沉降过程中首先沉降，而上层的其他纳米颗粒仍然呈现均匀分布。上清液在很长一段时间内是稳定的，随着时间的推移其颜色会逐渐变浅。这种逐渐分层的现象是一个有趣的现象，只有在三元混合纳米流体中才能观察到。

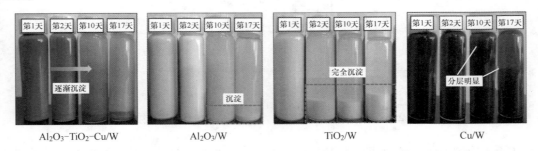

图 4-22 Al_2O_3-TiO_2-Cu/W 三元混合纳米流体和相应的单纳米流体沉淀过程图

4.3.4 灵敏性和经济性分析

热导率和黏度对纳米颗粒混合比例的敏感性如图4-23所示。Cu纳米粒子密度高，易于沉降，比例固定在质量分数为20%，Al_2O_3/TiO_2比例在0~3之间变化（Al_2O_3/TiO_2 = 20：60，30：50，40：40，50：30，60：20）。从图中可以看出，随着 Al_2O_3/TiO_2比例的增加，黏度和导热系数的敏感性都是随机变化的。因此，黏度和导热系数的变化很大程度上取决于纳米颗粒的混合比例。对于传热流体，最好具有高导热性和低黏度。因此，在选择的5种混合比例中，40：40：20（Al_2O_3：TiO_2：Cu）三元混合纳米流体最符合这些标准，其导热系数最高，黏度最低。因此，在下一节中，所有数据均采用最佳比例40：40：20进行测量，仅改变体积分数和温度。

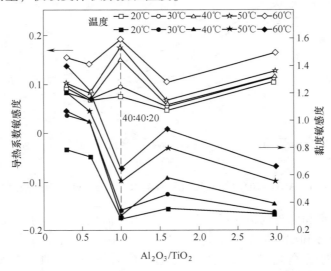

图 4-23 Al_2O_3-TiO_2-Cu/W 三元复合纳米流体的导热系数和黏度敏感性分析

确定纳米流体在牛顿或非牛顿基流体中的行为是进行黏度研究的关键一步。Murshed 等[65]指出，纳米流体的流变性能决定流动的性质，并影响流动和传热系统中的压降和泵送功率。牛顿黏度定律由给出[66]：

$$\tau = m(\dot{\gamma})^n \tag{4-28}$$

式中，τ 和 $\dot{\gamma}$ 分别为剪切应力和剪切速率；m 和 n 分别为一致性指数和幂指数。当 $n=1$ 时，剪切应力随剪切速率呈线性变化。

Al_2O_3-TiO_2-Cu/W 三元混合纳米流体在体积分数为 0.5% 和 1.0% 的流变性能如图 4-24 所示。随着剪切速率的增加，剪切应力呈非线性增加。当剪切速率小于 $150s^{-1}$ 时，剪切应力随剪切速率的增大而缓慢增大，随温度的变化不大。但当剪切速率大于 $150s^{-1}$ 时，其随温度的升高而降低。由这些结果可以看出，Al_2O_3-TiO_2-Cu/W 三元混合纳米流体的流变性能是非牛顿流体。此外，2 种体积分数的结果非常相似。

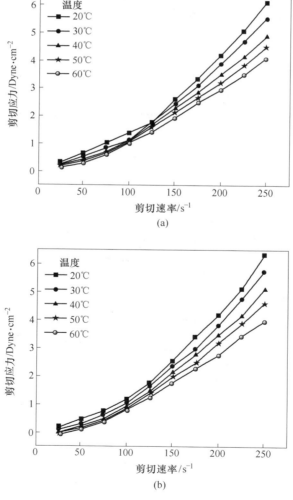

图 4-24 Al_2O_3-TiO_2-Cu/W 三元混合纳米流体在不同温度下剪切应力与剪切速率的关系

(a) 0.5%，体积分数；(b) 1.0%，体积分数

　　图 4-25(a) 和图 4-25(b) 分别显示了 Al_2O_3-TiO_2-Cu/W 三元混合纳米流体的黏度和热导率随体积分数和温度的变化。如图 4-25(a) 所示，黏度增强，这可能是由于体积分数更高的纳米粒子与流体分子发生了更多的碰撞。然而，正如预期的那样，随着温度的升高，黏度显著降低，因为更高的温度减少了流体分子之间的相互作用，并增强纳米粒子的布朗运动。与水相比，在 60℃时，体积分数 1%的样品黏度下降幅度最大，为 29.11%。

　　从图 4-25(b) 可以看出，导热系数随体积分数和温度的增加呈非线性增加。而在小体积分数时，温度对导热系数的影响比体积分数的影响更明显。Das 等[67] 指出，这种非线性行为与纳米粒子的聚集和大小有关，这导致了纳米对流、团簇中的自然热输运和纳米层等效应。黏度和导热系数的变化趋势与单一纳米流体的变化趋势基本一致。

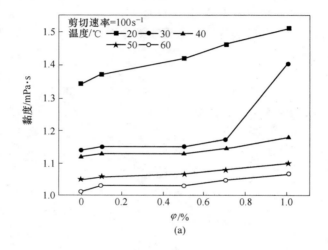

(a)

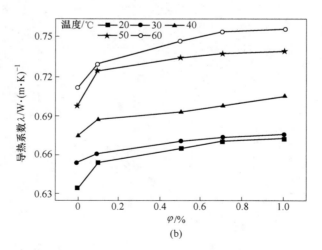

(b)

图 4-25　Al_2O_3-TiO_2-Cu/W 三元混合纳米流体的黏度（a）
和热导系数（b）随体积分数和温度的变化

　　图 4-26(a) 和图 4-26 (b) 分别显示了 Al_2O_3-TiO_2-Cu/W 三元混合纳米流体和相应的单纳米流体在体积分数 1%时的热导率和黏度比较。采用同样的"两步法"制备单、三元

混合纳米流体，添加质量分数 0.005% 的表面活性剂以提高稳定性。如图 4-26(a) 所示，对于 Al_2O_3-TiO_2-Cu/W，Al_2O_3/W，TiO_2/W 和 Cu/W 纳米流体，在指定的温度范围（20~60℃）内，热导率的变化范围分别为 0.6722~0.7565W/(m·K)，0.6424~0.7193W/(m·K)，0.6547~0.7476W/(m·K) 和 0.6288~0.6945W/(m·K)。三元纳米流体最高。然而，如图 4-26(b) 所示，三元混合纳米流体的黏度介于相应的单一纳米流体之间。黏度最低的是 Al_2O_3/W，其次是 Cu/W、Al_2O_3-TiO_2-Cu/W、TiO_2/W。在工程应用中，导热系数高、黏度相对较低的纳米流体是改善传热性能的良好选择。因此，三元混合纳米流体有望成为增强传热的潜在工作流体。

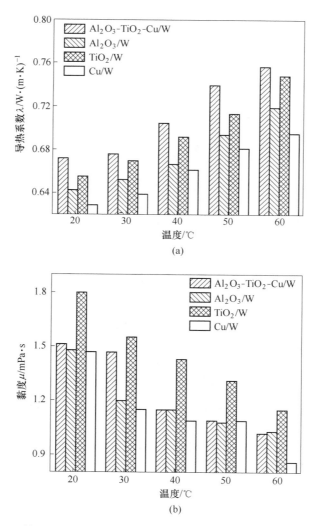

图 4-26　体积分数 1% Al_2O_3-TiO_2-Cu/W 三元混合纳米流体与相应的
一元纳米流体的导热系数（a）和黏度（b）对比

图 4-27 对比了 Al_2O_3-TiO_2-Cu/W 三元混合纳米流体与文献中（Zhang 等[68]，Kumar 等[69]，Hemmat 等[70]，Amir 等[71]）对应的二元或一元纳米流体有效热导率

（$\lambda_{nf}/\lambda_{bf}$）。从图中可以看出，随着体积分数和温度的增加，三元混合纳米流体的 $\lambda_{nf}/\lambda_{bf}$ 值有所增加，甚至高于 Kumar 等[69]获得的体积分数为 2% Al_2O_3/W 单纳米流体的 $\lambda_{nf}/\lambda_{bf}$ 值。例如，60℃时体积分数为 1% Al_2O_3-TiO_2-Cu/W 和 2% Al_2O_3/W 的 $\lambda_{nf}/\lambda_{bf}$ 值分别为 1.15 和 1.08。此外，三元混合纳米流体的 $\lambda_{nf}/\lambda_{bf}$ 增量也高于 Cu-TiO_2/EG-W 和 Al_2O_3-Cu/EG 二元混合纳米流体。这些结果表明，纳米颗粒在三元混合纳米流体中的排列协同效应比二元混合纳米流体中的协同效应更明显。

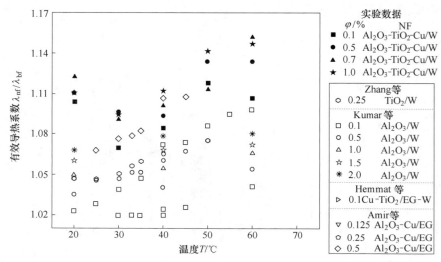

图 4-27   单一和混合纳米流体的有效热导率对比

根据实验数据，将 Al_2O_3-TiO_2-Cu/W 三元混合纳米流体的导热系数和黏度数据与基本流体热物性（bf）、体积浓度（φ）和温度（T）参数拟合，得到形式为：

$$\mu_{nf} = \mu_{bf}\left[1.1047 + 0.0019\varphi^{0.0154}\left(\frac{T}{2.7604}\right)^{2.0484}\right] \tag{4-29}$$

$$\lambda_{nf} = -3 \times 10^7 \lambda_{bf} T - 2\varphi \tag{4-30}$$

回归系数 R^2 确定均为 0.96。黏度和导热系数的标准误差分别为 0.035 和 0.018。因此，该公式可以准确地预测 Al_2O_3-TiO_2-Cu/W 三元混合纳米流体在 20~60℃ 条件下体积分数为 0~1% 的导热系数和黏度。

图 4-28(a) 和图 4-28（b）分别显示了 Al_2O_3-TiO_2-Cu/W 三元混合纳米流体的 C_μ/C_λ 和 Mo 随体积分数和温度的变化。如图 4-28(a) 所示，C_μ/C_λ 值均<4，这意味着黏度的增强小于导热系数的上升。与层流相比，紊流的流动和换热性能取决于体积分数。三元混合纳米流体在湍流中的体积分数在 0.5%~1% 之间是有效的。图 4-29 和图 4-30 显示了 PPF_C 和 PPF_{Mo} 随体积分数和温度的变化。根据对流换热过程中工质的效率得到有效体积分数，如图 4-28 所示。虚线表示固定体积分数下 PPF_C（或 PPF_{Mo}）的平均值。从图中可以看出，PPF_C 和 PPF_{Mo} 的最高平均值分别为体积分数 0.7% 和 1%。因此，从经济角度来看，体积分数 0.7% 和 1% Al_2O_3-TiO_2-Cu/W 三元混合纳米流体分别适用于层流和湍流。

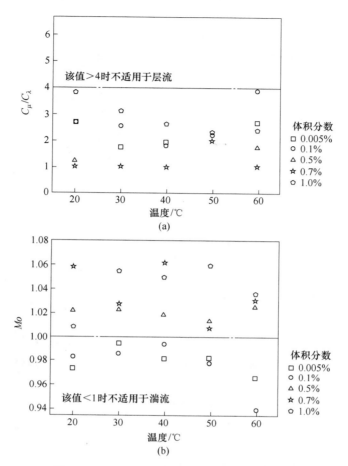

图 4-28　Al_2O_3-TiO_2-Cu/W 三元混合纳米流体

C_μ/C_λ（a）和 Mo（b）随体积分数和温度的变化

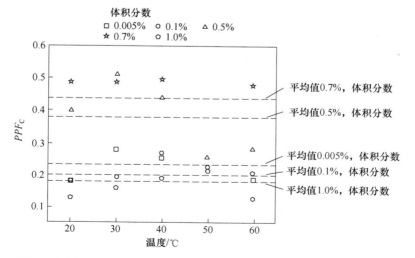

图 4-29　不同体积分数 Al_2O_3-TiO_2-Cu/W 三元混合纳米流体层流流态的经济性分析（PPF_C）

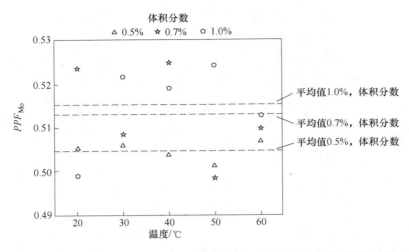

图 4-30　不同体积分数 Al_2O_3-TiO_2-Cu/W 三元混合纳米流体湍流流态的经济性分析（PPF_{Mo}）

4.3.5　小结

通过研究 Al_2O_3-TiO_2-Cu/W 三元混合纳米流体黏度和导热系数的敏感性确定最佳混合比，之后对制备的纳米流体分别在 0.005%~1%体积分数和 20~60℃温度范围内的稳定性和热经济性进行研究。最后，将三元混合纳米流体的实验结果与文献中获得的相应的一、二元纳米流体的数据进行了比较。本次研究的一些重要发现如下：

（1）在三元混合纳米流体中，由于组成纳米颗粒的密度不同，观察到一种特殊的逐渐分层现象。

（2）通过灵敏度分析，最佳配比为 40：40：20（Al_2O_3：TiO_2：Cu），此时对黏度的灵敏度最低，对导热系数的灵敏度最高。

（3）Al_2O_3-TiO_2-Cu/W 三元混合纳米流体为非牛顿流体，其黏度和导热系数的变化趋势与其他纳米流体一致。由于纳米颗粒的有序排列，其导热系数要高于相应的单个纳米流体。

（4）从经济分析来看，体积分数为 0.7%和 1%的 Al_2O_3-TiO_2-Cu/W 三元混合纳米流体分别适用于层流和湍流流型。

因此三元混合纳米流体相对于一元和二元混合纳米流体表现出优异的热性能，可以改善整个系统的换热。因此，为了获得性能最佳的三元混合纳米流体，需要更多的工作来解决纳米颗粒的组合与稳定性问题。

参 考 文 献

[1] Lee S, Choi S U S, Li S, et al. Measuring thermal conductivity of fluids containing oxide nanoparticle [J]. Journal of Heat Transfer, 1999 (121)：280~289.

[2] 翟玉玲，王江，李龙，等．粒径混合比对 Al_2O_3/水纳米流体传热性能影响及评价 [J]. 化工进展，2019，38 (11)：4865~4872.

［3］ 藏徐忠，石尔，傅俊萍，等．磁场调控磁性纳米流体流动和传热研究进展［J］．化工进展，2019，38
（12）：5410～5419.

［4］ Babu J A R, Kumar K K, Rao S S. State-of-art review on hybrid nanofluids［J］. Renewable and Sustainable
Energy Reviews, 2017(77): 551～565.

［5］ Madhesh D, Kalaiselvam S. Experimental analysis of hybrid nanofluid as a coolant［J］. Procedia Engineer-
ing, 2014(97): 1667～1675.

［6］ Hamid K A, Azmi W H, Nabil M F, et al. Experimental investigation of thermal conductivity and dynamic
viscosity on nanoparticle mixture ratios of TiO_2-SiO_2 nanofluids［J］. International Journal of Heat and Mass
Transfer, 2018(116): 1143～1152.

［7］ Kumar D D, Arasu A V. A comprehensive review of preparation, characterization, properties and stability of
hybrid nanofluids［J］. Renewable and Sustainable Energy Reviews, 2018 (81): 1669～1689.

［8］ Cakmak N K, Said Z, Sundar L S, et al. Preparation, characterization, stability, and thermal conductivity
of rGO-Fe_3O_4-TiO_2 hybrid nanofluid: An experimental study［J］. Powder Technology, 2020 (372):
235～245.

［9］ Sahoo R R. Experimental study on the viscosity of hybrid nanofluid and development of a new correlation
［J］. Heat and Mass Transfer, 2020.

［10］ Sahoo R R, Kumar V. Development of a new correlation to determine the viscosity of ternary hybrid
nanofluid［J］. International Communications in Heat and Mass Transfer, 2020(111): 104451.

［11］ Mousavi S M, Esmaeilzadeh F, Wang X P. Effects of temperature and particles volume concentration on the
thermophysical properties and the rheological behavior of $CuO/MgO/TiO_2$ aqueous ternary hybrid nanofluid
［J］. Journal of Thermal Analysis and Calorimetry, 2019(137): 879～901.

［12］ Pak B C, Cho Y I. Hydrodynamic, and heat transfer study of dispersed fluids with submicron metallic oxide
particles［J］. Experimental Heat Transfer: A Journal of Thermal Energy Generation, Transport, Storage
and Conversion, 1998, 11(2): 151～170.

［13］ Sahoo R R. Thermo-hydraulic characteristics of radiator with various shape nanoparticle-based ternary hybrid
nanofluid［J］. Powder Technology, 2020(370): 19～28.

［14］ 杨世铭，陶文铨．传热学［M］．4版．北京：高等教育出版社，2006：563.

［15］ Das P K. A review based on the effect and mechanism of thermal conductivity of normal nanofluids and hy-
brid nanofluids［J］. Journal of Molecular Liquids, 2017(240): 420～446.

［16］ Osho I W, Okonkwo E C, Kavaz D, et al, An experimental investigation into the effect of particle mixture
ratio on specific heat capacity and dynamic viscosity of Al_2O_3-ZnO hybrid nanofluids［J］. Powder Technol-
ogy, 2020(363): 699～716.

［17］ Esfe M H, Esfandeh S, Niazi S. An experimental investigation, sensitity analysis and RSM analysis of
MWCNT(10)-ZnO(90)/10W40 nanofluid viscosity［J］. Journal of Molecular Liquids, 2019
(288): 111020.

［18］ Esfe M H, Rosamian H, Sarlak M R. A novel study on rheological behavior of ZnO-MWCNT/10w40
nanofluid for automotive engines［J］. Journal of Molecular Liquids, 2018 (254): 406～413.

［19］ Xie H, Fujii M, Zhang X. Effect of interfacial nanolayer on the effective thermal conductivity of nanoparti-
cle-fluid mixture［J］. International Journal of Heat and Mass Transfer, 2006 (48): 2926～2932.

［20］ Esfe M H, Wongwises S, Naderi A, et al. Thermal conductivity of Cu/TiO_2-water/EG hybrid nanofluid:
experimental data and modeling using artificial neural network and correlation［J］. International Communi-
cations in Heat and Mass Transfer, 2015 (66): 100～104.

［21］ Das P K, Islam N, Santra A K, et al. Experimental investigation of thermophysical properties of Al_2O_3-water nanofluid: Role of surfactants [J]. Journal of Molecular Liquids, 2017 (237): 304~312.

[22] Zhang H, Qing S, Zhai Y L, et al. The changes induced by pH in TiO$_2$/water nanofluids: stability, thermophysical properties and thermal performance [J]. Powder Technology, 2019.

[23] Parsian A, Akbar M. New experimental correlation for the thermal conductivity of ethylene glycol containing Al$_2$O$_3$-Cu hybrid nanoparticles [J]. Journal of Thermal Analysis and Calorimetry, 2018 (131): 1605~1613.

[24] Das P K. A review based on the effect and mechanism of thermal conductivity of normal nanofluids and hybrid nanofluids [J]. Journal of Molecular Liquids, 2017, 240: 420~446.

[25] 周树光, 翟玉玲, 王江. 建立余热回收中纳米工质的导热系数预测模型 [J]. 工业加热, 2020, 49 (4): 23~26.

[26] Sarkar J, Ghosh P, Adil A. A review on hybrid nanofluids: recent research, development and applications [J]. Renewable Sustainable Energy Reviews, 2015, 43: 164~177.

[27] Hemmat E M, Hadi R S, Alirezaie A. An applicable study on the thermal conductivity of SWCNT-MgO hybrid nanofluid and price-performance analysis for energy management [J]. Apply Thermal Engineering, 2016, 111: 1202~1210.

[28] Hamid K A, Azmi W H, Nabil M F, et al. Experimental investigation of thermal conductivity and dynamic viscosity on nanoparticle mixture ratios of TiO$_2$-SiO$_2$ nanofluids [J]. International journal of heat and mass transfer, 2018, 116: 1143~1152.

[29] Sahoo R R. Experimental study on the viscosity of hybrid nanofluid and development of a new correlation [J]. Heat and Mass Transfer.

[30] Sahoo R R, Kumar V. Development of a new correlation to determine the viscosity of ternary hybrid nanofluid [J]. International Communications in Heat and Mass Transfer, 2020, 111: 104451.

[31] Mousavi S M, Esmaeilzadeh F, Wang X P. Effects of temperature and particles volume concentration on the thermophysical properties and the rheological behavior of CuO/MgO/TiO$_2$ aqueous ternary hybrid nanofluid [J]. Journal of Thermal Analysis and Calorimetry, 2019, 137: 879~901.

[32] Babu J A R, Kumar K K, Rao S S. State-of-art review on hybrid nanofluids [J]. Renewable and Sustainable Energy Reviews, 2017, 77: 551~565.

[33] Sahoo R R, Kumar V. Development of a new correlation to determine the viscosity of ternary hybrid nanofluid [J]. International Communications in Heat and Mass Transfer, 2020, 111: 104451.

[34] Hamzah M H, Sidik N A C, Ken T L. Factors affecting the performance of hybrid nanofluids: a comprehensive review [J]. International Journal of Heat and Mass Transfer, 2017, 115: 630~646.

[35] Prasher R, David S, Wang J, et al. Measurements of nanofluid viscosity and its implications for thermal applications [J]. Applied Physics Letters, 2006, 89: 133108.

[36] Timofeeva E V, Routbort J L, Singh D. Particle shape effects on thermophysical properties of alumina nanofluids [J]. Journal Applied Physics, 2009, 106: 014304.

[37] Alirezaie A, Hajmohammad M H, Ahangar M R H, et al. Price-performance evaluation of thermal conductivity enhancement of nanofluids with different particles sizes [J]. Apply Thermal Engineering, 2018, 128: 373~380.

[38] Ma M Y, Zhai Y L, Yao P T, et al. Synergistic mechanism of thermal conductivity enhancement and economic analysis of hybrid nanofluids [J]. Powder Technology, 2020, 373: 702~715.

[39] Osho I W, Okonkwo E C, Kavaz D. An experimental investigation into the effect of particle mixture ratio on specific heat capacity and dynamic viscosity of Al$_2$O$_3$-ZnO hybrid nanofluids [J]. Powder Technology, 2020, 363: 699~716.

［40］ Yarmand H, Gharehkhani S, Ahmadi G. Graphene nanoplatelets-silver hybrid nanofluids for enhanced heat transfer ［J］. Energy Conversion and Management, 2015, 100: 419~428.

［41］ Qi C, Luo T, Liu M N, et al. Experimental study on the flow and heat transfer characteristics of nanofluids in double-tube heat exchangers based on thermal efficiency assessment ［J］. Energy Conversion and Management, 2020 (197): 111877.

［42］ Kumar D D, Arasu A V. A comprehensive review of preparation, characterization, properties and stability of hybrid nanofluids ［J］. Renewable and Sustainable Energy Reviews, 2018, 81: 1669~1689.

［43］ Hamid K A, Azmi W H, Nabil M F. Experimental investigation of thermal conductivity and dynamic viscosity on nanoparticle mixture ratios of TiO_2-SiO_2 nanofluids ［J］. International Journal of Heat and Mass Transfer, 2018, 116: 1143~1152.

［44］ Ma M Y, Zhai Y L, Yao P T, et al. Synergistic mechanism of thermal conductivity enhancement and economic analysis of hybrid nanofluids ［J］. Powder Technology, 2020, 373: 702~715.

［45］ Wanatasanappan V V, Abdullah M Z, Gunnasegaran P. Thermophysical properties of Al_2O_3-CuO hybrid nanofluid at different nanoparticle mixture ratio: an experimental approach ［J］. Journal of Molecular Liquids, 2020, 313: 113458.

［46］ Huminic G, Huminic A. Entropy generation of nanofluid and hybrid nanofluid flow in thermal systems: a review ［J］. Journal of Molecular Liquids, 2020, 302: 112533.

［47］ Asadi A, Alarifi I M, Foong L K. An experimental study on characterization, stability and dynamic viscosity of CuO-TiO_2/water hybrid nanofluid ［J］. Journal of Molecular Liquids, 2020, 307: 112987.

［48］ Soltani F, Toghraie D, Karimipour A. Experimental measurements of thermal conductivity of engine oil-based hybrid and mono nanofluids with tungsten oxide (WO_3) and MWCNTs inclusions ［J］. Powder Technology, 2020, 371: 37~44.

［49］ Sahoo R R, Kumar V. Development of a new correlation to determine the viscosity of ternary hybrid nanofluid ［J］. International Communications in Heat and Mass Transfer, 2020, 111: 104451.

［50］ Sahoo R R. Experimental study on the viscosity of hybrid nanofluid and development of a new correlation ［J］. Heat and Mass Transfer, 2020.

［51］ Mousavi S M, Esmaeilzadeh F, Wang X. Effects of temperature and particles volume concentration on the thermophysical properties and the rheological behavior of CuO/MgO/TiO_2 aqueous ternary hybrid nanofluid ［J］. Journal of Thermal Analysis and Calorimetry, 2019, 137: 879~901.

［52］ Cakmak N K, Said Z, Sundar L S. Reparation, characterization, stability, and thermal conductivity of rGO-Fe_3O_4-TiO_2 hybrid nanofluid: an experimental study ［J］. Powder Technology, 2020, 372: 235~245.

［53］ Wole-Osho I, Okonkwo E C, Kavaz D, et al, An experimental investigation into the effect of particle mixture ratio on specific heat capacity and dynamic viscosity of Al_2O_3-ZnO hybrid nanofluids ［J］. Powder Technology, 2020, 363: 699~716.

［54］ Michael A Z M, Pabi S K, Ghosh S. Thermal conductivity of aqueous Al_2O_3/Ag hybrid nanofluid at different temperatures and volume concentrations: an experimental investigation and development of new correlation function ［J］. Powder Technology, 2019 (343): 714~722.

［55］ Nabil M F, Azmi W H, Hamid K A. Thermo-physical properties of hybrid nanofluids and hybrid nanolubricants: a comprehensive review on performance ［J］. International Communications in Heat and Mass Transfer, 2017, 83: 30~39.

［56］ Yu H, Hermann S, Schulz S E. Optimizing sonication parameters for dispersion of single-walled carbon nanotubes ［J］. Chemical Physics, 2012, 408: 11~16.

[57] Babu J A R, Kumar K K, RaoS S. State-of-art-review on hybrid nanofluids [J]. Renewable and Sustainable Energy Reviews, 2017, 77: 551~565.

[58] Das P K. A review based on the effect and mechanism of thermal conductivity of normal nanofluids and hybrid nanofluids [J]. Journal of Molecular Liquids, 2017, 240: 420~446.

[59] Gallego A, Cacua K, Herrera B, et al. Experimental evaluation of the effect in the stability and thermophysical properties of water-Al_2O_3 based nanofluids using SDBS as dispersant agent [J]. Adv. Powder Technol, 2020, 31: 560~570.

[60] Esfe M H, Esfandeh S, Niazi S. An experimental investigation, sensitivity analysis and RSM analysis of MWCNT (10)-ZnO (90)/10W40 nanofluid viscosity [J]. Journal of Molecular Liquids, 2019, 288: 111020.

[61] Qi C, Tang J H, Fan F, et al. Effects of magnetic field on thermo-hydraulic behaviors of magnetic nanofluids in CPU cooling system [J]. Applied Thermal Engineering, 2020 (179): 115717.

[62] Zhao N, Guo L X, Qi C, et al. Experimental study on thermo-hydraulic performance of nanofluids in CPU heat sink with rectangular grooves and cylindrical bugles based on exergy efficiency [J]. Energy Conversion and Management, 2019 (181): 235~246.

[63] Zhao N, Qi C, Chen T T, et al. Experimental study on influences of cylindrical grooves on thermal efficiency, exergy efficiency and entropy generation of CPU cooled by nanofluids [J]. International Journal of Heat and Mass Transfer, 2019 (135): 16~32.

[64] Halelfadl S, Maré T, Estellé P. Efficiency of carbon nanotubes water based nanofluids as coolants [J]. Experimental Thermal and Fluid Science, 2014, 53: 104~110.

[65] Murshed S M S, Estellé P. A state of the art review on viscosity of nanofluids [J]. Renewable and Sustainable Energy Reviews, 2017, 76: 1134~1152.

[66] Esfe M H, Esfandeh S, Niazi S. An experimental investigation, sensitivity analysis and RSM analysis of MWCNT (10)-ZnO (90)/10W40 nanofluid viscosity [J]. Journal of Molecular Liquids, 2019, 288: 111020.

[67] Das P K. A review based on the effect and mechanism of thermal conductivity of normal nanofluids and hybrid nanofluids [J]. Journal of Molecular Liquids, 2017, 240: 420~446.

[68] Zhang H, Qing S, Zhai Y, et al. The changes induced by pH in TiO_2/water nanofluids: stability, thermophysical properties and thermal performance [J]. Powder Technology, 2021, 377: 748~759.

[69] Kumar P, Nurul I, Kumar S A, et al. Experimental investigation of thermophysical properties of Al_2O_3-water nanofluid: Role of surfactants [J]. Journal of Molecular Liquids, 2017 (237): 304~312.

[70] Hemmat E M, Somchai W, Ali N, et al. Thermal conductivity of Cu/TiO_2-water/EG hybrid nanofluid: Experimental data and modeling using artificial neural network and correlation [J]. International Communications in Heat and Mass Transfer, 2015 (66): 100~104.

[71] Amir P, Mohammad A. New experimental correlation for the thermal conductivity of ethylene glycol containing Al_2O_3-Cu hybrid nanoparticles [J]. Journal of Thermal Analysis and Calorimetry, 2018 (131): 1605~1613.

5　数学统计方法应用于均匀性评价及其他

5.1　基于数字图像法评价混合纳米流体均匀性

5.1.1　引言

具有高导热系数和相对低黏度的纳米流体可应用于各种工程系统中，包括可作为电子元件冷却[1]、储能和太阳能吸收[2~4]的下一代传热流体。近年来，除了传统的单一纳米流体[5]，包括 2 种或多种纳米颗粒组成的混合纳米流体成为研究热点，由于不同种类及粒径的纳米颗粒之间的协同作用[6,7]，混合纳米流体表现出优异的导热系数和流动行为。然而，随着时间的推移，纳米流体中的颗粒逐渐聚集，导致导热系数降低、流体通道堵塞及磨损等一系列的问题[8]。对于混合纳米流体而言，由于表面电荷、密度和电势的不同，很难将不同类型的纳米颗粒均匀分散到基液中[9]，但是稳定的均匀分散又是纳米流体成为工程应用的基础。

到目前为止，一些常用的技术，包括沉淀、光谱、电子显微镜和光散射分析，多被用于评价纳米流体的稳定性[10~12]。其中，Sidik 等[13]介绍了用显微镜和光散射技术测量颗粒尺寸分布的方法。然而，沉积[14]和透射电子显微镜（TEM）图像[15,16]是主观的或定性的，这种方法属于定性分析，更多的是依赖于研究人员对纳米流体的稳定性的判断经验，而定量测量均匀性却很重要。纳米流体的均匀性与其稳定性密切相关。在其他工程应用中，基于数学方法的图像分析可以定量分析温度和浓度场的均匀性。周等[17]提出了图像分析的统计框架。Fei[18]和 Xu[19]基于均匀实验设计推导了均匀系数和修正均匀系数，用以评价直接换热接触器内部气泡分布的均匀性。Xiao 等[20]基于均匀设计理论提出了可用非均匀系数来评价微通道散热器温度场均匀性的效果。然而，目前利用统计图像分析法评价纳米流体中纳米颗粒分布的均匀性研究还很有限。纳米颗粒悬浮在基液中的热物理性质受诸多因素影响，如纳米颗粒与基液的混合比例、温度及体积分数等[21]。因此，目前还没有统一的经典公式或理论模型可以在可接受的准确度内预测纳米流体的导热系数或黏度。另一方面，实验测量纳米流体的热物理性质的方法较为昂贵，使用模拟可以在可接受的精度内估计纳米流体的热物理性质，神经网络是非线性函数建模的通用工具[23]。Khanmohammadi 等[22]基于实验数据，利用人工神经网络（ANN）描述石蜡-Fe_3O_4 混合液体的导热系数和黏度。Alrashe 等使用 ANN 估计了碳基纳米流体的热物理性质。Bagherzadeh 等[24]在预测 F-MWCNTs-Fe_3O_4/EG 纳米流体的导热系数时，提出了 1 种新的统计敏感性增强 ANN 模型。Karimipour 等[25,26]利用人工神经网络成功预测了 Fe_3O_4/SiO_2-water/EG 纳米流体和 MWCNT-CuO/water 纳米流体的热物理性质，并具有较高的精度。与曲线拟合相比，基于人工神经网络的热物性预测模型更准确，已广泛应用于不同纳米流体[27~32]。简而言之，可以使用不同的算法和拓扑设计 ANN，基于实验数据来预测纳米流体的行为[33~35]。

如上所述，文献中关于纳米流体定量评价的工作还很有限。本研究的目的是利用统计图像分析来探讨纳米流体中纳米颗粒分布均匀性的定量特征。首先，根据概率论推导提出了一个新的参数——纳米颗粒分布均匀系数（$UCND$），用于估计纳米流体中纳米颗粒分布的均匀性。此外，研究了均匀性对 Al_2O_3/CuO-EG/W 混合纳米流体导热系数能和黏度的影响。

5.1.2　数字图像评价理论及方法

5.1.2.1　纳米颗粒分布的均匀系数（$UCND$）

Xiao 等[20]提出了一个新的参数，即非均匀系数（NUC），用于从图像分析中定量衡量温度场的均匀性。NUC 值越小，说明温度场越均匀。事实上，这是一种新的图像分析技术，可以成功应用于不同领域，例如温度场、压力场和其他浓度场。在他们的工作中，利用非均匀系数（NUC）评价了微型散热器的温度均匀性，并将得到的结果与现有的图像处理方法，即标准差法、变异系数法和图像熵法进行了比较。结果表明，与其他 3 种方法相比，NUC 方法具有更高的准确性和可靠性，可为评价温度场分布均匀性提供替代方法。基于非均匀性系数的提出，这种方法也可用于评价纳米颗粒在原始透射电镜图像中的分布。纳米颗粒在局部矩形区域分布的局部差异函数 $\theta = [0, \theta_1] \times [0, \theta_2]$ 为：

$$d_{PQ}^*(\theta) = \frac{\sum_{j=1}^{\theta_2}\sum_{i=1}^{\theta_1} g_{i,j}}{\sum_{j=1}^{Q}\sum_{i=1}^{P} g_{i,j}} - \frac{\theta_1\theta_2}{PQ} \tag{5-1}$$

式中，$g_{i,j}$ 表示液固系统在该位置 (i, j) 的灰度；$\theta_1 \in \{1, P\}$，$\theta_2 \in \{1, Q\}$，$\frac{\theta_1}{\theta_2} = \frac{P}{Q}$。利用该方法，可以将 TEM 原始图像转换为 MATLAB 软件内部函数得到的像素值图像。

纳米颗粒分布的单一不均匀系数（NUC_q，$q = 1, 2, 3, 4$）表明整个矩形表面的左上、左下、右下和右上区域纳米颗粒分布的不均匀程度。纳米颗粒分布的总均匀系数（$UCND$）定义如下：

$$NUC_q = \sup|d_{PQ}^*(\theta, q)|$$
$$\theta_1 \in (1, P) \tag{5-2}$$
$$\theta_2 \in (1, Q)$$
$$UCND = 1 - NUC = 1 - \max\{NUC_1, NUC_2, NUC_3, NUC_4\} \tag{5-3}$$

$UCND$ 值越高（式（5-3）），意味着纳米颗粒在纳米流体中分布更均匀。

5.1.2.2　纳米流体的 ANN 模型

人工神经网络是建立非线性函数模型的常用工具。每个神经网络由输入层、隐含层和输出层组成。输入层接收外部信号和数据，输出层提供处理结果。隐含层位于输入和输出层之间，无法从系统外部观察到[36]。当给定观测输入量时，人工神经网络可以用来预测输出，且具有速度快和精度高的特点。

在本节中，我们使用 99 组实验数据建立了用于估算导热系数和黏度的人工神经网络。每次将 80%的数据作为训练数据，其余的数据作为测试数据。用两个隐含层构建导热系数和黏度的人工神经网络。输入 Al_2O_3/CuO-EG/W 混合纳米流体的温度（T）和混合比（R）。输出层、第一隐含层和第二隐含层分别采用线性、Tan-Sig 和 Log-Sig 传递函数。在每个训练迭代中使用了一个新的权重和偏差。通过检测决定系数（R^2）和均方误差（MSE），确定各隐含层神经元的最优数量[37]。这些指数分别定义为：

$$R^2 = 1 - \frac{\sum\limits_{i=1}^{N} \left(X|_{\text{EXP.}} - X|_{\text{pred.}}\right)_i^2}{\sum\limits_{i=1}^{N} \left(X|_{\text{EXP.}}\right)_i^2} \tag{5-4}$$

$$MSE = \frac{1}{N} \sum\limits_{i=1}^{N} \left(X|_{\text{EXP.}} - X|_{\text{pred.}}\right)_i^2 \tag{5-5}$$

式中，N 为数据个数；X 为导热系数和黏度的测量值。在这里，R^2 更接近 1，MSE 更接近 0 时表示预测精度越高。

表 5-1 为导热系数的一些不同 ANN 构型。如表 5-1 所示，ANN 的导热系数预测采用第一层 10 个神经元，第二层 6 个神经元，此时 $R^2 = 0.9846$，$MSE = 2.8656×10^{-4}$。使用相同的方法测定黏度预测的每一层神经元数目，结果为第一层包含 7 个神经元，第二层包含 6 个神经元。ANN 描述 Al_2O_3/CuO-EG/W 混合纳米流体导热系数和黏度的基本结构如图 5-1 所示。

表 5-1　ANN 导热系数预测的不同构型

隐含层神经元数目	传递函数	R^2	MSE
[3 4]	[tansig logsig]	0.7857	$2.1601×10^{-4}$
[3 6]	[tansig logsig]	0.8332	$2.7300×10^{-4}$
[4 6]	[tansig logsig]	0.7666	$2.8129×10^{-4}$
[5 8]	[tansig logsig]	0.9833	$4.1257×10^{-4}$
[5 9]	[tansig logsig]	0.7854	$7.3142×10^{-4}$
[6 8]	[tansig logsig]	0.9513	$1.7683×10^{-4}$
[6 10]	[tansig logsig]	0.7224	$9.4934×10^{-4}$
[7 10]	[tansig logsig]	0.9687	$6.1962×10^{-4}$
[7 12]	[tansig logsig]	0.8388	$4.4348×10^{-4}$
[8 12]	[tansig logsig]	0.7631	$4.4591×10^{-4}$
[9 11]	[tansig logsig]	0.7480	$5.3978×10^{-4}$
[10 8]	[tansig logsig]	0.9144	$9.2189×10^{-4}$
[10 6]	**[tansig logsig]**	**0.9846**	**$2.8656×10^{-4}$**
[10 12]	[tansig logsig]	0.8451	$6.5858×10^{-4}$

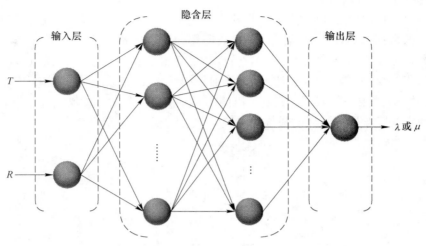

图 5-1　人工神经网络模型的示意图

5.1.3　制备混合纳米流体的过程

5.1.3.1　混合纳米流体选择

本研究使用平均粒径分别为 20nm 和 40nm 的 Al_2O_3 和 CuO 纳米颗粒，纯度为 99.9%。基液为乙二醇（EG）和水（W）的混合物，按 50：50 的质量比固定。将 Al_2O_3 和 CuO 纳米颗粒混合到 EG/W 基液中，体积分数为 1.0%。图 5-2 为两步法制备 Al_2O_3/CuO-EG/W

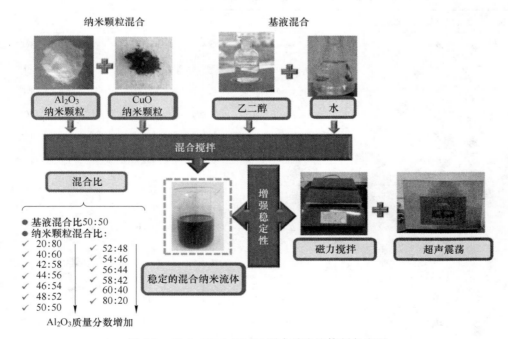

图 5-2　Al_2O_3/CuO-EG/W 混合纳米流体制备流程

混合纳米流体的过程。需要明确的是，混合纳米流体并不是不同类型纳米颗粒和基础流体的简单混合物。此外，它们还涉及使用物理或化学方法将它们均匀分散。图 5-3 为 Al_2O_3/CuO-EG/W 混合纳米流体的微观结构示意图。在平衡阻力时，纳米颗粒在流体中运动的主导力包括布朗运动（固体颗粒在流体内部的随机运动）和热泳力（不同流体区域的温度差）[38]。因此，在这些力作用下，它们很容易聚集，如图 5-3 所示。为了提高纳米流体的稳定性，在每种混合比例下进行物理分散 15 分钟的磁力搅拌器和 1 小时的超声波震荡。

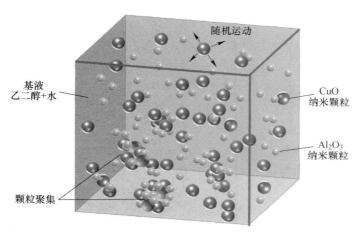

图 5-3 Al_2O_3/CuO-EG/W 混合纳米流体的微观结构示意

实验使用的纳米颗粒（Al_2O_3：CuO）的质量混合比为 40：60、42：58、44：56、46：54、48：52、50：50、52：48、54：46，56：44、58：42 和 60：40。研究这一范围的原因是基于混合纳米流体导热系数的异常变化。图 5-4 显示了本研究测量的有效导热系

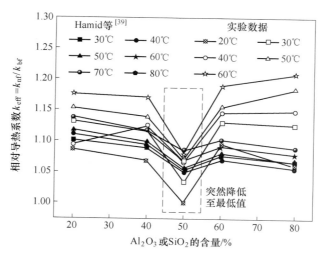

图 5-4   本研究测量的有效导热系数与 Hamid[39] 等的比较

数与 Hamid 等[39] 的数据的对比。可以清楚地看到，无论是 Al₂O₃/CuO-EG/W，还是 SiO₂/TiO₂-EG/W，当混合比例为 50∶50 时，各种混合纳米流体的导热系数最低。然而，Hamid 没有对此现象做出任何解释。为了更多地了解 50∶50 混合物导热系数低的原因，我们将混合物比例从 40∶60 ~ 60∶40 以 2% 的增量进行调整。

5.1.3.2   热物性测量

采用毛细管黏度计（SCYN1302）与恒温水箱连接，测量 Al₂O₃/CuO-EG/W 混合纳米流体的黏度。样品从 20℃ 加热到 60℃，同时收集黏度测量值。Yiamsawas 等[40] 也用它来测量 Al₂O₃/TiO₂-W/EG 混合纳米流体的黏度。采用热常数分析仪（瑞典 Hotdisk TPS2500S）测量 Al₂O₃-CuO 混合纳米流体的导热系数[41,42]。所有测量值至少采集 3 次，求平均值。

为了验证仪器的可靠性，测量去离子水的导热系数和黏度，并将测量值与理论值进行对比。导热系数和黏度的测量不确定度计算如下：

$$U_F = \pm \sqrt{\sum_{i=1}^{n} \left(\frac{\partial F}{\partial x_i} U_{x_i} \right)^2} \tag{5-6}$$

式中，x_i 是实验中测量的变量，$i = 1, 2, 3, \cdots$。

图 5-5 为不同温度下去离子水的测量值和理论值[43] 比较。测得的导热系数和黏度略低于理论值。导热系数和黏度的最大偏差分别为 6% 和 2.35%。结果表明，实验仪器具有较高的精度。

5.1.3.3   导热系数和黏度的敏感性

敏感性分析可以用来研究导热系数和黏度对混合物配比和温度变化的敏感性。导热系

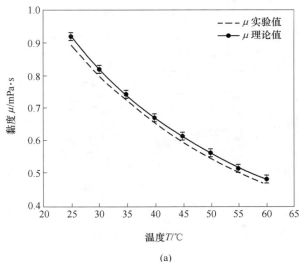

(a)

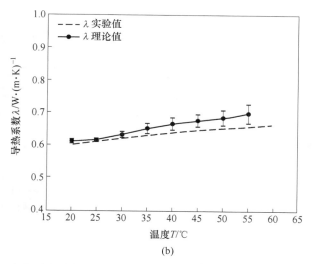

(b)

图 5-5 去离子水黏度（a）和导热系数（b）的测量值与理论值[43]比较

数和黏度的灵敏度定义如下[44,45]：

$$导热系数灵敏度 = \left[\frac{(k_{nf})_{after\ change}}{(k_{nf})_{base\ condition}} - 1 \right] \times 100\% \tag{5-7}$$

$$黏度灵敏度 = \left[\frac{(\mu_{nf})_{after\ change}}{(\mu_{nf})_{base\ condition}} - 1 \right] \times 100\% \tag{5-8}$$

式中，nf 和 bf 的下标分别为纳米流体和基液。

5.1.4 纳米流体均匀性及预测结果分析

初始状态下 Al_2O_3/CuO-EG/W 混合纳米流体的粒子混合比（Al_2O_3：CuO）分别为 46：54、50：50、52：48、54：46 的 TEM 图像如图 5-6 所示。从肉眼观察来看，54：46 的混合比下几乎没有团聚的情况，分散更均匀；而在 50：50 的混合比例下，纳米颗粒的大量团聚明显。为了定量客观评价纳米流体的稳定性，本节采用 *UCND* 进行分析。

为了定量评价 Al_2O_3/CuO-EG/W 混合纳米流体的纳米颗粒分布，可以使用式（5-1）~式（5-3）计算得到 Al_2O_3/CuO-EG/W 混合纳米流体的 *UCND* 值。首先将 Al_2O_3/CuO-EG/W

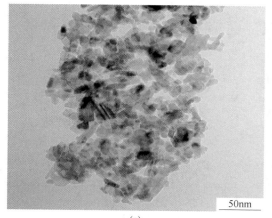

(a)

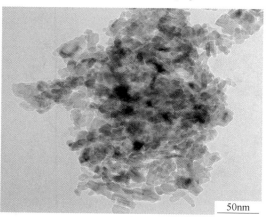

(b)

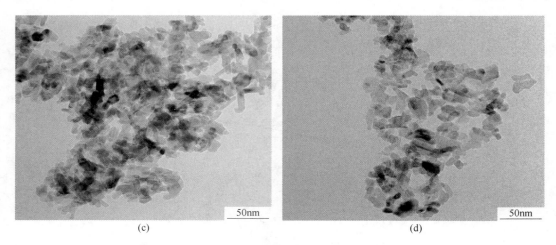

图 5-6　Al_2O_3/CuO-EG/W 混合纳米流体在 46：54（a）、50：50（b）、
52：48（c）和 54：46（d）混合比下的 TEM 图像

混合纳米流体的 TEM 图像转换为具有适当长宽比的灰度图像。通过数学软件 MATLAB 对 Al_2O_3/CuO-EG/W 混合纳米流体在不同混合比例下的 TEM 图像提取液界面长度，如图 5-7 所示。4 幅 TEM 图像在大致上是相似的，说明在设计的混合比例范围内，Al_2O_3/CuO-EG/W 混合纳米流体可以获得较好的分布形态。因此，尽管已经使用了数字图像处理技术来提取分布特征，为了明确混合比例的影响，有必要引入一种定量表征 Al_2O_3/CuO-EG/W 混合纳米流体中纳米颗粒分布的方法。

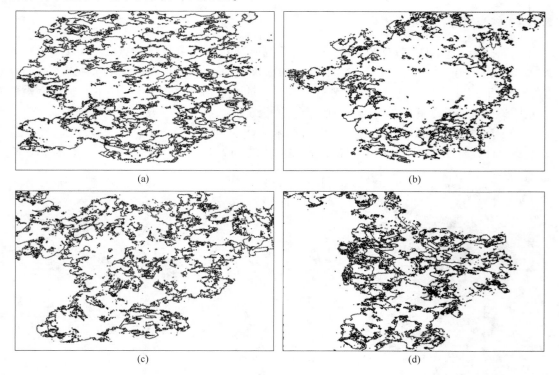

图 5-7　混合比例为 46：54（a）、50：50（b）、52：48（c）和 54：46（d）的纳米流体骨架 TEM 图像

图 5-8 给出了计算得到的各混合比下 $UCND$ 值，在 46：54、50：50、52：48、54：46 的混合比下，$UCND$ 的值分别为 0.9251、0.9102、0.9275、0.9513。由图 5-6 可知，图 5-6(b) 的 TEM 图像在一定程度上代表了中心周围最大的间隙，图 5-6(d) 代表了整体最小的间隙。正如预期的那样，混合比例为 54：46 的纳米流体 $UCND$ 值最高，为 0.9513，说明纳米颗粒分布最均匀。而混合比例为 50：50 的纳米流体 $UCND$ 值最低，为 0.9102。结果表明，在 Al_2O_3/CuO-EG/W 混合纳米流体中，纳米颗粒含量分别为 54% 和 46% 时，可获得较大的 $UCND$。这与图 5-6 所示 TEM 图像结果一致。

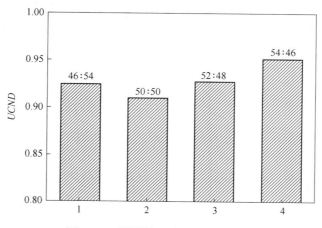

图 5-8　不同颗粒混合比下 $UCND$ 值

为了验证 $UCND$ 的有效性，上述 4 种纳米流体的平均粒径分布如图 5-9 所示。利用 ImageJ 软件测量透射电镜图像中团聚体的直径，并绘制柱状图表示纳米颗粒的粒径分布。纳米颗粒的平均直径可以计算如下：

$$\bar{d} = \frac{\sum_i n_i d_i}{\sum_i n_i} \tag{5-9}$$

式中，$\sum n_i$ 和 d_i 分别表示图像某一区域内颗粒的数量和单个纳米颗粒的直径。

如图 5-9 所示，纳米流体中纳米颗粒（46：54、50：50、52：48 和 54：46）的平均粒径分别为 43nm、54nm、52nm 和 39nm。纳米颗粒粒径分布的测量结果与 $UCND$ 的统计图像分析结果一致。纳米颗粒的直径是在一定区域内逐个测量的，更主观地根据研究者的眼睛和经验来寻找纳米颗粒的位置。而 $UCND$ 可以通过统一设计理论和图像分析在不需要人为干预的情况下对整个区域进行测量。

图 5-10 表明了在不同的混合比下温度的变化对混合纳米流体的导热系数和黏度的影响。如图 5-10（a）所示。不同混合比例的纳米流体的导热系数随温度的变化呈连续波动。混合比为 50：50 的纳米流体导热系数最低，为 $0.3706W/(m \cdot K)$，黏度较高，为 $3.79mPa \cdot s$。混合比为 54：46 的纳米流体导热系数最高，为 $0.426W/(m \cdot K)$，黏度较低，为 $3.761mPa \cdot s$。与图 5-8 进行对比，结果表明均匀性最好的纳米流体导热系数最高，黏度相对较低。

图 5-11 显示了纳米流体在不同混合比和不同温度下的导热系数灵敏度的变化。如图

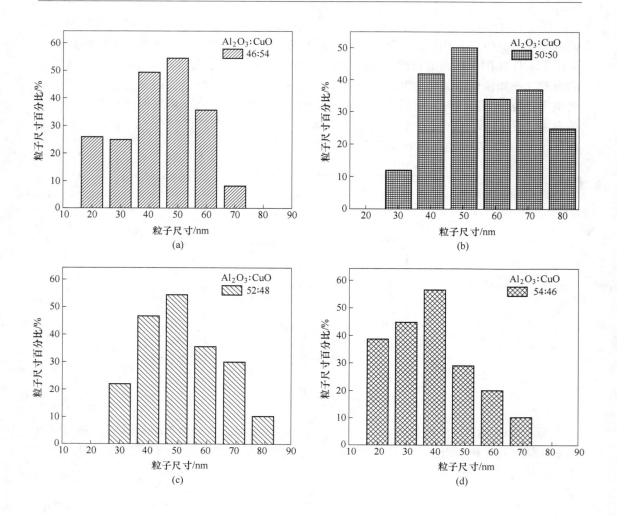

图 5-9　$Al_2O_3/CuO\text{-}EG/W$ 混合纳米流体在不同颗粒混合比

46：54（a）、50：50（b）、52：48（c）、54：46（d）下的粒径分布

5-11（a），导热系数灵敏度随混合比波动较大，尤其在混合比为 48：52 和 56：44 时波动较大。图 5-11（b）中，在一定的混合比下，导热系数灵敏度随着温度的升高而增大。例如，对于每种混合比，当温度为 20℃时，导热系数灵敏度最低。当温度升高到 60℃时，导热系数灵敏度可从 7.7% 提高到 26.4%。这意味着在较高的温度下，导热系数的变化较大。对导热系数的敏感性分析表明，工程师应仔细设计具有适当混合比例的纳米流体，以便在更高的温度下使用。

图 5-12 为黏度敏感性随混合比和温度的变化。如图 5-12（a），在所有研究温度下，混合比例为 42：58 和 44：56 的纳米流体的黏度敏感性较高。20℃时，混合比为 44：56 时的黏度灵敏度是混合比为 48：52 时的 31.75 倍。此外，如图 5-12（b），黏度灵敏度在 20~60℃ 的温度范围内持续波动。这是因为随着黏性力的增加，纳米流体的团簇增加，这可能不利于在黏性敏感性较高的情况下混合纳米流体的实际应用。由于灵敏度的不断波

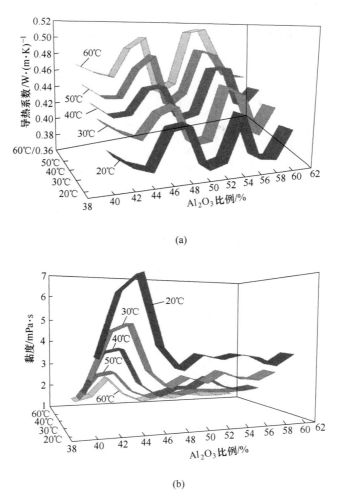

图 5-10 混合纳米流体在不同温度和粒子混合比下的导热系数（a）和黏度（b）

动，黏度无法精确控制，黏度灵敏度的突然增大会影响混合纳米流体的性能。因此，选择合理的热物理性能优良的混合纳米流体的混合比至关重要。

图 5-13 显示了混合纳米流体的有效导热系数和黏度的测量值与先前发表的文献数据之间的比较。在本研究中，$Al_2O_3/CuO\text{-}EG/W$ 混合纳米流体的导热系数比基液高 1.01~1.27 倍。结果表明，乙二醇含量越大的流体导热系数[46]越大。例如 Suleiman 等[47]发现 $TiO_2\text{-}CuO/C$ 混合纳米流体的导热系数最大提高为 16.7%。Nabil 等[48]发现 $TiO_2/SiO_2\text{-}W/$ EG（60:40）纳米流体的导热系数随着体积浓度和温度的升高可提高达 22.8%。Hamid 等[39]研究发现导热系数最高的是 20:80 混合比，最大导热系数比基液高 16%。

与其他文献的相对黏度值相比，本研究中 $Al_2O_3/CuO\text{-}EG/W$ 混合纳米流体的黏度增强程度最低。因此，$Al_2O_3/CuO\text{-}EG/W$ 混合纳米流体的高导热性和低黏度可以在工程应用中表现出良好的流动和传热性能。此外，水和乙二醇流体的性质很大程度上取决于乙二醇

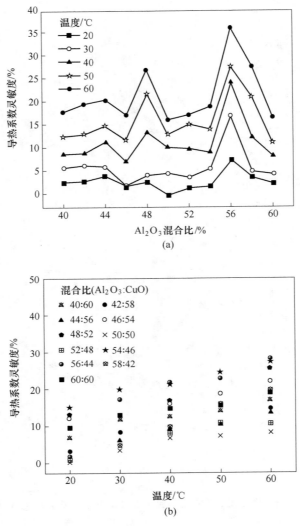

图 5-11   导热系数灵敏度随粒子混合比（a）和温度（b）的变化

的百分比和温度。因此，我们进行了更多的相关实验来探索其机制。

图 5-14 为用 ANN 预测的导热系数和黏度的变化。导热系数和黏度预测的 R^2 值分别为 0.9846 和 0.9755。因此，ANN 输出结果与实验数据一致，可用于准确预测 Al_2O_3/CuO-EG/W 混合纳米流体的导热系数和黏度。导热系数和黏度预测误差如图 5-15 所示。导热系数和黏度的最大预测误差分别为 0.015 和 0.02。这说明所设计的人工神经网络对 Al_2O_3/CuO-EG/W 混合纳米流体导热系数和黏度的预测是准确的。

5.1.5   小结

本节主要研究 Al_2O_3/CuO-EG/W 混合纳米流体在颗粒混合比在 40∶60～60∶40 之间，增量 2% 时导热系数的异常变化。首先通过透射电镜图像分析，利用 $UCND$ 定量建立纳米

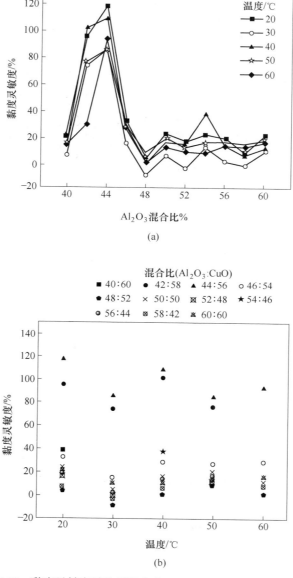

图 5-12 黏度灵敏度随粒子混合比（a）和温度（b）的变化

流体中纳米颗粒在整个区域内的分布情况。将 UCND 值与粒径的测量结果结合，在 46：54、50：50、52：48、54：46 的混合比下，UCND 分别为 0.9251、0.9102、0.9275、0.9513，平均团簇直径分别为 43nm、54nm、52nm、39nm。因此，混合比例为 54：46 时 UCND 值最高，纳米颗粒分布最均匀。这些结果与 TEM 图像和纳米颗粒平均直径的测量结果吻合得很好。54：46 的混合比下混合纳米流体最均匀性，且纳米流体导热系数最高，为 0.426W/(m·K)，黏度相对较低，为 3.761mPa·s。最后，建立导热系数和黏度的 ANN 模型，R^2 分别为 0.9846 和 0.9755，这说明此模型可以在有限的实验数据下准确地预

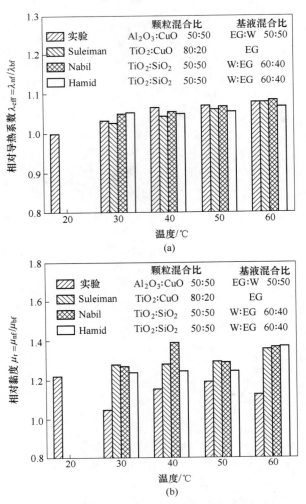

图 5-13　Al_2O_3/CuO-EG/W 混合纳米流体的导热系数（a）和黏度（b）与文献数据的比较

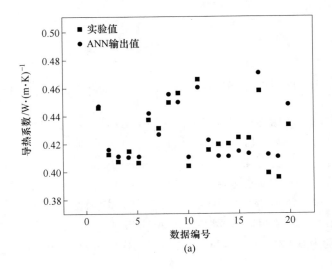

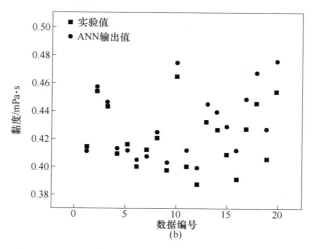

图 5-14　导热系数（a）和黏度（b）的实验数据与人工神经网络预测的比较

测纳米流体的热物理性质。

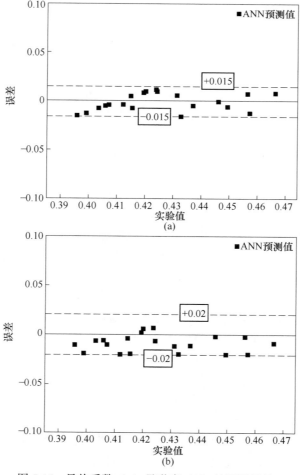

图 5-15　导热系数（a）及黏度（b）的预测误差

5.2　基于纳米流体在传热过程中的能量管理评价方法

5.2.1　引言

为了降低能耗和优化设备尺寸，开展了许多提高材料传热系数的研究工作。被动法强化换热主要集中在流动工质和表面结构上[49~51]。目前，集成电路中热量的产生越来越快，这对于微型电子设备的热管理和冷却而言具有一定的挑战性。为了能增加传热的同时减少摩擦损失，研究发现使用流动损失较小的纳米流体能够明显提升设备的热力学性能[52]。因此，纳米流体和微通道相结合的换热方式可以满足高散热的需求，并能在电子产品的冷却过程中保持加热面温度的均匀分布[53]。

Xu 等[54~56]认为在电子设备散热中，使用多孔介质和纳米流体能提高紧凑型换热器或微通道热沉（MCHS）的性能。Bahiraei 等[57]发现不同结构的微通道结合纳米流体已被广泛应用在电子处理器的散热中。这种方法同样被应用在热管、双层通道以及新型分流器侧壁的平行通道中。Chai[58]指出纳米流体或者纳米胶囊相变浆料可以提高微通道热沉的换热能力。许多学者着重研究了截面形状对微通道散热器流动和传热的影响。Kumar 等[59,60]分析了在体积分数为 0.10% 的 Al_2O_3-MWCNT/水纳米流体在平行微通道热沉中的热力学性能。结果表明，相比于水，最大的传热系数提升了 44.04%。Martínez 等[61]通过数值模拟的方法研究了层流下 TiO_2/水纳米流体在微通道热沉的性能。结果表明，相比于水，其最大传热系数在 $Re = 200$、质量分数为 3% 下提升了 19.66%。Xu 等[62]研究了体积分数为 0.02%~0.2% 的 GOPs/水纳米流体在带有阵列翅片的微通道热沉的流动换热特性。结果表明，在体积分数为 0.02%~0.2% 内，传热性能随着纳米流体体积分数的增大而增大。Shi 等[63]发现体积分数为 1% 和 2% 的 Al_2O_3/水纳米流体在微通道内的传热系数分别提高了 5.86% 和 8.49%，均比去离子水的要高。许多研究结果表明肋或腔等微结构可以打断流动和热边界层的发展，并促进流体的混合，从而强化传热[64,65]。改变微通道结构和使用纳米流体是在有限的换热面积上提高传热性能最有效的方法。然而，为了满足不同的传热条件，学者们还需要进行更多的研究。

众所周知，任何强化传热方法都会同时影响流动和传热，从而不可避免地增加摩擦损失和传热效率。因此，基于热力学第一定律和第二定律，有两类综合传热性能评价指标。一般来说，基于热力学第二定律的评价指标对结构以及工质的选择更加有用[66]。Cai 等[67]采用了能量效率最大化和熵产最小化的方法，阐明了不同参数对主动热电冷却（TAC）系统的影响。在工程应用中，上述的技术能更广泛地用于评价工作条件是否有效。Fan 等[68]首次引入了性能评价图来评价在节能模式下固定流动区域的运行条件。图中 $\ln(Nu/Nu_0)$ 和 $\ln(f/f_0)$ 分别为坐标 X 和 Y。然后，Ji 等[69]基于 Fan 模型提出了另一种用于面积可变流动区域的节能评价方法。这些图形方法都非常简单，可以广泛地应用在工程领域中。然而，在这些方法中，流体的热物理性质被设置为常数。因此，它们不适用于评价纳米流体或变热物性参数流体的管内流动。

如上所述，本节研究提出一种可用来评价具有变热物性参数工质的综合传热性能的改进性能评估图（PEP）。并且，设计具有凹穴及不同肋排列结构的 MCHS，通过数值模拟采用两相混合法对具有通道结构和纳米流体结合的工况进行流动换热分析。结果表明，PEP 评价综合热性能是一种简单而示意的方法。这种方法可被广泛应用在实际工程应用之中。

5.2.2 建立性能评价模型

以往的性能评价图是在常热物性参数下评价新模型和参考模型之间的综合传热比。本节对 Fan 模型[68]进行了改进，并可用该方法评价变热物性参数流体，如纳米流体。为了区分，分别用下标"bf"和"nf"表示基液和纳米流体。根据 Fan 模型[68]，可根据基液模型拟合出平均摩擦系数和努塞尔数如下所示：

$$f_{bf}(Re) = C_1 Re^{m1} \tag{5-10}$$

$$Nu_{bf}(Re) = C_2 Re^{m2} \tag{5-11}$$

式中，f、Nu 和 Re 分别为摩擦系数、努塞尔数和雷诺数。f、Nu 和 Re 的值根据以下公式计算得出：

$$f = \frac{2\Delta p D}{\rho L_{ch} u^2} \tag{5-12}$$

$$Nu = \frac{h_{ave} D}{\lambda} \tag{5-13}$$

$$h_{ave} = \frac{Q}{N A_{ch} \Delta T} = \frac{q_w A_{flim}}{N \Delta T (2 W_{ch} + 2 H_{ch}) L_{ch}} \tag{5-14}$$

$$\eta = (Nu_{nf}/Nu_{bf}) / (f_{nf}/f_{bf})^{1/3} \tag{5-15}$$

式中，Δp、D、u、h_{ave}、A_{ch}、ΔT、q_w、A_{flim} 和 η 分别为压降、水力直径、入口速度、平均传热系数、固液接触面积、平均固液温差、热流密度、加热面积和热强化因子；L_{ch}、W_{ch} 和 H_{ch} 分别为单根微通道的长度、宽度、高度；在表达式 $\Delta T = T_b - 0.5(T_{in} + T_{out})$ 中，T_b、T_{in} 和 T_{out} 分别为底部加热面的平均温度、入口温度和出口温度。水力直径 D 可由表达式 $D = 2W_{ch}H_{ch}/(H_{ch} + W_{ch})$ 计算得出。

基于式（5-10）和式（5-11），在相同结构下纳米流体和基液的摩擦系数比值和努塞尔数比值可以用雷诺数比值作为自变量的函数求出，表达式如下所示：

$$\frac{f_{nf}}{f_{bf}} = \left(\frac{f_{nf}}{f_{bf}}\right)_{Re} \left(\frac{Re_{nf}}{Re_{bf}}\right)^{m1} \tag{5-16}$$

$$\frac{Nu_{nf}}{Nu_{bf}} = \left(\frac{Nu_{nf}}{Nu_{bf}}\right)_{Re} \left(\frac{Re_{nf}}{Re_{bf}}\right)^{m2} \tag{5-17}$$

Zhai 等[70]定义了性能评价图，可分为"四线三区"。并根据不同的工作条件分成了三条线，这三条线可分别为定泵功 P、定压降 ΔP、定流率 V 求出。其推导过程可定义如下：

（1）定泵功：根据泵功和传热速率的定义，纳米流体和基液的泵功比和传热比可由下式计算得出：

$$\frac{P_{nf}}{P_{bf}} = \frac{(Au\Delta P)_{nf}}{(Au\Delta P)_{bf}} = \frac{(Auf L_{ch}\rho u^2/D)_{nf}}{(Auf L_{ch}\rho u^2/D)_{bf}} \tag{5-18}$$

$$\frac{Q_{nf}}{Q_{bf}} = \frac{(hA\Delta t_m)_{nf}}{(hA\Delta t_m)_{bf}} = \frac{(Nu\lambda/D A\Delta t_m)_{nf}}{(Nu\lambda/D A\Delta t_m)_{bf}} \tag{5-19}$$

式中，A、L_{ch} 和 Δt_m 分别为流动面积、单根微通道长度和液体和底部之间的固液温差。

在相同的通道结构中，式（5-18）和式（5-19）可以简化为：

$$\frac{P_{nf}}{P_{bf}} = \frac{(f\rho u^3)_{nf}}{(f\rho u^3)_{bf}} = \frac{f_{nf}}{f_{bf}} \cdot \frac{(\rho^{-2}\mu^{-3})_{nf}}{(\rho^{-2}\mu^{-3})_{bf}} \cdot \frac{Re_{nf}^3}{Re_{bf}^3} = a_1 \frac{f_{nf}}{f_{bf}} \cdot \frac{Re_{nf}^3}{Re_{bf}^3} \qquad (5\text{-}20)$$

$$\frac{Q_{nf}}{Q_{bf}} = \frac{Nu_{nf}}{Nu_{bf}} \cdot \frac{\lambda_{nf}}{\lambda_{bf}} = a_2 \frac{Nu_{nf}}{Nu_{bf}} \qquad (5\text{-}21)$$

这里 $a_1 = \dfrac{(\rho^{-2}\mu^{-3})_{nf}}{(\rho^{-2}\mu^{-3})_{bf}}$，$a_2 = \dfrac{\lambda_{nf}}{\lambda_{bf}}$，其中 λ 是导热系数。

在定泵功下，公式（5-20）可以改写为：

$$\frac{f_{nf}}{f_{bf}} = \frac{1}{a_1}\left(\frac{Re_{nf}}{Re_{bf}}\right)^{-3} \qquad (5\text{-}22)$$

然后，把公式（5-22）代入公式（5-16），公式（5-21）代入公式（5-17），可得：

$$\frac{Re_{nf}}{Re_{bf}} = \left[a_1\left(\frac{f_{nf}}{f_{bf}}\right)_{Re}\right]^{-\frac{1}{3+m1}} \qquad (5\text{-}23)$$

$$\frac{Q_{nf}}{Q_{bf}} = a_2 \frac{Nu_{nf}}{Nu_{bf}} = a_2 \left(\frac{Nu_{nf}}{Nu_{bf}}\right)_{Re}\left(\frac{Re}{Re_{bf}}\right)^{m2} \qquad (5\text{-}24)$$

把公式（5-24）代入公式（5-23），可得下列公式：

$$\frac{Q_{nf}}{Q_{bf}} = a_2 \left(\frac{Nu_{nf}}{Nu_{bf}}\right)_{Re}\left(\frac{a_1 f_{nf}}{f_{bf}}\right)_{Re}^{-\frac{m2}{3+m1}} = \left(\frac{a_2 Nu_{nf}}{Nu_{bf}}\right)_{Re} \Big/ \left(\frac{a_1 f_{nf}}{f_{bf}}\right)_{Re}^{\frac{m2}{3+m1}} \qquad (5\text{-}25)$$

公式（5-25）为在定泵功下、相同几何结构内不同流体的传热比。其他表达式可以通过用类似的方法求出定压降和定流量情况。

（2）定压降：

$$\frac{\Delta P_{nf}}{\Delta P_{bf}} = \frac{(fL\rho u^2/D)_{nf}}{(fL\rho u^2/D)_{bf}} = \frac{(f\rho u^2)_{nf}}{(f\rho u^2)_{bf}} = \frac{f_{nf}}{f_{bf}}\frac{(\rho^{-1}\mu^{-2})_{nf}}{(\rho^{-1}\mu^{-2})_{bf}}\left(\frac{Re_{nf}}{Re_{bf}}\right)^2 = a_3 \frac{f_{nf}}{f_{bf}}\left(\frac{Re_{nf}}{R_{bf}}\right)^2 = 1 \quad (5\text{-}26)$$

把公式（5-26）代入公式（5-16），可得到公式（5-27）如下所示：

$$\frac{Re_{nf}}{Re_{bf}} = \left(\frac{a_3 f_{nf}}{f_{bf}}\right)_{Re}^{-\frac{1}{2+m1}} \qquad (5\text{-}27)$$

分别把公式（5-27）代入公式（5-19）和式（5-21），可得到如下公式：

$$\frac{Q_{nf}}{Q_{bf}} = \frac{a_2 Nu_{nf}}{Nu_{bf}} = \left(\frac{a_2 Nu_{nf}}{Nu_{bf}}\right)_{Re} \Big/ \left(\frac{a_3 f_{nf}}{f_{bf}}\right)_{Re}^{\frac{m2}{2+m1}} \qquad (5\text{-}28)$$

式中，$a_3 = \dfrac{(\rho^{-1}\mu^{-2})_{nf}}{(\rho^{-1}\mu^{-2})_{bf}}$。

（3）定流率：表达式可由公式（5-21）直接得出：

$$\frac{Q_{nf}}{Q_{bf}} = a_2 \frac{Nu_{nf}}{Nu_{bf}} \qquad (5\text{-}29)$$

因此，通过将式（5-25）、式（5-28）和式（5-29）对数化可得到如下表达式：

$$\ln\left(\frac{Nu_{nf}}{Nu_{bf}}\right)_{Re} = b + k_1 \ln\left(\frac{f_{nf}}{f_{bf}}\right)_{Re} \qquad (5\text{-}30)$$

图 5-16 为改进后的性能评价图 PEP 示意图。横坐标和纵坐标分别表示在相同雷诺数下纳米流体和基液的摩擦系数比和努塞尔数比。三条分界线可由式（5-30）确定。表 5-2 为参数 b 和 k_1 的表达式，其值可以在特定的工况下计算得出。由于纳米流体的热量输入等于基液的热量输入，因此可以写出以下表达式：$Q_{nf}/Q_{bf}=1$。m_1 和 m_2 的值由式（5-10）和式（5-11）确定，式中 a_1 和 a_2 通过流体的热物性参数计算得出。

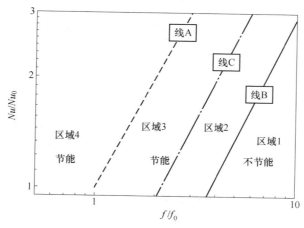

图 5-16　性能评价图 PEP 示意图

表 5-2　性能评价图三线中 b 和 k_1 的表达式

项目	b	k_1
线 A	$\ln\dfrac{Q_{nf}}{Q_{bf}}=0$	直线通过（1, 1）点
线 B	$\ln\dfrac{Q_{nf}}{Q_{bf}}-\ln a_2+\dfrac{m_2}{3+m_1}\ln a_1$	$\dfrac{m_2}{3+m_1}$
线 C	$\ln\dfrac{Q_{nf}}{Q_{bf}}-\ln a_2+\dfrac{m_2}{2+m_1}\ln a_3$	$\dfrac{m_2}{2+m_1}$

如图 5-16 所示，三线分割成四个区域。根据 Fan 等[68] 的解释，区域 1 表明在不节能的情况下传热增强，区域 2、3、4 分别在定泵功、定压降和定流率下的传热增强。这表明传热强化的提升比摩擦损失的增大更明显，因此该区域能节能。线的斜率越大说明该区域的传热强化越大。此外，区域 4 中的点表明传热性能最佳，其次是区域 3 和区域 2。这种改进的性能评价图和 Fan 模型的评价一致，区别是其能应用在一些变热物性参数流体的判断上。

绘制 PEP 的步骤可分为三个部分：首先，从 f 和 Nu 的关联式中确定 m_1 和 m_2 的值；其次，通过 m_1、m_2 计算确定三条线的 b 和 k_1 的系数；最后，计算每个工作点的 f 和 Nu 值，以确定它在哪个区域。

5.2.3　基于纳米流体的微通道数值模型

Zhai 等[71] 提出了三角形凹穴及内肋结构的微通道，由于能有效地打断边界层的发展并造成流体扰动，因此这种结构的微通道拥有较好的传热性能。根据这种设计，采用这种结构来研究微通道管内流动传热特性。图 5-17 为微通道热沉的示意图。

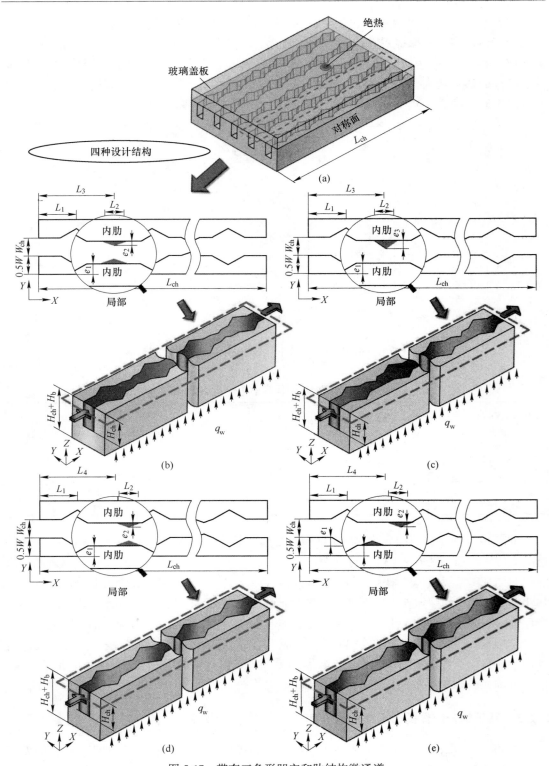

图 5-17 带有三角形凹穴和肋结构微通道
（a）微通道热沉；（b）通道 A；（c）通道 B；（d）通道 C；（e）通道 D

　　为了简化计算，这里只采用一根微通道进行数值模拟计算。图 5-17（b）表示参考微通道结构，记为通道 A。图 5-17（c）表示具有单边肋的微通道结构（通道 B）。图 5-17（d）表示具有对称肋结构（通道 C），其中肋都分布在腔的一侧。图 5-17（e）表示具有交错肋结构（通道 D）。四种设计的微通道具有一样的流动换热面积。因此通道 B 的肋高是通道 A、C、D 的两倍。另外，通道 A，C，D 各有 25 个凹穴和 24 个肋，而通道 B 有 25 个凹穴和 12 个肋。如图 5-17 所示，每根微通道的长（L_{ch}），宽（W_{ch}），高（H_{ch}）分别为 10mm、0.1mm、0.2mm。然而，肋高（e_2）和凹穴的高度（e_1）分别为 0.0183mm 和 0.5mm。L_1、L_2、L_3 和 L_4 的尺寸分别为 0.2mm、0.1mm、0.4mm 和 0.4143mm。底部采用定热流密度 $q_w = 10^6 \text{W/m}^2$ 进行加热。微通道的材料采用硅，导热系数、比热容、密度分别为 148W/（m·K）、712J/（kg·K）及 2329 kg/m³。

　　不同学者对于纳米流体的定义没有一个统一的标准，因此选择模型进行数值模拟也具备一定的难度[72]。根据文献，采用单相法和两相法中的混合模型在微通道纳米流体模拟中是最常用方法[73]。在单相模型中，由于纳米流体相对稀释，被看作是均匀和连续的。而在两相模型中，纳米流体被分为液相和颗粒相[74]。

　　在层流状态下，单相强制对流换热控制方程如下[75]：

连续性方程：
$$\nabla \cdot (\rho_{nf} \boldsymbol{u}) = 0 \tag{5-31}$$

动量方程：
$$\nabla \cdot (\rho_{nf} \boldsymbol{u}) = -\nabla p + \nabla \cdot (\mu_{nf} \nabla \boldsymbol{u}) \tag{5-32}$$

能量方程：
$$\boldsymbol{u} \cdot \nabla ((\rho c_p)_{nf} T_{nf}) = (\boldsymbol{u} \cdot \nabla) p + \nabla \cdot (\lambda_{nf} \nabla T_{nf}) \tag{5-33}$$

两相混合模型控制方程如下[76]：

连续性方程：
$$\nabla \cdot (\rho_m \boldsymbol{u}_m) = 0 \tag{5-34}$$

式中，下标 p 和 m 表示每一相和混合相；ρ_m 和 $\boldsymbol{u}_m$ 是混合相的密度和纳米流体的平均速度。根据如下公式计算得出：

$$\rho_m = \sum_{k=1}^{N} \varphi_k \rho_k \tag{5-35}$$

$$\boldsymbol{u}_m = \frac{\sum_{k=1}^{k} \varphi_k \rho_k \boldsymbol{u}_k}{\rho_m} \tag{5-36}$$

动量方程：

$$\nabla \cdot (\rho_m \boldsymbol{u}_m \boldsymbol{u}_m) = -\nabla p_m + \nabla \cdot [\mu_m (\nabla \boldsymbol{u}_m + \nabla \boldsymbol{u}_m^T)] - \nabla \cdot (\sum_{k=1}^{k} \varphi_k \rho_k \boldsymbol{u}_{dr,k} \boldsymbol{u}_{dr,k}) \tag{5-37}$$

式中，μ_m 是混合相的黏度；$\boldsymbol{u}_{dr,k}$ 是每一相的滑移速度。可根据以下公式计算得出：

$$\mu_m = \sum_{k=1}^{k} \varphi_k \mu_k \tag{5-38}$$

$$\boldsymbol{u}_{dr,k} = \boldsymbol{u}_k - \boldsymbol{u}_m \tag{5-39}$$

能量方程：

$$\nabla \cdot (\varphi_k \boldsymbol{u}_k (\rho_k h_k + p)) = \nabla \cdot (\lambda_{eff} \nabla T - c_p \rho_m \overline{ut}) \tag{5-40}$$

$$\lambda_{eff} = \sum \varphi_k \lambda_k \tag{5-41}$$

式中，h_k 是每一相的焓；$\overline{ut}$ 和 λ_{eff} 是纳米流体的扩散通量和导热系数。其他详细参数如文献［76］所示。

　　基于有限体积法采用 ANSYS Fluent 15.0 进行数值模拟计算。设定入口速度从 0.5~3.5m/s，流体的入口温度设定为常温（$T_{in}=293K$）。通道出口边界条件为压力出口。固液耦合面为无滑移边界条件。微通道热沉底部热流密度为 $10^6 W/m^2$。此外，求解器采用压力-速度求解基，SIMPLE 算法，能量和动量均设置为二阶迎风。梯度是基于最小二乘法，压力采用 PRESTO，体积分数采用一阶迎风。在计算过程中，对出口温度和质量流量进行监测，当残差曲线均小于 10^{-6} 认为计算收敛。

　　由于 Al_2O_3 颗粒成本低，化学稳定性好，因此采用粒径为 36nm 的纳米颗粒制备纳米流体。该材料购自北京 DK 纳米科技有限公司（中国）。通过两步法制备了不含任何表面活性剂的稳定水-Al_2O_3纳米流体。采用物理振动法提高纳米流体的稳定性（20min 的磁力搅拌器和 60min 的超声波振动）。在 2 天内未见明显沉降。采用热常数分析仪（瑞典的 TPS2500，精度为 3%）和黏度计（美国的 Brookfield DV-3T，精度为 2%）测量导热系数和纳米流体的动力黏度。此外，水-Al_2O_3纳米流体的导热系数和黏度随体积分数的增加而增加。

　　体积分数为 0~2% 的水-Al_2O_3纳米流体作为基液并进行数值模拟。图 5-18 为不同温度下的导热系数和动力黏度。为了验证实验的准确性，用去离子水测量的数据与 ASHRAE 标准值[77]进行比较。结果表明，这两组数据能较好地吻合。此外，水-Al_2O_3纳米流体的黏度和导热系数均随着体积分数的增大而增大。

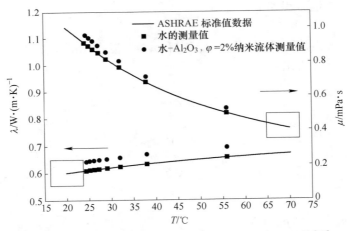

图 5-18　水和纳米流体的热物性参数的测量值和文献值[77]

　　近年来，越来越多的许多学者进行了关于纳米流体热物性参数的研究，重点是理论模型和经验公式。表 5-3 列举了一些关于纳米流体导热系数，动力黏度，密度和比热容的理论模型。对于黏度，最常用的是 Einstein[78]提出的模型，该模型能预测体积分数小于 1% 的稀释悬浮液。然后 Hastachek 对其进行改进，使得该模型能适用于浓度高达 40% 的固体纳米颗粒[79]。此外，Noni 等[80]，Nguyen 等[81]和 Williams 等[82]拟合得到了水-Al_2O_3纳米流体的黏度公式，如表 5-3 所示。对于水-Al_2O_3（粒径 43nm）纳米流体，b 和 m 分别为 2.8 和 5300。

表 5-3 早期预测热物理参数的模型

参数	作者	模 型
黏度	Einstein	$\dfrac{\mu_{nf}}{\mu_{bf}} = 1 + 2.5\varphi$
	Hatschek	$\dfrac{\mu_{nf}}{\mu_{bf}} = 1 + 4.5\varphi$
	Noni 等	$\dfrac{\mu_{nf}}{\mu_{bf}} = 1 + b\left(\dfrac{\varphi}{1-\varphi}\right)^m$
	Nguyen 等	$\dfrac{\mu_{nf}}{\mu_{bf}} = 1 + 0.025\varphi + 0.015\varphi^2$
	Williams 等	$\dfrac{\mu_{nf}}{\mu_{bf}} = \exp\left(\dfrac{4.91\varphi}{0.2092 - \varphi}\right)$
导热系数	Hamiliton 等	$\dfrac{\lambda_{nf}}{\lambda_{bf}} = \dfrac{\lambda_{np} + (n-1)\lambda_{bf} - \varphi(n-1)(\lambda_{bf} - \lambda_{np})}{\lambda_{np,p} + (n-1)\lambda_{bf} + \varphi(\lambda_{bf} - \lambda_{np})}$
	Sharma 等	$\dfrac{\lambda_{nf}}{\lambda_{bf}} = 0.8938(1+\varphi)^{1.37}\left(1+\dfrac{t_{nf}}{70}\right)^{0.2777}\left(1+\dfrac{d_{np}}{150}\right)^{-0.0336}\left(\dfrac{\lambda_{np}}{\lambda_{bf}}\right)^{0.01737}$
	Yu 等	$\dfrac{\lambda_{nf}}{\lambda_{bf}} = \dfrac{\lambda_{np} + 2\lambda_{bf} + 2(1+\beta)^3(\lambda_{np} - \lambda_{bf})\varphi}{\lambda_{np} + 2\lambda_{bf} - (1+\beta)^3(\lambda_{np} - \lambda_{bf})\varphi}$
密度	Buongiorno	$\rho_{nf} = (1-\varphi)\rho_{bf} + \varphi\rho_{np}$
比热容	Buongiorno	$(\rho c_p)_{nf} = (1-\varphi)(\rho c_p)_{bf} + \varphi(\rho c_p)_{np}$

对于导热系数，n（$n=3$）是纳米颗粒的形状因子，而 β（$\beta=0.1$）是纳米层厚度和纳米颗粒直径的比值。图 5-19 表示不同体积分数下测量值和预测值的导热比和黏度比。如图所示，测量值要明显大于预测值。因此在实际中，并没有一个普遍的预测模型能对实验值进行预测。

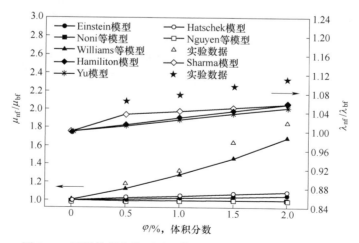

图 5-19 不同体积分数下测量值和预测值的导热比和黏度比

另外，由于纳米流体的密度和比热容随温度变化并不大且其预测值与实验值能很好地吻合，因此能够通过经验公式[83]进行计算。上述实验所测量的参数全部导入到单相模型中进行数值模拟计算，而温度为 293K 到 363K 的基液和固体颗粒的热物性参数导入到 Fluent 的两相混合模型中进行模拟计算。此外，Al_2O_3 纳米颗粒的密度，比热容，导热系数分别为 $3600kg/m^3$，$765J/(kg \cdot K)$，$36W/(m \cdot K)$。

5.2.4　结果分析与讨论

为了使模拟结果更加准确，采用混合网格对物理模型进行划分。图 5-20 为不同区域微通道的网格图。对于规则的区域采用的是结构网格，而对于腔及肋等不规则区域采用的是非结构网格。另外，为了更好地捕捉到近壁面的流动换热情况，凹穴和肋附近处网格应适当地进行局部加密，如图 5-20（c）和（d）所示。图 5-21（a）和（b）为网格独立性检验，最小网格尺寸分别从 0.01 设置到 0.008。图 5-22 为由两相模型和单相模型计算结果的验证，由图可以看到两相混合模型的结果要比单相法的结果更加准确。这是因为纳米颗粒在基液中有明显的作用。单相法并不能很好地对微通道内的布朗运动和微对流进行表征。随着体积分数的增大，单相法和实验值之间的误差越来越大。在其他文献[84,85]中也出现了类似的现象。因此，采用两相混合模型对于接下来的数值模拟中更加合适（在较高的浓度下）。

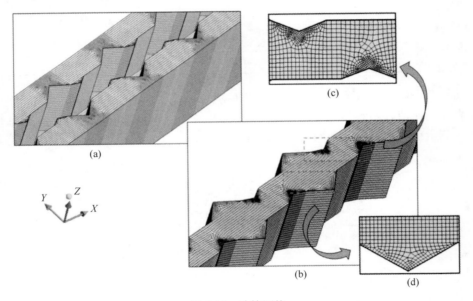

图 5-20　计算网格

（a）固体区域；（b）流体区域；（c）肋的局部放大图；（d）腔的局部放大图

本节通过摩擦系数对层流模型进行验证。在充分发展状态下矩形通道的摩擦系数可根据下列公式计算得出[86]：

$$f_{app,\ ave}Re = \sqrt{\left[\frac{3.2}{L_{ch}DRe}\right]^2 + (fRe)^2} \tag{5-42}$$

$$fRe = 96(1 - 1.3553\alpha_c + 1.9467\alpha_c^2 - 1.7012\alpha_c^3 + 0.9564\alpha_c^3 - 0.2537\alpha_c^5) \tag{5-43}$$

式中，α_c 是通道的高宽比。

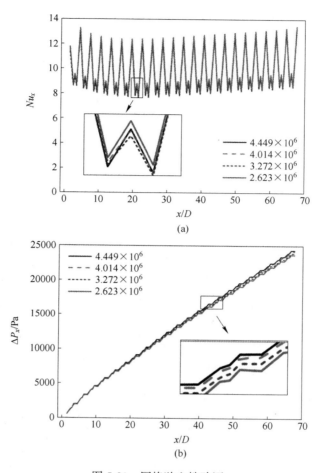

图 5-21 网格独立性验证

（a）流动方向上的局部努塞尔数（Nu_x）；（b）流动方向上的局部压降（ΔP_x）

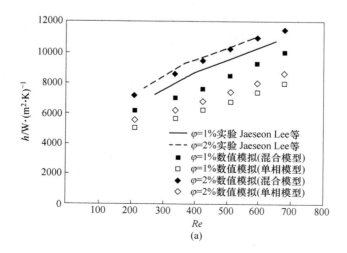

（a）

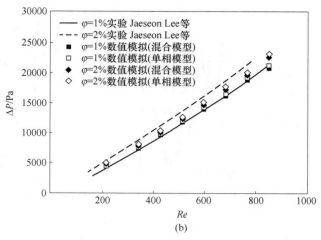

(b)

图 5-22　模拟值与实验值的对比[84]

(a) 传热系数；(b) 压降

不同雷诺数下的摩擦系数如图 5-23 所示。摩擦系数随着雷诺数的增加而减小，而随着体积分数的增加而增大。在 $0 < Re \leqslant 582$ 时，4 种通道的摩擦系数与层流区域内矩形通道的摩擦系数变化趋势相似。然而在 $Re > 582$ 时，由于肋和纳米颗粒的共同作用，曲线逐渐偏离层流规律。因此本文认为 $Re \leqslant 582$ 为层流区域。

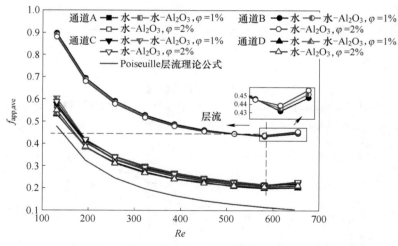

图 5-23　不同雷诺数下 4 种通道的摩擦系数变化

首先在工质为水的情况下拟合了 4 种通道的平均摩擦系数和努塞特数，其表达式如表 5-4 所示。根据表 5-2，三线中的 b 和 k_1 通过 m_1 和 m_2 计算得出。因此，4 种基于纳米流体的微通道性能评价图如图 5-24 所示。由于加入了纳米流体对摩擦系数的提升并不明显，因此所有的点都落在了区域 3 和 4 上。这说明，结合纳米流体和结构优化对微电子设备的能源管理有着非常重要的意义。

表 5-4　工质为水时 4 种结构微通道摩擦系数和努塞尔数的拟合公式

项目	摩擦系数拟合公式	努塞尔数拟合公式	m_1	m_2
通道 A	$f = 15.51Re^{0.68}$	$Nu = 0.13Re^{0.70}$	-0.68	0.70
通道 B	$f = 10.55Re^{-0.51}$	$Nu = 0.35Re^{0.61}$	-0.51	0.61
通道 C	$f = 15.16Re^{-0.68}$	$Nu = 0.13Re^{0.70}$	-0.68	0.70
通道 D	$f = 15.94Re^{-0.70}$	$Nu = 0.12Re^{0.75}$	-0.70	0.75

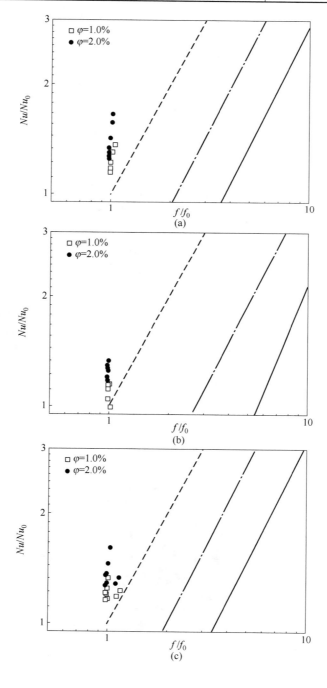

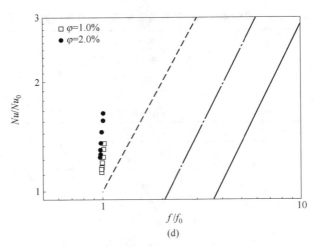

图 5-24　基于水-Al_2O_3纳米流体的 4 种微通道结构性能评价图

（a）通道 A；（b）通道 B；（c）通道 C；（d）通道 D

　　此外，通道 D 的斜率最大，表明传热能力最佳，摩擦损耗相对较低。当这些结果与其他综合评价指标结合使用时，强化因子 η 也可以用来评价设备综合换热性能。

　　图 5-25 为 4 种通道在不同雷诺数下的强化因子。4 种结构的强化因子均随体积分数的增加而增加。在 $Re = 582$ 时，相比于水，采用水-Al_2O_3纳米流体的 4 种情况，强化因子分别提升了 25.81%，24.58%，25.25% 和 26.80%。此外，通道 D 在高雷诺数（$Re = 582$）下强化因子最高，其值为 2.2517。交错肋结构（通道 D）在结构设计上具有优势，因此强化因子要比单边肋对称结构（通道 B）更高。当将这 2 种综合评估方法进行比较时，强化因子似乎更有意义，但是强化因子需要在具体的工况下精确测量，而性能评估图能同时考虑了流动和传热的影响，并且能更加直观的表示。通过几个数据点就可获得性能评价图：这种方法更加简便，并且能快速判断工况是否节能。因此，该方法更加适合实际工程的应用。

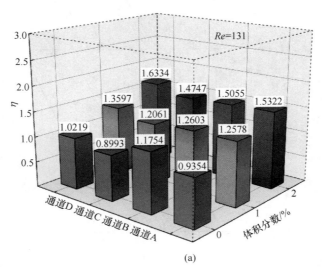

（a）

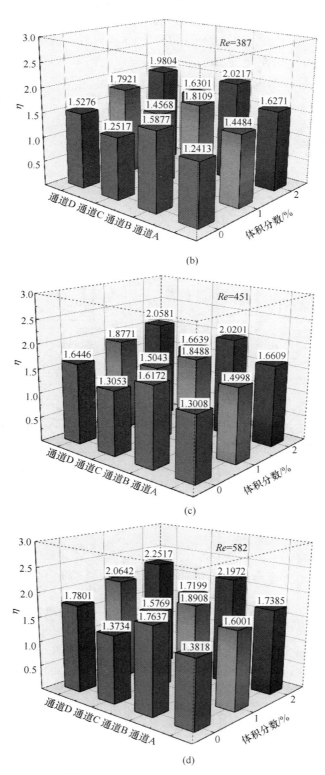

图 5-25 不同雷诺数下的强化因子 η

(a) $Re=131$; (b) $Re=387$; (c) $Re=451$; (d) $Re=582$

在这节中，从速度场、摩擦系数和温度场分析水-Al_2O_3纳米流体在微通道中的流动换热特性。图 5-26 为在 $Re = 258$ 时，4 种通道在不同体积分数下的局部速度分布图。u_c 是轴线上的局部速度，而 u_{max} 为充分发展状态下轴线方向上的最大速度。如图 5-26 所示，轴向速度沿流动方向周期性波动，然而它与体积分数无关。在每 1 个周期内，通道 A、B、C 只有 1 个波峰，而通道 D 有 2 个。当流体通过肋的区域，由于流道截面积突然缩小，因此轴向速度急剧增大。此外，由于通道 D 在 1 个周期内流体会先后经过 2 个肋，而通道 A，B，D 流体都会同时经过 2 个肋，因此通道 D 的速度分布图在 1 个周期内会有 2 个波峰。

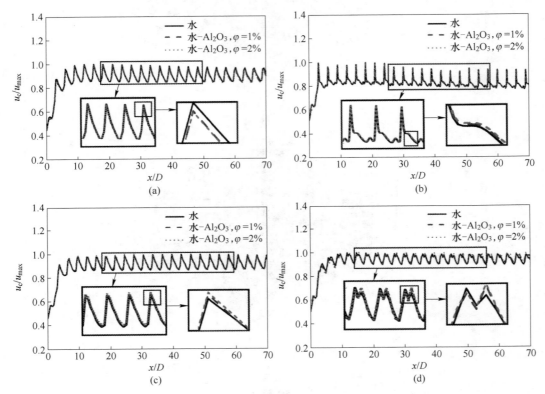

图 5-26　在 $Re = 258$ 时，不同体积分数下 4 种通道的轴向速度分布

（a）通道 A；（b）通道 B；（c）通道 C；（d）通道 D

通过研究速度和温度场的分布对微通道管内流动进行分析。图 5-27 和图 5-28 分别为 $Re = 258$ 时，在 $z = 1mm$ 截面的速度场分布和温度场分布。如图 5-27 所示，由于近壁面无滑移效应，因此流体在近壁面处的速度非常的小甚至为零，而由于在腔处截面积突然增大，这个区域会产生漩涡。这种现象能促进冷热流体充分混合。另一方面，大的流速主要集中在轴线和肋处，这导致了温度更低更均匀。如图 5-28 所示，由于纳米颗粒的高导热系数和粒子运动，在高体积分数下能表现出较好的换热表现。此外，可以发现通道 A 和 C 在近壁面处的温度梯度较大，这说明了这 2 种结构的冷热流体混合能力较弱。而通道 D 的 2 个交错位置的肋能够更加有效地打断边界层的发展，利于入口段效应促进了传热。因此通道 D 在 4 种通道中表现出最好的传热性能。

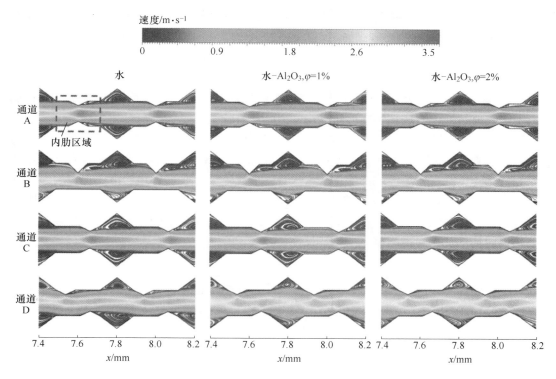

图 5-27　在 $Re=258$ 时，$z=0.1$mm 截面上 4 种通道在不同体积分数的流线图分布

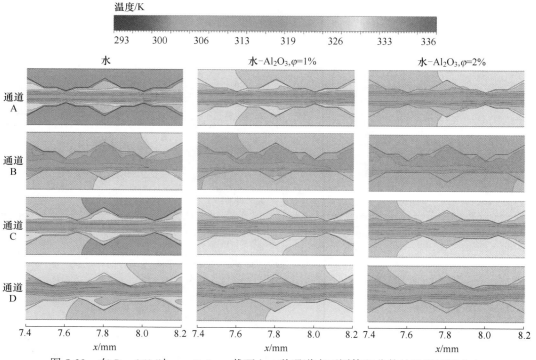

图 5-28　在 $Re=258$ 时，$z=0.1$mm 截面上 4 种通道在不同体积分数的温度云图分布

为了评价微通道热沉底面温度的均匀性，采用 Ansari 等[87] 提出的平均绝对温度偏差（MATD）进行表征。δ_T 的表达式如下：

$$\delta_T = \frac{\left| T_{b,\,max} - T_{b,\,avg} \right| + \left| T_{b,\,min} - T_{b,\,avg} \right|}{2} \tag{5-44}$$

式中，$T_{b,max}$、$T_{b,min}$ 和 $T_{b,avg}$ 分别为微通道热沉的底面最大温度、底面最低温度、底面平均温度。其值越低说明底部温度分布越均匀。

图 5-29 为不同雷诺数下的底部温度平均绝对温度偏差。通道 B 的 δ_T 值最低。然后到通道 D，通道 C，通道 A。相比于水，在 $Re = 258$ 时，通道 A、B、C、D 的 δ_T 值分别降低了 4.8%，6.4%，3.3% 和 5.8%。这意味着纳米流体结合通道 B 结构能使得底面温度分布最均匀。虽然通道 B 结构只有单边有肋，但是肋高却是其他通道的 2 倍。因此其压降较大，整体的传热性能没有通道 D 好。这种结合纳米流体和结构优化的设计能够有效消除加热面的局部热点，提高整体的传热性能。

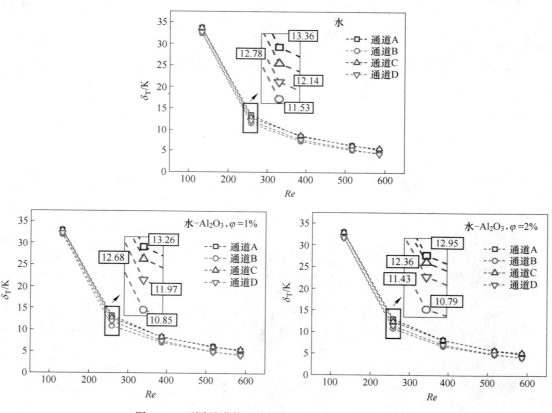

图 5-29　不同雷诺数下的底部温度平均绝对温度偏差

5.2.5　小结

本研究提出了 1 种改进的性能评价图，该图可用于评价变热物性参数的整体换热性能。为了提高系统的换热效率，结合水-Al$_2$O$_3$纳米流体和新的微通道结构的优势，并通过数值模拟的方法对雷诺数范围在 0~582，体积分数为 0~2% 的工况进行分析。可得到如下结论：

（1）根据范式模型改进的性能评价图可适用于变热物性参数流体。

（2）模拟计算结果表示，本节所模拟的数据点全部落在区域 4 和区域 3 上。这表明，在一定流率和压降下，传热的提升要比摩擦系数的提升大。因此结合纳米流体和新的结构对整体换热性能的提升有着非常重要的意义。

（3）肋高及肋的位置分布能明显地影响管内的流动换热特性。相比于水，在体积分数为 2%，$Re=258$ 下，通道 B 结构能够使微通道热沉的底面温度下降了 6.4%。然而通道 D 结构由于有相对低的压降和相对高的传热性能，因此 4 种结构设计中，通道 D 的整体换热表现最好。

5.3 基于数字测量与图像处理法分析浓度场和温度场的均匀性

5.3.1 引言

温度场是研究强化传热流动特性的最方便的参数之一[88,89]，特别是在结构[90,91]复杂的微散热器方面。近年来，温度场均匀性的表征受到越来越多的关注[92~94]。然而，迄今为止还没有单一的普遍和正式的温度均匀性定量定义。在大多数传热研究中，温度场的测量估计存在着测量主观性。事实上，温度场的分布通常是用肉眼或研究人员的感官体验来确定的，如果同一个温度场在不同的个体面前，或者由同一个操作者多次观察，都可能产生不同的结果。在没有人为干预的情况下，计算机对温度均匀性进行定量测量是很重要的。此外，快速发展的流动成像技术提供了强有力的工具来帮助解决上述问题。各种流动成像技术极大地促进了流动可视化，视觉测量和图像处理的研究，包括电阻层析成像[95]、位置发射层析成像[96]、磁共振成像[97]和电容层析成像[98~100]。在过去的几十年中，人们一直致力于将这些技术应用于物理领域[101]，例如温度和浓度领域。

文献调查显示，图像分析已被用于避免浓度场的主观性问题并取得了不同程度的成果[102,103]。例如，Cabaret（2007）提出了一种依赖图像的新技术，分析以表征透明搅拌器中叶轮的宏观混合，根据他们的实验验证，这种方法具有很高的可复制性[104]。此外，统计图像分析更为复杂[105,106]。例如，Zhou 等（2013 年）制定了图像分析的一般统计框架[107]。他们注意到使用图像处理技术的研究越来越多[108,109]。最近，Fei 等[110]（2105）和徐等[111]（2016 年）提出了 2 种简单的方法（统一系数法和修正的均匀系数统一实验设计的方法）直接接触热中气泡均匀性和混合质量交换器。利用该方法成功地导出了混合过程的时空特征，而后者更具有优势，例如排列不变性、旋转不变性（反射不变性）和测量投影均匀性的能力。现有 3 种图像分析方法包括标准差方法[112]、系数-方法[113]和图像熵方法[114,115]，且具有非侵入性的优势，可用于测量场均匀性。另一方面，该方法对物体在温度场中的位置敏感。也就是说这些方法的目标的时空和位置信息（TSPI）并未考虑在内。因此，利用图像分析的方法对温度场分布均匀性的工程特性仍缺乏进一步的研究。

Fang 和 Wang 提出了散点在实验域上的均匀设计[116,117]。在不失去一般性的情况下，假设在标准域上存在感兴趣的因素（实验区域的维数）$C^s[0,1]$。关键问题是选择一个具有 N 列的矢量组 $X=\{x_1, \cdots, x_N\}$，将这些点均匀分散在 C^s 上。事实上，采用了一种称为恒星差异的均匀性度量，其目标是选择差异最小的 N 个点[118,119]。因此，这种设计（均匀设计）的结果在过去三十年被广泛被应用[120,121]。受 Fang 等人的启发和激励（1980、1995、2000），Cabaret 等.（2007），Xia 等.（2013），Rodriguez 等.（2014）和Fei 等（2016），运用数学知识和图像处理技术进行定量测量温度场的均匀性。

5.3.2 方法和温度数据收集

5.3.2.1 参数定义

目前有许多方法来定义样本点的等分布，包括差异度量、点对点度量和体积度量。本节将在下面中讨论现有措施的优缺点。本文提出了 1 种新的基于局部差异函数和图像分析的像素度量方法。从数学上讲，数字图像是 1 个矩阵。1 个彩色图像可以用 3 个灰色图像来表示。灰度图像是 1 个矩阵，强度表示为从 0 到 255 的整数值。每个矩阵元素对应于图像上的 1 个像素。$F_u(x) = x_1$，x_2，x_s 是 $C^s[0, 1]$ 温度均匀性分布的函数。这里 $x = \{x_1, x_2, \cdots, x_N\}$。$F_u(x)$ 是 $x = \{x_1, x_2, \cdots, x_N\}$ 的经验函数。这里 $1[x_i, \infty]$ 是一个指数。Lp 定义式如下：

$$F_\chi(x) = \frac{1}{N} \sum_{i=1}^{N} 1_{[x_i, \infty]}(x) \tag{5-45}$$

$$D_p^*(\chi) = \left[\int_{C^s} |F_u(x) - F_\chi(x)|^p dx \right]^{\frac{1}{p}} \tag{5-46}$$

对于一些矩形区域 $[0, x] = [0, x_1] \times [0, x_2] \times \cdots \times [0, x_s] \subset C^s$ 可以计算 N 个封装点的数目。此外，$\mathrm{card}(\chi \cap [0, x])$ 表示之间交点的数目。局部差异函数 $d_N^*(x)$ 的定义式如下：

$$d_N^*(x) = F_\chi(x) - F_u(x) = \frac{1}{N} \mathrm{card}(X \cap [0, x]) - x_1 x_2, \cdots, x_s \tag{5-47}$$

下面的技术是在图像分析的基础上进行的。通过 Image J 软件可以将温度场分布的颜色（RGB）图像转换成灰度图像。其次，利用 MATLAB 软件的内部函数将灰度图像转换成数字矩阵，表示混合 RGB 图像的像素值。

在本研究中，利用局部差异函数的数学类比，给出了局部矩形区域 $\theta = [0, \theta_1] \times [0, \theta_2]$ 的温度局部差异函数（TLDF），在实际温度场中可根据下式计算：

$$d_{PQ}^*(\theta) = \frac{\sum_{j=1}^{\theta_2} \sum_{i=1}^{\theta_1} T_{ij}}{\sum_{j=1}^{Q} \sum_{i=1}^{P} T_{ij}} - \frac{\theta_1 \theta_2}{PQ} \tag{5-48}$$

式中，T_{ij} 为点 (i, j)，$\theta_1 \in \{1, P\}$，$\theta_2 \in \{1, Q\}$，$\frac{\theta_1}{\theta_2} = \frac{P}{Q}$。特别是，对于数字温度图像，在 TLDF 上的温度测量 T_{ij} 可以用灰度强度（像素）值 C_{ij} 代替。

因此，TLDF 被认为优于局部差异函数，因为 TLDF 是通过红外热成像摄像机来评估整个物体表面的温度场均匀性的，而局部差异函数仅限于点集，由热电偶或高温计测出，即特定点的温度测量。这是所提出方法的主要优点。根据式（5-48），$d_{PQ}^*(\theta)$ 取决于第一个位置的方向计算。为了解决这一缺点，在本工作中分别计算了 4 个角、左下角、右下角和右上角的 4 个 TLDF。

图 5-30 为具有以上 4 种不同起始位置 TLDF 几何意义的简要说明图 5-30（a）显示 RGB 温度场。图 5-30（b）显示了具有 100 乘以 100＝10^4个值的灰度温度场图像。灰度图像后由之前的颜色文件转换，它可以由实际的温度测量或 RGB 温度图像组成。根据图 5-30（c），2 种不同颜色的线（虚线和点划线）分别局部和全局区域。利用实际温度场转换的灰度级矩阵，很容易得到 TLDF。

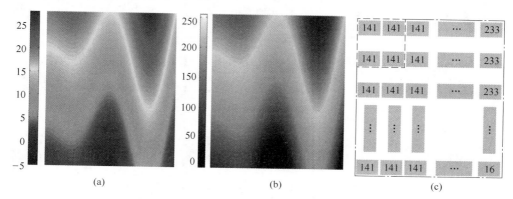

图 5-30　不同起始位置选择的 TLDF 简要说明
（a）RGB 温度图像；（b）灰度温度图像；
（c）灰度级矩阵（左上角、左下角、右下角、右上方向分别对应于 q＝1，2，3，4）

温度场分布的单非均匀性系数（NUC_q，q＝1，2，3，4）由下列表达式给出：

$$NUC_q = \sup |d_{PQ}^*(\theta, q)|$$
$$\theta_1 \in [1, P]$$
$$\theta_2 \in [1, Q] \tag{5-49}$$

式中，$|d_{PQ}^*(\theta, q)|$ 是 $d_{PQ}(\theta, q)$ 的绝对值。具体来说，NUC_1，NUC_2，NUC_3，NUC_4 分别代表整个矩形区域温度场的非均匀度，左上角，左下角，右下角、右上角的温度场非均匀程度。

给出了用于温度场分布均匀性评价的新指标 NUC：

$$NUC = \max\{NUC_1, NUC_2, NUC_3, NUC_4\} \tag{5-50}$$

式中，$\max\{\ \ \}$ 表示集合的最大值。一般情况下，如果温度场分布合理，则预计较小区域内温度测量总和的比例会相应地小。简单地说，较小的 NUC 表示温度场分布较均匀；而较大的 NUC 表示温度场温度分布很不均匀。

5.3.2.2　温度场的描述

微尺度层流区单相传热强化是最有趣的科学问题之一[122]。增加微通道内的流动面积被认为是提高传热性能的有效方法，因为它简单、合理、经济。众所周知，微散热片表面的温度均匀性对电子器件的寿命有明显的影响。很多学者还特别重视流动特性和传热的研究[123]。除了研究微通道散热器内部的液体流动和传热特性外，还要考虑微散热器表面的温度均匀性。平均流体温度和传热系数可以用来量化流体流动和温度分布[124]。因此温度场是研究综合换热表现的一个重要的参数。

图 5-31 给出了 3 种微通道的几何形状：矩形微散热器、三角形可重入腔和三角形内肋的微散热器和圆形可重入腔和圆形内肋的微散热器。并将相应的常规矩形微通道（光滑微散热器）作为参考通道。Xia 等和 Zhai 等对以上 3 种微散热器的单微通道的几何特征进行了更详细的描述。对不同结构的微散热器的流体温度场进行了数值模拟。对不同结构的微散热器的流体温度场进行了数值模拟。

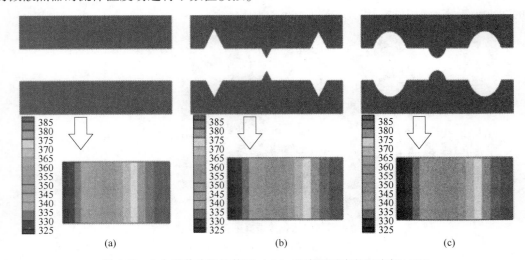

图 5-31　3 个微散热器的截面（上）和表面对应的温度场（下）

（a）矩形微通道；（b）带有三角形折返腔和三角形内肋的微通道；（c）带有圆形可重入腔和圆形内肋的微通道

可以清楚地看到，3 种温度场的等高线分布不均匀。此外，很难从数量上准确地确定它们之间的差别。本节提出了非均匀系数法来评价温度场分布的均匀性。最终，我们的目标是对具有复杂结构的不同微通道的整个表面的温度场进行表征和排序。

5.3.3　不同评价方法讨论

温度均匀性的测量常常是用肉眼进行的。这具有内在的主观性，不可避免地增加了错误。直接成像分析方法可以消除温度场均匀性估计的主观性。本文利用已有的 3 种图像处理方法，即标准差法、变分系数法和图像熵法，验证了我们方法的可行性。在接下来的讨论中，记录的图像中的行数是 P 的 720，列数是 Q 的 1280。

在概率论和统计学中，标准差（SD，也由希腊字母 σ 表示）是一种度量，用于量化一组数据值[125]的变化量或离散量。计算方法为：

$$SD = \sqrt{\frac{1}{PQ-1}\sum_{k=1}^{PQ}(T_k - \bar{T})^2} \tag{5-51}$$

式中，T_k 为任意形状区域的温度值；$\bar{T} = \dfrac{1}{PQ}\sum_{k=1}^{PQ}T_k$ 表示所有测得温度的平均值（也称期望值）。因此，SD 越小温度值越接近完全均匀分布。

方差系数（CoV），又称相对标准差（RSD），是概率分布或频率分布离散度的标准化度量。通常用百分比表示，其定义为：

$$CoV = \frac{SD}{\overline{T}} \tag{5-52}$$

一般来说，对于不同尺度（如摄氏度、华氏度等）或不同方法的温度场进行比较时，应该使用 CoV 而不是 SD。然而，当平均温度 T 接近 0 时，CoV 将接近无穷大，因此对平均温度 T 的微小变化很敏感。

熵的概念被用来测量温度场信息的量。假设二维瞬态温度场的能级服从多项分布，则矩形 PQ 温度场的熵定义为：

$$IE = -PQ \sum_{g=0}^{255} \pi_g \log_2 \pi_g \tag{5-53}$$

其中，采用直方图值 h_g 估计的理论概率 π_g。因此，温度分布的评价准则为：温度分布越均匀，定量值越小。虽然 IE 可以量化温度场的信息含量，但由于缺少物体的位置信息，这个指标不能更准确地量化场的均匀性。

与上述现有方法（即 SD、CoV 和 IE）相比，该方法（即 NUC）的一些显著贡献总结如下：

（1）本节提出的方法，即非均匀系数法（非均匀系数 NUC），一般采用单一数值来定义温度分布场的整体质量。NUC 大表明偏离均匀性，如局部不均一或不平衡，差异小表明温度更均匀。

（2）NUC 的实际值与所测温度的单位无关，因此 NUC 是一个无量纲数，可用于比较不同尺度（如摄氏、华氏等）或不同方法的温度场。

（3）非均匀系数法考虑了目标的 TSPI。也许在某些情况下，均匀性由 SD 决定，CoV 和 IE 有时空限制。特别是相同的 SD、CoV 或 IE 的统一性是非常不同的。

如上所述，不同返流腔和内肋的微散热器具有良好的层流对流换热性能。图 5-32 为采用我们提出的方法的有效性验证。使用图像处理工具（IPT），用 Matlab 进行图像处理来测试新技术。将整幅图像上每个像素的 RGB 值转化为图像的灰度值，得到灰度图像。

如图 5-32（a）所示，可以清楚地看出，归一化评价值（SD、CoV、IE、NUC）表示了 3 个微通道散热器表面流体温度的不同分布。指数越小，微通道散热器表面温度场的均匀性越好。通过对 3 组 NUC 进行比较，得出了微通道组的归一化评价值。三角形肋和三角形凹穴和圆形肋和圆形凹穴值比直管。直通道 R 和 C. C.-C. R 更趋于一致。这在一定程度上是由于回流腔和内肋的存在，使得通道壁和流体之间的热阻较小。此外，微通道 Tric-Tri。基于一个简单的事实，通道 R 有最好的传热率，在恒定的热流中，微小的温度差异有助于传热。事实上，本研究结果与 Liu 等（2012）[126] 和 Zhai 等（2014）的结果有一些相似之处。仔细观察图 5-32（a）中的其他条可以发现，所提出的指标 NUC 能够将温度图按照更符合微通道内强化传热机理的顺序进行排序；而索引 SD、CoV 和 IE 分别产生完全不可接受的排序顺序。

图 5-32 给出了带有圆形折返腔和圆形内肋的微通道散热器的归一化评价值（即 SD、CoV、IE 和 NUC）随速度的分布，随速度范围的变化。很明显，在 C. C.-C. R 的情况下，NUC 通常会随着速度的增加而减少。这意味着随着速度的增加，虽然努塞特数增加，但温度场的分布均匀性变好。

将 SD、CoV、IE 与 NUC 进行比较，可以明显发现 SD、CoV 的变化趋势与 NUC 相似，

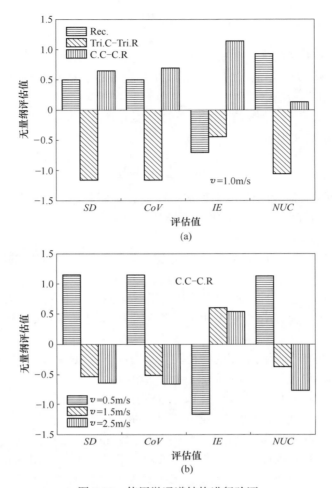

图 5-32　使用微通道结构进行验证

（a）Rec. 表示参考微通道，Tri. C-Tri. R 和 C. C-C. R 表示 2 种新的微通道和

不同温度分布评价值的速度；（b）针对特殊情况 C. C-C. R

而 *IE* 没有。此外，转速高时，温度分布均匀性差异较大。因此，结果对敏感性分析是稳健的。

　　结果表明，该方法比现有的其他 3 种方法具有更高的准确性和可靠性。该方法为计算温度场分布均匀性提供了 1 种新的方法。

　　在上节中，我们将所提出的方法与现有的 3 种方法进行了比较，验证了其可行性。通过对微通道数据的温度分布分析，进行了对比。为了进一步证明所提方法的良好性能，我们利用 MATLAB 软件进行了密集的计算机实验来精确估计温度分布均匀性。为生成模拟温度场的彩色图像，给出如下数学公式：

$$a + b, \ -a + b, \ -a - b, \ a - b \tag{5-54}$$

式中，a（-16×0.0125）为横坐标值；b（$0 - 9 \times 0.0125$）为纵坐标值。每个数学公式都可以使用内部函数 pcolor 生成 RGB 图像。结合这 4 张 RGB 合成图像，图 5-33（a）和图 5-33（b）分别用于研究 2 种特殊情况下温度场的均匀性测量，包括温度较高的边缘和中心位置。

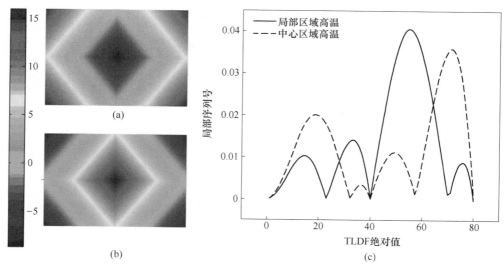

图 5-33　计算机实验

（a）靠近边缘的位置温度（℃）较高；（b）靠近中心的地点温度较高；

（c）从左上方向（或西北方向）开始 TLDF 的绝对值与局部区域的序列号的比值

　　显然，图 5-33 模拟温度场的 RGB 分量相同，但像素点位置不同。对比表 5-5 中结果值的变化，可以发现 4 种方法量化 2 种温度场的均匀性时，2 种温度场的差异不大。但这 2 种特殊情况下 NUC 的相对差值 1（用差值除被减数）和 2（用差值除被减数）都较大，而用其他方法测量均匀性的相对差值都接近于 0。另外，图 5-33（c）描述了 TLDF（即 $|d_{PQ}(\theta)|$ 的绝对值随局部区域编号的变化。$|d_{PQ}^{*}(\theta)|$）从左上角的取向（或西北）内的温度场。注意到 $|d_{PQ}^{*}(\theta)|$ 的轨迹呈现不同的行为，这是典型的区分不同的温度场均匀性。结果表明，该方法在一定程度上优于现有方法，对实际工程应用具有较高的灵敏度。

表 5-5　不同计算机实验中温度分布的不均匀测量参数对比

方　法	SD	CoV	IE
特例 1（图 5-33（a））	55.4648	0.3509	7.0781
特例 2（图 5-33（b））	55.4602	0.3509	7.0825
相对误差 1/%	0.0083	−0.0622	0
相对误差 2/%	0.0083	−0.0621	0

　　Guo 等（2011）在不同条件下的温度场进行了模拟，找到了满足散热要求的散热器的合理布置和数量，为实际工程设计提供了指导。本文方法给出了 3 个对应的合成值 NUC = 0：0174、NUC = 0：1281 和 NUC = 0：0668。很明显，第二个轮廓的分布是不均匀的，而其他 2 个轮廓是均匀的。3 种温度场的 $|d_{PQ}^{*}(\theta)|$ 在左上角处随不同 θ 的变化如图 5-34（d）所示。这说明非均匀性小的波动更频繁。结果表明，所提出的 NUC 符合我们对温度均匀性的感知，具有较高的可靠性。并采用数学评价方法对控制温度是否满足控制要求进行了测试，为定量研究和比较不同条件下的温度场提供了新的思路。

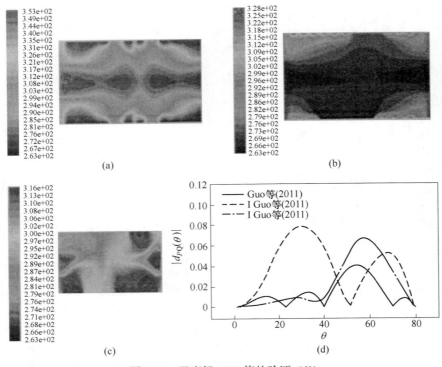

图 5-34　温度场 NUC 值的验证（K）

5.3.4　NUC 的其他应用

反应器内混合时间的准确确定对优化混合过程和使浓度梯度最小化至关重要。图 5-35（a）清楚地显示了 Rodriguez 等（2014）报告的混合过程中特定区域的 10 个体积快照。他们得到了标准化的绿色指数 G_{ij}^* 和红色 R_{ij}^* 为反应堆中心的点的特定区域。但值得注意的是，所提出的方法是为了获得整个特定区域像素强度的特征变化，从而得到更有效的综合指数。但值得注意的是，所提出的方法是为了获得整个特定区域像素强度的特征变化，从而得到更有效的综合指数。图 5-35（b）所示为参考在同一特定区域内的 NUC 值随横坐标 N_t 的变化情况。NUC 和 R 之间的 Spearman 等级相关系数 R_{ij}^* 为 0.7599，而 q 之间的 NUC 和 G_{ij}^* 为 0.1277。

由于压力载荷是实际应用研究中的关键参数[127]，因此在许多研究场景中都需要高空间分辨率的地面压力。图 5-35（c）为由文献［127］得到的压力场。根据 Peng 等（2016），射流在撞击点附近形成了一个高压区，周围区域的压力接近于环境压力。可以看出，分别得到 NUC 为 0.1081 和 NUC 为 0.0966 对应上述 2 个压力场，如图 5-35（c）所示。结果表明，2 种方法的分布均匀性差异不大，表明该方法能够从实验数据中提取出量化的信息。

5.3.5　结论

现将本节得出的新结论总结如下：

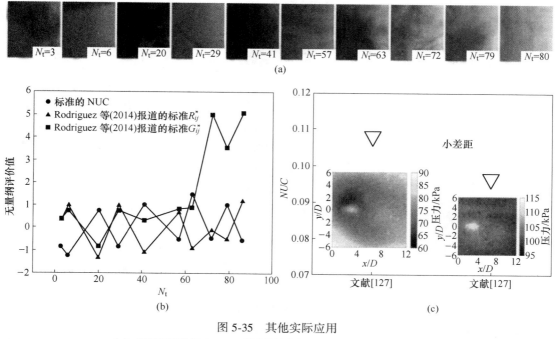

图 5-35 其他实际应用

（a）罗德里格斯等（2014）报道的浓度场；（b）上述领域的比较结果；
（c）Peng 和 Liu（2016）的压力场及其分布均匀性评价值

（1）提出了一种基于均匀设计理论的非均匀系数法来测量温度场的均匀性。通过图像分析说明所提出的测量 NUC 具有几个显著的特性，这些特性使它适用于不同尺度（如摄氏度、华氏度等）或不同方法的各种温度场的均匀性表征。评价值可作为自动决策评分的基准。

（2）在已有的温度场数据和实际开放成像数据上都证明了该方法的有效性。对于温度场，NUC 与 Nusselt 数密切相关；对于压力场，NUC 区分比较不均匀和均匀；对于浓度场，NUC 是研究瞬态混合的有效工具。考虑到目标的位置信息，可以看出，与前面介绍的现有方法相比，本节方法的估计更加准确。

（3）结果表明，该技术可以扩展并适用于实际应用中的温度场、压力场、浓度场和速度场等分析测量梯度。一般来说，显而易见的是，所提出的方法只适用于矩形区域。然而，这项工作为探索场均匀性表征提供了另一种途径。

5.4 纳米流体管内流动与传热特性分析

5.4.1 引言

在传统传热工质中加入粒径非常小的固体金属（金属氧化物）或非金属（非金属氧化物）纳米颗粒，因纳米颗粒的小尺寸效应，其行为接近于液体分子，没有毫米、微米级颗粒容易产生磨损或堵塞的不良现象，几乎不会增加管路系统的阻力损失。由此可见，相比于在工质中加入微米或毫米级粒子，纳米流体更加适用。

研究发现，这类新型换热工质——纳米流体，由于加入的纳米颗粒的原因，其导热系数远大于基液的导热系数，可以大幅度提高导热系数。因此，纳米流体在传热领域有着非常广泛的应用前景。作为一种新型的传热工质，为了将纳米流体应用于实际中，除了研究其稳定性、黏度特性和导热系数等外，还需研究在流动状态下的纳米流体对流传热性能。

近年来，将纳米流体运用于热管传热成为研究热点，其中重力热管由于制造方便、成本低廉、传热良好等优点被广泛应用于余热回收[128]、空调制冷[129]、电子散热[130]等传热设备。纳米流体强化传热的主要在于工质中添加了较高导热系数的纳米颗粒，从而提高了工质的导热系数。此外，颗粒与颗粒间、壁面间的相互碰撞以及颗粒与液体间的相互运动，强化纳米流体传热效果。纳米流体的对流传热系数不仅随着流动速度的变化而变化，同时还受纳米颗粒的体积浓度、粒径及性质等的影响。本节采用数值模拟的方法研究Al_2O_3-乙二醇纳米流体在层流状态下的对流传热特性。

5.4.2　建立数学模型

目前，模拟研究纳米流体多相流动与传热特性主要有 2 种方法：单相法和两相法[131]。单相法是假定基液与纳米颗粒处于热平衡状态并以相同的速度流动，两者之间无滑移，即将纳米流体看作单相体；两相法是将纳米流体看作两相混合物考虑了传热过程中液体和颗粒之间的相互作用，这种方法计算复杂，需要的计算时间长。

因纳米流体中纳米颗粒的粒径非常小且容易流动的原因，可以将稳定的纳米流体看作普通单相流体，假设在颗粒和基液之间不存在滑移，并且两者处于热平衡状态，适合于普通流体的纳维叶-斯托克斯（Navier-Stokes）方程可以用于纳米流体流动换热研究，只需在其中使用纳米流体的热物性[132]。考虑到条件有限，本文将纳米流体视为单相流体对其对流传热特性进行研究。

由于纳米流体的流动特性与单相流体相似[133]，为简化分析，在模拟研究时对纳米流体进行如下假设：

（1）基液与颗粒之间以相同的速度流动即无相对运动速度，流体为三维不可压缩流体，忽略表面张力、热辐射作用等影响；

（2）假设流动过程为稳态，连续性模型仍然适用；

（3）模拟过程中假设管道的管壁很薄，通过管壁的热阻不计；

（4）不考虑流体中的黏性耗散。

经过一系列合理的假设后，纳米流体流动的连续性方程、动量方程和能量方程分别如下：

$$\mathrm{div}(\boldsymbol{v}) = 0 \tag{5-55}$$

$$\frac{\partial \boldsymbol{v}}{\partial t} + \mathrm{div}(\boldsymbol{vv}) = \mathrm{div}(v\,\mathrm{grad}\boldsymbol{v}) - \mathrm{grad}(P) \tag{5-56}$$

$$\frac{\partial T}{\partial t} + \mathrm{div}(\boldsymbol{v}T) = \mathrm{div}\left(\frac{k_{\mathrm{nf}}}{\rho_{\mathrm{nf}}c_{\mathrm{p}}}\mathrm{grad}T\right) \tag{5-57}$$

式中，$\boldsymbol{v}$ 纳米流体流速，m/s；P 为压力，Pa；T 为流体温度，℃；k_{nf} 为流体的导热系数，W/(m·K)；ρ_{nf} 为流体密度，kg/m³；c_{p} 为定压比热容，J/(kg·K)。

模型中为重力管管径为 4mm，进口和出口绝热段长分别为 300mm 和 200mm，中间加热段长为 1000mm。纳米流体在管道中的流动近似于轴对称流动，因此模拟过程中采用二维物理模型，如图 5-36 所示。

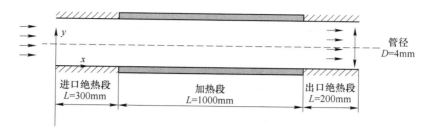

图 5-36 热管物理模型

本节主要研究在不同雷诺数下纳米流体的对流传热特性。该模型对应的边界条件如下所示：

（1）热管固体部分材料为不锈钢，管内流体为纳米流体；

（2）固液接触面无速度滑移；

（3）热管入口设定为速度入口，温度为 25℃，固相（纳米颗粒）和液相（乙二醇）速度相同，需设定纳米颗粒的体积分数，由于出口速度和压力未知，故采用出口流动（outflow）的边界条件；

（4）加热段壁面恒定热流密度为 $q = 2000 \text{W/m}^2$。

模拟中纳米流体所用到的物理性质，密度和定压比热容分别由式（5-58）和式（5-59）计算而得，黏度由实验测量所得，导热系数和定压比热容由 Hot-Disk 测试所得。

$$\rho_{\text{nf}} = (1 - \varphi_{\text{np}})\rho_{\text{f}} + \rho_{\text{nf}}\varphi_{\text{np}} \tag{5-58}$$

$$c_{\text{p, nf}} = \frac{\varphi_{\text{np}}\rho_{\text{np}}c_{\text{p, np}} + (1 - \varphi_{\text{np}})\rho_{\text{f}}C_{\text{p, f}}}{\rho_{\text{nf}}} \tag{5-59}$$

式中，ρ_{np}、ρ_{f}、和 ρ_{nf} 分别为纳米颗粒密度、基液密度和纳米流体密度，kg/m^3；φ_{np} 为纳米流体体积分数，%；$c_{\text{p,np}}$、$c_{\text{p,f}}$ 和 $c_{\text{p,nf}}$ 分别为纳米颗粒定压比热容、基液定压比热容和纳米流体定压比热容，kJ/(kg·K)。

由公式（5-58）和（5-59）计算得到的 Al_2O_3-乙二醇的物理性质如表 5-6 所示。

表 5-6 不同体积浓度的 Al_2O_3-乙二醇的物理性质

体积分数 $\varphi/\%$	密度 $\rho/\text{kg·m}^{-3}$	黏度 $\mu/\text{mPa·s}$	定压比热容 $C_{\text{p}}/\text{kJ·(kg·K)}^{-1}$	热导率 $k/\text{W·(m·k)}^{-1}$
0	1115. 50	15. 438	2. 490	0. 2635
0. 1	1117. 85	15. 565	2. 483	0. 2684
0. 3	1123. 56	15. 639	2. 471	0. 2479
0. 5	1129. 27	15. 947	2. 459	0. 2817
0. 7	1134. 98	16. 267	2. 447	0. 2864
1. 0	1143. 55	16. 551	2. 430	0. 29082

5.4.3 结果分析与讨论

在对流传热过程中，采用努赛尔数 Nu 表征传热强度。Nusslet 数越大，传热越强。

模拟过程中将。Nusslet 数定义为：

$$Nu(x) = \frac{h(x) \cdot D}{k_{nf}} \tag{5-60}$$

纳米流体传热系数定义为：

$$h(x) = \frac{q}{T_w(x) - T_m(x)} \tag{5-61}$$

式中，$h(x)$ 为纳米流体对流传热系数，$W/(m^2 \cdot K)$；D 为管道内径，mm；k_{nf} 为纳米流体的导热系数，$W/(m \cdot K)$；q 为管道壁面上的恒定热流密度，W/m^2；T_w、T_m 分别为壁面温度和流体的平均温度，℃。对于恒定热流密度条件下，流体的平均温度 T_m 定义为：

$$T_m(x) = T_{m, in} + \frac{q \cdot Px}{\overset{.}{m} \cdot c_p} \tag{5-62}$$

式中，$T_{m, in}$ 为流体在管道流入口的温度，℃；P 为湿周（对于圆管，$P = \pi \cdot D$），mm；m 为质量流率，kg/s；c_p 为定压比热容，$J/(kg \cdot K)$。

在数值模拟过程中，应用差分格式离散控制方程时，不可避免的引入误差，从数学角度讲，引入误差主要包括：离散误差、截断误差及由于计算机字长限制引起的舍入误差 3 种。在本文的研究中，离散误差是主要误差。计算区域网格的划分方式及疏密程度是影响离散误差大小的决定性因素。网格越密，离散误差越小，但是，如果网格划分过密，迭代过程占用的计算机的资源就会越多，从而导致迭代速度减慢。

因此，为了满足数值解的精度要求，同时尽可能减少迭代过程中所消耗的时间，获得与网格无关的数值解。从网格的分布情况来看，径向网格选择合适的第一个网格与墙壁的距离，使得无量纲壁面距离 $y+$ 小于 0.1，远离壁面区域网格径向大小以 1.05～1.2 的固定比例增加。轴向网格为均分网格。本章选用 10×500、20×1000、30×1500、40×2000、50×2500 五种网格，对热管内 $Pr = 6.2$ 纯水进行强制对流换热，雷诺数 Re 数分别为 1000 和 1600 时进行网格独立性考察，数值模拟结果见表 5-7。结果发现选用 40×2000 的网格时，网格数对数值模拟结果的影响能够基本消除，可以用来进行数值模拟计算。

表 5-7　网格独立性检验

Re	Nu_{ave}				
	10×500	20×1000	30×1500	40×2000	50×2500
1000	4.573	4.579	4.581	4.581	4.581
1600	5.020	5.022	5.024	5.025	5.025

在对纳米流体模拟之前，为了验证模型的正确性，首先对纯水进行了模拟。并将在一定雷诺数下，局部努赛尔数 $Nu(x)$ 的模拟结果与 Shah 公式[134]的理论计算值进行比较，如图 5-37 所示。

Shah 公式：

$$Nu(x) = 1.302\left(\frac{x^+}{2}\right)^{-1/3} - 0.5, \ x^+ \leqslant 0.003 \tag{5-63}$$

$$Nu(x) = 4.364 + 0.263 \left(\frac{x^+}{2}\right)^{-0.506} e^{-41\left(\frac{x^+}{2}\right)} \quad x^+ > 0.003 \tag{5-64}$$

式中，$x^+ = \dfrac{2\left(\dfrac{x}{D}\right)}{Re \cdot Pr}$，朗特数 $Pr = \dfrac{\mu c_p}{k}$。

从图 5-37 中可以看出，局部努赛尔数 $Nu(x)$ 的模拟值与式（5-63）、式（5-64）的理论计算值吻合良好。当 Re 为 1000 时，该模型和 Shah 公式的平均努赛尔数 Nu_{ave} 分别为 4.5012 和 4.5801，误差为 1.75%；当 Re 为 1600 时，它们的平均平均努赛尔数 Nu_{ave} 为 4.8752 和 5.0257，误差为 3.08%。因此，此模型能够用来模拟纳米流体的对流传热特性。

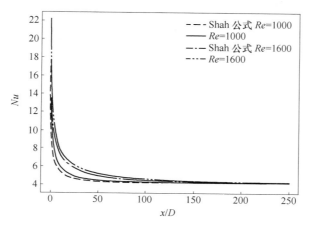

图 5-37　数值模拟努赛尔数 Nu 与 Shah 公式比较

从纳米流体的概念看，纳米流体主要由基液和纳米颗粒组成，因此基液的性质以及纳米颗粒的性质对纳米流体性质的影响不能忽视。采用不同液体作为的基液的纳米流体的对流传热特性之间存在着一定的差别。而对纳米颗粒来说，其性质主要包括颗粒种类及所加的体积浓度，体积浓度对纳米流体的传热特性也起着至关重要的作用。下面主要讨论颗粒体积浓度和层流下不同雷诺数 Re 因素对纳米流体传热特性的影响。

如图 5-38 所示，在不同 Re 数下，基液乙二醇和体积浓度为 0.1%、0.5% 及 1.0% 的 Al_2O_3-乙二醇纳米流体的局部表面对流传热系数随着 x/D 变化关系图。从图中可以看出基液和纳米流体传热系数 h 随 x/D 的增加而逐渐减小，雷诺数 Re 对 h 有较大的影响。为比较方便，取纳米流体以及基液的局部表面对流传热系数的平均值进行比较。从图 5-39 中可以看出，基液乙二醇和不同浓度的 Al_2O_3-乙二醇纳米流体的对流传热系数呈非线性增加，在 Re 数较低时，增加速度较大，随着 Re 数的增加，增加速度有所减小。

图 5-40 表示 Al_2O_3-乙二醇纳米流体的平均对流传热系数与基液乙二醇相比较的提高程度。从图中可以看出，在层流状态下，浓度为 0.1%～1.0% 的 Al_2O_3-乙二醇纳米流体的平均对流传热系数与基液之间的比值并非随着 Re 数的提高而增加，在 Re = 800 时，它们比值达到最大，分别为 1.0157、1.0504、1.0801、1.0801 和 1.1516。针对同种体积分数的纳米流体，其对流传热系数的提高程度基本一致，说明纳米流体比较接近单相流体。

图 5-41 表示在雷诺数 Re = 200 和 Re = 800 的情况下，不同体积分数纳米流体的局部表

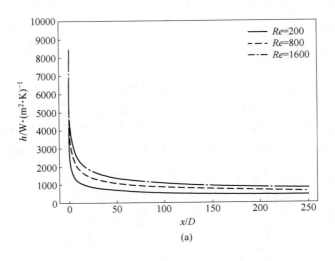

(a)

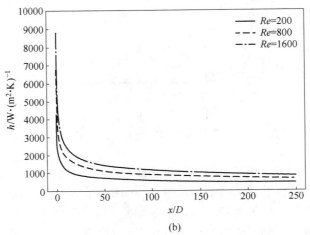

(b)

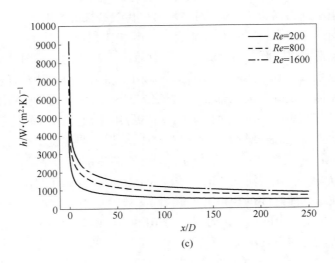

(c)

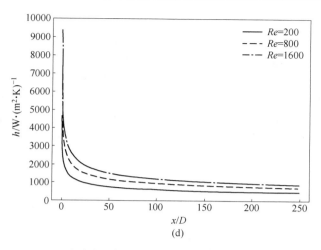

(d)

图 5-38　Al_2O_3-乙二醇纳米流体的局部表面对流传热系数 h 随 x/D 变化关系；

（a）0%；（b）0.1%；（c）0.5%；1.0%，体积分数

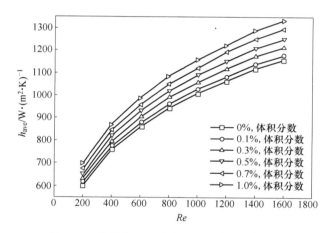

图 5-39　数值模拟平均传热系数随 Re 的变化

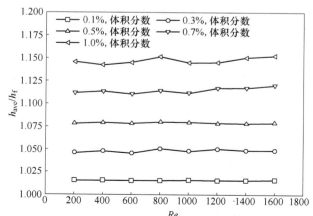

图 5-40　Al_2O_3-乙二醇纳米流体与基液平均传热系数之比随 Re 变化关系

面对流传热系数随 x/D 的变化关系。由图 5-41 可知，添加了纳米颗粒的 Al_2O_3-乙二醇纳米流体局部对流传热系数要大于基液乙二醇的，且颗粒体积浓度越大其局部对流传热系数就越大。这说明在流体中添加金属（非金属）或金属氧化物（非金属氧化物）的纳米粒子能够有效地提高流体的传热性能。图 5-42 表示体积分数为 0~1.0% 的 Al_2O_3-乙二醇纳米流体的平均对流传热系数随体积浓度的变化关系。由图可知，平均对流传热系数随着体积分数增大呈线性增大，$Re=200$ 时，浓度为 0~1.0% 的 Al_2O_3-乙二醇纳米流体平均对流传热系较基液分别提高了 1.54%、4.61%、7.86%、11.18% 和 14.60%。

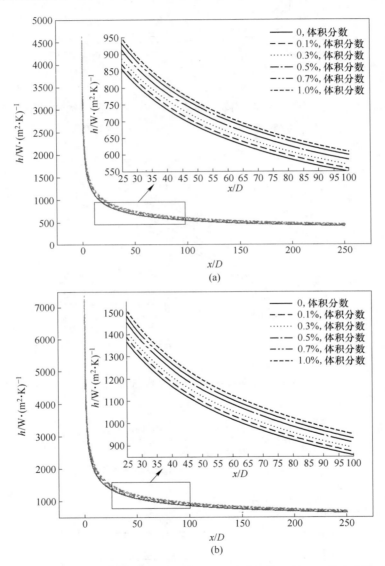

图 5-41 Al_2O_3-乙二醇纳米流体的局部对流传热系数 h 随 x/D 的变化关系

（a）$Re=200$；（b）$Re=800$

从模拟结果看，纳米流体的系数随着纳米颗粒加入量的增大而增大，这是由于在模拟

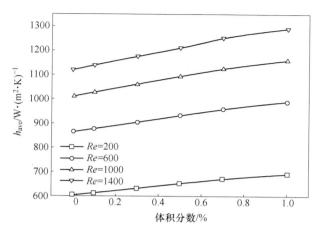

图 5-42　平均对流传热系数随体积浓度变化关系

的过程中，忽略了一些诸如颗粒团聚等重要因素对其传热性能的影响，但文献指出，当纳米颗粒加入量的体积份额超过一定量时，纳米流体的换热系数反而有可能会下降。根据前文可知，当纳米颗粒的体积分数增大时，纳米流体的导热系数也会随着增大，但与此同时，随着纳米颗粒体积分数的增加会产生两方面的负面影响：一方面使颗粒容易团聚，导致布朗运动减弱；另一方面使纳米流体的流动黏性增大，管壁热边界层增厚，从而使热阻增大。当后两方面的影响大于导热影响时，纳米流体的对流换热系数便会降低。

5.4.4　小结

将 Al_2O_3-乙二醇纳米流体视为单相流体，采用数值模拟的方法研究了在层流状态下，不同体积浓度的纳米流体对流传热特性。

（1）在对 Al_2O_3-乙二醇纳米流体的研究中发现，基液与纳米流体的对流传热系数均随 Re 数的增加呈非线性关系而增大，传热系数增大幅度逐渐减小。此外，纳米流体的对流传热系数提高比率随雷诺数变化较小，在层流状态下，雷诺数 $Re=800$ 时，提高比率最大。

（2）添加纳米颗粒可以有效提高基液的传热系数，纳米流体的对流传热系数随着颗粒浓度增大而增大，体积分数为 1.0%的 Al_2O_3-乙二醇纳米流体平均对流传热系数比基液最大提高了 15.24%。同时还发现同一浓度体 Al_2O_3-乙二醇纳纳米流体的对流传热系数的提高程度基本一致，反映纳米流体比较接近于单相流体。

纳米颗粒扩散引起能量的传输，流体内部的黏度梯度引起的颗粒分布不均匀以及颗粒在液体中的不规则布朗运动等因素，使得纳米流体的对流传热系数较基液的提高程度要比其热导率的提高程度大。这充分说明对流传热系数与其热导率和黏度以及颗粒在基液中所受的各种力有密切的关系，并且其黏度又与温度密切相连。目前为止，还没有能够研究出考虑了各种因素，并且能够适应于计算各种纳米流体的对流传热系数的经验公式，这还需要进一步的研究。

5.5　一种新颖的铁电沉积 Zn-SiO$_2$ 过程流程特性的定量评价方法

5.5.1　引言

复合电沉积电镀技术作为最重要的金属材料表面处理技术和金属基复合材料制备技术之一，被广泛应用于制备性能优良的新型化学材料[135~138]。它也是制备锌镀层最常用的工业技术之一，广泛应用于有色金属材料的腐蚀防护，既可以作为与周围腐蚀环境隔绝的物理屏障，也可以作为阳极保护层[139~142]。目前有 2 种可用的锌及锌合金镀液基本类型：酸型、碱型[143~145]。混合均匀性是复合电沉积的关键，为了提高混合均匀性，研究人员投入了大量的资源来研究流场情况。锌是一种著名的以牺牲铁为主的涂层材料，共沉积合适的颗粒对进一步提高防腐蚀性能很有意义[146~148]。电沉积锌铁合金具有比纯锌镀层更好的耐蚀性和力学性能，具有重要的实际意义[149,150]。虽然目前一些已有的研究集中在电镀工艺参数和电化学理论上，但关于电解液流场特性的定量研究的物、数量非常有限[151]。

研究表明，电解液的混合质量和表面的电化学反应是评价复合电沉积性能的重要因素。然而，目前这些研究并不能完全提供混合均匀度的定量解释。Shahri 等[152]（2013）在不同浓度的氯溶液中采用常规电沉积方法制备了一种新型纳米复合涂层。夏等[153]（2013 年）研究了 Ni-AlN 复合材料的微观结构脉冲电沉积技术制备的涂层。

虽然材料或流体图像包含了关于表面化学物质的信息、位置、强度和分布的大量数据，但处理这些图像以获得简明的电化学信息目前仍是一个巨大的挑战[154~156]。使用先进的统计方法或其他数学理论的图像处理技术对特征提取越来越重要[157~160]。Zaborowski 等（1995）开发了一种通过数字图像处理快速比较铝表面质量的方法[161]。Lapsker 等[162]（1996）使用分形维数和二维傅里叶光谱 2 种拓扑分析对激光写入薄膜的不同区域的表面形貌进行分类。Coent 等（2005）展示了一种获取混合时间的原始图像处理技术：腐蚀计数法。Oshida 等[163]（2013）通过 3D-TEM 观察了纳米管的空间结构，并通过 HR-TEM 揭示了其详细的结构，这有助于准确理解材料的纳米结构。最近，我们研究了 1 种新的图像分析技术，结合 2 种统计假设检验工具，包括 Kolmogorov-Smirnov 检验和 x^2 检验，用来获得气泡图像比较的 p 值[164]。

迄今为止，流场图像的分析已有研究者研究，但是大多局限于定性或半定量分析。流畅的图像信息在位置和强度方面非常有用。图像中的位置可以表征材料的结构。为了了解图像的准确性，有必要对图像进行定量分析。从前面可以看出，这项技术代表了我们在电镀槽成分的混合表征领域的工作进展。本节工作主要研究电沉积流场的混合均匀性。利用混合均匀度系数作为可观测值，可以对一段时间内的数据进行记录，一旦得到时间序列数据，可采用 0-1 检验方法[165,166]和三态测试（3ST）[167,168]对流场进行混沌检测。

5.5.2　实验和方法

在本研究中，锌-二氧化硅（Zn-SiO$_2$）复合电镀的过程包括：（1）基体的前处理；（2）电镀；（3）漂洗；（4）干燥。系统和反应的原理图如图 5-43 所示，立方反应器的长度 L、宽度 W 和高度 H 分别为 150mm、100mm 和 120mm。室温下（25±2℃）进行了电沉积实验，采用氯酸锌基电解质，含 $ZnCl_2$（80g/L，作为基液）、KCl（220g/L）、H_3BO_3（25g/L）、增亮剂（0.5g/L）和 SiO_2 颗粒（1g/L，平均粒径为 11.07mm），pH 值为 5.5。具体地说，我们的电沉积实验所用的材料是化学分析纯，这些材料都是从天津富科化学试剂厂购买（中国河北省）。

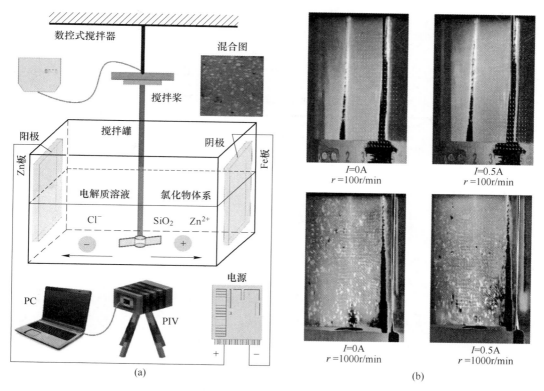

图 5-43　实验电沉积仪原理图

（a）$I=0.5$A、$r=1000$r/min、$h=10$mm 时电解质溶液混合状态对应的混合图；（b）考虑 $h=10$mm 时的不同 I 和 r

电解质溶液的黏度和密度分别用黏度计和称重法进行测量。用电导率仪和表面张力测试仪分别测定了溶液的电导率和表面张力。电搅拌器的搅拌速度和电沉积装置的电流分别保持在 0~3000r/min 和 0~0.5A 范围内。搅拌桨尺寸为 2mm×10mm×6mm，搅拌桨高度为 10~30mm。阴极和阳极分别是一块铁板和锌板。在此工作中，还得到了物理特性参数。如采用加权法确定电解液密度（1.16~1.18g/cm³）；用电导率仪测量溶液电导率（0.75~0.95S/cm）；表面张力（40.5~1.0mN/m）由表面张力测试仪测定；黏度计测量动态黏度（$1.50×10^{-3}~1.52×10^{-3}$Pa·s）和动力黏度（$1.51×10^{-6}~1.53×10^{-6}$ m²/s），二氧化硅粒子的大小（约10μm）由激光粒度分析仪测定。

为了说明电沉积的实验材料设置和不同水平的设计参数的更多细节的，将本工作中所用容器的操作参数汇总在表 5-8 中。在之前的工作中，文献［147］通过粒子图像测速（PIV）记录了实际的流动状态，并利用 FLUENT 软件完成了对 Zn-SiO₂ 复合电解质流场的数值模拟。为了研究电解质溶液的混合均匀性从实验案例中选取的 15 个样本（10s、20s、20s）。符号和数字 C_1-C_{15} 表示不同的实验水平，如表 5-9 所示。

表 5-8　PIV 在电沉积反应器中的实验条件

说明	参数	编　号		
		1	2	3
电流/A	I	0	0.25	0.5
距离/cm	s	1	3	5
高度/mm	h	10	20	30
速度/r·min^{-1}	r	1×10^3	2×10^3	3×10^3

表 5-9　根据以前实验设计的工况

工况	I/A	s/cm	h/mm	$r \cdot \min^{-1}$	t/s
C_1	0.5	5	10	3×10^3	10
C_2	0.25	5	20	2×10^3	20
C_3	0	5	30	1×10^3	10
C_4	0.25	3	30	3×10^3	20
C_5	0	3	10	2×10^3	10
C_6	0.5	3	20	1×10^3	20
C_7	0	1	20	3×10^3	10
C_8	0.5	1	30	2×10^3	20
C_9	0.25	1	10	1×10^3	10
C_{10}	0	1	10	2×10^3	20
C_{11}	0.25	1	10	2×10^3	10
C_{12}	0.5	1	10	2×10^3	20
C_{13}	0	1	10	0	10
C_{14}	0.25	1	10	0	10
C_{15}	0.5	1	10	0	10

　　PIV 测试是研究流场特性的最高分辨率分析方法之一。将得到的混合图像使用 PRAK-TICA 高速摄像机进行记录，其动态强度范围为 $10^3 \sim 10^4$。图 5-43（a）所示为由上述装置获得的 90 号容器的典型图像。采用数字图像处理技术将电沉积实验流场中混合粒子的实时图像处理为以下计算目标。随后，对图像进行了定量测量，分辨率为 1200×1200。数字化后的强度通过电脑（PC）进行处理，并以各种形式显示出来。

　　所提出的均匀性测量是基于一种新的核心思想，即如何定义图像的均匀性。一般来说，图像迅速收集和存储，由当前可用的仪器存储的每个图像像素包含完整的质谱。就像统计学中的假设检验，假设一个比实例化的 p 值更小的实例不会拒绝假设。因此，信息的内容与事件的概率 P 成反比，新的核心思想是如果图像有很多不规则的混合，图像的均匀性就会更差（反例见图 5-44）。下面是对原始技术的详细描述：

　　定义 1：一般来说，对于两个不相关的事件，期望其中一个事件的发生不影响另一个

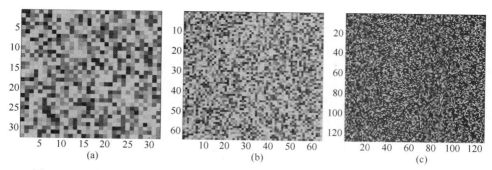

图 5-44　三次计算机实验得到的混合系统最一致的三幅合成图像（对应 $U=1$）图
(a) 32×32；(b) 64×64；(c) 128×128

事件发生的信息内容。为了定义一个点集信息量的函数 f_0，因此 P 的对数函数 log 为：

$$f_0(P) = -\log_a(P) \tag{5-65}$$

　　定义 2：其中，对于灰度强度图像，其图像熵 f_1 表示为：

$$f_1 = E(f(P_c)) = \sum_{i=0}^{255} P(c_i) f(P(c_i)) - \sum_{i=0}^{255} P_i \log_{256}(P_i) \tag{5-66}$$

式中，c_i 表示第 i 个灰度强度，从 0 到 255；$P(c_i)$ 表示 c_i 发生的概率然而。对于一些情况来说，并不是所有 0 到 255 之间的灰度强度都存在于数字图像中（如图 5-44 所示）。

　　定义 3：受上一节的启发，我们介绍了另一种方法，改进的图像熵方法针对这种情况改进了均匀度度量：

$$B = (b_1,\ b_2,\ b_3,\ \dots,\ b_m) \in \Delta_m \tag{5-67}$$

$$\Delta_m = \left\{ (b_1,\ b_2,\ \dots,\ b_j,\ \dots,\ b_m) \,\middle|\, b_j \geq 0,\ m \geq 2,\ \sum_{j=1}^{m} b_j = 1 \right\} \tag{5-68}$$

是一组离散的有限 m 元概率分布，给出了用 g 表示的修正图像熵：

$$g = E[f(P_b)] = \sum_{j=1}^{m} P(b_j) f(P(b_j)) = -\sum_{j=1}^{m} P_j \log_m(P_j) \tag{5-69}$$

式中，b_j 表示正整数集合中存在的第 j 个灰度强度 $\{0,\ 1,\ 2,\ \cdots 255\}$。其中，最均匀的情况发生在所有（对应于 $g=1$，$P(b_1) = P(b_2) = P(b_m) = \cdots = 1/m$）时，最不均匀的情况发生在所有像素在同一层（对应于 $g=0$）时。

　　定义 4：根据前面的分析，我们用 U 表示的均匀度测量函数必须关注随着混合分布均匀度的提高，U 应该增大但不超过 1。此外，均匀度的测量还应依赖于像素点的位置。因此，基于直接成像技术的局部混合系统均匀性指数如下所示：

$$U = 1 - \frac{1}{K-1} \sqrt{\sum_{k=1}^{K} (g_k - \bar{g})^2} \tag{5-70}$$

式中，g_k 为分割区域 R_k 中像素的 g 值（一幅图像严格由 K 个独立矩形块 R_k 组成，$K=1$，2，$\cdots$，K），$\bar{g}$ 为 g_k 的平均值。一般来说，整幅图像的均匀性指数就是图像各部分的标准方差。简单地说，U 越高，同质性越好。图 5-44 为三幅不同像素的合成图像，均对应 $U=1$。显然，合成图像的像素均匀分布在整个图像表面。

5.5.3　混合模式的瞬态分析

在这里将所提出的方法应用于实验图像的实验结果以及统计分析，并与现有的其他方法进行比较。下面的计算都是在 Intel（R）Core（TM）i5-6300HQ 的 PC 上使用 MATLAB R2014a，2.30GHZ 处理器上进行的。对所提方法的性能进行了定性和定量分析考虑了灰度图像和一些流畅图像。所有图像的尺寸是 1200×1200。

采用统计图像分析方法对传质过程进行了研究。图 5-43（b）右上角显示了电沉积实验某一时刻的混合模式，这是混合区域的真实例子。可以看出，本次观测的高强度区域是饱和的。如图 5-45（a）所示，得到了钟形的混合模式分布，真实的二氧化硅颗粒图像并没有饱和。只显示微弱的信息，如图 5-45（b）所示为强度分布的透视图。图 5-45（c）为列方向的平均灰度，图 5-45（d）为行方向的平均灰度。结果发现由于混合物的均匀性，平均灰度在一端增加，在另一端增加或减少，而在中心区域趋于稳定。因此，得到了符合主观感知质量的定性和半定量的评价结果。

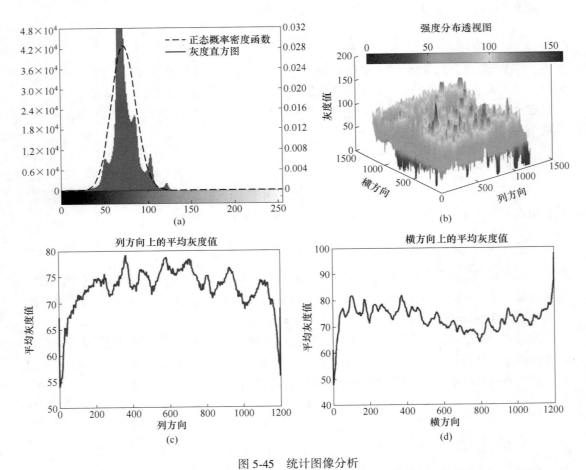

图 5-45　统计图像分析

（a）灰度直方图和正态概率密度函数；（b）强度分布的透视图和平均灰度；（c）图 5-43 中混合电解质溶液对应的右上角灰度图像列方向；（d）图 5-43 中混合电解质溶液对应的右上角灰度图像行方向

由图 5-46 我们得到 $U = 0.9507$，它更接近于 1。结果表明，这种混合过程是暂态的。另一方面，对这一部分的核心方程（5-69）进行了详细的研究。输入不同参数 m 下的均匀度测量 U 应用到相机所得到的混合图像中。图 5-46 还表示了改变输入参数的电流基数对混合图像均匀性评价的影响。通过将基数从 1 增加到 256，U 整体上升。可以看出，基数越大，在 $m = 161$ 前的 U 值越大。当 $m = 256$ 时，f_1 小于 U。从上面的数据和曲线可以看出，基数对均匀度测量有重要的影响。要了解操作参数对电解质溶液混合效果的均匀度排序和影响程度，选择一个非常合适的参数是很重要的。同时，我们认为 U 的值与不同化合物之间的流体流动有关。事实上，当均匀度测量 U 接近于 1（约 0.9）的值时，可以认为混合是完全均匀的。

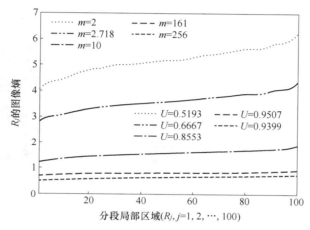

图 5-46 共基数（即式（5-69）中的 m）对修正后的图像熵和测度均匀性的影响

5.5.4 实验验证

为探讨电解质溶液的流场特征对镀层的影响，Zn-SiO$_2$ 复合镀、PIV 系统被用来记录和测试实际流场的 Zn-SiO$_2$ 复合电解质（如图 5-47 所示），图 5-47（b）显示了实验例在 $t = 10s$ 时刻流场特性，此时，C$_9$（$I = 0.25A$、$s = cm$、$h = 10mm$、$r = 1000r/min$），C$_{11}$（$I = 0.25A$、$s = 1cm$、$h = 10mm$、$r = 2000r/min$）。然而，实际上在几乎所有的实验中提供的图片都不完整，因为摄像机不能捕捉到全部粒子。

用 FLUENT 软件完成了锌硅复合电解质流场的数值模拟（如图 5-47（c）和图 5-47（d），分别与图 5-47（a）和图 5-47（b）的实验条件相同。Fan 等也报道流场的模拟结果与实际的流动状态近似，对比结果证明了数值模拟的可靠性。因此，为了验证该技术的有效性，可以使用这些模拟图像代替 PIV 图像进行电解质溶液混合均匀度的测量，并得到均匀度测量的计算结果，$U = 0.8743$，$U = 0.7430$。为了进一步验证新统计评估程序的正确性，在电子探针测试、磁厚仪和侵蚀测试的协助下进行了几次测量[169~171]。仔细观察图 5-47（e）和图 5-47（f）可以发现，在第一种情况下 SiO$_2$ 分布很好，而在第二种情况下明显存在一些空区，这说明流场混合不是很均匀。此外，表 5-10 给出了复合镀层中二氧化硅含量、镀层厚度和复合镀层中中性盐雾（NSS）时间红锈时间 3 个性能参数。对 C$_9$ 和 C$_{11}$ 2 种不同实验情况下的 9 个镀钢点进行涂层。可以看出从标准偏差（SD）平均分析的观点来看，C_9 在所有站点上都优于 C_{11}。

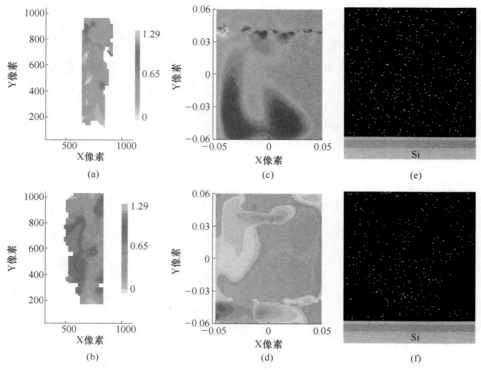

图 5-47 从实验工况 C_9 和 C_{11} 中得到的模拟图像

（a）C_9 的 PIV 图像；（b）C_{11} 的 PIV 图像；（c）C_9 的 Fluent 模拟图像；（d）C_{11} 的 Fluent 模拟图像；

（e）C_9 中由电子探针测试的 SiO_2 分布；（f）C_1 中由电子探针测试的 SiO_2 分布

表 5-10   在两种不同情况下对 9 个部位的复合涂层进行了 3 个性能参数的试验研究

位置点	复合涂层中 SiO_2 含量/%		涂料厚度/μm		NSS 实验中红锈时间/h	
	C_9	C_{11}	C_9	C_{11}	C_9	C_{11}
1	0.48	0.63	22.00	23.40	440	409
2	0.5	0.51	20.90	21.30	424	409
3	0.5	0.36	22.25	18.65	440	380
4	0.51	0.61	21.50	22.40	424	424
5	0.52	0.54	20.65	21.65	416	432
6	0.52	0.38	21.7	19.50	424	393
7	0.54	0.44	21.95	20.40	440	401
8	0.56	0.51	21.65	21.20	424	417
9	0.55	0.6	22.30	23.70	449	424
SD	0.05	0.08	0.25	1.56	11.31	5.66
平均	0.52	0.51	21.66	21.36	431	411

5.5.5 混合瞬态均匀性排序

如上所述，由于实验条件的限制，本工作中使用 PIV 拍摄的图像数据库不能完整，需结合计算机模拟研究了 Zn-SiO$_2$ 复合电解质的流场特性。因此，通过本部分的数值模拟实验数据，对新方法与现有方法进行了性能比较。基于以前的工作的结果，在应用性能比较数值模拟结果排名将限于传统的分形维数 $D^{[172]}$，最大相对速度 V_{max} 和均匀性测量。具体地说，本节提出了新的工程应用的一致性测量领域的数值模拟。该方法是表征电解质在不同搅拌条件下动态行为的一种新颖方法。从图 5-48（a）可以看出 15 个实验案例中 U 与 V_{max} 的对比，而图 5-48（b）是 U 与 D 的对比。

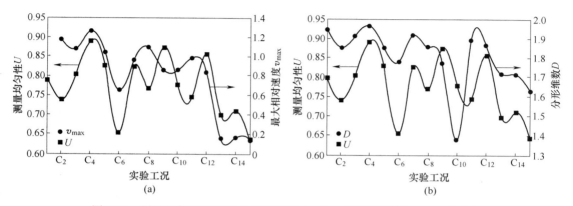

图 5-48　测量均匀度 U 与最大相对速度 V_{max}（a）及分形维数 D（b）的对比

　　根据这一数字，很明显三条曲线的锯齿形线非常接近，在某些个体的情况下，它们之间的差异是明显的模式差异。锯齿形线型可以解释如下：从理论上讲，混合状态的质量和相对流速最大相对速度的变化表现为混合的变化流场状态；分形维数 D 和均匀性指标 U 可以表征流场的混合状态质量；U 和由于分形维数的概念也可以用来量化与均匀性分布的偏差，因此 D 具有显著且相对较高的灵敏度。然而，分形维数的精确定义实际上是非常困难的。所提出的均匀性度量 U 能够将模拟图像排序为符合 V_{max} 和 D 的顺序，可用于实验 $C_1 \sim C_7$ 和 $C_{13} \sim C_{15}$。结果表明，U 可以从实验分析的角度探讨混合均匀性与流场特性之间的关系。此外，值得注意的是由所有 3 种方法在相同的实验案例 C_4（见图 5-48（a）和图 5-48（b）中的圆圈和矩形）中均有峰值。其原因是传统的贝蒂数评价方法没有考虑时间、空间和位置信息对混合质量的影响。在研究过程中，我们发现结构特征的尺度对混合系统的主观感知质量有显著影响。因此，作为基于像素的评价方法表明，该技术在电沉积系统中表现出良好的性能。

　　为了研究电解质溶液中混合均匀性的表征，我们将使用这一原始方法来研究操作条件对水溶液中氯离子和二氧化硅粒子混合均匀度的影响。从实验中分析如下结果总结如下：

　　（1）电场的电流密度影响电解质溶液中的混合物，如图 5-48 所示，随着电流密度的增加，混合均匀性变得更好。实验中使用的工作电流密度为 0~0.25A 和 1.5A，不同实验条件下电解质溶液混合均匀性的评价值在 0.68~0.8 均是无量纲数值。

　　（2）研究了镀液的混合均匀性与 s 的关系，s 表示所拍摄的横截面与阴极之间的距离。距离对溶液状态有很大的影响。

　　（3）通过分析高度对混合均匀性的影响，结果表明在 $t = 10s$ 时，升高高度会提高 SiO$_2$ 颗粒的混合均匀性，在其他情况下而 h 的增加会导致均匀性的恶化。操作高度 h 范围为 10~20mm。

（4）通过探讨速率对混合均匀性的影响，发现搅拌速率 r 的升高降低了浴液中的均匀性程度，在 $t = 10s$ 时，在 $r = 1000r/min$ 时，$U = 0.8743$ 下降到 $r = 2000r/min$ 时的 $U = 0.8178$。结合 $t = 20s$ 时的表征结果，测量均匀性 U 也略有下降，这表明溶液混合均匀性变差。

5.5.6　小结

本节介绍了一种原创的图像分析技术，用于研究电镀锌-铁-二氧化硅复合液的可视化问题。根据目前的实验结果，并结合以上对锌-二氧化硅复合电沉积电解质溶液表征的研究，可以得出以下结论：

（1）为了解决复合材料的流场无入侵表征问题，提出了一种基于修正图像熵的电沉积流场均匀度测量方法。该方法与计算机模拟图像具有良好的对应关系，生成过程已知，并已成功应用于真实图像。这种技术可以通过评估微粒子或其他粒子的混合均匀性来实现反应器的水动力特性。

（2）我们的结果证实了 U 对 I、s、h 和 r 的变化很敏感，对电沉积复合涂层有很强的影响。实验结果表明，该方法能给出可靠的评价，非常适合于定量描述流场。理论结果与实验数据吻合较好。因此，进行大量实验时，需要通过这种方法来选择最佳的操作参数。

（3）这里用于混合图像的图像分析处理很有效。因此，这些研究为其他测量技术（电容、近红外等）提供了一种新的策略。然而，需要指出的是，使用二维图像得出的结论存在缺陷。在进一步的工作中，需要进行从二维到三维的推理。

5.6　微尺度单相流动与传热性能分析

5.6.1　双层微通道结构形式的物理和数学模型

以凹穴及内肋组合的微通道为基础，提出了其他 2 种不同形式的双层微通道热沉，分别为相反方向的凹穴及内肋组合通道（通道 B）和相反方向的凹穴及相同方向的内肋组合通道（通道 C），如图 5-49 所示。通道材料为硅。通道上部覆盖一层耐热玻璃，因此可认为绝热。如图 5-49 所示，深色部分为硅基壁面，浅色部分为流体区域。为了对比通道 A~C 的传热特性，具有相同尺寸的矩形双层微通道（简称通道 Rec.）为参考通道。流体流动方式为逆流。单根微通道长 10mm，高 0.2mm 及宽 0.1mm。

采用基于有限体积法的 Fluent 软件进行了数值模拟。稳态、层流及三维控制方程如下：

$$\nabla U = 0 \tag{5-71}$$

$$\rho_f(U \cdot \nabla U) = -\nabla p + \nabla \cdot (\mu_f \cdot \nabla U) \tag{5-72}$$

$$\rho_f c_{p,f} U \cdot \nabla T = \nabla(\lambda_f \cdot \nabla T_f) \tag{5-73}$$

式中，ρ_f、$c_{p,f}$ 和 λ_f 为基于流体平均温度的热物性参数，分别为密度、比热和导热系数，kg/m^3，$J/(kg \cdot K)$，$W/(m \cdot K)$。

速度入口及温度为 293K。相应地的雷诺数为 60~300。底面加热，热流密度为 $q_w = 10^6 W/m^2$。通道两侧壁面为对称条件，用 SIMPLEC 算法求解上述方程，其收敛准则小于

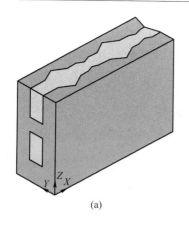 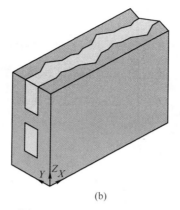 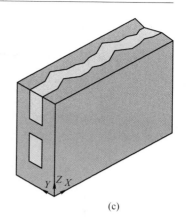

(a)   (b)   (c)

图 5-49 双层微通道示意图

(a) 通道 A; (b) 通道 B; (c) 通道 C

10^{-6}。以直通道 Rec. 为例做网格独立性检验,选择网格数分别为 84.9×10^6、102×10^6、135×10^6、180×10^6、218×10^6 和 245.6×10^6。压降和底面温度是评价双层微通道热沉流动与传热性能的 2 个重要参数。底面温度随网格数的变化不同明显。但是,压降值随网格数越多变化不明显。因此,综合两个参数,选择网格数 1.8×10^8 个。

平均摩擦系数可由下式计算:

$$f = \frac{\Delta p D_{\mathrm{h}}}{2 \rho_{\mathrm{f}} L_{\mathrm{ch}} u_{\mathrm{m}}^2} \tag{5-74}$$

式中,Δp 是第一及第二层微通道的平均压降,Pa;D_{h} 是通道横截面积的水力直径,m;L_{ch} 是通道长度,m;u_{m} 是平均速度,m/s。

传热系数及 Nusselt 数计算为:

$$h = \frac{\Phi}{2 A_{\mathrm{ch}} \Delta t} \tag{5-75}$$

$$Nu = \frac{h D_{\mathrm{h}}}{\lambda_{\mathrm{f}}} \tag{5-76}$$

式中,Φ 是底面加热功率,W;A_{ch} 是单层通道固体和流体的接触面积,m;Δt 是流体和底面平均温度的温差,K。

雷诺数定义为:

$$Re = \frac{\rho_{\mathrm{f}} u_{\mathrm{m}} D_{\mathrm{h}}}{\mu_{\mathrm{f}}} \tag{5-77}$$

强化传热因子可以评价流动与传热的综合性能:

$$\eta = \frac{Nu / Nu_0}{(f / f_0)^{1/3}} \tag{5-78}$$

其中,Nu_0 和 f_0 是参考通道 Rec. 的值。

5.6.2 场协同原理和二次流理论

场协同原理是由能量守恒方程推导的。

首先，三维稳态、无内热源的能量方程表达如下：

$$\rho_{\mathrm{f}} c_{p,\ \mathrm{f}}\left(u\,\frac{\partial T}{\partial x} + v\,\frac{\partial T}{\partial y} + w\,\frac{\partial T}{\partial z}\right) = \frac{\partial}{\partial x}\left(\lambda_{\mathrm{f}}\,\frac{\partial T}{\partial x}\right) + \frac{\partial}{\partial y}\left(\lambda_{\mathrm{f}}\,\frac{\partial T}{\partial y}\right) + \frac{\partial}{\partial z}\left(\lambda_{\mathrm{f}}\,\frac{\partial T}{\partial z}\right) \tag{5-79}$$

然后，对式（5-79）沿整个通道的流动区域 Ω 积分，得：

$$\iiint_{\Omega}\rho_{\mathrm{f}} c_{p,\ \mathrm{f}}(\boldsymbol{U}\cdot\nabla T_{\mathrm{f}})\mathrm{d}V = \iiint_{\Omega}\nabla\cdot(\lambda_{\mathrm{f}}\cdot\nabla T_{\mathrm{f}})\mathrm{d}V \tag{5-80}$$

其中，对式（5-80）右边应用 Gauss 定理，得：

$$\iiint_{\Omega}\rho_{\mathrm{f}} c_{p,\ \mathrm{f}}(\boldsymbol{U}\cdot\nabla T_{\mathrm{f}})\mathrm{d}V = \iint_{\Gamma}\boldsymbol{n}\cdot(\lambda_{\mathrm{f}}\cdot\nabla T_{\mathrm{f}})\mathrm{d}S \tag{5-81}$$

式中，$\boldsymbol{n}$ 为计算区域边界的外法向方向。分析式（5-81）可知，单根通道外表面是由 6 个表面组成：底面（加热面）、进出口表面、上表面（绝热面）及左右侧面（对称面）。因此，式（5-81）可写成：

$$\iiint_{\Omega}\rho_{\mathrm{f}} c_{p,\ \mathrm{f}}(\boldsymbol{U}\cdot\nabla T_{\mathrm{f}})\mathrm{d}V = \iint_{\mathrm{in}}\boldsymbol{n}\cdot(\lambda_{\mathrm{f}}\cdot\nabla T_{\mathrm{f}})\mathrm{d}S + \iint_{\mathrm{out}}\boldsymbol{n}\cdot(\lambda_{\mathrm{f}}\cdot\nabla T_{\mathrm{f}})\mathrm{d}S + \iint_{\mathrm{left}}\boldsymbol{n}\cdot(\lambda_{\mathrm{f}}\cdot\nabla T_{\mathrm{f}})\mathrm{d}S +$$
$$\iint_{\mathrm{right}}\boldsymbol{n}\cdot(\lambda_{\mathrm{f}}\cdot\nabla T_{\mathrm{f}})\mathrm{d}S + \iint_{\mathrm{bottom}}\boldsymbol{n}\cdot(\lambda_{\mathrm{f}}\cdot\nabla T_{\mathrm{f}})\mathrm{d}S + \iint_{\mathrm{top}}\boldsymbol{n}\cdot(\lambda_{\mathrm{f}}\cdot\nabla T_{\mathrm{f}})\mathrm{d}S \tag{5-82}$$

式（5-82）左边为流体运动所携带的能量，右边第一及第二项为流体由于导热传递的能量，右边最后四项为沿着固液界面的能量传递。在绝热面及左右侧面（对称面）上，流体的温度梯度为 0；而在进出口表面上，流体由导热引起的传热量远小于有流动引起的对流换热量，可以忽略。因此，式（5-82）可简化为：

$$\iiint_{\Omega}\rho_{\mathrm{f}} c_{p,\ \mathrm{f}}(\boldsymbol{U}\cdot\nabla T_{\mathrm{f}})\mathrm{d}V = \iint_{\mathrm{bottom}}\boldsymbol{n}\cdot(\lambda_{\mathrm{f}}\cdot\nabla T_{\mathrm{f}})\mathrm{d}S \tag{5-83}$$

由式（5-83）可知，流体对流传热量等于加热底面的导热量。引入无量纲参数：

$$\overline{\boldsymbol{U}} = \frac{\boldsymbol{U}}{u_{\mathrm{m}}}\ ,\ \nabla\overline{T} = \frac{\nabla T_{\mathrm{f}}}{(T_{\mathrm{b}} - T_{\mathrm{f}})/L}\ ,\ \mathrm{d}\overline{V} = \frac{\mathrm{d}V}{V} \tag{5-84}$$

把式（5-84）代入式（5-83），化简得：

$$Nu = RePr\iint_{\Omega}(\overline{\boldsymbol{U}}\cdot\nabla\overline{T}_{\mathrm{f}})\,\mathrm{d}\overline{V} = RePr\iint_{\Omega}|\overline{\boldsymbol{U}}|\cdot|\nabla\overline{T}_{\mathrm{f}}|\cdot\cos\beta\,\mathrm{d}\overline{V} \tag{5-85}$$

引入无量纲量，Fc，式（5-85）可变为：

$$Fc = \frac{Nu}{RePr} = \iint_{\Omega}(\overline{\boldsymbol{U}}\cdot\nabla\overline{T}_{\mathrm{f}})\,\mathrm{d}\overline{V} \tag{5-86}$$

式中，Fc 为传热场协同数。众所周知，Nu 表征流体对流换热能力大小的度量。从式（5-16）可知，流体的换热能力不仅与雷诺数 Re 数（流速）和普朗特 Pr（流体的种类）数有关，还与速度矢量和温度梯度的协同关系有关。对给定流速的已知流体而言，即当 Re 数和 Pr 数一定时，协同角 β 越小，Fc 越大，速度矢量和温度梯度的协同关系越好，流体的换热能力越强。因此传热场协同数也是度量流体对流换热能力强弱的准则之一。

局部传热协同角 β 的表达式如下：

$$\beta = \arccos\frac{\overline{\boldsymbol{U}}\cdot\nabla\overline{T}_{\mathrm{f}}}{|\overline{\boldsymbol{U}}|\cdot|\nabla\overline{T}_{\mathrm{f}}|} \tag{5-87}$$

式中，β 称为局部协同角，即局部速度矢量与局部速度梯度或局部温度梯度的协同。沿整个通道区域积分，得到流动总协同角及传热总协同角如下：

$$\bar{\alpha} = \frac{\iiint_{\Omega} \alpha \mathrm{d}V}{\iiint_{\Omega} \mathrm{d}V} \tag{5-88}$$

$$\bar{\beta} = \frac{\iiint_{\Omega} \beta \mathrm{d}V}{\iiint_{\Omega} \mathrm{d}V} \tag{5-89}$$

二次流对微通道的强化传热起着重要作用。当流体流经膨胀区时，速度减小，动量太小，在压力上升时无法向前流动。最后，流体离开壁，发生反向流动。Song 等提出了无量纲数 Se，评价二次流强度。局部二次流强度 $Se_s(x)$ 可由下式计算，

$$Se_s(x) = \frac{\rho_f D_h^2}{\mu_f} \iint_{A(x)} |\omega^n| \mathrm{d}A \Big/ \iint_{A(x)} \mathrm{d}A \tag{5-90}$$

式中，ω 是涡旋，$\omega = \nabla \cdot \boldsymbol{v}$。$\omega^n$ 是 ω 垂直于横截面积的组分。

相似地，通过对整个流体区域对 $Se_s(x)$ 进行积分，Se 可以计算如下：

$$Se = \frac{\rho_f D_h^2}{\mu_f} \iiint_{\Omega} |\omega^n| \mathrm{d}V \Big/ \iiint_{\Omega} \mathrm{d}V \tag{5-91}$$

5.6.3 结构形式结果分析及讨论

当流体流经凹穴时，形成二次流。由于第一层和第二层的流动特性相似，因此选择所有通道的第一层来获得流动和传热特性。沿流动方向的局部速度云图如图 5-50 所示。结果表明，由于速度小，在三个通道的空腔区均形成了横向涡。由于面积膨胀，流动速度急剧下降，黏性力阻碍了边界层内的流动。而且，流体在壁面附近的动量太小，在压力增大时无法向前移动。当分离流的速度为 0 时，开始离开壁面。

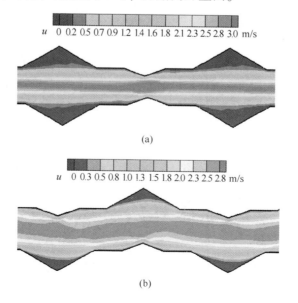

(a)

(b)

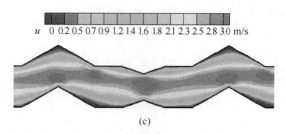

图 5-50　沿流动方向的速度场分布云图 $Re \approx 262$

（a）通道 A；（b）通道 B；（c）通道 C

图 5-51 和图 5-52 分别是局部二次流 $Se_s(x)$ 及压降沿流动方向的变化。如图 5-51 所示，由于通道 A 凹穴和内肋的对称分布，$Se_s(x)$ 沿程周期性变化。$Se_s(x)$ 最小值出现在凹穴内。沿着流动方向，$Se_s(x)$ 随速度的增大逐渐增大。但是，由于凹穴和内肋分布相反，通道 B 和 C 的 $Se_s(x)$ 值变化不对称，从而引起了压力扰动的轻微变化，如图 5-52 所示。微小的压力扰动可以延长微电子芯片的寿命。

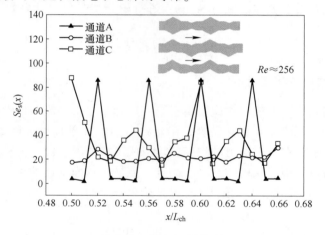

图 5-51　$Se_s(x)$ 的分布

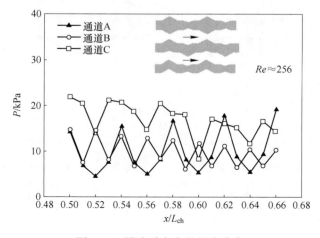

图 5-52　沿流动方向的压力分布

　　3 种通道二次流强度 Se 的对比如图 5-53 所示。对于所有工况而言，二次流强度 Se 随雷诺数的增大而增强。而且，对于特定的雷诺数而言，通道 C 的二次流强度最强，这意味着通道 C 凹穴和内肋的布置结构能产生更强的二次流。这是因为在相同尺寸下，通道 C 的流体流动面积最小，流体沿流动方向周期性地的改变方向。因此，由于凹穴内的速度降低容易形成涡旋。

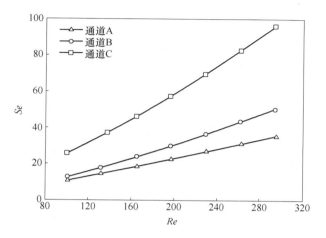

图 5-53　二次流强度随雷诺数的变化

　　图 5-54 是不同通道 Nu 数随雷诺数的变化情况。通道 C 的 Nu 数最大，其次是通道 B、通道 A 及通道 Rec.。这是因为凹穴及内肋的布置可以促使水力和热边界层不断重复发展，因此增强扰动。这有利于凹穴内的冷热流体充分混合，即近壁面的高温流体和通道中心部分的低温流体混合。但是，由于通道 A 对称的凹穴和内肋布置，速度小导致混合流体很难迅速地离开，因此导致近壁面的流体温度升高，使 Nu 数下降。

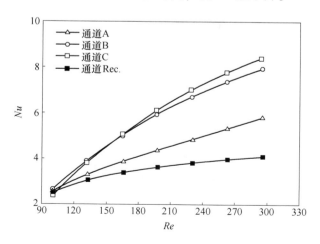

图 5-54　努塞尔数随雷诺数变化

　　接着，应用场协同原理对双层微通道的对流传热进行分析。图 5-55 为 $Re \approx 262$ 沿流动方向的局部场协同角。对于 3 种通道而言，凹穴及近肋区的 β 较小。Bi[173] 也观察到相似的现象，他指出小的 β 角主要集中在槽及肋部分，因此可导致传热增强。对于 3 种通道，通道 C 的小 β 角的范围比其他两种通道大。说明相反凹穴及对称内肋布置的通道能由于流通面积更小，能产生更强的扰动。从场协同角度来说，通道 C 由于温度场和流场的协同性好其传热性能更优。

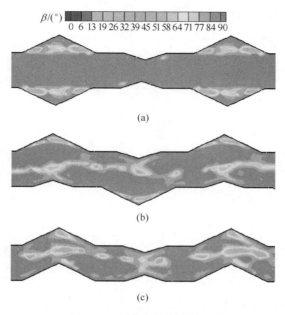

图 5-55　局部场协同角分布

（a）通道 A；（b）通道 B；（c）通道 C

　　图 5-56 是平均场协同角 β 随雷诺数的变化情况。可以看到，通道 C 的 β 角最小。对比图 5-54 和图 5-56，β 越小 Nu 数越大。当 $50<Re<300$ 时，通道 C 的场协同角比通道 A 小，范围为 $1°\sim1.64°$。但是，Nu 数的范围为 $5.5\%\sim31\%$，说明凹穴和内肋的布置形式对传热影响很大。

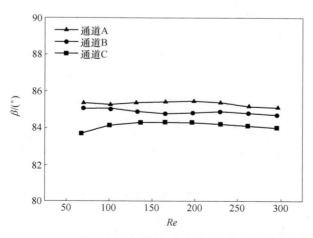

图 5-56　β 角随雷诺数的变化

图 5-57 是 Fc 数随雷诺数的变化情况。Fc 数越小，温度场和速度场的协同关系越好。Guo 等[174]指出当 $Fc=1$，速度和温度梯度完全协同。但是，大多数传热设备的 Fc 数都远小于 1，不会等于 1。因此，虽然凹穴及内肋的布置可以明显提高传热，但未来还需要很多工作来进一步提高双层微通道的传热性能。

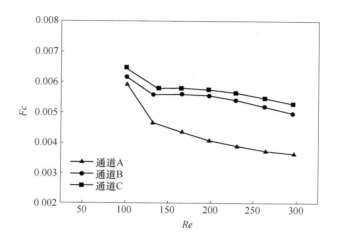

图 5-57 Fc 数随雷诺数的变化

如前所述，Se 值越大意味着垂直于主流方向的流动越剧烈。但是，二次流的强度越大，也同时说明传热性能越强压降也越大。因此，引入强化传热因子（η）来综合流动与传热的评价效果。图 5-58 为 η 数随二次流强化的变化。3 种通道的变化趋势不一致。对于通道 A 和 B 而言，η 数随 Se 数的增大而增大。相反，对于通道 C 而言，η 数随 Se 数先增大后下降。这意味着进一步增大二次流强度其综合传热性能下降。总之，二次流强度越大，传热和压降均越大。因此，合理的通道尺寸设计非常重要。综上所述，通道 C 的综合传热性能最优。

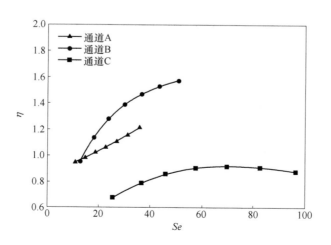

图 5-58 Se 数随 η 数的变化

5.6.4　双层微通道流动形式模型

假设双层微通道的矩形加热膜尺寸为 $W×L$，其中 $W=3\,mm$ 和 $L=5\,mm$ 分别是宽和高，如图 5-59（a）所示。所有的流动通道都布置在加热膜上，以去除高热量。单根通道横截面如图 5-59（b）所示。每一层单根通道的宽 W_{ch} 和高 H_{ch} 分别为 $0.1\,mm$ 和 $0.2\,mm$。每根通道间的肋宽 W_b 为 $0.1\,mm$。

逆流（简称 C）选作参考通道，以此通道为基础，提出 2 种新型的交叉流。交叉流 1（简称 S1）指第一层流体沿着 x 方向流动（沿加热膜方向），第二层流体沿着 y 方向交叉流动。交叉流 2（简称 S2）与交叉流 1 方向相反。图 5-59 加热膜（a）及单根通道（b）示意图为 C、S1 及 S2 的三维示意图。表 5-11 汇总了 3 种流动方式的详细信息。表 5-11 中，粗箭头和细箭头表示第一层和第二层的流动方向，与图 5-60 一致。

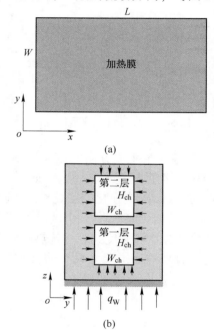

图 5-59　加热膜（a）及单根通道（b）示意图

表 5-11　三种流动布置方式的详细信息

项目	逆流（简称 C）	交叉流 1（简称 S1）	交叉流 2（简称 S2）
流动方式 （简图）	←——第二层 ——→第一层	第二层 ——→第一层	第一层 ——→第二层
每层通道总数	第一层：15 第二层：15	第一层：15 第二层：25	第一层：25 第二层：15
每层通道尺寸 （$L_{ch}×W_{ch}×H_{ch}$）	第一层： $5\,mm×0.1\,mm×0.2\,mm$ 第二层： $5\,mm×0.1\,mm×0.2\,mm$	第一层： $5\,mm×0.1\,mm×0.2\,mm$ 第二层： $3\,mm×0.1\,mm×0.2\,mm$	第一层： $3\,mm×0.1\,mm×0.2\,mm$ 第二层： $5\,mm×0.1\,mm×0.2\,mm$

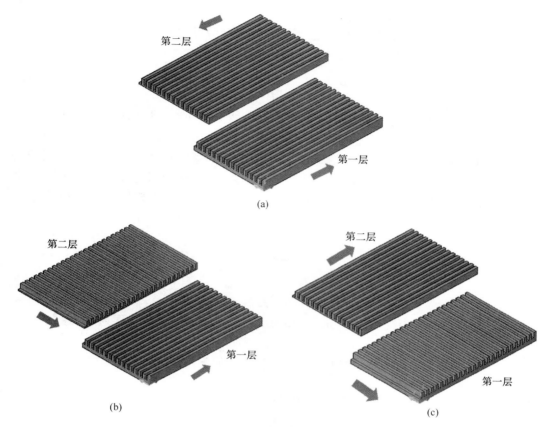

图 5-60　不同流动布置的三维示意图

（a）逆流；（b）交叉流 1；（c）交叉流 2

对于双层微通道而言，Lin 等[175]提出了总压降可由第一层和第二层的压降来计算，如下：

$$\Delta p = \sum_{i=1}^{n} \Delta p_i \tag{5-92}$$

式中，p_i 是各层的压降，Pa。

在矩形通道的层流中，泊萧叶数（Poiseuille number）可基于数值结果计算：

$$Po = fRe = \frac{1}{n} \sum_{i=1}^{n} \frac{\Delta p_i D_h}{2\rho u^2 L_{ch,i}} Re \tag{5-93}$$

式中，f 和 Re 是范宁摩擦系数（Fanning friction factor）和雷诺数；u 和 D_h 分别为入口速度和单根通道的水力直径，m/s，mm。

矩形通道的层流传热可由 Shah 等提出的泊萧叶数（Poiseuille number）来计算。流动情况决定泊萧叶数的大小。若通道长度大于入口长度，即 $L_{ch} > L_h$，流动充分发展。因此，泊萧叶数和入口长度可计算如下：

$$Po = 24(1 - 1.3553\alpha_c + 1.9467\alpha_c^2 - 1.7012\alpha_c^3 + 0.9564\alpha_c^4 - 0.2537\alpha_c^5) \tag{5-94}$$

$$L_h = 0.05 Re D_h \tag{5-95}$$

式中，α 为宽高比，$\alpha_c = W_{ch}/H_{ch}$。

相反，若 $L_{ch} < L_h$，流动为充分发展。此时的泊萧叶数可由下式计算，

$$Po = \frac{\Delta p + K(\infty)\dfrac{\rho u^2}{2}}{2D_h \mu u L_{ch}} \tag{5-96}$$

$$K(\infty) = 0.6796 + 1.2197\alpha_c + 3.3089\alpha_c^2 - 9.5921\alpha_c^3 + 8.9089\alpha_c^4 - 2.9959\alpha_c^5 \tag{5-97}$$

在一定的入口速度下，由于双层微通道不同的流动布置，总流道不同，导致总容积流量也不同。因此，压降或热阻的计算结果不具可比性，此时选用固定的泵功来评价每层通道总数不同的热沉的传热性能。在相同泵功下，热阻最小，传热性能最优。泵功或热阻的表达式如下：

$$PP = \sum_{i=1}^{n} V_i \Delta p_i \tag{5-98}$$

$$R_{th} = \frac{T_{b,\,max} - T_{b,\,min}}{\Omega} \tag{5-99}$$

式中，V_i 为每层总的体积流量，m^3/s，定义为 $V_i = n_i W_{ch} H_{ch} u$；$n_i$ 为每层通道总数；$T_{b,max}$ 和 $T_{b,min}$ 分别为加热膜的最高和最低温度，K；Ω 是加热膜的输入热量，W。

总输入热量 Ω 是第一层和第二层的总和，可计算如下；

$$\Omega = \sum_{i=1}^{n} \Omega_i = \sum_{i=1}^{n} \rho_i V_i c_{p,\,i}(T_{out,\,i} - T_{in,\,i}) \tag{5-100}$$

式中，$T_{out,i}$ 和 $T_{in,i}$ 分别为每层的平均入口及参考温度，K。

5.6.5 流动形式结果分析及讨论

由方程（5-95），3 种通道所有工况的水力长度均小于 2mm，属于充分发展流。因此，充分发展流的 Poiseuille 数可由方程（5-96）计算。首先，模拟结果与理论模型做对比以验证模型的正确性。图 5-61 为方程（5-95）计算的 Poiseuille 数和 Shah 等提出的式(5-97)的理论值的对比。二者的最大误差为 10%，因此验证了该层流模型的正确性。

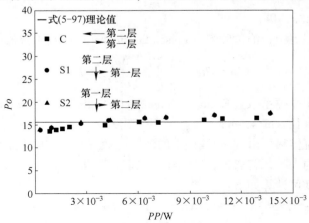

图 5-61 Po 数随泵功的变化

图 5-62 是 $PP \approx 0.1W$ 3 种双层微通道热沉的总温度分布。由于流动布置不同，每层的温度分布不同。交叉流 2 的温度分布最低，其次是逆流及交叉流 1。图 5-63 分别是加热膜及每层中间部分的温度分布。逆流的最高温度接近于加热膜中部，而交叉流的最高温度出现在角落内。当 $PP \approx 0.1W$ 时，加热膜的最大温差为 4.1K、4.9K、2.2K。说明交叉流 2 的温度最均匀，流动形式明显影响通道的整体温度分布。

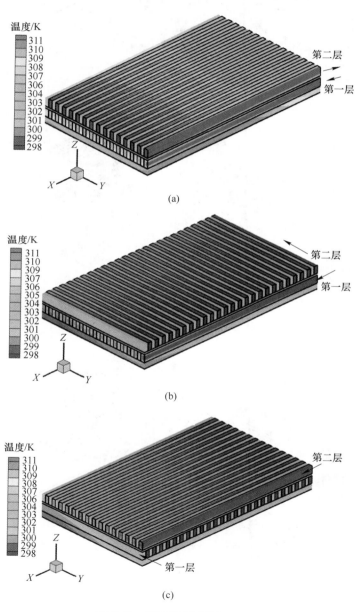

图 5-62　双层微通道热沉温度分布

（a）逆流；（b）交叉流 1；（c）交叉流 2

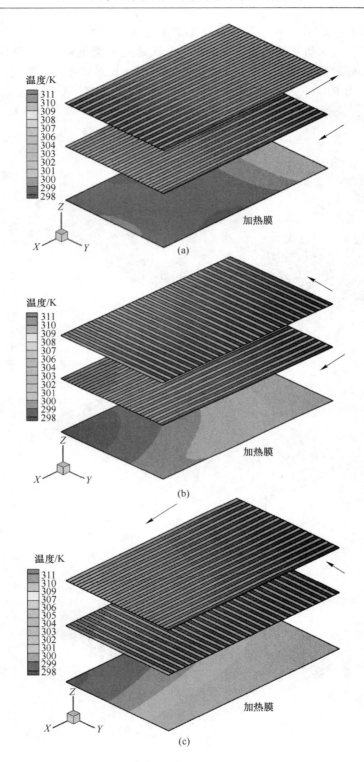

图 5-63　加热膜及每层中间部分的温度分布

（a）逆流；（b）交叉流 1；（c）交叉流 2

为了对比流动形式和泵功对加热膜平均温度的影响，相近泵功下底部平均温度沿 x 方向的变化如图 5-64 所示。可以看到，逆流和交叉流的底面平均温度分布明显不同。对于逆流而言，$T_{b,x}$ 沿流动方向先升高至通道中部，然后下降。最高温度接近通道中部。这个现象与文献 [15] 相似。相反，交叉流的底面温度沿 x 方向线性升高。平行流的温度变化趋势与交叉流相似[16]。但是，交叉流的传热性能优于平行流的。

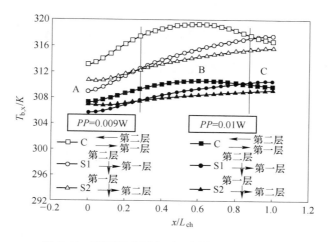

图 5-64 不同泵功下底面温度沿 x 方向的分布

如图 5-64 所示，不同流动方式的最低温度 $T_{b,x}$ 不同。可以分为 3 个区域，A 区域（加热膜前端），S1 低于 C 和 S2。B 区域（加热膜前端），S2 低于 C 和 S1。C 区域（加热膜后端），S2 低于 C 和 S1。这是因为 S2 第一层的体积流量大于第二层的，而且 S2 第一层的热量也大于第二层的（如图 5-65 所示）。也就是说，第一层具有更强的去除热量的能力。结果，体积流量和热量的综合效果能明显降低底面平均温度。

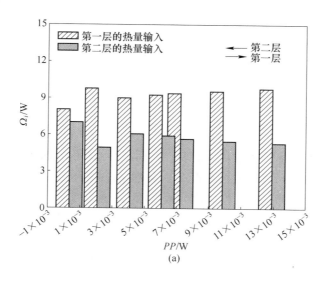

(a)

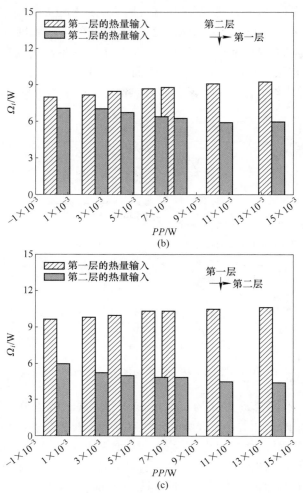

图 5-65　不同流动形式各层泵功随热量的变化
(a) 逆流；(b) 交叉流 1；(c) 交叉流 2

图 5-65 是不同流动形式的通道各层热量分布情况。对于逆流，每层通道数相同，因此体积流量也相同。但是，第一层的热量大于第二层的，如图 5-65 (a) 所示。对于交叉流 S2 而言，相同泵功下第一层的体积流量大于第二层的。因此，第一层可以去除更多热量。交叉流 2 比交叉流 1 的布置更合理。

图 5-66 为 3 种双层微通道的温差随泵功的变化。如图，$\Delta T_b = T_{b,\,max} - T_{b,\,min}$ 是加热膜最高和最低温度的温差。从图中可以看到，泵功相对较小时，温差下降大，然后逐渐下降。因此简单地增大泵功来降低底面温度不太合理。Hajmohammadi 等也观察到相似的现象，他通过降低电子器件的热点温度来提高其寿命。

图 5-67 是不同流动形式下热阻随泵功的变化。其中，S2 的热阻是最低的。因为 S2 的第一层热量大于第二层的，而且由于第一层的通道数量大于第二层的，因此在相同泵功下第一层的体积流量最大。因此，S2 的流通面积和去除热量的能力更大，使热阻明显下降。总之，交叉流 2 是双层微通道散热器去除高通量、获得均匀底温的有效方法之一。

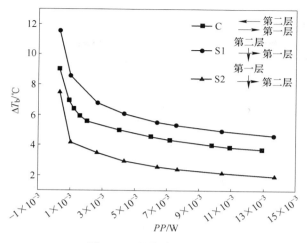

图 5-66 温差随泵功的变化

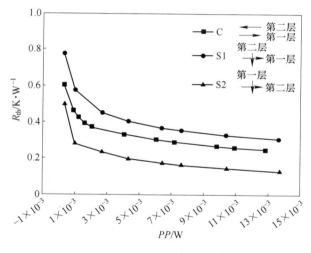

图 5-67 热阻随泵功的变化

5.7 纳米流体单相对流传热实验研究

5.7.1 实验系统

混合纳米流体管内流动传热实验台如图 5-68 所示，系统整体主要有实验段、预热段、数据采集系统、冷凝系统和循环系统组成，如图 5-69 所示。

（1）回路系统：实验开始时，储液罐内的流体经泵升压后，先进入预热段进行加热，设置流体不同的入口温度，使具有一定初始温度的流体进入实验段，流体进行传热，带走管壁热量。最后，传热后的纳米流体经冷凝器冷凝后，回到储液罐，形成一个闭环回路系统。

（2）实验段：实验段加热部分采用外径 8mm，内径 5mm，长 1000 mm 的光滑铜管，

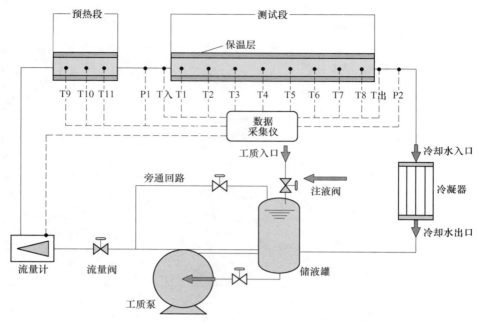

图 5-68　混合纳米流体管内流动传热实验台

外表面包裹保温棉以防止热量散失。铜管外同一水平高度上平行布置两根电加热棒，由稳压电源供电，总额定功率为 1200W。通过调节调压器改变加热功率，采用电加热控制加热量更易获得均匀恒定的热流密度边界条件。在实验段入口前加上一段 1500mm 的铜管作为预热段，以消除入口效应影响，使实验段流动处于充分发展阶段。

（3）数据采集部分：实验段沿铜管表面均匀布置 10 个测温点，每点间隔 10mm。其中，2 个测温点分别测量实验段进出口温度，另外 8 个测温点沿管子轴向安装在铜管外壁上，用于测量管壁温沿轴向的变化；进出口设置压力表读取进出口压力，两压力表间距 1200mm，流体质量流量由流量计控制，由数据采集仪同步收集数据。

图 5-69　混合纳米流体管内流动传热实验台示意图

5.7.1.1 实验工况

实验旨在对 Al_2O_3-CuO/W 混合纳米流体的管内流动传热特性进行探究，考察其流动传热特性随颗粒体积分数及 Re 数的变化规律。实验测试工况总结见表 5-12。

表 5-12 混合纳米流体流动传热实验测试工况

运行参数	范 围
颗粒体积分数/%	0.01，0.02，0.03
Re	500~2300（层流），4000~8000（湍流）

5.7.1.2 实验流程

（1）实验开始前，打开总电源开关，依次打开仪表电源，逐一检查管道、实验部件、压力表、储液罐等的密封性，防止有漏气、漏液现象。检查绝缘性，确保接地准确，保证用电安全。

（2）检查工质入口，注入一定浓度的工质。确保系统内充满工质，无气体。

（3）打开循环泵开关开启循环，通过阀门和旁路回水管道调节流量。

（4）打开冷却系统开关，冷凝器开始工作。

（5）打开预热段加热开关，预热段开始加热，设定预热段温度。

（6）打开实验段加热开关，选择初始加热功率。

（7）待实验段入口水温达到实验设定值，各仪表读数稳定后开始记录数据。

（8）轻旋流量调节阀，调节流量。待系统稳定后记录下一组数据。

（9）实验结束后，关闭加热段与预热段加热开关，待温度降低至室温再关闭循环水泵，最后关闭冷却水系统和仪表电源。

（10）排空管道内剩余的工质，并用去离子水进行冲洗，防止对下一次实验造成影响。

5.7.2 实验数据处理及验证

5.7.2.1 数据处理

实验段采用电加热，可以获得恒定热流密度。根据圆管内对流传热计算，单位面积的有效热流密度可表示为：

$$q = \frac{Q}{\pi D_i L} = \frac{Q_{\text{total}} - Q_{\text{loss}}}{\pi D_i L} \tag{5-101}$$

式中，D_i 和 L 分别为圆管内径和圆管长度，m；Q 和 Q_{total} 分别为有效功率和总加热功率，W，其中 Q_{total} 可以由式（5-102）计算：

$$Q_{\text{total}} = UI \tag{5-102}$$

式中，U 和 I 分别为电加热棒两端的电压（V）和电流（A）；Q_{loss} 为保温层与环境的对流及辐射散热损失，W，按总功率的 3% 计算。

实验段圆管整体平均传热系数可通过下式计算：

$$h = \frac{q}{T_{W,\,i} - T_f} \tag{5-103}$$

式中，$T_{w,i}$ 为管内壁面的平均温度，K：

$$T_{w,\,i} = T_{w,\,o} - q\frac{\ln(D_o/D_i)}{2\pi Lk} \tag{5-104}$$

$$T_{w,\,o} = \frac{\sum T_{w,\,o}(x)}{6} \tag{5-105}$$

$$T_f = \frac{T_{out} - T_{in}}{2} \tag{5-106}$$

式中，$T_{w,o}$ 为圆管外壁平均温度，K；T_f 为工质的特征温度，K。

圆管内各测温点位置的局部流动传热系数可由下式计算：

$$h(x) = \frac{q}{T_{w,\,i}(x) - T_f(x)} \tag{5-107}$$

式中，$T_{w,i}(x)$ 和 $T_f(x)$ 分别为管内某处的内壁面温度及流体温度，K。

圆管内各测温点位置的内壁面温度可通过外壁温度进行计算：

$$T_{w,\,i}(x) = T_{w,\,o}(x) - q\frac{\ln(D_o/D_i)}{2\pi Lk} \tag{5-108}$$

式中，$T_{w,o}(x)$ 为各测温位置处管外壁面温度，K；D_o 为圆管外径，m；k 为圆管导热系数（W/(m·K)），此实验中圆管采用铜质，选用铜的导热系数。

管内各处流体温度可通过下式进行计算：

$$T_f(x) = T_{nf,\,in} + \frac{q\pi D_i x}{\rho_{nf}c_{p,\,nf}uA} \tag{5-109}$$

式中，x 和 A 分别为圆管流动方向某处与入口处之间的距离（m）及圆管横截面面积（m²）；u 为流体流动速度，取流体平均流速，m/s。

5.7.2.2　无量纲数计算

管内各点处的局部努塞尔数：

$$Nu(x) = \frac{h(x)D_i}{k_{nf}} \tag{5-110}$$

圆管内平均努塞尔数由此计算：

$$Nu = \frac{hD_i}{k_{nf}} \tag{5-111}$$

另外，雷诺数通过下式得到：

$$\mathrm{Re} = \frac{GD_i}{A\mu_f} \tag{5-112}$$

式中，G 为管内流体的质流密度，kg/(m²·s)。

格拉晓夫数由下式计算：

$$Gr = \frac{\beta\Delta t D^3\rho^2 g}{\mu_f^2} \tag{5-113}$$

式中，β 为体积膨胀系数。

贝克莱数可用下进行计算：

$$Pe = \frac{u d_{\mathrm{p}}}{a} \tag{5-114}$$

式中，a_{nf} 为纳米流体的热扩散系数，可用下式计算：

$$a = \frac{k}{\rho c_{\mathrm{p}}} \tag{5-115}$$

混合纳米流体管内流动传热的平均努塞尔数增强效果用下式计算：

$$\eta = \frac{Nu_{\mathrm{nf}}}{Nu_{\mathrm{water}}} \tag{5-116}$$

5.7.2.3 参数测量的不确定度分析

在实验过程中，对参数进行测量的精确度影响着整体实验的误差，设备的精度是输出参数可否使用的前提，只有确定参数的精确度才能判断系统的整体误差。因此，需要在进行实验前对所用测量仪器的不确定性进行分析。

一般来说对于直接使用一起测量出的参数，需要首先对仪器进行校准。对经过校准的设备测量出的参数，根据误差传递原理，单个物理量最大相对误差（maximum relative error，简称 MRE）可按下式进行计算：

$$\varepsilon_{\max} = \frac{\Delta l}{l} \times 100\% \tag{5-117}$$

式中，Δl 为仪器的量程×精度；l 为物理量测量值的最小值。

对于由多个测量物理量组成的物理量，最大相对误差 MRE：

$$\varepsilon_{\max} = (\varepsilon_{\max, x1}^2 + \varepsilon_{\max, x2}^2 + \cdots + \varepsilon_{\max, xn2}^2)^{\frac{1}{2}} \times 100\% \tag{5-118}$$

根据上述不确定度分析方法来计算测量参数的不确定度，相关参数测量的不确定度如表 5-13 所示。

表 5-13 实验参数的不确定度

参　数	精度
温度 T/K	±0.5%
压力 P/kPa	±0.1%
流量 $m/\mathrm{m}^3 \cdot \mathrm{h}^{-1}$	±1.0%
质流密度 $G/\mathrm{kg} \cdot \mathrm{m}^{-2} \cdot \mathrm{s}^{-1}$	±1.8%
管壁传热系数 $K/\mathrm{W} \cdot \mathrm{m}^{-1} \cdot \mathrm{K}^{-1}$	±1.0%
实验段长度 L/m	±1.0%
圆管内径 $D_{\mathrm{i}}/\mathrm{mm}$	±0.6%

流动传热计算中主要涉及的热物性参数包括：导热系数、黏度、密度、比热容。水的物性参数可由表查询到，所以主要涉及 Al_2O_3-CuO/W 混合纳米流体物性参数的测量与计算。

Al_2O_3–CuO/W 混合纳米流体的密度及比热容利用混合物定律计算得出[176]：

$$\rho_{nf} = \varphi_{NP1}\rho_{NP1} + \varphi_{NP2}\rho_{NP2} + (1 - \varphi_{NP1} - \varphi_{NP2})\rho_{bf} \tag{5-119}$$

$$c_{p,\ nf} = \frac{\varphi_{NP1}\rho_{NP1}c_{p,\ NP1} + \varphi_{NP2}\rho_{NP2}c_{p,\ NP2} + (1 - \varphi_{NP1} - \varphi_{NP2})c_{p,\ bf}}{\rho_{nf}} \tag{5-120}$$

式中，下标 NP1 和 NP2 对应两种类型的纳米粒子；φ、ρ 和 $c_{p,nf}$ 分别为混合纳米流体的体积分数、密度（kg/m^3）和比热容。

虽然许多经验关联式可用于预测单一及混合纳米流体的密度和热容量，但通过混合理论计算的式（5-119）和式（5-120）与实验结果吻合较好，在参考文献［177］中对其精确度有较多报道。

对于纯水的管内流动传热，已经有了非常成熟的传热系数预测模型，对于管内流动平均传热系数，分别有：

（1）管内层流传热关联式：Seider-Tate 公式给出了管内层流强迫对流流动时恒定壁面热流密度条件下管内努塞尔数计算关联式：

$$Nu = C\left(RePr\frac{D}{L}\right)^{1/3}\left(\frac{\mu_f}{\mu_w}\right)^{0.14} \tag{5-121}$$

式中，C 为常数，与边界条件有关。恒定壁温边界条件下，C 取 1.86，恒定热流密度边界条件下 C 取 2.232。μ_w 为工质在温度达到壁温时的运动黏度。

Brown-Thomas 提出了层流下流动 Nu 数计算关联式：

$$Nu = 1.75\left[Gz + 12.6\left(GrPr\frac{D}{L}\right)^{0.4}\right]^{1/3}\left(\frac{\mu_f}{\mu_{water}}\right)^{0.14} \tag{5-122}$$

（2）管内湍流传热 Nu 关联式：计算管内湍流传热，一般采用 Dittus-Boelter 公式：

$$Nu = 0.023\ Re^{0.8}\ Pr^{0.4} \tag{5-123}$$

（3）局部 Nu 数关联式：管内流动传热的局部 Nu 数，可采用 Shah 关联式[178]进行计算：

$$Nu_{local} = \begin{cases} 1.30(x_i)^{-1/3} - 1 & x_i \leqslant 0.00005 \\ 1.302(x_i)^{-1/3} - 0.5 & 0.00005 \leqslant x_i \leqslant 0.001 \\ 4.364 + 0.263(x_i)^{-0.506}\exp(-41x_i) & x_i \geqslant 0.001 \end{cases} \tag{5-124}$$

式中，x_i 为特征长度：

$$x_i = \frac{x/D}{RePr} \tag{5-125}$$

在使用实验系统进行混合纳米流体对流传热实验前，需要确认实验系统的可靠性。因此，首先使用去离子水为工质进行强制对流传热实验。分别在层流及湍流工况下对水的对流传热特性进行对比。如图 5-70 所示，将层流流动下水的 Nu 数随 Re 数的变化与式（5-121）进行比较。如图 5-71 所示，将湍流流动下水的 Nu 数随 Re 数的变化与式（5-123）进行比较。结果显示，两种流动状态下实验值与关联式的吻合度都很高，层流及湍流下最大误差分别显示为 9.32% 和 6.06%，都在可接受的误差范围内，说明试验系统精度可满足需要。

为了验证实验段八个测温点的准确性，采用去离子水为工质，将实验测量的实验段八

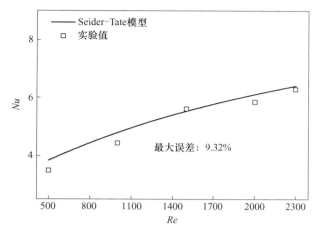

图 5-70 层流流动下水的平均 Nu 数验证

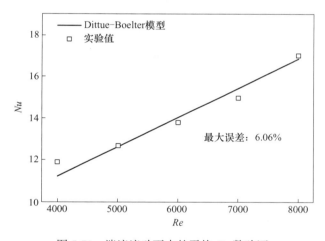

图 5-71 湍流流动下水的平均 Nu 数验证

个测温点处局部努塞尔数与式（5-124）中的理论值进行比较，如图 5-72 所示。使用去离子水进行管内流动传热实验得到的数据与经典的传热关联式吻合地较好，最大误差仅为 6.61%，实验段的准确度能够满足实验要求。

5.7.3 对流传热实验结果分析

如图 5-73 和图 5-74 分别给出了以 3 个不同体积分数下混合纳米流体在层流区和湍流区的平均对流传热系数变化，由图可见，对于不同体积分数的混合纳米流体，在相同 Re 条件下对流传热系数 h 均高于基液（去离子水）。混合纳米流体的 h 相对基液而言提高的平均值约为 15.75%。且混合纳米流体的平均对流传热系数 h 随着 Re 的不断增大，其效果越明显，提高的幅度越大，图 5-73 中，在 0.03 体积分数下，Re 从 500 到 2300，混合纳米流体的对流传热系数较水增强率从 15.64% 到 33.78%。随着雷诺数的增大，流体与圆管内壁之间的边界层变薄，传热热阻减小，从而增强了传热效果。纳米颗粒的加入改变了水

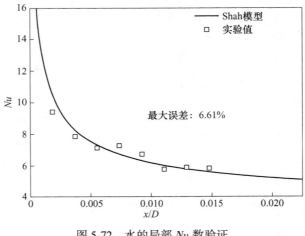

图 5-72　水的局部 Nu 数验证

内部的热传递过程，增强了对流体边界层的扰动，强化了传热效果。这一效果随 Re 的增大而更加显著。

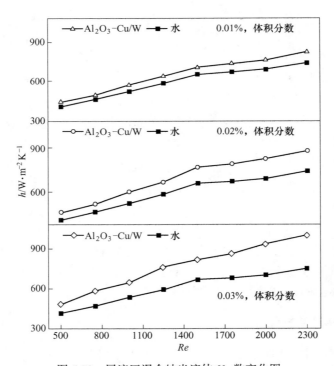

图 5-73　层流区混合纳米流体 Nu 数变化图

图 5-73 和图 5-74 比较可见，混合纳米流体在湍流区对 Nu 数增强效果较层流区域更明显。在层流阶段，受流速的影响，固体颗粒易沉积聚集，增加了流体与铜管的传热热阻，导致强化传热效果不明显；而在湍流区域内 Nu 数增强明显，因为扰动比较大，形成沉淀的机会较小，在一定提及浓度范围内，纳米流体的对流传热系数随湍流流动强度的增

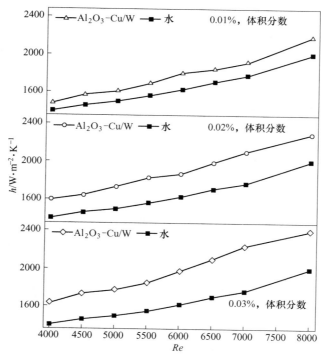

图 5-74 湍流区混合纳米流体 Nu 数变化

加呈加速增加趋势，纳米粒子的剧烈无规则运动是对流传热系数加速增加的主要原因。

图 5-75 及图 5-76 为混合纳米流体在管内流动传热的平均 Nu 数增强效果。对于同一体积分数，总体来看，随着雷诺数的增大，平均 Nu 数的增强率在一定的范围内上下波动，但变化并不明显。但是随着固体体积分数的增大，在相同的 Re 数条件下，混合纳米流体的平均 Nu 数逐渐增大。层流区域，体积分数 0.01% 平均 Nu 增强最大为 1.08，而 0.03 体积分数下提高到 1.16。

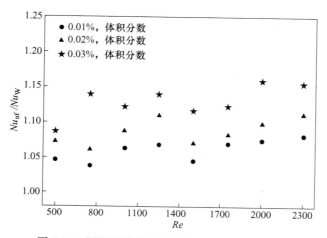

图 5-75 层流区混合纳米流体平均 Nu 数增强率

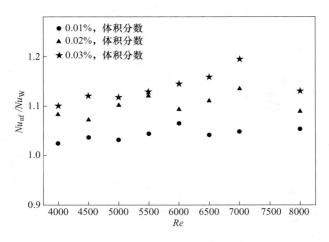

图 5-76　湍流区混合纳米流体平均 Nu 数增强率

从图 5-76 中可以看出，在相同 Re 数条件下，纳米流体的平均 Nu 数较水增强明显。而在 Pak 的实验中，当纳米流体的体积分数为 3.0% 时，相同 Re 数条件下，纳米流体的平均 Nu 数较水表现出降低。由于对流传热准则数 Nu 的无量纲属性，除了悬浮颗粒增加两相悬浮液的而引起纳米流体对流传热性能外，纳米流体管内流动传热还受粒子的微运动及微扩散等因素的影响。这些因素都受纳米流体的粒子尺寸、浓度、粒子形状等因素的影响，一般可将纳米流体管内流动的对流传热系数表示为以下形式：

$$Nu_{nf} = f\left(Re_{nf},\ Pr_{nf},\ \frac{k_p}{k_f},\ \frac{(\rho c_p)_p}{(\rho c_p)_f},\ \varphi,\ K\right) \tag{5-126}$$

式中，$(\rho c_p)_p$ 为纳米颗粒热容量；$(\rho c_p)_f$ 为基础流体热容量；K 为与纳米粒子形状和尺寸相关的参数。

对于混合纳米流体来说，由于两种颗粒的存在及协同作用的效果，其流动中作用机理更为复杂，多种因素交叉影响使得不同研究者间得到的结论有一定的现差异。

图 5-77 及图 5-78 为固体体积分数对混合纳米流体流动传热 Nu 数的影响。显然，在基液（去离子水）中添加一定份额的纳米颗粒会增大工质的管内流动 Nu 数，颗粒的存在使工质整体传热效果增强。且体积分数越大，对 Nu 数的增强越明显。相同的 Re 数条件下，混合纳米流体体积分数从 0.01% 增大到 0.03%，与基液去离子水相比，对流传热 Nu 数增强率从 6.53% 增加到 13.01%。固体颗粒的含量增大，混合纳米流体的导热系数随之增大；且当越来越多的颗粒参与到流动传热过程时，悬浮的粒子由于流速的作用能够保持良好的均匀分散状态，混合纳米流体内部颗粒之间，颗粒与水分子之间，颗粒与内壁面间的相互作用更加剧烈。即流动体系内微扰动与微对流愈加强烈，此时近壁面的热边界增厚度薄，热阻更低，传热效果明显。

5.7.4　小结

为了研究混合纳米流体在管内流动传热中流速变化及颗粒体积分数变化对流动对传热影响的重要性，本章搭建了混合纳米流体流动传热实验平台，研究了 3 种不同体积分数的

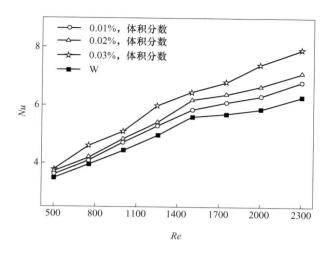

图 5-77　层流区内混合纳米流体体积分数对流动传热影响

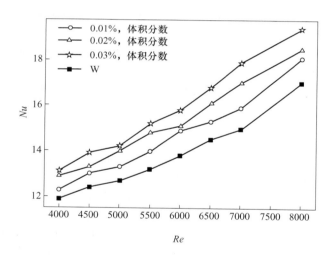

图 5-78　湍流区内混合纳米流体体积分数对流动传热影响

混合纳米流体的流动传热 Nu 数及平均传热系数随体积分数及 Re 数的变化。在实验结果的基础上，分别研究层流区及湍流区混合纳米流体流动传热特性。得到如下结论：

（1）混合纳米流体对流传热系数相对基液而言提高的平均值约为 15.75%。且增幅随 Re 数的不断增大而增大，这主要是由于随着 Re 数增强扰动增加，破坏了管壁附近的层流底层，从而提高能量传递效率。

（2）混合纳米流体在湍流区对 Nu 数增强效果较层流区域更明显。层流区传热系数增强最大为 20.08%，而湍流区为 33.71%。

（3）基液中添加纳米颗粒会使工质整体传热效果增强。且固体体积分数越大，对 Nu 数的增强越明显。相同的 Re 数条件下，混合纳米流体体积分数从 0.01% 增大到 0.03%，与基液去离子水相比，对流传热 Nu 数增强率从 6.53% 增加到 13.01%。

参 考 文 献

[1] Javed S, Ali H M, Babar H. International convective heat transfer of nanofluids in different flow regimes: a comprehensive review [J]. Physica A, 2020, 538.

[2] Shah T R, Ali H M. Applications of hybrid nanofluids in solar energy, practical limitations and challenges: a critical review [J]. Sol. Energy, 2019, 183: 173~203.

[3] Wahab A, Hassan A, Qasim M A, et al. Solar energy systems-Potential of nanofluids [J]. Mol. Liq, 2019, 289.

[4] Abbas N, Awan M B, Ammer S M, et al. Applications of nanofluids in photovoltaic thermal systems: a review of recent advances [J]. Physica A, 2019, 536.

[5] Sundar L S, Sharma K V, Singh M K, et al. Hybrid nanofluids preparation, thermal properties, heat transfer and friction factor -a review [J]. Renew. Sust. Energ. Rev, 2017, 68: 185~198.

[6] Babu J A R, Kumar K K, Rao S S. State-of-art review on hybrid nanofluids [J]. Renew. Sust. Energ. Rev, 2017, 77: 551~565.

[7] Sajid M U, Ali H M. Thermal conductivity of hybrid nanofluids: a critical review [J]. Heat Mass Transf, 2018, 126: 211~234.

[8] Ali H M, Babar H, Shah T R, et al. Preparation techniques of TiO_2 nanofluids and challenges : a review [J]. App. Sci, 2018, 8: 587.

[9] Yu F, Chen Y Y, Liang X B, et al. Dispersion stability of thermal nanofluids [J]. Prog. Nat. Sci, 2017, 27: 531~542.

[10] Ambreen T, Saleem A, Ali H M, et al. Performance analysis of hybrid nanofluid in heat sink equipped with sharp and streamlined micro pin-fins [J]. Powder Technol, 2019, 335: 552~563.

[11] Babar H, Ali H M. Airfoil shaped pin-fin heat sink: potential evaluation of ferric oxide and titania nanofluids [J]. Energ Convers Manage, 2019, 202.

[12] Sajid M U, Ali H M. Recent advances in application of nanofluids in heat transfer devices: a critical review, Renew [J]. Sust. Energ. Rev, 2019, 103: 556~592.

[13] Sidik N A C, Amil M M J, Japar W M A A. A review on preparation methods, stability and applications of hybrid nanofluids [J]. Renew. Sust. Energ. Rev, 2017, 80: 1112~1122.

[14] Dalkılıç A S, Yalçın G, Küçükyıldırım B O, et al. Experimental study on the thermal conductivity of water-based CNT-SiO_2 hybrid nanofluids [J]. Int. Commun. Heat Mass Transf, 2018, 99: 18~25.

[15] Asadi A, Pourfattah F. Heat transfer performance of two oil-based nanofluids containing ZnO and MgO nanoparticles; a comparative experimental investigation [J]. Powder Technol, 2019, 343: 296~308.

[16] Aparna Z, Michael M, Pabi S K, et al. Thermal conductivity of aqueous Al_2O_3/Ag hybrid nanofluid at different temperatures and volume concentrations: an experimental investigation and development of new correlation function [J]. Powder Technol, 2019, 343: 714~722.

[17] Zhou H, Li L, Zhu H. Tensor regression with applications in neuroimaging data analysis [J]. Journal of the American Statistical Association, 2013, 108: 540~552.

[18] Fei Y, Xiao Q T, Xu J X, et al. A novel approach for measuring bubbles uniformity and mixing efficiency in a direct-contact boiling heat transfer process [J]. Appl Therm Eng, 2017, 113: 851~857.

[19] Xu J X, Xiao Q T, Chen Y, et al. A modified L2-Star discrepancy method for measuring mixing uniformity in a direct contact heat exchanger [J]. Heat Mass Transf, 2016, 97: 70-76.

[20] Xiao Q T, Zhai Y L, Lv Z H, et al. Non-uniformity quantification of temperature and concentration fields by statistical measure and image analysis [J]. Appl. Therm. Eng, 2017, 124: 1134~1141.

[21] Kumar D D, Arasu A V. A comprehensive review of preparation, characterization, properties and stability of hybrid nanofluids [J]. Renew. Sust. Energ. Rev, 2018, 81: 1669~1689.

[22] Shahsavar A, Khanmohammadi S, Karimipour A, et al. A novel comprehensive experimental study concerned synthesizes and prepare liquid paraffin-Fe₃O₄ mixture to develop models for both thermal conductivity & viscosity: A new approach of GMDH type of neural network [J]. Heat Mass Transf, 2019, 131: 432~441.

[23] Abdullah A A A, Karimipour A, Bagherzadeh S A, et al. Electro-and thermophysical properties of water-based nanofluids containing copper ferrite nanoparticles coated with silica: experimental data, modeling through enhanced ANN and curve fitting [J]. Heat Mass Transf, 2018, 127: 925~935.

[24] Bagherzadeh S A, D'Orazio A, Karimipour A. A novel sensitivity analysis model of EANN for F-MWCNTs-Fe₃O₄/EG nanofluid thermal conductivity: outputs predicted analytically instead of numerically to more accuracy and less costs [J]. Physica A, 2019, 521: 406~415.

[25] Karimipour A, Bagherzadeh S A, Goodarzi M, et al. Synthesized CuFe₂O₄/SiO₂ nanocomposites added to water/EG: evaluation of the thermophysical properties beside sensitivity analysis & EANN [J]. Heat Mass Transf, 2018, 127: 1169~1179.

[26] Bagherzadeh S A, D'Orazio A, Karimipour A, et al. A novel nonlinear regression model of SVR as a substitute for ANN to predict conductivity of MWCNT-CuO / water hybrid nanofluids based on empirical data [J]. Physica A, 2019, 521: 89~97.

[27] Alrashed A A A A, Gharibdousti M S, Goodarzi M, et al. Effects on thermophysical properties of carbon based nanofluids: Experimental data, modelling using regression, ANFIS and ANN [J]. Heat Mass Transf, 2018, 125: 920~932.

[28] Moradikazerouni A, Hajizadeh A, Safaei M R, et al. Assessment of thermal conductivity enhancement of nano-antifreeze containing single-walled carbon nanotubes: optimal artificial neural network and curve-fitting [J]. Physica A, 2019, 521: 138~145.

[29] Wu H W, Bagherzadeh S A, D'Orazio A, et al. Present a new multi objective optimization statistical Pareto frontier method composed of artificial neural network and multi objective genetic algorithm to improve the pipe flow hydrodynamic and thermal properties such as pressure drop and heat transfer coefficient for non-Newtonian binary fluids [J]. Physica A, 2019, 535.

[30] Safaei M R, Hajizadeh A, Afrand M, et al. Evaluating the effect of temperature and concentration on thermal conductivity of ZnO-TiO₂/EG hybrid nanofluids using artificial neural network and curve fitting on experimental data [J]. Physica A, 2019, 519: 209~216.

[31] Ghasemi A, Hassani M, Goodarzi M, et al. Appraising influence of COOH-MWCNTs on thermal conductivity of antifreeze using curve fitting and neural network [J]. Physica A. 514 (2019) 36-45.

[32] Afrand M, Najafabadi K N, Sina N, et al. Prediction of dynamic viscosity of a hybrid nano-lubricant by an optimal artificial neural network [J]. Int. Commun. Heat Mass Transf, 2016, 76: 209~214.

[33] Esfe M H, Esfandeh S, Rostamian S H. Experimental evaluation, new correlation proposing and ANN modeling of thermal properties of EG based hybrid nanofluid containing ZnO-DWCNT nanoparticles for internal combustion engines applications [J]. Appl. Therm. Eng, 2018, 133: 452~463.

[34] Akhgar A, Toghraie D, Sina N, et al. Developing dissimilar artificial neural networks (ANNs) to prediction the thermal conductivity of MWCNT-TiO₂/Water-ethylene glycol hybrid nanofluid [J]. Powder Technology, 2019, 355: 602~610.

[35] Alrashed A A A A, Karimipour A, Bagherzadeh S A, et al. Electro-and thermophysical properties of water-based nanofluids containing copper ferrite nanoparticles coated with silica: Experimental data, mod-

eling through enhanced ANN and curve fitting [J]. Heat Mass Transf, 2018, 127: 925~935.

[36] Esfe M H, Esfandeh S, Saedodin S, et al. Experimental evaluation, sensitivity analyzation and ANN modeling of thermal conductivity of ZnO-MWCNT/EG-water hybrid nanofluid for engineering applications [J]. Appl. Therm. Eng, 2017, 125: 673~685.

[37] Esfe M. H, Arani A A A. An experimental determination and accurate prediction of dynamic viscosity of MWCNT (%40)-SiO$_2$(%60)/5w50 nano-lubricant [J]. Mol. Liq, 2018, 259: 227~237.

[38] Mahian O, Kolsi L, Amani M, et al. Recent advances in modeling and simulation of nanofluid flows-Part I: fundamentals and theory [J]. Physics reports, 2019, 790: 1~48.

[39] Hamid K A, Azmi W H, Nabil M F, et al. Experimental investigation of thermal conductivity and dynamic viscosity on nanoparticle mixture ratios of TiO$_2$-SiO$_2$ nanofluids [J]. Heat Mass Transf, 2018, 116: 1143~1152.

[40] Yiamsawas T, Mahian O, Dalkilic A S, et al. Experimental studies on the viscosity of TiO$_2$ and Al$_2$O$_3$ nanoparticles suspended in a mixture of ethylene glycol and water for high temperature applications [J]. Appl. Energy, 2013, 111: 40~45.

[41] Suresh S, Venkitaraj K P, Seluakumar P, et al. Synthesis of Al$_2$O$_3$-Cu/water hybrid nanofluids using two step method and its thermo physical properties, Colloid Surf. A-Physicochem [J]. Eng. Asp, 2011, 388: 41~48.

[42] Abdolbaqi M K, Sidik N A C, Aziz A, et al. An experimental determination of thermal conductivity and viscosity of BioGlycol/water based TiO$_2$ nanofluids [J]. Int. Commun, Heat Mass Transf, 2016, 77: 22~32.

[43] Yang M, Tao W Q,. Heat transfer [M], Beijing: Higher Education Press, 2006.

[44] Zhai Y L, Xia G D, Liu X F, et al. Heat transfer enhancement of Al$_2$O$_3$-H$_2$O nanofluids flowing through a micro heat sink with complex structure [J]. Int. Commun, Heat Mass Transf, 2015, 66: 158~166.

[45] Mahian O, Kianifar A. Dispersion of ZnO nanoparticles in a mixture of ethylene glycol-water, Exploration of tmperature-dependent density, and sensitivity analysis [J]. Clust. Sci, 2013, 24: 1103~1114.

[46] Chiam H W, Aami W H, Usri N A, et al. Thermal conductivity and viscosity of Al$_2$O$_3$ nanofluids for different based ratio of water and ethylene glycol mixture [J]. Exp. Therm, Fluid Sci, 2017, 81: 420~429.

[47] Suleiman K, Baheta A T, Sharma K V. Experimental measurements of thermal conductivity and viscosity of ethylene glycol-based hybrid nanofluid with TiO$_2$-CuO/C inclusions [J]. Mol. Liq, 2017, 246: 396~405.

[48] Nabil M F, Aami W H, Hamid K A, et al. An experimental study on the thermal conductivity and dynamic viscosity of TiO$_2$-SiO$_2$ nanofluids in water: ethylene glycol mixture [J]. Int. Commun. Heat Mass Transf, 2017, 86: 181~189.

[49] Qi C, Tang J, Ding Z, et al. Effect of rotation angle and metal foam on natural convection of nanofluids in a cavity under an adjustable magnetic [J]. International communications in Heat and Mass Transfer, 2019, 109.

[50] Qi C, Liu M, Tang J. Influence of triangle tube structure with twisted tape on the thermos-hydraulic performance of nanofluids in heat-exchanger system based on thermal and exergy efficiency [J]. Energy Conversion and Management, 2019, 192: 243~268.

[51] Qi C, Fan F, Pan Y, et al. Effects of turbulator with round hole on the thermos-hydraulic performance of nanofluids in a triangle tube [J]. International journal of Heat and Mass Transfer, 2020, 146.

[52] Pordanjani A H, Aghakhani S, Afrand M, et al. An updated review on application of nanofluids in heat

exchangers for saving energy [J]. Energy Conversion and Management, 2019, 198: 111886.

[53] Qi C, Li K, Li C, et al. Experimental study on thermal efficiency improvement using nanofluids in heat sink with heated circular cylinder [J]. International communications in Heat and Mass Transfer, 2020, 114: 104589.

[54] Xu H, Xing Z, Wang F, et al. Review on heat conduction, heat convection, thermal radiation and phase change heat transfer of nanofluids in porous media: fundamentals and applications [J]. Chemical Engineering Science, 2019, 159: 462~483.

[55] Xu H. Thermal transport in microchannels partially filled with micro-porous media, involving flow inertia, flow/thermal slips, thermal non-equilibrium and thermal asymmetry [J]. International Communications in Heat and Mass Transfer, 2020, 110: 104404.

[56] Xu H, Xing Z, Vafai K. Analytical considerations of flow/thermal coupling of nanofluids in foam metals with local thermal non-equilibrium (LTNE) phenomena and inhomogeneous nanoparticle distribution [J]. International Journal of Heat and Fluid Flow, 2019, 77: 242~255.

[57] Bahiraei M, Heshmatian S. Electronics cooling with nanofluids: a critical review [J]. Energy Conversion and Management, 2018, 172: 438~456.

[58] Chai L, Wang L, Bai X. Thermohydraulic performance of microchannel heat sinks with triangular ribs on sidewalls - Part 2: average fluid flow and heat transfer characteristics [J]. International Journal of Heat and Mass Transfer , 2019, 128: 634~648.

[59] Kumar V, Sarkar J. Particle ratio optimization of Al_2O_3 Entropy generation minimization of thermoelectric systems applied for electronic cooling: parametric investigations and operation optimization-MWCNT hybrid nanofluid in minichannel heat sink for best hydrothermal performance [J]. Applied Thermal Engineering, 2020, 165: 114546.

[60] Kumar V, Sarkar J. Experimental hydrothermal behavior of hybrid nanofluid for various particle ratios and comparison with other fluids in minichannel heat sink [J]. International Communications in Heat and Mass Transfer, 2020, 110: 104397.

[61] Martínez V A, Vasco D A, García-Herrera C M, et al. Numerical study of TiO_2-based nanofluids flow in microchannel heat sinks: effect of the Reynolds number and the microchannel height [J]. Applied Thermal Engineering, 2019, 161: 114130.

[62] Xu C, Xu S, Wei S, et al. Experimental investigation of heat transfer for pulsating flow of GOPs-water nanofluid in a microchannel [J]. International Communications in Heat and Mass Transfer, 2020, 110: 104403.

[63] Shi X, Li S, Wei Y, Gao J. Numerical investigation of laminar convective heat transfer and pressure drop of water-based Al_2O_3 nanofluids in a microchannel [J]. International Communications in Heat and Mass Transfer, 2018, 90: 11~120.

[64] Bahiraei M, Jamshidmofid M, Goodarzi M. Efficacy of a hybrid nanofluids in a new microchannel heat sink equipped with both secondary channels and ribs [J]. Journal of Molecular Liquids, 2019, 273: 88~98.

[65] Goodarzi M, Tlili I, Tian Z, Safaei M R. Efficiency assessment of using graphene nanoplatelets-silver/water nanofluids in microchannel heat sinks with different cross-sections for electronics cooling [J]. International Journal of Numerical Methods for Heat & Fluid Flow, 2020, 30: 347~372.

[66] Kumar K, Kumar R, Bharj R S. Entropy generation analysis due to heat transfer and nanofluid flow through microchannels: a review [J]. International Journal of Exergy, 2020, 31: 49~86.

[67] Cai Y, Wang W, Ding W, et al. Entropy generation minimization of thermoelectric systems applied for electronic cooling: parametric investigations and operation optimization [J]. Energy Conversion and Man-

agement, 2019, 186: 401~414.

[68] Fan J, Ding W, Zhang J, et al. A performance evaluation plot of enhanced heat transfer techniques oriented for energy-saving [J]. International Journal of Heat and Mass Transfer, 2009, 52: 33~44.

[69] Ji W, Fan J, Zhao C, et al. A revised performance evaluation method for energy saving effectiveness of heat transfer enhancement techniques [J]. International Journal of Heat and Mass Transfer, 2019, 138: 1142~1153.

[70] Zhai Y L, Xia G D, Liu X, et al. Heat transfer enhancement of Al_2O_3-H Numerical investigation of flow and heat transfer in a microchannel with fan-shaped reentrant cavities and internal ribs O nanofluids flowing through a micro heat sink with complex structure [J]. International Communications in Heat and Mass Transfer 66, 2015: 158~166.

[71] Zhai Y L, Xia G D, Liu X, et al. Exergy analysis and performance evaluation of flow and heat transfer in different micro heat sinks with complex structure [J]. International Journal of Heat and Mass Transfer, 2015, 84: 293~303.

[72] Kumar V, Sarkar J. Two-phase numerical simulation of hybrid nanofluid heat transfer in minichannel heat sink and experimental validation [J]. International Communications in Heat and Mass Transfer, 2018, 91: 239~247.

[73] Labib M N, Nine M J, Afrianto H, et al. Numerical investigation on effect of base fluids and hybrid nanofluid in forced convective heat transfer [J]. International Journal of Thermal Sciences, 2013, 71: 163~171.

[74] Ghale Z, Haghshenasfard M, Esfahany M N. Investigation of nanofluids heat transfer in a ribbed microchannel heat sink using single-phase and multiphase CFD models [J]. International Communications in Heat and Mass Transfer, 2015, 68: 122~129.

[75] Dehghan M, Daneshipour M, Valipour M S. Nanofluids and converging flow passages: a synergetic conjugate-heat-transfer enhancement of micro heat sinks [J]. International Communications in Heat and Mass Transfer, 2018, 97: 72~77.

[76] Lotfi R, Saboohi Y, Rashidi A M. Numerical study of forced convective heat transfer of nanofluids: comparison of different approaches [J]. International Communications in Heat and Mass Transfer, 2010, 37 (1): 74~78.

[77] Gupta M, Singh V, Kumar R, et al. A review on thermophysical properties of nanofluids and heat transfer applications [J]. Renewable & Sustainable Energy Reviews, 2017, 74: 638~670.

[78] Einstein A. Investigation on the theory of the brownian movement [M]. Dover, New York, 1956.

[79] Murshed S M, Estellé P. A state of the art review on viscosity of nanofluids [J]. Renewable & Sustainable Energy Reviews, 2017, 76: 1134~1152.

[80] Noni A D, Garcia D E, Hotza D. A modified model for the viscosity of ceramic suspensions [J]. Ceramics International, 2002, 28: 731~735.

[81] Nguyen C, Desgranges F, Roy G, et al. Temperature and particles-size dependent viscosity data for water-based nanofluids - hysteresis phenomenon [J]. International Journal of Heat and Fluid Flow, 2007, 28: 1492~506.

[82] Williams W C, Buongiorno J, Hu W L. Experimental investigation of turbulent convective heat transfer and pressure loss of alumina/water and zirconia/water nanoparticle colloids (nanofluids) in horizontal tubes [J]. International Journal of Heat and Mass Transfer, 2008, 130: 042412.

[83] Buongiorno J. Convective transport in nanofluids [J]. International Journal of Heat and Mass Transfer, 2006, 128: 240~250.

［84］ Moraveji M K, Ardehali R M. CFD modeling (comparing single and two-phase approaches) on thermal performance of Al_2O_3/water nanofluid in mini-channel heat sink ［J］. International Communications in Heat and Mass Transfer, 2013, 44: 157~164.

［85］ Sheikhalipour T, Abbassi A. Numerical analysis of nanofluid flow inside a trapezoidal microchannel using different approaches ［J］. Advanced Powder Technology, 2018, 29 (7): 1749~1757.

［86］ Xia G D, Zhai Y L, Cui Z Z. Numerical investigation of flow and heat transfer in a microchannel with fan-shaped reentrant cavities and internal ribs ［J］. Applied Thermal Engineering, 2013, 58: 52~60.

［87］ Ansari D, Kim K Y. Hotspot thermal management using a microchannel-pin-fin hybrid heat sink ［J］.International Journal of Thermal Sciences, 2018, 134: 27~39.

［88］ Cheng W, Han F, Liu Q, et al. Experimental and theoretical investigation of surface temperature non-uniformity of spray cooling ［J］. Therm. Sci, 2011, 36 (1): 249~257.

［89］ Hussien A A, Abdullah M Z, Al-Nimr M A. Single-phase heat transfer enhancement in micro/minichannels using nanofluids: theory and applications ［J］. Appl. Energy, 2016, 164: 733~755.

［90］ Xia G, Chai L, Zhou M, et al. Effects of structural parameters on fluid flow and heat transfer in a microchannel with aligned fan-shaped reentrant cavities ［J］. Therm. Sci, 2011, 50 (3): 411~419.

［91］ Xia G D, Zhai Y L, Cui Z Z. Numerical investigation of thermal enhancement in a micro heat sink with fan-shaped reentrant cavities and internal ribs ［J］. Appl. Therm. Eng, 2013, 58 (12): 52~60.

［92］ Zhai Y L, Xia G D, Liu X, et al. Heat transfer in the microchannels with fan-shaped reentrant cavities and different ribs based on field synergy principle and entropy generation analysis ［J］. Heat Mass Transf, 2014, 68 (1): 224~233.

［93］ Zhai Y L, Xia G D, Liu X, et al. Exergy analysis and performance evaluation of flow and heat transfer in different micro heat sinks with complex structure ［J］. Heat Mass Transf, 2015, 84: 293~303.

［94］ Guo P, He M, Yang Q, et al. Wellhead anti-frost technology using deep mine geothermal energy ［J］. Min. Sci. Technol. (China), 2011, 21 (4): 525~530.

［95］ Kim S, Nkaya A. N, Dyakowski T. Measurement of mixing of two miscible liquids in a stirred vessel with electrical resistance tomography ［J］. Int. Commun. Heat Mass Transf, 2006, 33 (9): 1088~1095.

［96］ Mckee S L, Williams R A, Boxman A. Development of solid-liquid mixing models using tomographic techniques ［J］. Chem. Eng. J. Biochem. Eng. J, 1995, 56 (3): 101~107.

［97］ Lee Y, Mccarthy M J, Mccarthy K L. Extent of mixing in a two-component batch system measured using MRI ［J］. J. Food Eng, 2001, 50 (3): 167~174.

［98］ Yang W, York T A. New ac-based capacitance tomography system ［J］. IEE Proc. Sci. Meas. Technol, 1999, 146 (1): 47~53.

［99］ Yang W, Peng L. Image reconstruction algorithms for electrical capacitance tomography ［J］. Meas. Sci. Technol, 2003, 14 (1): R1~R13 (13).

［100］ Yang W. Design of electrical capacitance tomography sensors ［J］. Meas. Sci. Technol, 2010, 21 (4): 447~453.

［101］ Wang H, Yang W, Dyakowski T, et al. Study of bubbling and slugging fluidized beds by simulation and ect ［J］. AIChE J, 2006, 52 (9): 3078~3087.

［102］ Xiao Q, Wang S, Zhang Z, et al. Analysis of sunspot time series (1749-2014) by means of 0-1 test for chaos detection ［C］// International Conference on Computational Intelligence and Security, 2015: 215~218.

［103］ Xiao Q, Xu J, Wang H. Quantifying the evolution of flow boiling bubbles by statistical testing and image analysis: toward a general model ［J］. Scient. Rep, 2016, 6: 31548.

[104] Cabaret F, S Bonnot, Fradette L, et al. Mixing time analysis using colorimetric methods and image processing [J]. Ind. Eng. Chem. Res, 2007, 46 (14): 5032~5042

[105] Demidenko E. Mixed Models: Theory and Applications with R, 2nd Edition [M]. 2013.

[106] Xu J, Xiao Q, Fei Y, et al. Accurate estimation of mixing time in a direct contact boiling heat transfer process using statistical methods [J]. Int. Commun. Heat Mass Transf, 2016, 75: 162~168.

[107] Zhou H, Li L, Zhu H. Tensor regression with applications in neuroimaging data analysis [J]. J. Am. Stat. Assoc, 2013, 108 (502): 540~552.

[108] Lindquist M A. The statistical analysis of fMRI data [J]. Stat. Sci, 2009, 23 (4): 439~464.

[109] Xiao Q, Pan J, Xu J, et al. Hypothesis-testing combined with image analysis to quantify evolution of bubble swarms in a direct-contact boiling heat transfer process [J]. Appl. Therm. Eng, 2017, 113: 851~857.

[110] Fei Y, Xiao Q, Xu J, et al. A novel approach for measuring bubbles uniformity and mixing efficiency in a direct contact heat exchanger [J]. Energy, 2015, 93: 2313~2320.

[111] Xu J, Xiao Q, Chen Y, et al. A modified L2-star discrepancy method for measuring mixing uniformity in a direct contact heat exchanger [J]. Heat Mass Transf, 2016, 97: 70~76.

[112] Rodriguez G, Anderlei T, Micheletti M, et al. On the measurement and scaling of mixing time in orbitally shaken bioreactors [J]. Biochem. Eng. J, 2014, 82 (3): 10~21.

[113] Amdouni A, Castagliola P, Taleb H, et al. One-sided run rules control charts for monitoring the coefficient of variation in short production runs [J]. Eur. J. Ind. Eng, 2016, 10 (5): 639~639.

[114] Jumarie G. Entropy of markovian processes: application to image entropy in computer vision [J]. Franklin Inst, 1998, 335 (7): 1327~1338.

[115] Novak E, Paxton L M, Tubbs H J, et al. Assessing phylogenetic relationships of Lycium samples using RAPD and entropy theory [J]. Acta Pharmacol. Sin, 2005, 26 (10): 1217~1224.

[116] Fang K. The uniform design: application of number-theoretic methods in experimental design [J]. Acta Math. Appl. Sin, 1980, 3 (4): 363~372.

[117] Xiao Q, Pan J, Lv Z, et al. Measure of bubble non-uniformity within circular region in a direct-contact heat exchanger [J]. Heat Mass Transf, 2017, 110: 257~261.

[118] Fang K, Shiu W, Pan J. Uniform design based on Latin squares [J]. Stat. Sin, 1995, 9 (3): 905~912.

[119] Fang K, Lin D K J, Winker P, et al. Uniform design: theory and application, Technometrics, 2000, 42 (3): 237~248.

[120] Zhou Y, Fang K. An efficient method for constructing uniform designs with large size [J]. Comput. Stat, 2013, 28 (3): 1319~1331.

[121] Elsawah A M, Qin H. Asymmetric uniform designs based on mixture discrepancy [J]. Appl. Stat, 2016, 43 (12): 2280~2294.

[122] Zhai Y L, Xia G D, Chen Z Z, et al. Micro-PIV study of flow and the formation of vortex in micro heat sinks with cavities and ribs [J]. Heat Mass Transf, 2016, 98: 380~389.

[123] Zhai Y L, Xia G D, Liu X, et al. Characteristics of entropy generation and heat transfer in double-layered micro heat sinks with complex structure [J]. Energy Convers. Manage, 2015, 103: 477~486.

[124] Gunnasegaran P, Mohammed H A, Shuai N H et al. The effect of geometrical parameters on heat transfer characteristics of microchannels heat sink with different shapes [J]. Int. Commun. Heat Mass Transf, 2010, 37 (8): 1078~1086.

[125] Bland J M, Altman D G. Statistics notes: measurement error and correlation coefficients [J]. BMJ

Clin. Res, 1996, 313 (7049): 106~106.

[126] Liu W, Liu Z C, Ma L. Application of a multi-field synergy principle in the performance evaluation of convective heat transfer enhancement in a tube [J]. Sci. Bull, 2012, 57 (13): 1600~1607.

[127] Peng D, Liu Y. A grid-pattern PSP/TSP system for simultaneous pressure and temperature measurements [J]. Sens. Actuat. B Chem, 2015, 222: 141~150.

[128] 李强. 纳米流体强化传热机理研究 [D]. 南京: 南京理工大学, 2004.

[129] 徐伟, 陈思嘉, 何燕, 等. 热管技术在余热回收中的应用研究进展 [J]. 广东化工, 2007, 34 (2): 40~42.

[130] 王爱辉, 罗高乔, 汪韩送. 重力式热管空调机组运行特性试验研究 [J]. 制冷技术, 2013 (2).

[131] 杨画春. 纳米流体强化传热特性的研究 [D]. 青岛: 青岛科技大学, 2007.

[132] 郭亚丽. 纳米流体固着液滴蒸发等流动与传热问题的 LBM 分析 [D]. 大连: 大连理工大学, 2009.

[133] Xuan Y, Li Q. Investigation on convective heat transfer and flow features of nanofluids [J]. Journal of Heat Transfer, 2003, 125 (1): 151~155.

[134] Rea U, Mckrell T, Hu L W, et al. Laminar convective heat transfer and viscous pressure loss of alumina-water and zirconia-water nanofluids [J]. International Journal of Heat & Mass Transfer, 2009, 52 (7): 2042~2048.

[135] Zhang Y, Fan Y, Yang X, et al. The process and mechanism of electrodepositing a Zn-Fe-SiO$_2$ composite coating [J]. Plating & Surface Finishing, 2004, 91 (9): 39~43.

[136] Aruna S T, William Grips V K, Rajam K S. Ni-based electrodeposited composite coating exhibiting improved micro hardness, corrosion and wear resistance properties [J]. Journal of Alloys & Compounds, 2009, 468 (1): 546~552.

[137] Fan Y Y, Xu J X, Jiang Y H, et al. Numerical simulation and PIV test on flow-field character of zinc-silica composite electrolyte [J]. Materials Science Forum, 2011: 440~445.

[138] Han B, Zhang M, Qi C, et al. Characterization and friction-reduction performances of composite coating 255 produced by laser cladding and ion sulfurizing [J]. Materials Letters, 2015, 150: 35~38.

[139] Paramonov V A, Levenkov V V. Production of automobile sheet with coatings [J]. Metallurgist, 2004, 48 (9): 473~477.

[140] Zuniga V, Ortega R, Meas Y, et al. Electrodeposition of zinc from an alkaline non-cyanide bath: influence of aquaternary aliphatic polyamine [J]. Plating & Surface Finishing, 2004, 91 (6): 46~51.

[141] Panagopoulos C N, Georgarakis K G, Petroutzakou S. Sliding wear behaviour of zinc-cobalt alloy electrodeposits [J]. Journal of Materials Processing Technology, 2005, 160: 234~244

[142] Xia X, Zhitomirsky I, McDermid J R. Electrodeposition of zinc and composite zinc-yttria stabilized zirconia coatings [J]. Journal of Materials Processing Technology, 2009, 209 (5): 2632~2640.

[143] Ramanauskas R, Muleshkova L, Maldonado L, et al. Characterization of the corrosion behaviour of Zn and Zn alloy electrodeposits: atmospheric and accelerated tests [J]. Corrosion Science, 1998, 40 (2~3): 401~410.

[144] Shamsolhodaei A, Rahmani H, astegari S R. Effects of electrodeposition parameters on morphology and properties of Zn-TiO$_2$ composite coating [J]. Surface Engineering, 2013, 29 (9): 695~699.

[145] Ramezanzadeh B, Arman S Y, Mehdipour M. Anticorrosion properties of an epoxy zinc-rich composite coating reinforced with zinc, aluminum, and iron oxide pigments [J]. Journal of Coatings Technology & Research, 2014, 11 (5): 727~737.

[146] Fan Y Y, Lin P, Shi S D. Silicate-based passivation technique on alkaline electrodeposited zinc coatings

[J]. Advanced 270 Materials Research, 2010, 154~155: 433~436.

[147] Khan T R, Erbe A, Auinger M, et al. Electrodeposition of zinc-silica composite coatings: challenges in incorporating functionalized silica particles into a zinc matrix [J]. Science & Technology of Advanced Materials, 2011, 12 (5): 055005.

[148] Popoola A P I, Aigbodion V S, Fayomi O S I. Surface characterization, mechanical properties and corrosion behaviour 275 of ternary based Zn-ZnO-SiO_2 composite coating of mild steel [J]. Journal of Alloys & Compounds, 2016, 654: 561~566.

[149] Zhu L Q. Electrodeposition of zinc-iron alloy from an alkaline zincate bath [J]. Metal Finishing, 1998, 96 (11): 56~57.

[150] Barbosa L. L, Finazzi G A, Tulio P C, et al. Electrodeposition of zinc-iron alloy from an alkaline bath in thepresence of sorbitol [J]. Journal of Applied Electrochemistry, 2008, 38 (1): 115~125.

[151] Marques A G, Taryba M G, Pan~ao A S, et al. Application of scanning electrode techniques 280 for the evaluation of ironc zinc corrosion in nearly neutral chloride solutions [J]. Corrosion Science, 2015, 104: 123~131.

[152] Shahri Z, Allahkaram S R, Zarebidaki A. Electrodeposition and characterization of Co-BN (h) nanocomposite coatings [J]. Applied Surface Science, 2013, 276 (276): 174~181.

[153] Xia F, Xu H, Liu C, et al. Microstructures of Ni-AlN composite coatings prepared by pulse electrodeposition technology [J]. Applied Surface Science, 2013, 271 (5): 7~11.

[154] Wang Y Y, Liang Z P, Zhou X Y, et al. Electrochemical and Tribological behavior of Ni-Co/ZrO_2 Coatings prepared by ultrasound-assisted electrodeposition [J]. International Journal of Electrochemical Science, 2018, 13 (5): 9183~9199.

[155] Tyler B J. Multivariate statistical image processing for molecular specific imaging in organic and biosystems [J]. Applied Surface Science, 2006, 252 (19): 6875~6882.

[156] Xiao Q, Pan J, Lv Z, et al. Measure of bubble non-uniformity within circular region in a direct-contact heat290 exchanger [J]. International Journal of Heat and Mass Transfer, 2017, 110: 257~261.

[157] Coent A L L, Rivoire A, Briancon S, et al. An original image-processing technique for obtaining the mixing time: the box-counting with erosions method [J]. Powder Technology, 2005, 152 (1): 62~71.

[158] Xie C, Zhang H, Shimkets L J, et al. Statistical image analysis reveals features affecting fates of Myxococcus xanthus developmental aggregates [J]. Proceedings of the National Academy of Sciences of the United States of America, 2011, 108 (14): 5915~5920.

[159] Xiao Q, Xu J, Wang H. Quantifying the evolution of flow boiling bubbles by statistical testing and image analysis: toward a general model [J]. Scientific Reports, 2016, 6: 31548.

[160] Xiao Q T, Zhai Y L, Lv Z H, et al. Non-uniformity quantification of temperature and concentration fields by statistical measure and image analysis [J]. Applied Thermal Engineering, 2017, 124: 1134~1141.

[161] Zaborowski M, Barcz A, Adamiec M. Hillock recognition by digital image processing [J]. Applied Surface Science, 1995, 91 (1~4): 246~250.

[162] Lapsker I, Azoulay J, Rubnov M, et al. Image analysis of structural changes in laser irradiated thin films of photo deposited a-Se [J]. Applied Surface Science, 1996, 106 (106): 316~320.

[163] Oshida K, Murata M, Fujiwara K, et al. Structural analysis of nano structured carbon by transmission electron microscopy and image processing [J]. Applied Surface Science, 2013, 275 (7): 409~412.

[164] Xiao Q, Pan J, Xu J, et al. Hypothesis-testing combined with image analysis to quantify evolution of bubbles warms in a direct-contact boiling heat transfer process [J]. Applied Thermal Engineering, 2016, 113: 851~857.

[165] Gottwald G A, Melbourne I. A new test for chaos in deterministic systems, proceedings of the royal society A-310 mathematical [J]. Physical and Engineering Sciences, 2004, 460 (2042): 603~611.

[166] Lanzutti A, Lekka M, Leitenburg D, et al. Effect ofo pulse current on wear behavior of Ni matrix micro- and nano-SIC composite coatings at room and elevated temperature [J]. Tribology International 2019 (132) 50~61.

[167] Fouda J S A E, Effa J Y, Kom M, et al. The three-state test for chaos detection in discrete maps [J]. Applied Soft Computing, 2013, 13 (12): 4731~4737.

[168] Fouda J S A E, Koepf W. Efficient detection of the quasi-periodic route to chaos in discrete maps by the three-state test [J]. Nonlinear Dynamics, 2014, 78 (2): 1477~1487.

[169] Xu J, Sang X, Wang H, et al. An assessment of the effects of micron-particle aggregation on the perform- ance of zinc-silica composite coatings using Betti numbers [J]. Advances in Materials Science & Engi- neering, 2013, 1: 1~8.

[170] Fan Y Y, Zhang Y J, Dong P. Preparation and property of electrodeposited Zn-Fe-SiO$_2$ composite coating [J]. Key 320 Engineering Materials, 2008, 373~374: 212~215.

[171] Fan Y Y, Zhang Y J, Dong P. Research on zinc-silica composite plating [J]. Advanced Materials Re- searc, 2009, 79~82: 1903~1906.

[172] Liu F, Wang H G, Gu H C. Fractal characteristic analysis of electrochemical noise with wavelet transform [J]. Corrosion Science, 2006, 48 (6): 1337~1367.

[173] Bi C, Tang Gh, Tao Wq. Heat transfer enhancement in mini-channel heat sinks with dimples and cylin- drical grooves [J]. Appl Therm Eng, 2013, 55: 121~132.

[174] Guo Z, Tao W, Shah R. The field synergy (coordination) principle and its applications in enhancing sin- gle phase convective heat transfer [J]. Heat Mass Transfer, 2005: 1797~1807.

[175] Lin L, Chen Y Y, Zhang X X, et al. Optimization of geometry and flow rate distribution for double-layer microchannel heat sink [J]. Therm. Sci, 2014, 78: 158~168.

[176] Halelfadl S, Maré T, Estellé P. Efficiency of carbon nanotubes water based nanofluids as coolants [J]. Exp. Therm. Fluid Sci. 2014, 53: 104~110.

[177] Singh S K, Sarkar J. Energy, exergy and economic assessments of shell and tube condenser using hybrid nanofluid as coolant] [J]. Int. Commun. Heat Mass Transf. 2018, 98: 41~48.

[178] Wen D, Ding Y. Experimental investigation into convective heat transfer of nanofluids at the entrance re- gion under laminar flow conditions [J]. International Journal of Heat and Mass Transfer, 2004, 47: 5181~5188.